東アジア思想・文化の基層構造

――術数と『天地瑞祥志』――

名和敏光編

汲古書院

まえがき

名和　敏光

本論文集は、二〇一八年九月八日に山梨県立大学で開催した国際シンポジウム『『天地瑞祥志』を中心とした前近代東アジア思想・文化の総合的研究」（以下、シンポジウムと略称）を機に出版を企画したものである。掲載の論文は、天地瑞祥志研究会（以下、研究会と略称）のメンバーを中心に執筆されているが、シンポジウムの報告論文を幾つか含んでいる。更に研究会において継続的に会読してきた『天地瑞祥志』の翻刻・校注（以下、翻刻・校注と略称）も纏めて掲載するものである。シンポジウムは、二〇一六年に申請し継続して受けている公益財団法人高橋産業経済研究財団（以下、財団と略称）の助成金により実現し、当日は財団から山本隆司元山梨県立大学学理事の臨席も賜り、盛会であった。その上、三年間の財団助成の総合成果として、研究会のメンバー及び海外からハイエク＝マティアス（パリ・ディドロ大学准教授）・孫英剛（浙江大学歴史系教授）の両氏を迎えシンポジウムを開催することができた。シンポジウムは以下のプログラムで開催した。（以下、敬称略）

日時　　二〇一八年九月八日（土）十二時より
場所　　山梨県立大学サテライト教室（A館六階）
内容
総合司会：名和敏光（山梨県立大学）
報告者：孫英剛（浙江大学）「天文星變與政治起伏：中宗政局中的韋湑之死」
コメンテーター：田中良明（大東文化大学）
報告者：佐野誠子（名古屋大学）「郭璞『易洞林』研究」
コメンテーター：洲脇武志（大東文化大学）
報告者：清水浩子（大正大学）「北斗信仰と風水」
コメンテーター：高橋あやの（関西大学）
報告者：ハイエク＝マティアス（パリ・ディドロ大学）「近世初期の八卦と九宮の占い――「病算」を例にして」

コメンテーター：奈良場勝（暁星高校）
報告者：水口幹記（藤女子大学准教授）「〈術数文化〉という用語の可能性について」
コメンテーター：山崎藍（青山学院大学）
総合討論：佐々木聡（金沢学院大学）・武田時昌（京都大学）・中村航太郎（日本工業大学駒場高等学校）
深澤瞳（大妻女子大学）・松浦史子（二松學舎大学）・山下克明（大東文化大学）

残念ながら、北海道胆振東部地震の影響で、水口の出席はかなわなかった。

本論文集執筆者の母体となる研究会が発足したのは、二〇一一年九月四日である。場所は、立教大学六号館の水口研究室（当時）で、参加者は、水口幹記（発起人・代表）・松浦史子・佐々木聡・田中良明・深澤瞳・山崎藍の六名であった。その日は、今後の研究方針や外部資金の獲得などについて議論した。編者が参加したのは第二回目の会からで、同年十月二十二日に開催され、参加者は右の水口・佐々木・田中・深澤に加え、高田宗平・名和敏光・佐野誠子の六名であった。この日に始めて会読を行い、水口が第一「二、明載字」を担当した。以来、七年間、この二月で六十七回を数えるまで継続している。参加者も出入りはあるが、二十名を越えている。研究会自体は、水口が二〇一四年に藤女子大学に赴任してからは、水口に代わり名和が幹事役を引き受け、大東文化会館を中心に原則毎月第三の週末に開催している。これまで公刊された翻刻・校注は、「第一」の全て（水口・田中）、「第十四」の全て（佐野・佐々木）、及び「第十六（月令）」（深澤）、「第十六（五行）」（洲脇）、「第十七」（山崎・佐々木・佐野）の半分である[一]。

本論文集は二部構成となっている。第一部は論考篇として、シンポジウムの報告論文二本（佐野・孫）及び術数学に関わる新規の論文四本（武田・椛島・清水・名和）に、『天地瑞祥志』成書に関する中国・韓国の論文三本（権・游・趙＋金）を翻訳したものを加えた内容となっている。（孫論文・趙＋金論文は伊藤裕水、游論文は洲脇、権論文は南知言がそれぞれ翻訳を担当した。これらは水口科研「前近代東アジアにおける術数文化の形成と伝播・展開に関する学際的研究」の研究成果の一部である。）水口はこれまで中国・韓国・ベトナム・欧米の『天地瑞祥志』を研究する学者と連携を取っており、海外の研究論文の翻訳を収録できたのは氏の協力によるものである。その他、復旦大学の余欣教授らも『天地瑞祥志』の研究を行っているとのことなので、今後の交流が期待される。第二部は、翻刻・校注篇として、四本の翻刻・校注を収録した。内容は、「第十二」の一部（水口）、「第十六（五行）」の残り半分（洲脇）、「第十六（醴泉・井）」の全て（山崎）、「第二十」の後半部全て（名和）である。これにより、「第一」「第十四」「第十六（五行・醴泉・井）」の全て、「第廿」の半分、「第十二」の一部の翻刻・校注を公刊したことになり、残存する九巻の三分の一以上は終えたことになる。現在までに既に、「第十二」「第十六（月令）」「第十八」「第廿」の前半、「第十七」「第十九」の一部の会読が済んでおり、公刊が待たれる所である。

『天地瑞祥志』のテキストであるが、現在入手可能なものは二種類ある。[二]ともに中国で影印・出版されたものである。『稀見唐代天文史料三種』所収本には、「東方文化學院京都研究所」の印があり、第一冊「前言」に中国国家図書館所蔵の京都大学人文科学研究所（以下、人文研と略称）蔵写本を複写したものを用いて影印したと述べている。[三]『中国科学技術典籍通匯』所収本も同様である。当該人文研本は禁複写であるので、会読のテキスト『天地瑞祥志』は中国で影印・出版されたものを利用し、不鮮明な箇所などについては適宜人文研本を確認した。これには研究会参加者でもある武田教授に協力を仰いだ。[四]

最後に、シンポジウムの開催と本論文集出版には財団の助成を得て実現した。特に記して謝意を表したい。また、日本学術振興会科研費などの助成については各論考、翻刻・校注の末に付記してあるので参照されたい。本論文集の入稿前の編集は、洲脇武志が担当した。また、本論文集刊行を引き受けて下さった汲古書院三井久人社長、編集部の大江英夫氏・柴田聡子氏に感謝したい。

二〇一九年二月　高尾の寓居にて

《注》

（一）詳しくは第二部の水口「『天地瑞祥志』概説と翻刻について」を参照。また、『天地瑞祥志』の詳しい研究については、水口『日本古代漢籍受容の史的研究』（汲古書院、二〇〇五年）、『古代日本と中国文化　受容と選択』（塙書房、二〇一四年）を参照。

（二）前掲注（一）を参照。

（三）論考篇所収の游自勇「『稀見唐代天文史料三種』前言（二、『天地瑞祥志』）」を参照。

（四）なお、人文研本については武田時昌「新城新蔵博士の迷信研究―『大唐陰陽書』購入余話」（『漢字と情報』No.14、京都大学人文科学研究所附属漢字情報研究センター、二〇〇七年）を参照。

目　次

東アジア思想・文化の基層構造

―術数と『天地瑞祥志』―

第一部　論考篇

先秦星辰考
―惑星と彗星のあいだ―

武田　時昌

はじめに

中国古代において、惑星に関する認識や観念がいつの頃に形成されたのかは、それほどはっきりしているわけではない。惑星は、天空の座標で位置が動かない恒星とは異なり、日月とともに西から東へと移動（右行）していく天体であり、明るい輝きを放って星座間を遊行していく。

文献的には、『詩経』小雅、大東に「東に啓明有り、西に長庚有り」とあり、宵の明星、明けの明星を指す太白（金星）の別称が詩句に詠まれているように、その存在への認識はかなり古くまで遡る。また、歳星は干支紀年法の指標である太歳（出土簡帛や『淮南子』によると、当初は「大陰」「太陰」と表記される）と対になって方位占いに大いに用いられ、熒惑（火星）は、運行が不規則で定めがたく、赤い星なので、その名が示すように災いをもたらす凶星の代表格であった。

肉眼で観測できる五つの惑星は、太陽や月とともに日々の運行を観測し、十二次二十八舎の躔次やそれぞれの離合の周期を定式化した惑星運動論を構築し、天文占の理論的中核を形成した。また、「五星」として五行説と早期に結合し、自然哲学的な言説に大いに用いられた。

先秦の天文史料は乏しく、五星という概念の成立時期を議論できるほどではない。ところが、「日月五星」に先行して「日月星辰」という語句が多出し、それが天体の代表格として論材に用いられている。しかも、「星辰」を諸星の総称とするだけではなく、「星」と「辰」に区別する解釈がなされており、古代特有の天文観、惑星観があったことを示唆する。秦から漢にかけて、惑星運動論の理論化が進み、やがて「五星」という概念が中心視されるようになる。その流れは、五行説の形成と展開と深く関わり、董仲舒を提唱者として漢代政治思想の中核理論となる災異説に論理基盤を提供する。

したがって、その考察は、惑星運動論を基軸にした天文暦学のパラダイム形成という視座においても重要であるが、同時に先秦諸子百家から漢代経学への思想的転換という観点でも重大な考究課題である。そこで、本稿では、経書や先秦諸子の思想文献に見られる日月星辰説を考察対象に取り上げ、そこに内在する天文観、惑星観の特色を窺い、その変遷を追跡しながら、天文知識が社会に広まっていく具体的様相を探る。

一

五行説の典拠に用いられる経書で最もよく知られるのは、『尚書』洪範である。すなわち、天が禹に下賜した治国の大法「洪範九疇」として、最初に五行の目を挙げ、その性質を説いた後に、さらに五事、八政、五紀、皇極、三徳、稽疑、庶徴、五福六極を論述する。「日月星辰」は、四番目の五紀に登場する。

四に、五紀とは、一に歳と曰い、二に月と曰い、三に日と曰い、四に星辰と曰い、五に歴数と曰う。

孔伝では、歳は四時を紀《しる》す所以、月は一ヶ月を紀す所以、日は一日を紀す所以とし、さらに星は二十八宿、辰は十二辰であり、二十八宿は交替して出現して十二気・十二節を順序だて、十二辰は日月の会する所を表記すると注解する。五つ目の歴数（暦数）だけが類を異にしており奇妙であるが、さほど問題視されない。

歳・日・月と並記する「星辰」は、日月を除く天体を一括りにした総称であり、三者を総称して「三光」と呼ぶことがある。天象と地上世界を対比させ、天地自然と人間社会に共通する法則性を見出そうとする場合、諸星のなかで主に何を念頭に置いているのかによって、想起されるイメージが異なってくる。孔伝の解釈のように、「星」と「辰」とを分離する説が唱えられるのは、それを明確に区別したいからである。

「星辰」を「星」と「辰」の二物とする典型的な論説は、『春秋左氏伝』昭公七年に見られる。そこでは、洪範の「五紀」と類似する「六物」を議論する。話の筋は、四月甲辰朔に起こった日食に対して、士文伯（伯瑕）が衛君と魯の上卿の死を占うところに発端する。士文伯の説明では、「衛地を去り、魯地に如《ゆ》く」から、日食がもたらす災いは「衛が大きく、魯が小さい」と占断する。日食に対する占断の数理方式を具体的に語る珍しい例である。

周暦の四月は夏暦の二月で当たる。四月朔の日食とは、夏暦の正月から二月となる時節において日月が合宿する現象である。天の十二次で言えば、降婁（亥）から娵訾（戌）へと移る地点であり、分野説において配当される国は、降婁が衛、娵訾が魯である。士文伯の数理説明によると、日食が生起した場合、その境界にある二つの国に災いがあり、その程度は日月が立ち去る国が大きく、これから向かう国が小さい。

果たして八月に衛の襄公、十一月に季孫宿（季武子）が亡くなり、士文伯の予言は見事に的中した。そこで、晋侯はその占術に常法があるかと尋ねた。すると、士文伯は、「六物」というものは、始め（生起する現象）は同じでも、終わり（導かれる占断）はそれぞれ異なる場合があり、不変ではないと説く。そして、「六物」とは何かという問いに答えて、「歳・時・日・月・星・辰」と説く。洪範の五紀と比べると、「暦数」がなく、「星」「辰」を二物とし、孔伝が「歳」によって紀されるとした「時」（四時）が新たに加わるが、基本理念は同じである。

二

同様の言説は、『国語』周語下にも見られる。周の景王に冷州鳩が七律を説明するために具体例として取り上げたものであるが、武王が殷の紂王を征抜した時に、天象が次のような配置になっていたとする。

歳は鶉火に在り、月は天駟に在り、日は析木の津に在り、辰は斗柄に在り、星は天黿に在り。

すなわち、「歳・日・月・星・辰」という「五位」を用いた占術を論述する。「時」（季節）は冬（北方）にあるので、それが省略されていると見なせば、『左伝』の「六物」と同じになる。それらは、天文暦数によって天意を解読するための必須アイテムといったところであろう。

「五位」が位置する鶉火・天駟・析木の津・斗柄・天黿は、十二次の座標とそれに対応する星宿である。「鶉火」「析木」は天を十二分割した十二次の異称であり、起点の「星紀」から数えて、それぞれ七番目、十二番目である。「天黿」は、十二次の「玄枵」（二番目）の別称である。「天駟」は、房宿四星の別称であり、東方七宿の一つで、十二次では「大火」（十一番目）に属する。「斗柄」は、一般的には北斗の柄を指す、ここでは南斗の柄を指している。南斗は、「析木」の次に含まれる。

「星辰」を諸星の総称とはせず、「星」と「辰」に分けるのは、天の座標である十二辰（十二次）を用いた天文占と密接な関係がある。先秦の天文観測は、十二次を用いて記録されるのが一般的であり、二十八宿の星度を用いた詳細な観測を記録するようになるのは戦国末以降とされる。天体観測としては大雑把であるが、天文占を行ううえでは地上の各分野と直結しているので好都合であった。

天の十二辰（十二次）は、十二年で天を一周する歳星が一年ごとに宿る星次とされる。その場合には、周天を十二等分した円周座標である。ところが、『左伝』、『国語』における士文伯、冷州鳩の説明では、「辰」とは「日月の会」（日月が会合する地点）と定義づけている。天文学的に言えば、天球上における太陽と月の見かけ上の位置が一致し、いわゆる「朔」の状態になることである。十二会で一歳となるので、一歳を十二等分した座標として把握したことになる。

厳密なことを言うと、一周天（一太陽年）を十二等分した日数より、太陽と月との会合周期（一朔望月）は、少しだけ小さい。四分古暦の暦定数である一年（一太陽年）を三六五日四分の一日で言うならば、一朔望月＝二十九日九四〇分の四九九である。一朔望月ごとの「日月の会」を一辰と定義すると、二十九日九四〇分の四九九度の広がりになる。一太陽年日を十二等分すると、三十度十六分の七（＝一次）になり、両者の差異は一度未満であるので近似的に対応させることはできる。

しかし、もし実際の天象を反映させて日月五星の運行を推算を行うならば、十二ヶ月分を積み上げると十日（十度）を越えるから、座標のずれは無視できなくなってくる。したがって、一般的に天体の運行計算に用いる暦日は、一太陽年で定式化される。例えば正月、二月と言った場合には、一朔望月によって定められた大小の月があるほうではなく、一太陽年を十二等分した一ヶ月の長さ、つまり一ヶ月三十余日（三十度十六分の七）とする十二月を用いる（節切りの月と呼ばれる）。四気（二分二至）あるいは二十四節気は、一太陽年の長さを等分割した座標軸であり、それによって示される暦日は実際に運用している太陰太陽暦の月日とは常に食い違っている。同様に、日月五星の運行を表示する星度として用いる十二次、十二辰の時空座標系も、一太陽年＝一周天を十二分割したものであり、日月の会合周期である一朔望月ではない。

士文伯のような天文暦法に精通する者にとって、もちろんそうしたことは了解済みである。当時の天文占では、日月食が最大の関心事であった。日月食は、朔の状態で生起するので、歳星の星次としてでなく、あえて日月合宿の地点として「辰」を定義づけたのである。

三

さて、星辰の「辰」を、「日月の会」あるいは「十二辰」として解釈すると、片割れの「星」のほうも曖昧なままに放っておくわけにいかず、意味を限定する必要がある。士文伯、冷州鳩には具体的な説明はないが、経書の注釈では二通りの解釈がなされている。孔伝、馬融、服虔等の二十八宿説、鄭玄の五星説（五緯説）である。その二説の根拠は、『周礼』の経文とその注釈によって知ることができる。

『周礼』において、天文占、亀卜、夢占等に関する官吏は、春官の馮相氏、保章氏である。その職掌は、次のように記述される。

馮相氏は十有二歳、十有二月、十有二辰、十日、二十有八星の位を掌《つかさど》り、其の叙事を弁《わか》ち以て天位に会す。冬夏には日を致し、春秋には月を致し、以て四時の敘を弁つ。

保章氏は天星を掌り、以て星辰日月の変動を志《しる》し、以て天下の遷を観、其の吉凶を弁ち、星土を以て九州の地を弁ち、封ずる所の封域に、皆分星有りて、以て妖祥を観、十有二歳の相を以て、天下の妖祥を観、五雲の物を以て、吉凶、水旱降るの豊荒の祲象を弁ち、十有二風を以て、天地の和を察し、乖別の妖祥を命ず。凡そ此の五物なる者は、詔を以て政を救い、序事を訪《はか》る。

馮相氏が管轄する十二歳・十二月・十二辰・十日・二十八星とは、天の座標である「五位」（歳と日月星辰）を列挙したものである。日月や太歳の運行は、天の座標を用いて定式化され、十干十二支や二十八宿によって歳月日時の暦日として表記される。それによって、四時の推移は順序だてられ、国家行事や社会生活は自然の巡りに従った秩序を得る。馮相氏の職掌は、そのような方法を用いて時節の序列を天の「五位」に合致させることにある。「五位」の「星辰」は、十二辰、二十八星と明言するので、「星」が二十八宿を指すとすることに誰も異論は挟まない。ところが、保章氏の「星辰日月」には、その解釈を適用せず、別解が唱えられる。

保章氏は、国家レベルの占術を掌る官吏である。占術の種類は、「星・歳・雲・風」、すなわち天文占、歳占、雲気占、風占であるが、それを「五物」とするのは、天文占を二種に類別するからである。一つは、「星辰日月」の運行における遅速、順逆の変化によって、地上界の吉凶を見分ける「天文占」、もう一つは分星（分野に配当された星座）によって妖祥を観察する「星占」である。

鄭玄注は、「星辰」の解釈において、「星」と「辰」を二分し、「星」を五惑星（五星、五緯）とし、「天文占」の具体的な内容を次のように説明する。

五星には贏縮、圜角があり、日には薄食、運（暈）珥があり、月には満ち欠け、朓、側匿（月が朔で東方に現れること）の変がある。（日月五星の）七者は列舎を右行し、天下の禍福は、それらの変移の在るところにすべて現れるのである。

ここで問題にしたいのは、恒星と区別した「星」が、果たして「五星」とするだけでいいのかということである。彗星、流星、客星、妖星の類も古くから天文占の対象であった。鄭玄の時代であれば、日月とともに五星が中心視されるのは当然であるが、先秦の当初からそうだったとは限らない。鄭玄もそのことに気づいていて、二番目の「星占」において、「星土」を十二次の座標と解釈した後に、経文のそれを用いて妖祥を観察することを、客星、彗星、孛星による天象の占いを主体とすると解釈する。

占星術には、上記の他に、古来には日月や遊行神がどの星宿に位置するかとか、北斗の動きや明るい恒星の出没などによって占う星座型の占いがあった。日月五星の配置図を用いる西洋のホロスコープ占星術はこれに近似する。古代中国でも、日書と名付けられた新出土資料の占術書では、暦日に配当した二十八宿、四正四維または十二次を巡る遊行神などを用いた素朴な星占いが多数存在し、後世の暦注の諸神に受け継がれている。ところが、国家の天文台で行われた占星術は、惑星の運行を理論化し、推算によって天体観測の結果を検証できるようになると、常軌から逸脱した天文現象に着目する天変型の占星術が主流となった。したがって、恒星と区別する「星」は、鄭玄のように、五星と解釈されているのであるが、先秦の段階では彗星の類を想定していた可能性がある。以下で、そのことを詳しく検討する。

四

先秦の星辰説で、注目すべき著作は、『管子』と『晏子春秋』である。

『管子』は、四時篇、五行篇に時令説の萌芽的な論説が展開されている。その配当説は、四方（東西南北）に四時（春夏秋冬）、四行（木火金水）を配当し、さらに中央に土を配して四方を統御させる役割を担わせる。いわゆる四時五方の五行配当説である。ところが、最も根源的な要素に中央の土を掲げるのは同じであるが、四方には四行（木火金水）よりも上位概念が存在する。すなわち、初源的には「土」と「日月星辰」があり、「日月星辰」の気である「風寒陰陽」から「木火金水」と骨や気血などの身体の構成部位とが生ずると考える。「土」についても、「歳」を用いた説明を繰り広げており、五行とは別の要素を絡ませた言説になっている。その基本的な考え方は、地上界の一歳の循環サイクルを自然法則の根底に据え、天の「日月星辰」と対比させるところにある。

四方の初源的要素である天の「日月星辰」と「風寒陰陽」の四気は、東方―星―風、南方―日―陽、西方―辰―陰、北方―月―寒という組み合わせである。日月を南北とし、「星辰」を東西に配するので、日と月と星辰の三光説ではなく、星と辰を二分する四光説である。四気は、「陰陽」に加えて、「風雨」の「風」、「寒暑」の「寒」を用いる。ところが、その片割れの「暑」「雨」についても、南方で「日は賞を掌り、賞めて暑と為る」、中央で「歳は和を掌り、和して雨と為る」と述べ、立論に組み入れている。つまり、「陰陽・寒暑・風雨」という組み合わせを用いて、「日月星辰」と「歳」とを結合させ、四時五方に折衷的に配当させている。その発想の根底には、「天の六気、地の五行」という初源的な数理がある。

後世のように、五行から諸要素が生み出されるとしないのは、生成論において天地の「気」の作用を重視するからである。天地開闢において、大地は「土」からなるが、他の「木火金水」は天の気から生ずる。それと同時に、身体の構成要素である「骨・気・甲・血」が天の気から生成され、「皮・肌・膚」が地の気から生成される。

身体の構成部位に、「気」や「血」が含まれていることが、黎明期の医説として注目される。『黄帝内経』やそれ以降の医学理論では、「気」「血」は人体の経絡を流れる根源的な要素で、陰陽と対比させて、より次元の高い根源的な存在に抽象化される。ところが、馬王堆漢墓、張家山漢墓から出土した医薬文献によると、『黄帝内経』以前の古医説では、「気」「血」を五行（もしくは六行）の一要素とする立論がなされていたことが判明した。馬王堆『陰陽死脈候』（張家山『脈書』に同類文）では「肉・骨・血・気・筋」の五つとし、四時篇と近似する。「肉」を「皮・肌・膚」と同類とすると、「筋」が「甲」に対応する。誤写がないとするならば、動物の「甲」（甲羅）は堅いので、人体の膚肉ではなく、「筋」と対比させ、金に割り当てたのだろうか。

『霊枢』経脈篇では、「肉・骨・血・気・筋」を「土・水・火・金・木」の相克順に配当しており、四時篇の「土・木・水・火・金」とは合致しない。ところが、同じく馬王堆漢墓から出土した『胎産書』に展開される胎児発育説では、四ヶ月目から月ごとに天の六気が授けられて、身体の基本部位ができるとするが、経脈篇ではなく、『管子』の配当説に合致する。『胎産書』のテキストは欠損しているが、同類文が『諸病源候論』『千金要方』や『医心方』に引く『産経』に見られるので、欠字部分を補うと、次のようになる。

水—血、火—気、金—筋、木—〔骨〕、土—〔膚革〕、〔石〕—毫毛

五行の「石」を加えた六行説で、並びは相克順である。『管子』では金の「筋」が「甲」で、石の毫毛は土に含むが、水—血、火—気、木—骨という組み合わせは同じである。『管子』では天地双方からの身体発生論であったが、『胎産書』のように天の六気から生み出されるとするほうが数理的には整合性がある。「血」は血液、リンパ液の液体だから「水」に配し、「気」は呼吸で出し入れする気体だから「火」に配する。「骨」や「甲」「筋」も形状や堅さから「木」や「金」に対応させる。具象的なイメージを保有した立論になっている。

『管子』が四行の代わりに「日月星辰」、陰陽の代わりに「刑徳」を用いて数理を組み立てるのも、そのような具象性を狙ったものなのである。刑徳とは、刑罰と慶賞のことである。韓非子が臣下を統御するうえで、権力者が掌握すべき二大執行業務（二柄）であると唱えたように（『韓非子』二柄）、先秦の政治思想の中心的論題であった。四時篇では、「刑徳」は「陰陽」を言い換えたもので、四時に合致させた政治を集約的に言い表し、政治と自然界の天人感応的な関係性を図式化しようとする。「徳は春に始まり、夏に成長し、刑は秋に始まり、冬に流布する」とあるように、刑徳にも陰陽消長の理に因循した変化を想定しているのは、きわめて特徴的である。

……このゆえに陰陽とは、天地の大きな数理であり、四時とは、陰陽の大きな綱領であり、刑徳とは、四時の和合するものである。刑徳が時に適合すると福をもたらし、背反すると禍を招く。

……このゆえに春に凋《しぼ》み、秋に栄え、冬に雷が鳴り、夏に霜雪が降るのは、みな気が損なわれたものである。刑徳が時節を過ち順序を失うと、賊気が速やかに到来し、賊気が速かに到来すると、その国には多くの災禍に見舞われる。徳は春に始まり、夏に成長し、刑は秋に始まり、冬に流布する。刑徳が道を失うことがなければ、四時は一つになり、刑徳があるべき場所を離れると、時節はすなわち逆行し、事業は成就せず、必ず大きな殃いが起こる。

陰陽という天地の大原則に従って四時の推移が定められており、その四時の巡りに合致させた刑徳を施行すれば、国家は永続的な繁栄が得られるが、逆らうならば、傾国の危機に陥るとする。陰陽や五行という概念が十分に浸透していない段

階では、陰陽よりも刑徳、五行よりも日月星辰のほうが現実味があり、説得力があったにちがいない。漢代に入ると、陰陽五行で統一的に原理づけられ、論理的な整合性が強化されるが、その反面、パターン化されて画一的な立論しか主張されなくなる。『黄帝内経』や中世の医説が陰陽五行説の複雑な数理構造になっているのは、繰り広げていた黎明期の多様な言説が塗り替えられずに至る所に紛れ込んでいるからなのである。

五

四時篇の日月星辰説を詳しく考察すると、後半部では、次のような論述がある。

日日は陽を掌り、月は陰を掌り、星は和を掌る。陽は徳と為し、陰は刑と為し、和は事と為す。是の故に日食せば、則ち失徳の国これを悪み、月食せば、則ち失刑の国これを悪み、彗星見るれば、則ち失和の国これを悪み、風、日と明を争えば、則ち失生の国これを悪む。

一見してわかるように、日・月・星の三光説に「風が日と明を争う」の一節が蛇足的に付け足されて、四時に対応するかのように見せかけている。「日・月・星」は、「陰」「陽」の二気とそれが調和した状態の「和（和気）」を管轄し、陰陽は刑徳（刑罰と慶賞）であり、和はそれ以外の諸事を指す。だから、日食、月食や彗星の出現は、それらに関する政治的過失を犯した国に天罰を下したものである。「六気」と同じように、「三光」の概念を活用して、陰陽＝刑徳の二元論を四時五行に当てはめるために工夫を凝らしたのである。

四行の上位概念である「日月星辰」として三光の「星辰」を「星」と「辰」に分けたのであれば、「辰」の項目を立てるべきである。しかしながら、「辰」は十分に定義づけられず、東方の「星」に配される「風」を用いて、「風が日と明を争うと、失生の国（万物の生育に関する失政の国）は（天罰が下る凶兆として）それを嫌悪する」という意味不明の条文になってしまっている。太陽と明るさを競うという文意から推察すると、「風」は「辰」の誤りであったのかもしれない。十二舎または二十八宿の星宿は、一年十二ヶ月のそれぞれの時節、すなわち「辰」（とき、時節）を明示する天文座標である。生物はその星宿の精気を稟けて生命が宿ると考える。そうであれば、「辰」が「生を掌る」「失生の国」となっていても悪くない。

ここで注目されるのは、「星」は漢儒のように「五星」ではなく、「彗星」を念頭に置いていることである。過渡的な天文観がはっきりと窺える。そのような天文観は、『春秋』にすでに明示される。そこでは、日食、月食とともに、彗星の出現を特異な出来事として記録する。彗星は、「旧きを除き、新しきを布く所以なり」（『左伝』昭公十七年、申須の言）とあるように、旧悪を一掃して新たな改革を促す象徴であり、為政者に失政を改善するように命ずる天の戒告であった。

『管子』の他篇において、「星辰」の用例を調べると、正篇では国家の「法」を定義づけるのに「四時が違わないように、星辰が変わらないように、夜や昼のように、陰や陽のように、日月の明るさのようである」とし、任法篇では、聖徳の君主が度量を設（原文「失」に誤る）け、儀礼、法律を置くことが「天地が堅強であるがごとく、列星が固定されているがごとく、日月の明るさのごとく、四時の信頼があるがごとし」と喩える。その「星辰」「列星」は、ともに不動の恒星を念頭に置いた発言である。形勢解篇でも、「天が万物を覆い、寒暑を制御し、日月を巡らせ、星辰を順序だてるのは、天の常理である」「天が常道を失わなければ，寒暑の巡りは時節に適い、日月星辰の運行は正しい秩序を得る」とあるように、星辰は日月とセットになって秩序あるものの代表としての比喩に用いている。

軽重丁篇に記載する説話はさらに興味深い。鬼神の道を究めようとする桓公に対して、管子が斉の分野に彗星が出現していることを問題視し、大地や不穏な風が動くのは、疫病が流行する前兆であると述べた後に、次のように言う。

国に槍星が出現すると、主君は必ず辱められ、国に彗星が出現すると、必ず流血騒ぎが勃発する。畜丘の戰において、彗星が出現した分野に、必ず天下の仇敵に屈服させられることになる。

槍星は槍の形状をした彗星、妖星の類である。「星辰」を「星」「辰」に分けた場合、「辰」は、規則正しい順序で配置された不動の恒星であり、「星」は凶兆である彗星、客星などの突然に出現する妖星をイメージしていたことがわかる。「星」には五惑星も含まれる。しかし、災害、異変をもたらすという見地では、彗星の注目度が高かったのである。

六

『管子』の星辰説において彗星が主役であり、惑星でないことは、『晏子春秋』においても同様に指摘できる。巻一、内篇諫上では、斉の景公が公阜に遊行した時に、一日に三度晏子が諫めるエピソードを記すが、三度目は夕暮れ時に西方に彗星が出現したことがモチーフになっている。また、巻七、外篇には、景公が泰山の麓で酒宴をした際に彗星が出現し、泣いた話、景公が夢に彗星を見て、夢占いをさせようとした話、彗星が出現したので巫祝に祓い除かせようとした話などが見られる。

彗星の出現は不吉な前兆であると当時の人々は恐れていた。晏子は、占星術を否定するわけではない。それが為政者の過失によって誘発されるものであるとして、お祓いによって立ち去らせようとするのではなく、道徳的に悔い改めるべきであると諫言する。漢代に流行した災異説は、天文占の予言的な側面を抑えて、過去の悪政に対する天の譴責を強調する批判哲学の色合いが濃い。しかし、晏子の場合には、天文知識に依拠しながらの穏当な忠言であり、名宰相にふさわしい識見がクローズアップされる。

天文占に惑星がまったく登場しないわけではない。巻一、内篇諫上にある逸話では、斉の景公の時に、熒惑が一年以上も虚宿を守るという異変があった。宰相である晏嬰は天罰の星である熒惑が斉の分野である虚宿に長い間座るのは、天が景公の政治的過失を咎めたものであると諫める。

「熒惑」をめぐる言説には、『呂氏春秋』制楽、『淮南子』道応訓、『史記』宋微子世家、『新序』四などに掲載されている有名な逸話がある。すなわち、宋の景公の時に、熒惑が心宿を守るという現象が生起し、司天の官子韋との間のやり取りによって、景公が善言をはいたので、熒惑が三舎退き、景公は寿命を二十一歳延ばすことができたとされる。「熒惑、心を守る」の天文現象は、秦の始皇帝や漢の高祖が崩御する前兆としても生起したことが『史記』始皇帝本紀や『漢書』天文志に記録されている。

『晏子春秋』の逸話で興味深いのは、もしも過失を改めようとしなければ、さらに大きな異変として妖星の出現を招くとしていることである。彗星の出現に泣いたり、夢に見たりする逸話では、晏子は景公の政治が無道の限りを尽くして顧みることがないから彗星に附随して「茀星」までが出現しようとしていると警鐘を鳴らす。また、熒惑が出現した時には、賢人を遠ざけて邪悪な人々がのさばり、人民が恨みを抱いて死に赴こうとする事態に対して、天の異変を引き起こして、

列舎が順序を乱し、変星が光芒を放ち、熒惑が反転して逆行し、孽《げつ》星がその旁に出現しようとしている。

と述べ、賢者を挙用せず、忠言を無視するならば、滅びの道を辿ると述べる。

「変星」「孽星」は、異変や妖孽の災いをもたらす不吉な妖星、客星の類である。悪政を改善しなければ、熒惑が常軌の運行を乱して逆行、回帰して、虚宿の周辺に居続け、さらに妖星を生起させると考えている。そのように考えれば、熒惑は彗星と同類である。そもそも、惑星が一年間も同じ所に居座ることはない。だから、実際の天象の観測に基づく言説であるならば、この熒惑は火星ではありえない。「熒惑」という呼び名で、火星と彗星の類と区別立てが明確でない認識レベルであったことを明示する。

彗星よりも畏怖する茀星（孛星）について、『春秋左氏伝』では、例えば文公十四年に「七月有星孛入於北斗」と記すように、彗星と孛星の区別はなされていない。ところが、『漢書』五行志において、その経文に対する劉向説では「朝廷内では君臣が乱れ、外では政令が欠損すると、天では三光の精が放つ輝きが濁り、五星が贏縮（遅速）、変色、逆行といった異常現象を引き起こし、甚しい場合には孛となる」と述べる。董仲舒説では「孛」は「悪気の生ずる所」とし、孛孛として光を遮蔽し、ほんやりと暗んで明らかでない形状と素朴な解釈をしていることと比べると、劉向は五星の異変よりもさらに悪くなった妖星と見なしている。晏子が熒惑、彗星の出現の後に、悪政を続けると、変星、孽星、茀星が出現するとして

いるのに似通っているが、原理的説明が彗星、熒惑からさらに生じたものではなく、「五星」の異常な運行によるものと置き換わっている。その漢代的解釈に、「彗星」から「五星」へと変化した「星」観念の変化が読み取れる。

『晏子春秋』巻六、内篇雑下には、この他に、鉤星（句星）が天駟（房宿）と心宿の間の出現したことによって地震が起こることを予知する逸話を掲載する。それも、彗星の類と思われるが、漢代の天文暦学者には辰星（水星）に比定されている。馬王堆出土帛書『五星占』では、木星、土星、金星には詳しい運行理論を論述し、秦始皇帝元年から漢文帝三年までの行度表を掲載し、運行周期を詳しく論述するが、火星や水星にはそれがない。そのことは、先秦から漢初においては、火星や水星の運行周期を正しく把握することができなかった、もしくは定式化した数理が天文知識として定着していなかったことを明示する。火星、水星が「五星」という認識はあっても、彗星、妖星に近いイメージで把握されるのは、そこに要因がある。

七

『管子』『晏子春秋』の彗星出現をめぐる言説は、天文知識を政治思想に応用したものであり、春秋公羊学者の董仲舒が唱え、漢代政治思想として大流行する災異説の先駆けである。天人感応現象に着眼して科学知識を織り込んだ政治論、統治術は、道家や陰陽家の自然哲学、儒家の徳治主義、法家の人民統治法など、諸子百家の思想を折衷させる方向性を生じた。その思想的変革は、董仲舒をリーダーとする漢代経学の台頭とともに進展するが、『呂氏春秋』においてすでに理論化が試みられている。

明理篇では、雲気占、日占、月占、星占や地上の生き物をめぐる怪異占を概観した後に、

そのような現象が生起した際、為政者が驚きをもってすみやかに悔い改めなければ、天帝は禍いを降し、必ずすぐに凶災に襲われ、大惨事を招くことになると述べる。

そこの星占で言う「星」とは彗星、妖星の類であるが、熒惑が筆頭に掲げられている。

星には熒惑、彗星、天棓、天欃、天竹、天英、天干、賊星、鬥星、賓星がある。その気は、上は天に属さず、下は地に属さず、上方には大きくなり、下方には凋み、あるいは河川のさざ波のようであり、あるいは山林の揺れる梢のようであり、春には黄、夏には黒、秋には蒼、冬には赤である。

先秦から漢初にかけて、彗星の観測は、日月五星と同じくらい盛んであった。馬王堆漢墓から『五星占』とは別に『天文気象占』が出土しており、彗星占は後者に含まれる。日月五星の「天文占」の場合、位置する星宿による素朴な占いもないわけではないが、遅速、順逆の運行が常軌を逸脱しているかどうかを占うのが中心であるから、運行周期から有るべき位置を推算する必要があった。ところが、彗星、客星は不定

期であり、『呂氏春秋』が天にも地にも属さない「気」と説くように、望気術の一つである。『天文気象占』の内容を見ると、雲の形状、日月食のほか、大気の状態によって日月の周囲に現れる輪状の「暈」、耳飾りのような「珥」、そして彗星、妖星などを図解する。

『五星占』では、内惑星の金星、水星の出現がしかるべき時期よりも早いと月食となり、遅いと天夭（辰星の條では「天矢」に作る、妖星のこと）または彗星となると述べる。また、歳星が先行した場合、その進退する方向によって天祅（＝天夭）が出現するとする。東北に進むと彗星、東南に進むと天棓、西北に退くと天槍、西南に退くと天欃を生むとある。前者は、『史記』天官書、『漢書』天文志にも同類文がある。後者も『史記』天官書にはないが、『漢書』天文志には該当文があり、石氏、甘氏の二説を併記する。『五星占』は甘氏説に近似するが、四彗の出現方位は、東北と東南、西北と西南とが逆になっている。

石氏、甘氏の名を冠する星経の成立時期が先秦まで遡るかは確証がないが、少なくとも顓頊暦が施行された時代には、五星の理論化が進み、五星から彗星、妖星が発生するという概念が形成されていたようである。

漢代になると、五行説の流行と相まって「日月五星」が「日月星辰」に代わって立論に用いられるようになり、一般社会においても五星を中心とする惑星観が定着しはじめる。さらに、前漢末になると、種々の彗星が五星から生ずるものとしてすべてを位置づけ、五星に配当する説が、唱えられるに至る。例えば、『説苑』弁物篇には、「天象で著名なものは、日月より大きいものはなく、地上の変異を察知しうる天の動きで、五星ほど顕著であるものはない」と述べ、さらに次のように説く。

いわゆる五星とは、一に歳星、二に熒惑、三に鎮星、四に太白、五に辰星を言う。欃・槍・彗・孛・旬始・枉矢・蚩尤の旗は、すべて五星が盈縮することによって生起したものである

五星の理論体系に彗星の類が位置づけられている。また、『晋書』天文志中には、『河図』と京房『風角書』集星章を引き、それらが天棓・天槍以下四十種、三十五種に及ぶ彗星を五星それぞれが生じたものとして分類した一覧表を掲げる。

このような分類概念は、意外と早期に唱えられていたのかもしれない。しかしながら、一般的な天文知識として定着するのは、劉向や京房が活躍する前漢末ということになる。そのような変遷は、惑星運動論が精密化するとともに、災異思想、讖緯思想の漢代的展開において天文知識が一般化していくことを反映させている。

八

先秦諸子百家から漢代への過渡期における思想文献の天文知識を概観すると、日月と星辰あるいは五星を対句にした言説

が数多く見いだせる。馬王堆漢墓から出土した帛書『周易』の一篇である『要』では、

故に易には天道があり、日・月・星・辰でもって言い尽くすことはできない。そこで、それを治めるのに陰陽をもってする。地道があり、水・火・金・木・土ですべて言い尽くすことはできない。そこで、これを律するのに柔剛をもってする。人道があり、父子・君臣・夫婦・先後でもって言い尽くすことはできない。そこで、これを要約するのに上下をもってする。四時の変があり、万物でもって言い尽くすことはできない。そこで、それを治めるのに八卦をもってする。

とあり、天道の日月星辰と地道の五行に対比させる。『春秋左氏伝』昭公三十二年の「天に三辰有り、地に五行有り」の「三辰」が「日月星辰」となっている。

『史記』天官書になると、「三辰」が「五星」となる。

天にはすなわち日月があり、地にはすなわち陰陽がある。天には五星があり、地には五行がある。天にはすなわち列宿があり、地にはすなわち州域がある。三光とは陰陽の精気であり、気はもともと地にあって、聖人がそれを統べ治める。

また、『漢書』律暦志上では、『春秋左氏伝』を引用した後に、

太極は三辰五星を上に運《めぐ》らし、元気は三統五行を下に旋転させる。

と述べ、「三辰」と「五星」の両説を合体させ、「三統」と「五星」を対比させる。

太初暦、三統暦の時代になると、星辰説よりも五星説のほうが中心となり、惑星観が確立されることがわかる。

その過渡期として星辰説と五星説が二つとも出てくる思想文献には、『淮南子』天文訓がある。冒頭では、天地が成立した後に、陰陽（天地の重なり合った精気）、四時（陰陽の専一な精気）、万物（四時の散出した精気）が生成する過程を述べ、水火、日月、星辰を次のように定義する。

積陽の熱気が火を生じ、火気の精なるものが日となる。積陰の寒気が水となり、水気の精なるものが月となる。日月の溢（淫）れ出た気で精なるものが星辰となる。

ここで言う星辰は、諸星の総称である。その少し後に、

四時とは、天の吏である。日月とは、天の使である。星辰とは、天の期である。虹蜺彗星とは、天の忌である。

とある。星辰が「天の期」、虹蜺、彗星が「天の忌」とするので、彗星は星辰と別立てになっている。

「天の期」という用語は、老子乙本巻前古佚書の『経法』にも見られる。その論旨を要約すると、天が一（太一）から三（日、月、列星）、三から二（明晦）、二から八（八正）、八から七（七法）を次々と定立していくことを、数理として語る。初源的な状態である「一」から分岐した日月星の三光（三辰）には、日の出入、月の死生（満ち欠け）、列星の規則的な運行といった具合に、それぞれ度数として定式的な法則性がある。それによって明晦（陰陽）、八正（四時、動静、内外の時空構

造）、七法（万物存在の法理）が建立され、天道に依拠する秩序が形成される。そこで、「信なる者は天の期なり」と言う。日月の出入、月の満ち欠けのように虚偽なく規則正しく生起することを、信（誠）の一字で表象させて、それが「天の期」であるとする。

天文訓に比べて、数理的で理屈っぽいが、論旨に隔たりはない。両書の「天の期」は、『白虎通』四時篇に、春夏秋冬の四時が「陰陽消息の期」であるとするのとよく似た言い回しである。すなわち、星辰の位置、出没が歳月日時の時期（サイクル）を定める基準、座標となっていることを示している。また、『鶡冠子』泰鴻篇に、「日月列星」の三光説を引き、同じ趣旨の議論を展開する。

日、信に出で信に入り、南北に極有るは、度の稽（＝規律）なり。月、信に死し信に生じ、進退に常有るは、数の稽なり。列星、其の行いを乱さず、代わりて干（犯）さざるは、位の稽なり。天は三を明らかにして以て一を一むれば、則ち万物、至らざることなし。

とあり、日月が列宿を定常的に運行するのは、度と数と位の稽（＝規律）があると述べる。

したがって、常軌に確たる数理が存在するものの代表として、日月星辰あるいは日月列星を想定しているので、星辰、列星は二十八宿、北辰（北極星）、北斗といった恒星を念頭に置き、五星を含むとしても、歳星（木星）、填星（土星）のように暦日、二十八宿の指標となる運行周期を対象としている。

天文訓では、それに対して彗星が雌雄の虹（虹蜺）とともに、「天の忌（禁忌）」であるとする。天忌とするのは、その出現が地上の異変を示す天意と考えるからである。つまり、天文訓では「星辰」が二十八宿説に近く、鄭玄が「五星」と解釈した（「星辰」の）「星」は、「彗星」のほうに対応することになる。

もちろん天文訓では、五星の運行が詳しく述べられており、五星を念頭に置いた中心とした「星辰」の言説も存在する。顓頊暦の暦定数を説明した箇所で、「日月星辰また甲寅元に始む」とあるのは、四五六〇年のサイクルで日月五星が暦元状態に復帰することを言う。日月五星（七曜）の会聚現象である。

他篇の論説でも、泰族訓では日月の薄蝕と五星の失行を並記し、本経訓では五星が正しい軌道を循行し、運行を失わないと述べる。また、脩務訓では星辰日月が西に移動するという一般的な考えに対して、摂提（木星）、鎮星（土星）、日月が実は東行するという天文知識を述べる。要略訓では、「星辰の行を列し、逆順の変を知る」とあり、惑星の逆行、順行の変化を述べる。そのように、五星の運行に関する運行理論を立論に大いに用いている。

したがって、『淮南子』の時代で、彗星から五星へとスライドしている。「星」の主体が彗星から五星への移行には、天文訓が示唆的に語るように、日月五星の会聚現象に着眼した暦元説が唱えられたことが大きな契機になったと考えられる。

暦元の設定には、日月五星の運行周期や紀日法、紀年法の六十干支などの諸定数の最小公倍数を算定する必要がある。惑星同士の会聚現象については、『開元占経』に集録された石氏、甘氏、巫咸の三家の「星経」に大いに議論されている。それらを除くと先秦文献には、あまり言及は見当たらないが、『竹書紀年』の帝辛（殷の紂王）三十二年に、「五星が房宿に聚まり、赤鳥が周社に集まった」という記載がある。

五星会聚説が広く知られるようになるのは、『史記』張耳・陳余伝に記載された漢高祖元年の五星会聚現象のエピソードによるところが大きい。現代天文学の推算によると、五星会聚の天象が実際に生起するのは翌年の六、七月前後であることから、天体観測によるものではないが、顓頊暦の五星運動論に依拠して数理的に導き出された言説と考えられる。つまり、惑星観の転換と五星運動論の数理的な飛躍に、顓頊暦が深く関わっていることは間違いない。秦漢の天文知識は、日書に断片的であるが、新たな情報がある。顓頊暦から太初暦、三統暦への数理的な発展は、その検討が大きな手がかりになることを指摘しておく。

結びにかえて

以上の考察をまとめると、先秦において、「日月星辰」の「星辰」は、三光として諸星の総称であったほか、「星」と「辰」と区別されて用いられることがあった。「辰」は「星宿」「列宿」すなわち二十八宿などの不動の恒星であり、規則正しく配列された天の秩序を象徴する存在と考えられた。一方、「星」はそれと区別されて自由に動き回る存在であり、漢代には五惑星いう解釈が定着するが、先秦では彗星の類を指し、その出現は日月食や地震とともに凶兆として忌避された。熒惑（火星）もそこには含まれており、天文占の中心的な対象として大いに注目され、それをモチーフにした言説、逸話が語られた。

五行説の台頭によって、「日月星辰」よりも「日月五星」の七曜説のほうが重視されていく一方で　火星、水星の運行が定式化され、水準の高い五星運動論へとジャンプアップする。そのような惑星観の変遷は、漢代の思想的変革の胎動と連動するものである。天文暦術の理論形成の場は民間にあって研究者集団の実像はよくわからないが、先秦の古暦から秦王朝の顓頊暦を経て、前漢の太初暦、王莽期の三統暦、後漢の四分暦へと至る国家的な改暦事業において大いに発展し、惑星運動論を基軸にした天文暦学の理論的基盤が確立する。

秦漢における天文暦学の数理的な発展を跡づけるには、本稿の考察によって彗星と同一視されていた火星や水星が考究課題として浮上する。その運行周期の定式化がどのようになされたのかを明確にするには、『淮南子』天文訓、『史記』天官書及び『五星占』には十分な情報を欠いており、三統暦や四分暦から遡及的に考察する必要性がある。その考察は紙面の限りがあるので別稿に譲る。

銀雀山漢墓竹簡『天地八風五行客主五音之居』客主篇と中国兵学における択日占

椛島　雅弘

序言

中国兵学において、吉日（戦うべき日）や凶日（戦うべきではない日）に関する占術は、古くから存在していた。ただし、その実態に関して、宋代以降の『虎鈐経』・『武経総要』といった兵書には、関連記述が多く残されているが、古代のまとまった資料は現存せず、詳細は不明であった。

しかし、一九七二年、山東省臨沂県の前漢時代の墓から発見された、銀雀山漢墓竹簡『天地八風五行客主五音之居』や、一九八三年、湖北省江陵県張家山で発見された、張家山漢墓竹簡『蓋廬』に関連記述が見られ、古代における兵学的択日占の実態を窺うことが可能となった。

そこで小論では、まず『天地八風五行客主五音之居』（以下、『天地』と略記）客主篇の択日占が、どのような理論に基づいて占われているの明らかにする。そして、『蓋廬』や後世の択日占と比較検討することにより、客主篇の思想的特徴を明らかにする。また、中国兵学において択日占が何如に発展してきたのか、兵学的要素の少ない別系統の択日占を交えながら考察する。

一、『天地八風五行客主五音之居』客主篇の復元とその内容

まずは、『銀雀山漢墓竹簡〔貳〕』[一]に記載されている整理小組の情報に基づき、『天地』の概要について述べる。『天地』は、全百二十五枚あるものの、大部分が残簡であり、欠損が激しい。推定される完簡の長さは約十八センチ、幅〇・五センチ、字体は比較的古く、篆書風である。書名の「天地八風五行客主五音之居」は第一九四五簡に見える。

また整理小組は、『天地』を（一）～（六）に分けるが、書名から、（一）が天地篇、（二）が八風篇、（三）が五行篇、（四）が客主篇、（五）が五音篇であることが推測され、（六）は（一）～（五）のどれにも属さない残簡が集められている。小論では、兵学的択日占が主題となっている（四）の客主篇を取り上げる。

以下、『天地』客主篇の文献的性質について考察した上で、現存箇所から可能な限り推測して、復元作業を行いたい。

凡例

・「……」は、竹簡の欠損、「□」は竹簡の欠字を表し、「【　】」は、竹簡欠損を補った文字を示す。また右下に小さく記されている「一九八七」等の漢数字は、『銀雀山漢墓竹簡〔貳〕』に記された竹簡番号である。

・墨点「・」は、本文表記の並列を示す句読点「・」と区別するため、「●」と示す。

釈文

主人　客主人分日、甲子・乙丑・戊寅・己巳・庚午一九八七……

利主人●甲寅・乙卯・丙辰・丁巳・戊午・己未……□主人一當客二。一九八八

利主人●甲辰・乙巳・丙午・丁未・戊申・己酉・庚戌・辛亥、主人一當客之四。一九八九

利主人●甲午・乙未・丙申・丁酉・戊戌・己亥、主人一當客之【八】一九九〇

利主人●甲申・乙酉・丙戌・丁亥、主人一當客十六。一九九一

利主人●甲戌・乙亥、主人一而當客之卌二。一九九二

利客　客主人勝日、甲子・乙丑・丙寅・丁卯・戊辰・己巳一九九三……

利客●丙子・丁丑・戊寅・己卯・庚辰・辛巳・【壬午・癸未】、主人四不如客之一。一九九四

利客●戊子・己丑・庚寅・辛卯・壬辰・癸巳、主人八不如客【之一】。一九九五

利客●癸子（二）・辛丑・壬寅・癸卯・主【人十六】不當客【一】。一九九六

利客●壬子・癸丑・主人卌二不當客一。一九九七

利主人●弱風・溗風・生風、不可以爲客、可以爲主人。一九九八

利客一大剛風・晳風・剛風、可以爲客、不可以爲主人。一九九九

……未・庚申・戊戌、主人。二〇〇〇

……丁巳・辛酉・壬戌・癸亥・己未、客。二〇〇一

……寅・丁卯・□二〇〇二……

一見すると、すべて同系統の択日占だが、内容や形式を詳細に確認すると、相違点・矛盾点が存在することがわかる。

まず、第一九八七簡と第一九九三簡は、内容を見れば同系統の択日占でないことが直ちに理解できる。なぜならば、両簡で、「甲子」「乙丑」「己巳」の三日が共通して確認できるにも関わらず、一方は客と主人の有利不利が五分の日（客主人分日）で、一方が客が有利の日（利客）と占うからである。無論、両簡ともに欠損が見られるため、断定することはできないが、同系統でない可能性は高いと思われる。

また、第一九九八簡と第一九九九簡も、干支ではなく風が占断基準となっており、他とは明らかに性質が異なる。

一方、第一九八八簡～第一九九二簡、及び第一九九四簡～第一九九七簡は、前者が「～に当たる」、後者が「～に如かず」

「〜に当たらず」のように、記述方法に若干の差異が存在するが、日の干支によって主人（守備側）・客（攻撃側）がどれほど有利なのか判断する点や、有利の度合いが一致しているため、同一もしくは系統の近い占術だと見てよいと思われる。

　恐らく整理小組は、八風篇以外の「客」「主人」に関する占術関係の竹簡を集めて、暫定的に「客主篇」と称したことが予想される。

　次に、第一九八八簡〜第一九九二簡及び第一九九四簡〜第一九九七簡（以下、これらをまとめてAグループと仮称）の内容を分析したい。まず、前半部（第一九八八簡〜第一九九二簡）の内容を（表一）として掲げる。

（表一）

旬	干支										占断
甲子旬	甲子	乙丑	丙寅	丁卯	戊辰	己巳	庚午	辛未	壬申	癸酉	
甲戌旬	甲戌	乙亥	丙子	丁丑	戊寅	己卯	庚辰	辛巳	壬午	癸未	主人一＝客三十二
甲申旬	甲申	乙酉	丙戌	丁亥	戊子	己丑	庚寅	辛卯	壬辰	癸巳	主人一＝客十六
甲午旬	甲午	乙未	丙申	丁酉	戊戌	己亥	庚子	辛丑	壬寅	癸卯	主人一＝客八
甲辰旬	甲辰	乙巳	丙午	丁未	戊申	己酉	庚戌	辛亥	壬子	癸丑	主人一＝客四
甲寅旬	甲寅	乙卯	丙辰	丁巳	戊午	己未	庚申	辛酉	壬戌	癸亥	主人一＝客二

　「旬」とは、十日を一グループにしたもので、干支を用いて日付を表す場合、「甲子旬」から「甲寅旬」まで六つのグループでまとめられる。「干支」とは天干地支（十干十二支とも）のことで、日付や方角等を表す際用いられる。「占断」とは占いの結果をもとに判断することであり、占術結果とほぼ同義である。▒で網掛けした箇所は、それぞれの占断に該当する日であり、□で囲ってある部分は、欠損しているが占術の法則から予想できる箇所を示す。

　（表一）を見てわかるのは、占断はいずれも同じ旬のみを対象としていることである。また、主人一＝客三十二の占断日→二日、主人一＝客十六の占断日→四日のように、主人の有利な度合いが二分の一になると、占断日は二日増加している。

　以上の法則性から鑑みると、欠損している主人一＝客二の占断日は、十日分となるため、第一九八八簡の後半は、庚申・辛酉・壬戌・癸亥であることが予想される。（□で囲ってある部分）

　次に、後半部（第一九九四簡〜第一九九七簡）の内容を（表二）として掲げる。

（表二）

旬	干支										占断
甲子旬	甲子	乙丑	丙寅	丁卯	戊辰	己巳	庚午	辛未	壬申	癸酉	主人二＜客一
甲戌旬	甲戌	乙亥	丙子	丁丑	戊寅	己卯	庚辰	辛巳	壬午	癸未	主人四＜客一
甲申旬	甲申	乙酉	丙戌	丁亥	戊子	己丑	庚寅	辛卯	壬辰	癸巳	主人八＜客一
甲午旬	甲午	乙未	丙申	丁酉	戊戌	己亥	庚子	辛丑	壬寅	癸卯	主人十六＜客一
甲辰旬	甲辰	乙巳	丙午	丁未	戊申	己酉	庚戌	辛亥	壬子	癸丑	主人三十二＜客一
甲寅旬	甲寅	乙卯	丙辰	丁巳	戊午	己未	庚申	辛酉	壬戌	癸亥	

（表二）も、占断がいずれも同じ旬のみを対象としていることと、客（主人）の有利な度合いが二分の一になると、占断日は二日増加するという法則性を確認できる。

従って、第一九九四簡の欠損部分は、原釈文で補われているように、壬午・癸未だと推測される。さらに、原釈文では述べられていないが、先の法則から考えると、恐らく第一九九四簡の前に、竹簡が一本分欠損している。（推測箇所は□で囲ってある部分）具体的には、「利客●甲子・乙丑・丙寅・丁卯・戊辰・己巳・庚午・辛未・壬申・癸酉、主人二不如客之一。」という簡が存在していたことが推測される。

以上、（表一）と（表二）を用いて、Aグループの内容について考察した。結果、残存箇所から占術の法則性を読み取り、欠損箇所を推測した。それらをまとめた上で復元案を示すと、次のようになる。傍線部分は原釈文で補われておらず、筆者が補った箇所を示す。また、竹簡番号は原釈文のまま示した。

利主人●甲寅・乙卯・丙辰・丁巳・戊午・己未・【庚申・辛酉・壬戌・癸亥】、主人一當客二。一九八八

利主人●甲辰・乙巳・丙午・丁未・戊申・己酉・庚戌・辛亥、主人一當客之四。一九八九

利主人●甲午・乙未・丙申・丁酉・戊戌・己亥、主人一當客之【八】一九九〇

利主人●甲申・乙酉・丙戌・丁亥、主人一當客十六。一九九一

利主人●甲戌・乙亥、主人一而當客之卌二。一九九二

【利客●甲子・乙丑・丙寅・丁卯・戊辰・己巳・庚午・辛未・壬申・癸酉、主人二不如客之一。】

利客●丙子・丁丑・戊寅・己卯・庚辰・辛巳・【壬午・癸未】、主人四不如客之一。一九九四

利客●戊子・己丑・庚寅・辛卯・壬辰・癸巳、主人八不如客【之一】。一九九五

利客●癸子・辛丑・壬寅・癸卯・主【人十六】不當客【一】。一九九六

利客●壬子・癸丑・主人卌二不當客一。一九九七

以下小論では、客主篇の中で最もまとまって現存しているAグループを主な比較対象とみなし、他の択日占について考察したい。

二、張家山漢墓竹簡『蓋盧』の択日占

客主篇（Aグループ）の択日占は、六十干支を客有利の日と主人有利の日で三十日ずつ分け、また有利の度合いを、客と主人それぞれ二倍（十日間）、四倍（八日間）、八倍（六日間）、十六倍（四日間）、三十二倍（二日間）のように、五段階に分けて占断を下す。また、これはある意味当然かもしれないが、有利の度合いが高いほど該当日は少ない。

それでは、このような客主篇の択日占は、兵学思想史上どのような特色を有しているだろうか。他の択日占を確認したい。

まず、『天地』と同じ新出土文献である張家山漢墓竹簡『蓋廬』(三)を取り上げたい。『蓋廬』は、春秋末の呉王闔廬（「闔閭」とも表記）と臣下の伍子胥の問答形式によって伍子胥の兵法を説く文献である。全九章に別れており、そのうちの第五章では、兵学的択日占に関する記述が確認される。

地橦八日、日橦八日、日臽十二日、皆可以攻、此用日月之道也。

地橦八日、日橦八日、日臽十二日、皆以て攻むべし、此れ日月を用うるの道なり。（第五章）

第五章では、詳しい解説は存在しないものの、「用日月之道」として「地橦」「日橦」「日臽」という語を挙げている。(四)これらはいずれも、後世でいう所の神煞《しんさつ》（日の吉凶に関与するとされた神）である。

劉楽賢「談張家山漢簡《蓋廬》的〝地橦〟、〝日橦〟和〝日臽〟」（『戦国秦漢簡帛叢考』所収、文物出版社、二〇一〇年）は、地橦・日橦・日臽の理論について言及しており、また武田時昌「天の時、地の利を推す兵法─兵陰陽の占術理論」（『中国思想史研究』第三四号、二〇一三年）は、八勝や地橦・日橦・日臽が、いずれも四時五行の説を応用していると述べる。以下では、劉氏・武田氏の考察を参照しながら、『蓋廬』の択日占に内在する理論について確認したい。

地橦・日橦

原釈では、睡虎地秦墓竹簡『日書』乙種の「衝（衝）日、可以攻軍入城及行、不可祠。（衝（衝）日、以て攻軍入城及び行すべからず、祠すべからず。）」の「衝（衝）日」を根拠に、地橦・日橦の「橦」が「衝」だと推測する。一方、劉氏はその意見に賛同しつつ、同じく『日書』甲種・乙種の

春三月戊辰・己巳、夏三月戊申・己未、秋三月戊戌・己亥、冬三月戊寅・己丑、是胃（謂）地衝、不可爲土攻（功）。

春三月戊辰・己巳、夏三月戊申・己未、秋三月戊戌・己亥、冬三月戊寅・己丑、是れを地衝と謂い、土功を為すべからず。（甲種）

春三月季庚辛、夏三月季壬癸、秋三月季甲乙、冬三月季丙丁、此大敗日、取妻不終。蓋屋燔。行傳、毋可有爲、日衝。

春三月季庚辛、夏三月季壬癸、秋三月季甲乙、冬三月季丙丁、此れ大敗日、妻を取るも終らず。蓋屋は燔かれ、行は伝となり、為を有するべくもなし、日衝。（甲種）

を引用し、『日書』の地衝・日衝（大敗日）が、地橦・日橦に相当すると主張する。さらに、二つの背後には、衝破という理論が存在することを指摘する。

衝破者、以其氣相格對也。衝氣爲輕、破氣爲重。支干各自相對、故各有衝破也。干衝破者、甲庚衝破、乙辛衝破、丙壬衝破、丁癸衝破、戊壬・甲戌・乙己、亦衝破。此皆對衝破。亦本體相剋、彌爲重也。支衝破者、子午衝破、丑未衝破、寅申衝破、卯酉衝破、辰戌衝破、巳亥衝破。此亦取相對。

衝破は、其の気の相格対するを以てなり。衝気を軽しと為し、破気を重しと為す。支干は各自ら相対す、故に各衝破有るなり。干の衝破は、甲庚衝破し、乙辛衝破し、丙壬衝破し、丁癸衝破し、戊壬・甲戌・乙己も、亦衝破す。此れ皆対し衝破するなり。亦た本体も相剋すること、弥重しと為すなり。支の衝破は、子午衝破し、丑未衝破し、寅申衝破し、卯酉衝破し、辰戌衝破し、巳亥衝破す。此れも亦た相対するを取る。(『五行大義』論衝破)

つまり衝破とは、天干・地支に、それぞれ相対する組み合わせがあることを意味する。この衝破を踏まえて、改めて『日書』の地衝に関する記述を確認すると、春三月戊辰と秋三月戊戌、春三月己巳と秋三月己亥、夏三月戊申と冬三月戊寅、夏三月己未と冬三月己丑の地支が、衝破の関係であることがわかる。

また同じく『日書』の日衝も、春三月季庚辛と秋三月季甲乙、夏三月季壬癸と冬三月季丙丁が、それぞれ衝破の関係にある。

一方、武田氏は以下のような干支の性質を踏まえた上で、地檀・日檀の理論を考察する。

まず、六十干支すべてに五行を配当させると、[五]天干と地支の関係が「相克」か「相生」か、或いは「同質」に分けられる。さらに相克は、「天干が地支に勝つ場合」と「地支が天干に勝つ場合」、相生は「天干が地支を生む場合」と「地支が天干を生む場合」に細分される。つまり、天干と地支の関係は、計五種類に分けられることになる。そして、『淮南子』天文訓によれば、五種類の日は、それぞれ以下のような名称・意味があるという。

子、生母曰義、母、生子曰保、子母相得曰専、母、勝子曰制、子、勝母曰困。以制撃殺、勝而無報、以専従事而有功、以義行理、名立而不墮、以保畜養、萬物蕃昌、以困擧事、破滅死亡。

子、母を生ずるを義と曰い、母、子を生ずるを保と曰い、子母相得るを専と曰い、母、子に勝つを制と曰い、子、母に勝つを困と曰う。制を以て撃殺すれば、勝てども報無し、専を以て事に従えば功有り、義を以て理を行えば、名立ちて堕ちず、保を以て畜養すれば、万物蕃昌し、困を以て事挙ぐれば、破滅死亡す。

「子」は地支、「母」は天干を指す。義日(子生母)に道理にかなったことを行えば名声が上がって廃れず、保日(母生子)に畜養すれば万物が栄え、専日(子母相得)に事を行えば成功し、制日（母勝子）に撃殺すれば、たとえ勝利しても果報は得られず、困日（子勝母）に何か行えば、身は破滅し死に至る。また、この占断によれば、義日・保日・専日が吉日であり、制日はやや凶日、困日は大凶日である。[六]

そして、各日を週ごとの表にすると（表三）のようになる。「週」とは、一般的には七日間を一回りとする単位であるが、

（表三）

週	干支・五行配当・各日											
甲子週	甲子 木水 A	乙丑 木土 D	丙寅 火木 A	丁卯 火木 A	戊辰 土土 C	己巳 土火 A	庚午 金火 E	辛未 金土 A	壬申 水金 A	癸酉 水金 A	甲戌 木土 D	乙亥 木水 A
丙子週	丙子 火水 E	丁丑 火土 B	戊寅 土木 E	己卯 土木 E	庚辰 金土 A	辛巳 金火 E	壬午 水火 D	癸未 水土 E	甲申 木金 E	乙酉 木金 E	丙戌 火土 B	丁亥 火水 E
戊子週	戊子 土水 D	己丑 土土 C	庚寅 金木 D	辛卯 金木 D	壬辰 水土 E	癸巳 水火 D	甲午 木火 B	乙未 木土 D	丙申 火金 D	丁酉 火金 D	戊戌 土土 C	己亥 土水 D
庚子週	庚子 金水 B	辛丑 金土 A	壬寅 水木 B	癸卯 水木 B	甲辰 木土 D	乙巳 木火 B	丙午 火火 C	丁未 火土 B	戊申 土金 B	己酉 土金 B	庚戌 金土 A	辛亥 金水 B
壬子週	壬子 水水 C	癸丑 水土 E	甲寅 木木 C	乙卯 木木 C	丙辰 火土 B	丁巳 火火 C	戊午 土火 A	己未 土土 C	庚申 金金 C	辛酉 金金 C	壬戌 水土 E	癸亥 水水 C

（表四）

	B	C	A	E	D
甲子週	0	1	8	1	2
丙子週	2	0	1	8	1
戊子週	1	2	0	1	8
庚子週	8	1	2	0	1
壬子週	1	8	1	2	0

※規則性を強調するため、あえてB→C→A→E→Dの順にしている。

ここでは十二日を一回りの単位として、甲子週から壬子週まで六十干支を五つの週に分けている。また、「干支・五行配当・各日」の「各日」は、Aは義日、Bは保日、Cは専日、Dは困日、Eは制日を指す。

また（表四）は、各日が各週にいくつ存在するのか表にしたものである。

これを踏まえると、地橦に該当する日は、春夏秋冬の季月の天干（春は三月辰、夏は六月未、秋は九月戌、冬は十二月戌）を含む専日と、その前後に存在する戊・己（共に土の配当）を含む日であることがわかる。また「日橦」については、それぞれの衝破が、庚辛（金）と甲乙（木）、壬癸（水）と丙丁（火）のように、土を除く四行の四時配当によって対比している。

日臽

「日臽」についても、『日書』乙種に臽日というものが存在

し、劉氏・武田氏共に参照している。

正月壬臽。二月癸臽。三月戊臽。四月甲臽。五月乙臽。六月戊臽。七月丙臽。八月丁臽。九月己臽。十月庚臽。十一月辛臽。十二月己臽。

武田氏によれば、日臽の組み合わせを五行に置き換えると、孟月・仲月は、前シーズンの孟月・仲月に配される月の地支[七]を当てるといった理論が存在する。（表五）では、各月ごとの地支とその五行配当と、日臽とその五行配当をまとめているので、参照されたい。

（表五）

各月	1	2	3	4	5	6	7	8	9	10	11	12
地支	寅	卯	辰	巳	午	未	申	酉	戌	亥	子	丑
地支の五行配当	木	木	土	火	火	土	金	金	土	水	水	土
日臽	壬	癸	戊	甲	乙	戊	丙	丁	己	庚	辛	己
日臽の五行配当	水	水	土	木	木	土	火	火	土	金	金	土

以上、先行研究を参照しながら、『蓋廬』の択日占について確認した。『蓋廬』の択日占は、干支に五行説を配当して各々性質を持たせ、また衝破や四時の循環を踏まえて理論が構築されていた。また、『淮南子』天文訓や『日書』に見られる択日占は、『蓋廬』のように兵学に特化したものではないが、互いに通じる点が確認された。

三、敦煌文献「出軍大忌法」及び『虎鈐経』の択日占

それでは、客主篇や『蓋廬』以外の択日占はどのような理論によって成立しているのだろうか。あるいは何を根拠に占断を下すのだろうか。客主篇のように神煞を用いず、四時や五行も用いない理論に基づくのか、もしくは『蓋廬』のように神煞を用いて、四時や五行を用いた変化に富んだ理論に基づくのだろうか。それとも、二者とは全く異なるのだろうか。小論では、敦煌文献「出軍大忌法」・『虎鈐経』・『武経総要』・『戎事類占』[八]の択日占を取り上げ考察していきたい。

「出軍大忌法」

まずは「出軍大忌法」について。「出軍大忌法」は敦煌文献の一つであり、**P.2610**『立像西秦五州占第廿二　天鏡』の他、**P.3288**・**S.2729V** にも存在している。[九]三者はそれぞれ欠損や異なる箇所が存在するが、基本的な内容は一致することが確認されるため、同一文献と見なしてよいと思われる。

鄭文寛・劉楽賢「敦煌天文気象占写概述」（『鄭文寛敦煌天文暦法考索』所収、上海古籍出版社、二〇一〇年）は、**P.3288** が、安史の乱後に吐蕃が西秦五州を侵略する前に書かれたと推測する。そして、具体的な成書年代を、七七五年〜八〇〇年の間とする。一方、王晶波『敦煌占卜文献与社会生活』（甘

粛教育出版社、二〇一三年）は、この意見に賛同しつつ、西秦五州が完全に吐蕃の支配下に入るのが七八六年であることから、P.3288 の成立下限を七八六年とする。

「出軍大忌法」には、複数の択日占が含まれているが、文献名の通り、いずれも出軍をすべきではない日に関する占術である。以下、三種確認したい（一〇）。

正月寅、二月子、三月戌、四月申、五月午、六月辰、七月寅、八月子、九月戌、十月申、十一月午、十二月辰。

この択日占は、月ごとに特定の地支を含んだ日の出軍を戒めるが、どのような理論のもと成り立っているのだろうか。第一に注目すべきは、六つの地支（寅・子・戌・申・午・辰）しか用いておらず、それらはいずれも陽支という点である。また、一月七月、二月八月、三月九月、四月十月、五月十一月、六月十二月で占断が共通することも注目される。

これに関連して、『武経総要』後集巻之二十に「凡兵禁日不可出軍。正月起寅、逆行六陽辰。（凡そ兵禁日は軍を出すべからず。正月寅に起こり、六陽辰を逆行す。）」とある。この「兵禁」は、神煞（一一）（凶煞）の一つであり、兵禁日には、辺境の安撫、将兵の選抜、出師を戒めるべきだとされている。また「六陽辰」とは、地支のうち陽の性質を持つ子・寅・辰・午・申・戌を指す。また「逆行」とは、地支は本来、子をはじめとして、子→寅→辰→午→申→戌（陽支のみを抜粋）という順番だが、寅以下を逆行させると、寅→子→戌→申→午→辰（→寅……）という順番となる。そして、「出軍大忌法」も寅→子→戌→申→午→辰（→寅……）のように逆行している。

五帝所在不可向大忌。春寅・午・戌五帝在東、夏巳・酉・丑五帝在南、秋申・子・辰五帝在西、冬亥・卯・未五帝在北（一二）。

五帝の在る所大忌にして向かうべからず。春の寅・午・戌は五帝東に在り、夏の巳・酉・丑は五帝南に在り、秋の申・子・辰は五帝西に在り、冬の亥・卯・未は五帝北に在り。

五帝（青帝・赤帝・黄帝・白帝・黒帝）が季節ごとに四方を遊行しており、その方角には攻めるべきではない、という占術である。神煞の遊行から攻める方角の吉凶を占うという点は刑徳占と同一だが、神煞すべて（五帝）が同じ動きをする点は異なる。

本題の択日部分に関しては、五帝をわざわざ用いることから、五行説を用いて占断を決定していることが予想される。ここでは、季節＋地支三つ＋方角が記されているが、それぞれ五行を当てはめてみると、

・春（木）、寅（木）・午（火）・戌（土）、東（木）
・夏（火）、巳（火）・酉（金）・丑（土）、南（火）
・秋（金）、申（金）・子（木）・辰（土）、西（金）
・冬（水）、亥（水）・卯（木）・未（土）、北（水）

となる。季節の五行＝一番目の地支の五行であり、一番目と二番目の地支の五行は相克関係である。また、どの季節も三番目には土行が該当し、季節と方角の五行も対応している。以上のように、この択日占には、五行説の影響が色濃く見られる。[一三]

最後に、「天猶下食不可出軍。（天の猶下食のごときは軍を出すべからず。）」という択日占を確認したい。「下食」とは、流星が人間の食を求めて下界に降ると伝えられている日であり、古くから凶日とされた。そして、具体的な占断は以下の通りである。

正月辰・戌、二月巳・亥、三月子・午、四月丑・未、五月寅・申、六月卯・酉、七月辰・戌、八月巳・亥、九月子・午、十月丑・未、十一月寅・申、十二月卯・酉。

はじめに確認した占術と同じく、各月ごとに日を挙げる他、一月七月、二月八月、三月九月、四月十月、五月十一月、六月十二月で占断が共通する点も同様である。一方、六種の地支の組み合わせ（辰戌・巳亥・子午・丑未・寅申・卯酉）は、すべて衝破の関係である。[一四]

『虎鈐経』

以上、敦煌文献「出軍大忌法」の択日占三種の理論は、神煞や陰陽・五行・天文・四時に関係していることが明らかになった。次に、『虎鈐経』の択日占を確認したい。まず、「月殺・月虚日、利命將出征。（月殺・月虚日は、将に命じて出征するに利あり。）」（出軍日第一百十五）と、出征に良い日として、月殺日・月虚日が挙げられている。

月殺日は、『論衡』譏日篇に「假令血忌・月殺之日固凶、以殺牲設祭、必有患禍。（仮に血忌・月殺の日をして固より凶ならしむるに、以て牲を殺し祭に設くれば、必ず患禍有らん。）」とあり、血忌日と共に、血を見るべきではない日として古くから認識されていたようである。

譏日篇と『虎鈐経』における月殺日に対する解釈は異なっているが、そもそも日常で行う占術と戦場で行う占術なので、解釈が異なることが予想される。また、疏勒河流域出土漢簡の第五五四簡と居延新簡の **EPT43-257** に「月殺　丑　戌」とあり、月殺日が丑・戌の日であることがわかる。[一五]

月虚日については、詳しく占断を述べる資料は発見できなかったが、一般的には、倉庫の修理・開放や、貨財の消費を忌むべき神（日）とされている。

又曰、十二月中各有出軍吉凶日。正月戊辰・丙子・庚午・辛卯・戊子・壬辰・丙辰・丙申、二月丁卯・辛卯、此是九醜日、它月皆不犯。

又た曰く、十二月中各に出軍吉凶の日有り。正月戊辰・丙子・庚午・辛卯・戊子・壬辰・丙辰・丙申、二月丁卯・辛卯、此れ是れ九醜日、它月も皆犯さず。（同上）

ここで登場する九醜日については、『太白陰経』に詳しい記述が存在する。

乙・戊・己・辛・壬之日、爲子・午・卯・酉之神、合五得四、交合爲九丑、主敗軍殺將。丑悪之日、故曰九丑。己卯・辛卯・戊午・戊子・壬子・壬午・乙酉・辛酉、己酉是也。

乙・戊・己・辛・壬の日、子・午・卯・酉の神と為し、五を合して四を得、交合して九丑と為し、主敗れて、軍将を殺す。丑悪の日は、故に九丑と曰う。己卯・辛卯・戊午・戊子・壬子・壬午・乙酉・辛酉、己酉是れなり。(『太白陰経』推九丑法)

二つの九醜(丑)日を比較すると、『虎鈐経』では十日、『太白陰経』では九日挙げられている他、共通する日が二日(戊子・辛卯)しか存在しない等、にわかに同一の択日占とは判断し難い内容であるが、凶煞(日)として認識されていることは確かである。[一六]

『虎鈐経』では九醜日の他、神煞について多く言及される。

十一月・十二月九醜・八魁・無翹・大禍・反激・天賊・天門・四不出・六絶・血忌・大敗諸日、今悉刪而去之、不在此十二月吉日中。唯犯九丑大凶。

十一月・十二月九丑・八魁・無翹・大禍・反激・天賊・天門・四不出・六絶・血忌・大敗諸日、今悉く刪《けず》りて之を去《しりぞ》く、此れ十二月の吉日中に在らず。唯だ九丑を犯すは大凶なるのみ。

ここからは、並べられている神煞がいずれも凶日であり、中でも九醜が大凶日であることは読み取れるが、占断内容は省かれている。幸い、先に確認した九醜の他、八魁・血忌に関しては、新出土文献や他の伝世文献に記述が散見されるので確認したい。

まずは八魁について。香港中文大学文物館蔵漢簡『日書』には、「胃(謂)八魁。日凶。用者威(滅)亡、毋(無)後。(八魁と謂う。日凶。用いる者滅亡す、後無し。)」[一七](第七十二簡)とあり、疏勒河流域出土漢簡には「□日甲寅徐(除)八魁」(第四三七簡)とあり、漢代には既に用いられていたことがわかる。

内容については、『後漢書』蘇竟伝の李賢注に「暦法、春三月己巳・丁丑、夏三月甲申・壬辰、秋三月己亥・丁未、冬三月甲寅・壬戌爲八魁。(暦法、春三月の己巳・丁丑、夏三月の甲申・壬辰、秋三月の己亥・丁未、冬三月の甲寅・壬戌を八魁と為す。)」とある。[一八]この占断は、対衡をはじめとした五行説に基づいてはいないが、一定の法則に従っている。それは、計八つの占断日の間隔が、八日と七日の繰り返しであることである。具体的には、己巳から丁丑まで八日、丁丑から甲申まで七日の間隔があり、以下この法則に基づいている。

次に血忌について。先に確認した通り、月殺と共に『論衡』

禨日篇に存在し、血を見るべきではない日として認識されている。また、香港中文大学文物館蔵漢簡『日書』には、「婁・虚、是胃（謂）血忌、出血若傷死。（婁・虚、是れ血忌と謂う、出血すること傷死のごとし。）」（第七十三簡）とある他、疏勒河流域出土漢簡にも見える。[一九]

内容については、清・李光地ら撰『御定星暦考原』巻四に引く『暦例』に「血忌者、正月丑、二月未、三月寅、四月申、五月卯、六月酉、七月辰、八月戌、九月巳、十月亥、十一月午、十二月子。」とある。[二〇]

以上、『虎鈐経』の択日占について考察を加えたが、月殺・月虚・九丑・八魁・血忌等、神煞を根拠に日を択ぶ占術が多く見られた。また、日書系の新出土文献にも同じ神煞が見られる点は非常に注目される。それでは、『武経総要』・『戎事類占』の択日占はどうだろうか。

四、『武経総要』『戎事類占』の択日占と非兵学的択日占について

結論から言えば、『武経総要』の択日占も、その大半が神煞によるものである。また、元・李克家『戎事類占』[二一]時日類に存在するものと多く重複している。神煞について、『虎鈐経』・『武経総要』・『戎事類占』に加え、『臞仙肘後経』に存在する記述を表にまとめると、（表六）の通りとなる。まず『臞仙肘後経』とは、明の朱権が著作した文献であり、兵学専門ではなく、日常生活において利用した択日占及び神煞が記されている。また、表中の「○」は、上の神煞が確認できることを、「△」は完全に同一ではないが類似する神煞が確認できることを、「×」は上の神煞が確認できないことを示す。

兵学三書を確認した所、卑見の及ぶ限りで計六十一（十二将・十一曜を一つと見なした場合）の神煞が存在した。各文献における神煞の有無にはばらつきがあるが、少なくとも二点、（表六）からおおよその傾向を読み取ることができる。

第一に、兵学的択日占を述べる『虎鈐経』・『武経総要』・『戎事類占』と、日常における択日占を述べる『臞仙肘後経』とで、共通する神煞が多い点である。具体的には、兵学系三書に存在する計六十一の神煞のうち、二十八は確実に『臞仙肘後経』にも存在する。第二節で取り上げた『蓋廬』や、第三節で取り上げた『虎鈐経』の神煞が、日書系の新出土文献にも見られることは既に指摘したが、他の文献と合わせて表にすると、その傾向がより明瞭に確認できる。以上のことから、兵学的択日占と非兵学的択日占は、神煞やその理論を共有するという点で、古くから一定の関係にあったことがわかる。

第二に、兵学的択日占は、凶煞が圧倒的に多い点である。計六十一の神煞のうち、単純に吉凶を区別できない十二将・十一曜と、吉神である旺相と白虎頭を除いた五十七の神煞は、すべて凶煞である。一方で、『臞仙肘後経』に挙げられている吉神と凶煞の割合が一二五対二二五なことと比べると、その偏り具合が了解されよう。つまり、少なくとも宋以降におけ

（表六）

	『虎鈐経』	『武経総要』	『戎事類占』	『臞仙肘後経』
九醜（丑）	○	○	○	○
八魁	○	×	×	×
無翹	○	×	×	○
大禍	○	×	×	×
反激	○	×	×	○
天賊	○	×	×	○
天門	○	×	×	×
四不出	○	×	×	×
六絶	○	×	×	×
血忌	○	×	×	○
大敗	○	○	○	○
天乙絶気	○	○	×	○
六窮	○	○	○	×
八専	×	○	○	○
十二将	○	○	○	△（騰虵・天后・太常は無し）
月建	×	○	○	○
八龍	×	○	○	○
七鳥	×	○	○	○
九蛇	×	○	○	△（六蛇）
十虎	×	○	○	△（九虎）
往亡	×	○	△（往亡帰忌）	○
日月蝕（食）	×	○	○	×
平（十二直）	×	○	○	×
収（十二直）	×	○	○	×
閉（十二直）	×	×	○	×
兵禁	×	○	○	×
四离（離）	×	○	○	○
四絶	×	○	○	○
月厭	×	○	○	○
受死	×	○	○	○
龍虎	×	○	○	○
罪至	×	○	○	○
伐日	×	○	×	○
飛廉太殺	×	○	○	○
反支	×	○	×	×
天火狼藉	×	△（天大狼藉）	○	△（天火と狼藉に分かれる）
天魁	×	○	○	×
咸池	×	○	○	○
十悪無禄大敗	×	×	○	△（十悪大敗と十悪無禄に分かれる）
五反	×	×	○	×
大殺	×	○	○	○
火殺	×	×	○	×
金殺	×	×	○	×
五不帰	×	×	○	○
八絶	×	×	○	○
滅没	×	×	○	×
五不遇	×	×	○	×
天地争雄	×	×	○	○
伏尸	×	×	○	×
血光	×	○	○	×
空亡	×	×	○	○
猖鬼敗亡	×	×	○	○
白虎頭	×	×	○	×
伏断	×	×	○	○
旺相	×	○	○	△（旺日と相日に分かれる）

休廃	×	○	○	△（天休廃）
十二曜	×	○	×	×
五墓	×	×	○	×
戦雄	×	×	○	×
戦雌	×	×	○	×
六害	×	×	○	×
游都	×	×	○	×
太歳金神	×	○	○	△（太歳）

る兵学的択日占は、凶日を避けることに重点が置かれていたのである。

　次に、各神煞がどのように定められているのか、その理論を考察するが、分量の関係上、すべて確認することはできないので、『武経総要』と『戎事類占』共に記述が見える旺相・休廃を取り上げたい。

　旺相・休廃とは、元々は四季の変化によって作られる、五行の気の状態を指す。季節と同じ五行だと盛んで（旺相）、季節と異なる五行だと盛んではなくなる（休廃）[二二]。

　『武経総要』後集巻之二十及び『戎事類占』時日類には、「凡擇日、取其旺相日辰制克（剋）所攻之方、吉。若休癈無気、皆凶。（凡そ日を択ぶに、其れ旺相の日辰を取りて攻むる所の方を制克するは吉なり。休廃のごときは無気にして皆凶なり。）」とある。これは恐らく、四季もしくは月の五行と、日の五行、方位の五行を踏まえた択日占である。例えば、春（木）に東・東南（木）の方角を攻めるのなら、乙卯日（木）が最適だと占断を下す。

結語

　以上、『天地』客主篇をはじめとして、兵学的択日占を取り上げて考察した。以下では、これまでの考察を踏まえ、『天地』客主篇の思想的特徴、及び中国兵学における択日占の発展過程、また非兵学的択日占との関係について、結論を述べたい。

　まずは『天地』客主篇の思想的特徴について。『蓋廬』・「出軍大忌法」・『虎鈐経』・『武経総要』・『戎事類占』の択日占には、様々な神煞が登場し、しばしば陰陽・五行・天文・四時といった要素に基づいて吉日・凶日が決定されていた。

　一方、『天地』客主篇には、資料上の制約もあり、断定はできないが、神煞や五行等の影響も見られず、その意味で素朴な形態を残していることが推測された。この点が、客主篇最大の特徴であろう。もちろんこのような択日占は、『武経総要』等でも確認できるが、あくまで一部であり、記述の大半は神煞や、神煞や陰陽・五行等を包括した占術（六壬占・太乙占・遁甲占）で占められる。

　次に、中国兵学における択日占の発展過程について述べたい。小論で取り上げた文献の成立年代について整理すると、以下の通りとなる。まず『天地』と『蓋廬』は、いずれも前漢時代の墓から発見されたものなので、遅くともその時代には成立していたことは確かである。「出軍大忌法」は、前述の通り唐代末期が成立下限であり、『虎鈐経』・『武経総要』は共に北宋時代に編纂された兵書である。そして『戎事類占』については、元・李克家の撰である。つまり、おおよその成立年代を並べると、『天地』・『蓋廬』→「出軍大忌法」→『虎鈐経』・『武経総要』→『戎事類占』となる。無論、書の成立時期と占術の成立時期が必ずしも一致するわけではないが、これによって、兵学的択日占の発展過程について、一定の示唆を得ることができる。

つまり、少なくとも唐末以降、中国における兵学的択日占は、神煞や陰陽・五行・天文・四時の影響を強く受けながら発展してきたことが推測される。特に、五行思想と択日占の関係については、『五行大義』論支干名で「支干者、因五行而立之（支干とは、五行に因りて之を立つ）」とまで述べられている。恐らく事実とは異なるが、関係の深さを窺うことができる。また、『蓋廬』にも神煞を用いた択日占が見られることから、前漢時代までそのルーツを遡ることができる。

そしてこのことは、後世、客主篇のような択日占が流行しなかった原因でもある。陰陽・五行・天文・四時という、中国文化全体に多大な影響を及ぼす思想や、神秘的な力を持つと信じられてきた神煞を根拠とする占術と、そのような思想に拠らず、客・主人の旬ごとの有利不利を決定するだけの占術ならば、明らかに前者を継承するのが自然である。

また、客主篇の択日占は、甲子の旬や甲寅の旬に顕著なように、客（もしくは主人）に有利な日が最大十日も続く他、全体的にも非常に単調な変化となる。また、有利の度合いが最大で三十二倍にまで膨れあがってしまう。このように、あまりに変化に乏しく、かつ非現実的な数字が出現してしまうと、占術の持つ神秘性を持たせることができないため、受け継がれづらいのも致し方ないと思われる。

最後に、兵学的択日占と非兵学的択日占との関係について述べたい。両者には、前漢時代には既に、同じ神煞が散見され、古くから一定の関係を有していた。しかし、兵学的択日占は非兵学的択日占に比べ、凶煞が圧倒的に多い点で異なっていた。

なお、今回取り上げた択日占以外にも、孤虚占や刑徳占・六壬占・太乙占・遁甲占といった択日要素を含む占術が存在する。これらは、より複合的な占術なので考察対象としなかったが、択日占の発展過程を窺うにあたっていずれも重要な占術である。この点については、稿を改めて考察したい。

《注》

（一）銀雀山漢墓竹簡整理小組編、文物出版社、二〇一〇年。

（二）第一九九六簡の「癸子」は、恐らく「庚子」の誤りであろう。（表二）では改めている。

（三）『蓋廬』を引用する際は、『張家山漢墓竹簡〔二四七號墓〕』（張家山二四七號墓竹簡整理小組、文物出版社、二〇〇一年）を底本とした。

（四）その他、『蓋廬』には「八勝」と称される択日占が存在するが、紙幅の関係上、注で紹介するに留めておきたい。「丙午・丁未可以西郷（嚮）戰、壬子・癸丑可以南郷（嚮）戰、庚申・辛酉可以東郷（嚮）戰、戊辰・己巳可以北郷（嚮）戰、是胃（謂）日八勝。（丙午・丁未は以て西に嚮《む》かいて戦うべく、壬子・癸丑は以て南に嚮かいて戦うべく、庚申・辛酉は以て東に嚮かいて戦うべく、戊辰・己巳は以て北に嚮かいて戦うべし、是れを日の八勝と謂う。）」（第四章）

（五）干支の五行配当は、『淮南子』天文訓の「甲乙寅卯、木也。丙丁巳午、火也。戊己、四季土也。庚辛申酉、金也。壬癸亥子、水也。（甲乙寅卯は、木なり。丙丁巳午は、火なり。戊己は、四季の土なり。庚辛申酉は、金なり。壬癸亥子は、水なり。）」から確認できる。

（六）また元・李克家『戎事類占』時日類には、五つの日に関する兵学的占断が記されている。「凡出軍寶日大吉、次義日、次和日、又次制日、利以戰勝。伐日凶敗。寶干生支也、義支生干也、和支干比也、制干克支也、伐支克干也。（凡そ宝日に出軍に出軍するは大吉、次いで義日、次いで和日、又た次いで制日、利して以て戦勝す。伐日は凶敗す。宝は干の支を生ずるなり、義は支の干を生ずるなり、和は支の干と比ぶなり、制は干の支に克つなり、伐は支の干に克つなり。）」『戎事類占』によれば、宝（保）日が大吉、また義日、和（専）日、制日の順に吉であり、伐（困）日のみは凶だと見なされていることがわかる。宝日、伐日は、『霊宝経』（『抱朴子』内篇・登渉篇に引く）にも用例が見え、それぞれ保日、困日に相当することがわかる。

（七）原文は「日干」、すなわち天干と書かれているが、恐らく各月の月支（地支）の誤りだと考えられる。

（八）『虎鈐経』は粤雅堂叢書本、『武経総要』は四庫全書本、『戎事類占』は続修四庫全書本を底本とした。また「出軍大忌法」の底本については、注（九）（一〇）に記す。

（九）P.2610は上海古籍出版社・法国国家図書館編『法国国家図書館蔵敦煌西域文献』第一六冊（上海古籍出版社、二〇〇一年）、P.3288は同第二三冊（上海古籍出版社、二〇〇二年）、S.2729Vは、中国社会科学院歴史研究所ほか編『英蔵敦煌文献』（四川人民出版社、一九九一年）にそれぞれ収録されている。また各文献の概要については、王晶波『敦煌占卜文献与社会生活』（甘粛教育出版社、二〇一三年）を参照した。

（一〇）「出軍大忌法」引用の際には、『立像西秦五州占第廿二　天鏡』（P.3288）所収のものを底本とした他、適宜P.2610を参照して改めた箇所が存在する。

（一一）以下、本文で扱う神煞を考察するにあたって、大野裕司「中国古代の神煞―戦国秦漢出土術数文献に見るもうひとつの天人関係―」（『中国哲学』第四〇号、二〇一三年、後に『戦国秦漢出土術数文献の基礎的研究』（北海道大学出版会、二〇一四年）に収録）を参照した。

（一二）底本では「冬亥・卯・未五帝」の後が読み取れないが、P.2610では「在北」と続くので、本文では補った。

（一三）神煞「五帝」については、『太白陰経』推五帝法にも記述が存在する。

（一四）紙幅の関係上省略するが、「出軍大忌法」には、本文で取り上げた択日占三種の他、一種の択日占と、出軍の際に行うまじないに関する記述が存在する。

（一五）また、尹湾漢墓簡牘『元延三年五月暦譜』には「月殺丑」とあり、疏勒河流域出土漢簡と居延新簡の記述と比べて「戌」が存在しない。

(一六) 九醜日は、この他『呉越春秋』・『武経総要』にも見られる。

(一七) ここの「徐（除）」とは、いわゆる十二直であり、北斗七星の星の動きや地支を用いてを吉日・凶日を判断した。のちに神煞として見なされ、『武経総要』には、平・収の日には兵を用いるべきではないという占断が存在する。

(一八) 注釈が付けられている本文は以下の通りである。「夫仲夏甲申爲八魁。八魁、上帝開塞之將也。主退惡攘逆。（夫れ仲夏の甲申を八魁と為す。八魁は、上帝の開塞の将なり。主悪を退け逆を攘うを主る。）」

(一九) 「十一日甲午破血忌・天李」（第四三七簡）とある。

(二〇) なお、『臞仙肘後経』にも血忌が存在する他、無翹・天賊・反激も確認される。

(二一) 李克家は、字は肖翁。南昌富州の人。また『四庫全書総目提要』は、『戎事類占』を「是書取兵家占候（是の書は兵家占候を取る）」とする。

(二二) 一般的には、旺・相・休・囚・死（廃）の五種存在する他、旺・相や囚・死（廃）で細かく占断が異なる場合が多い。

附記

小論は、「サントリー文化財団　二〇一七年度若手研究者のためのチャレンジ研究助成」（研究課題「日中兵学における択日占の比較研究」）の成果の一部である。

郭璞『易洞林』研究—附録：郭璞『易洞林』佚文一覧

佐野　誠子

はじめに

郭璞は、東晋王朝の文学者、文献学者として、その名を残している。

彼の著作は多岐にわたる。多数ある著作のうちの一つに『易洞林』という書があり、清朝には、輯本が作られた。その他、日本にのみ残る薩守真編の天文類書『天地瑞祥志』にも『易洞林』からと思われる引用が合計四条あり、うち二条は、他に引用をみない未知の佚文資料である。

後述するように、郭璞『易洞林』の佚文は、さまざまな問題を含んでおり、どこまでが『易洞林』の佚文であったのか、また、『易洞林』が本来どのような書であったのかを見極めることが難しい。

『天地瑞祥志』は、唐初の成立であるため、その佚文を検討することは、『易洞林』の本来の姿に近づく手掛かりとなり得る。本稿では、『易洞林』の研究史を整理したのち、『天地瑞祥志』の『易洞林』の引用文を検討し、『易洞林』という書の特徴について考察する。

一、郭璞『易洞林』について

目録上の情報

郭璞が『易洞林』を著したことは、『晋書』郭璞伝に「璞撰前後筮驗六十餘事、名爲『洞林』。又抄京、費諸家要最、更撰『新林』十篇、『卜韵』一篇(一)」とあり、占いがあたった六十餘りの事例を載せたとの記述がある。また、同じく『晋書』郭璞伝には、郭璞が卜筮を好むことを、高官に笑われた時に書いた「客傲」が紹介され「徒費思於鑽味、摹『洞林』乎『連山』、尚何名乎(二)」とある。

『易洞林』は、『隋書』経籍志子部五行類に『易洞林』三巻郭璞撰と著録され、『隋志』の後も、『旧唐志』では『周易洞林解』三巻、『新唐志』では郭璞『周易洞林解』三巻、『崇文総目』では『郭璞洞林』一巻、『通志』藝文略五行類では『周易洞林』三巻、『宋志』では『郭璞周易洞林』一巻と著録があり、宋代までは書籍として残存していたことが伺える。さらに『玉海』巻三五藝文では「『晉』郭璞傳、璞撰前後筮驗六十餘事名爲『洞林』。〈『（崇文）書目』止存一卷、載二十二事。

朱震『易叢説』引之。『唐志』『洞林解』三巻〉」としており、宋代に残っていた一巻本は、二二条の内容をもっていたようである。

また、『晋書』郭璞伝にある『新林』は、『易洞林』と同じく『隋志』子部五行類に『周易新林』の四巻本と九巻本が著録され、他に梁王朝では『周易林』五巻があったとある。『通志』藝文略五行類が『周易洞林』と別に、郭璞の著作として『周易林』五巻を著録するのは、『郭璞易新林』を指しているのかもしれない。

他、『隋志』子部五行類には、郭璞の著作として『易八卦命録斗内図』一巻が著録される。こちらの書は新旧『唐志』等には著録されないが、『通志』藝文略には著録される。『隋志』子部五行類には亡佚書として著者名なく『管郭近要決』の書名を著録する。書名からすると管輅と郭璞の占いに関する書物だったか。

佚文研究

郭璞の『易』関連著作について、『易洞林』以外は、輯本が存在しない。そもそも、佚文とみなせる資料が存在しないようである。しかし、『易洞林』は、『藝文類聚』『北堂書鈔』『初学記』『太平御覧』などの類書に引用がみえる他、宋代朱震『漢上易伝』周易叢説、元代胡一桂『周易発明啓蒙翼伝』(『易学啓蒙翼伝』とも。以下『啓蒙翼伝』と省略)などにも引用があり、何種類かの輯本が存在する。(四)

なかでも、『啓蒙翼伝』は、長文八条を引用をする。胡一桂は他人(王浩古仲氏楚翁才古なる不詳の人物)から『易洞林』を借り出し、一部を書き写したのだという。

案『洞林』上中下三巻、晉河東郭璞景純之所撰也。本傳云、璞好經術、博學高才、受業郭公、得『青囊書』九卷、遂洞五行天文卜筮之術、禳災轉禍、通致无方。嘗撰前後筮驗六十餘事、名爲『洞林』、又抄京、費諸家要撮、更撰『新林』十篇、『卜韵』一篇。世皆罕有其書。余從王浩古仲氏楚翁才古得『洞林』書、撮抄其事之重大者一二於左。以見一書之大概云。(五)

『洞林』上中下三巻は、晋河東の郭璞字は景純が撰述した書である。『晋書』の郭璞伝では、郭璞は経術を好み、物知りで、才智が優れ、郭公に師事して『青囊書』九巻を手に入れ、五行天文卜筮の術に通暁し、どんな災禍でも払い除くことができた。占いをしてあたったこと六〇餘のことをしるし、『洞林』と名付けた。また、京房や費直など諸々の易学者の要点を書きしるして、『新林』十篇、『卜韵』一篇をさらに撰述した。これらの書は世間ではあまり流通していない。私は王浩古仲氏楚翁才古より『洞林』の書を手に入れて、その中でも重要なもの一、二を左に書き写して、書籍の概要がわかるようにした。

元代陶宗儀『説郛』にも『易洞林』は収録され、著者は闕名となっている。『説郛』は、輯本とみなすべきか否か難しいが、全八条のうち五条は、類書などに『易洞林』からとする同文が存在し、二条は、類書では、出処が他の書からとなっており、一条は、他にまったくみえない文である。[六]

清代には、これらの諸引用を集めた輯本が三種類編まれた。輯本の輯佚方針はそれぞれ異なっている。

馬国翰『玉函山房輯佚書』（以下『玉函山房』と省略）は、『啓蒙翼伝』外篇にある佚文を胡一佳の説明そのままに上・中・下の三巻として収録した上で、『易洞林』補遺として、類書の『易洞林』からとして引用される文のみならず、『晋書』郭璞伝や『続捜神記』『太平広記』にある『易洞林』からとは示されていない郭璞の占いに関する挿話までも佚文であろうと収録し、合計三五条を収める。

王謨『漢魏遺書鈔』は、『啓蒙翼伝』からの引用は、易占の辞のみに限る。類書から『易洞林』の佚文と確認できるもののみを収録し、叙録において、朱子『周易本義』にも郭璞『洞林』への言及が二箇所あるが、審らかにしないため、叙録で指摘するのみとしている。[七]合計三〇条を収める。

黄奭『黄氏逸書考』子史鉤沈は、『玉函山房』と同じく、『洞林』からと明示されていない文までも佚文とみなして収録し、合計三七条を収める。収録の順序は、『玉函山房』と異なり、『啓蒙翼伝』の佚文も他の佚文と混ぜ、郭璞の伝記事項と照らしあわせてなるべく年齢順になるように配列したようである。三七条のうち二条は重複しており、『玉函山房』と実質同数・同内容の輯佚となっている。

日本に残る残存典籍から佚文を収集した新見寛編・鈴木隆一補『本邦残存典籍による輯佚資料集成　続』[八]子部五行類にも『易洞林』が取られるが、本稿で検討する『天地瑞祥志』の引用文四条のみの収録である。

その他、尚秉和『易説評議』において、明人が著した『断易大全』に『洞林』の佚文四条が引用されており、すべてこれまでの輯本にはみられない文章であると指摘するが、どの断易の書であるかを明示しない。[九]断易の書は複数種類あり、筆者は、幾つかの明代・清代の断易書を閲覧し、[一〇]それらの末尾にある占う内容の種別に各種文献からの引用を列挙する箇所に、[一一]郭璞『洞林秘訣』という書？（特に著録をみない）や、郭璞〇〇歌とする作品からの引用が多数あることを確認したが、『易洞林』からとする引用を見つけることはできなかった。『洞林秘訣』は、純粋に易の占いの内容を論じることが主であり、現存の『易洞林』の佚文とは文字も内容も原則一致しない。[一二]中には、科挙にまつわる内容まで含まれ、明らかに後人が郭璞に仮託したものではないかと考えられるため、ひとまず『易洞林』とは関係のない書だと判断する。

二、『天地瑞祥志』における郭璞『易洞林』の佚文資料四条とその検討

『易洞林』は、佚文によっては、郭璞という人物の占いをしるし、その内容は、『玉函山房』が、『続捜神記』からなども

『易洞林』の佚文とみなして収録したように、志怪に通じるものがある。『天地瑞祥志』は、他の天文類書とは違い、志怪の類からの引用がある。

『天地瑞祥志』所引志怪について、筆者はすでに整理を行い、のべ五〇条の志怪引用のうち一一条が未知の佚文であることを指摘した（一三）。しかし、『易洞林』については、『隋書』経籍志において子部五行類に分類されており、史部雑伝類に著録される志怪ではないために、引用の検討を行わなかった。

ここに、『天地瑞祥志』が引用する『易洞林』だと考えられる条文をとりあげ、その文の内容を検討する（一四）。

A．第一七　血

『洞林』曰、「永相父、莫家、血汚衣。郭璞以爲、母人大衰也。」

『洞林』に曰く、「永く父を相すれば、家莫く、血　衣を汚す。郭璞以爲らく、母人大いに衰ふるなり。」と。

他の佚文を参照する限り、本来は、具体的な事件があり、それに対する解釈であったはずだが、この引用文では、事件部分がない。血が出現し、それが凶兆であるという事件は史書や志怪にもあるが、血が衣を汚したという事例はみつけられなかった。ただ、「血汚衣」（一五）の語列が『通玄断易』に引用される『洞林秘訣』にみえる。

B．第一七　血

『同林』曰、「右將軍庫洪、食林中。有凝血如兩三指。遂病亡。血汚器物、爲兵勿用也。」

『同林』に曰く、「右將軍庫洪、林中に食す。凝血の兩三指の如き有り。遂に病みて亡ず。血　器物を汚す、兵の爲に用ふる勿きなり。」と。

『同林』は『洞林』であると判断した。事件があり、末尾に占のようなものが附されるが、郭璞は登場しない。右将軍庫洪は、他にその名がしるされた文献をみつけることができなかった。

C．第一七　釜

郭璞『洞林』曰、「巻令施安上家、釜九鳴。旬月之中、尋有九喪。」

郭璞『洞林』に曰く、「巻令の施安上の家、釜九たび鳴る。旬月の中、尋いで九喪有り。」と。

唐代の勅撰天文類書『唐開元占経』巻一一四、竈釜鳴条に郭璞『洞林』からとしてまったく同文の引用がみえる。先の清朝の各種輯佚書には採録されない条であり、『開元占経』と『天地瑞祥志』のみに残った佚文である（一六）。附録としてつけた『易洞林』佚文四（このあと『易洞林』の佚文に言及するときには、佚文一覧の通し番号を附す）にも「巻縣令施安上」という人物が登場している。巻県は、現在の河南省にあった（一七）。『開元占経』は、郭璞の『爾雅』注や、『山海経』注も引用するが、『易洞林』からの引用は、この一条のみである。

D．第一八　雀

郭璞『洞林』曰、「丞相將鶉鷄雀飛集其背上、駈之去、復來如此再三。令璞占之。此晉王即祚之漸也。」

郭璞『洞林』に曰く、「丞相將鶵鶏雀其の背上に飛集し、之を駈りて去らしむるも復た來たる。此の如きこと再三。璞をして之を占はせしむ。此れ晉王即詐の漸《きざし》なり。」と。

『易洞林』佚文三の内容である。三は、最も長い文を持つ『太平広記』所引の文を使用したが、『藝文類聚』と『太平御覧』が引用する文「丞相府有雛雞雀、集其背、驅之去復來。如此再三。令璞占之曰、此晉王即祚之漸也」が『天地瑞祥志』とほぼ同じ文である。「即詐」は、三を参照すると、天子の位をつぐの意「踐祚」となっており、『藝文類聚』では、「即祚」（これも天子の位につく意）、『太平御覧』では「即阼」に作っており、書写の際にテキストが混乱していたことが伺える。

『宋書』符瑞志にも同内容があり[一八]、こちらでも郭璞が元帝が晋を中興する瑞祥であると述べたとある。丞相とあるのは、のちの中宗司馬睿であり、丞相であった期間は三一一年から三一六年。その後、東晋で元帝として即位し、三一七年から三二二年まで在位した。

以上、四条の『易洞林』佚文と思われる文章は、それぞれ書かれ方が異なっている。著者である郭璞が登場しない佚文もあった。その状況を整理すると表のようになる。

このように、『天地瑞祥志』における引用文において、それぞれ何を主眼としているのかが、すでに違ってしまっている。『易洞林』とはどのような書物だったのだろうか。

表　『天地瑞祥志』が引用する『易洞林』

	A	B	C	D
郭璞登場の有無	名前あり	名前なし	名前なし	名前あり
占う対象	不明	右将軍	県令	丞相
備考	占辞？のみ	叙事と占辞	叙事のみ	叙事と占辞

三、郭璞『易洞林』の特徴の再検討

易占の有無

『易洞林』の書名は、『洞林』とのみしるされることも多い。『晋書』の伝でも「筮験」とのみしるされ、「易占」だとは明示されていない。『啓蒙翼伝』所引の佚文では、すべての条で、易占の卦をあげている。それよりも古い類書引用の佚文でも、七、一一、一四、一八、二〇には、卦があがっている。『天地瑞祥志』所引の佚文では、一条も易卦をあげる記述はなかった。

『易洞林』佚文の二、四、一〇、一九では、「射」という、持ち物を当てる占いをしている。梁元帝『洞林』序では、「河東郭生、鑱能射覆[一九]」と射の占い名人として郭璞の名をあげている。ただ、現在の佚文では射の占いの時の易占の辞は特にあげられていない。ただ、そのような部分が省略されてしまった可能性もある。

実際佚文七は、『初学記』所引の佚文では、易のことは登場しないものの、『晋書』では『初学記』の記述の続きがあり、そこで易の卦があがり、四言の占辞もある。

これらからすると、本来は易占のことがすべての条にあり、卦について述べられていたのが、類書の引用の際に脱落してしまったと考えられる。『天地瑞祥志』も易占自体への興味関心は低かったために、易占の部分を引用しなかったということなのだろうか。

『易林』書としての特徴

そもそも、『易洞林』の書名は何に基づいているのだろうか。『隋志』子部五行類には、「易林」の語をもつ書名が多数著録されている。それらは、漢代の易学者焦延寿が編んだ『易林』に基づくものと思われる。『易林』は、現存する本は偽書だとされるが、四庫提要に「其書以一卦變六十四。六十四卦之變。共四千九十有六。各繫一詞。皆四言韻語」[二〇]とあるように、四言定型の韻文をもって、卦をあらわしたものである。他、『晋書』郭璞伝で、郭璞が参照して抜き書きしたとある費直の著書『易林』も、『玉函山房』の輯本（『費氏易』と『費氏易林』の二書にわける）で参照する限り、四字句を中心に構成されていることは、焦氏『易林』と変わらない。佚文二五に引用する『啓蒙翼伝』では、「所謂林者、自爲韻語。占決之辭也（林というのは、自然と押韻をするもので、占いを決める辞である）」とするように、「林」とは押韻をする占辞である。

ちなみに『洞林』という語をもつ書名は、子部五行類に梁元帝撰述として『洞林』三巻があるのみである。元帝蕭繹は、易卜を好んだことが、『金楼子』にみえ[二一]、また『梁書』の元帝紀にも撰述書として「『洞林』三巻」があげられている[二二]。

本題に戻ると、郭璞の『易洞林』佚文は、『天地瑞祥志』所引の佚文においては、特に、句が整えられたり、押韻をしていたりという痕跡はみられない。その一方で、清代朱彝尊『経義考』は、『易洞林』の易占の辞に三言、四言、七言のものがあることを具体的に指摘する[二三]。

ただ、朱彝尊が指摘する定型句は、一条を除き『啓蒙翼伝』所引のものであり、また、唯一の類書からの引用であり、唯一の三言の句とされる「簪非簪、釵非釵」は、元の『北堂書鈔』では「非簪非釵」であり[二四]、『漢上易伝』に引用される句によって指摘しているようである。

唐宋の類書の『易洞林』の佚文に定型の句はあるのだろうか。四言の韻文としては、五は、四言句となっている。また、七の『晋書』にある部分では、易の卦と、その占辞として、四言の句が述べられている。ただ、易占いだからといっても、一一、一八などのように、占辞を述べず、結果のみを述べる佚文も存在する。この点について、一定の規則を見いだすことができない。

しかし、後世の佚文になるほど、易占の辞が、定型句になっていくという傾向がある。『啓蒙翼伝』の前に宋代の朱震が『漢上易伝』周易叢説において、断片的に『洞林』に言及するが、それも定型の占辞がほとんどである。うち一つは、『啓蒙翼伝』中の易占の辞と重複している。

『啓蒙翼伝』が引用する佚文は、本当に郭璞『易洞林』の佚文なのだろうか。『啓蒙翼伝』と、唐宋類書の引用文との内容上の重複は、八と二六の組に限られる。『啓蒙翼伝』が書き写した『易洞林』は、郭璞の原著ではなく、『易洞林』佚文の一部を利用しつつ、他の郭璞の事跡をも参照して、新たに作られたテキストであった可能性が高いと言わざるを得ない。

断易書に、郭璞の名を冠したテキストが引用されるように、後世には、易占いの大家として郭璞が書いたとするテキストが生成され続けた。[二五]

易占の内容についてはどうだろうか。『焦氏易林』にみえる韻語は、神話伝説、讖緯など、荒唐無稽な内容を想起させる内容がちりばめられているように[二六]、不可思議なものである。それに対して、郭璞の易占は、目の前の事件についての解決のためであったことは、『晋書』の伝の記述のみならず、『天地瑞祥志』所引佚文C、Dも含めた諸佚文から明らかである。易占の辞も具体的な解決を示す内容となっている[二七]。

子部五行類に著録される書が、一般的な易占の内容のみを記録したのか、それとも、『易洞林』のように、具体的な事件と占いを載せていたのかはわからない。ただ、同時代の管輅の卜術が哲学の域に高めようとしたものであったのに対し、郭璞は、『易洞林』などに残る記述からすると、あくまでも技術として卜筮を追究したのではないかとの指摘もある[二八]。少なくとも郭璞『易洞林』については、本来、実際に起きた事件とそれに関する易占いを載せる書であった。

また、『晋書』の記述を踏まえるのであれば、『焦氏易林』のように六四卦全てについてを載せたのではなく、郭璞自身が、実際に占った例のみを収録していたと考えるべきであろう。

それでは、なぜその時に、易占の辞をすべてにあげなかったのだろうか。郭璞は多くの文学作品を残しており、また、『山海経』の図讃は、四字句で整えられている。そのような辞を作ること自体は、郭璞にとって何も障壁がなかったはずである。

郭璞以外の人物の易占の実例が史書や筆記などに散見される。他の話においても、整った易占の辞をほとんどみることができない[二九]。そのような中、例外として、『易洞林』の佚文ではない、『太平広記』にある『捜神記』を出処とする郭璞の占い話がある。

揚州別駕顧球娣、生十年便病、至年五十餘。令郭璞筮之、得【大過】之【升】。其辭曰「大過卦者義不嘉、塚墓枯楊無英華、振動遊魂見龍車、身被重累嬰天邪、法由斬祀殺靈蛇、非己之咎先人瑕、案卦論之可奈何」。球乃訪跡其家事。先世曾伐大樹、得大蛇殺之、女便病。病後、有群鳥數千、迴翔屋上、人皆怪之、不知何故。有縣農行過舍邊、仰視、見龍牽車、五色晃爛、甚大非常、有頃遂滅[三〇]。

揚州別駕である顧球の妹は、十歳で病になり、そのまま五十歳過ぎとなっていた。郭璞に占わせたところ、【大過】が【升】に之《ゆ》くを得た。その辞には「大過の卦は義はよろしくない、塚墓の枯れた楊は花が咲かず、さまよう魂が龍の車を見れば、身は重累を蒙り、天の邪をまとう、法は祀っていた神木を切り、霊蛇を殺したことにあり、自分の罪ではなく、先人のつけた瑕《きず》である。卦を案じてこの問題を論ずるに、どうしたらよいだろか。」球はそこで、元住んでいた家を訪れた。先代が、かつて大木を伐った時に、大蛇がいて殺したところ、家の娘がすぐに病気になったという。病気になってからは、数千羽の鳥の群が家の上を飛びまわり、人々は不思議に思っていたが、どうしてかはわからなかった。県の農民が建物の近くを通りすぎたとき、仰ぎ見ると、龍が車を引っ張っていた。五色絢爛で、非常に大きく、しばらくすると消えてしまった。

顧球は、『晋書』顧和伝に宗人（同族の人）の別駕球として名がみえ、[三一]元帝紀には、建武元年（三一七）七月に尚書郎の地位で亡くなったことが書かれる。[三二]南に渡った郭璞がその頃に、このように顧球の姉の病気についてその背景を占ったことは、あり得る。そして、この話では、易占の辞が、七言かつ押韻している。他の佚文では、二〇も易占が七言に整えられていたようである。[三三]これまでになかった七言の易占の辞である。両条は、北宋以降のテキストに残されるものである。占い断易書に引用される郭璞〇〇歌も七言からなっている。占いの事実自体は、より古い段階で作られたものかもしれないが、現在残る易占の辞、特に七言のものは、後になってから作られた可能性も否定できない。

郭璞の自称と三人称と「郭璞説話」

『晋書』の郭璞伝でも、『隋志』でも、『易洞林』は、郭璞自身の撰述によるとある。実際に、『易洞林』の佚文では、郭璞の一人称として「余」や「吾」で書かれているものが散見される。そこから、郭璞自身がしるしたテキストであるのだから、「余」であるのが本来だという主張がなされている。[三四]

確かに、唐宋の類書にも九、一一、一四、一七、一八と、「吾」を用いて書かれる『易洞林』佚文が存在する。

また、他に干宝『捜神記』でも干宝自らが見聞した怪異については、本来「余」の字を用いていたらしい事例があるが、[三五]現行本二〇巻本では、「余」字は削除されている。

『天地瑞祥志』所引佚文のDでは、「令璞占之」となっていた。これが、本来は「吾」あるいは「余」となっていたのか、引用の際に誰であるのかをわかりやすくするために「璞」と改めたのか不明である。

とりあえず、『易洞林』が本人によって書かれたテキストであった、ということを確かだとしよう。ただ、郭璞の占い全てが『易洞林』にあったわけではない。

郭璞はさまざまな人物に占いを行っている。『易洞林』の類書引用文においては、役人であっても、ほとんどその実在が史書では確認できないような人物である。また、郷里の人に占いを行ったという記述もある。複数条で同じ人物が登場するなど、その地域に根付いて複数回の占いを行ったようである。

郭璞の任官は、南に渡った後、宣城太守であった殷祐に召されて参軍となったことからはじまる。その後、王導のもとで「江賦」を作成し、「南郊賦」が司馬睿の目にとまって、史官である著作佐郎の職についた。郭璞は、賦を製作するのみならず、自ら占いがあたるという説話を作りだすことで、占いをする信用を得ていたのか、それが最終的に、中宗からの信認に繋がり、東晋王朝での登用となった。

つまり、『易洞林』は、郭璞が、任官のために、自分の占いがこれだけあたるということを主張せんがために整理した書物であった可能性が高いだろう。

ただ、郭璞の説話は、一人歩きをはじめる。

『玉函山房』本の『易洞林』の補遺部分は、類書の引用のみならず、『晋書』などからも、郭璞の占いの記事を引用していることはすでに述べた。記事によっては、郭璞の死後、康帝即位の時の記事まであり、そのようなものは完全に『易洞林』の佚文ではないと排除することができる。

それでは、郭璞が生存していた時期の記事であれば、『易洞林』の佚文であった可能性もあるのだろうか。さらに、先に示した『易洞林』の成書時期の推定からして、晋の南渡前後の事件であれば、『易洞林』の佚文であった可能性もあるのだろうか。

長江を渡る前後に郭璞が占いで活躍する話でも、『晋書』にとられるものは、その内容から史実に矛盾があるとの指摘がある。[三六]『易洞林』の佚文であるかどうかの前に、郭璞の故事として記述が正確でないものが含まれてしまっているのである。

『啓蒙翼伝』においても郭璞の南渡に関する記事が幾つか含まれる。これらも郭璞が占いの技術を生かして、混乱期を乗り越えたとするために作られた「郭璞説話」だといえるのではないだろうか。

さらに、干宝『捜神記』などにも郭璞に関する話がある。雁木誠は、干宝と郭璞が、中興直後、ともに著作佐郎として勤め、同僚であったことから、干宝が、郭璞から話を聞いて直接『捜神記』に書きしるした可能性を検討している。[三七]

雁木氏は、原本『捜神記』に確実にあったのではないかという郭璞絡みの話を三条だとするが、他にもう一条、『開元占経』巻一一七には、『捜神記』からとする、郭璞の占いの記事がある。[三八]また、この話は、『漢上易伝』周易叢説でも出処をあげずに引用されている。

『捜神記』曰、「元帝大興中、割晉陵郡封少子、以嗣太傅東海王。俄而世子母石婕妤疾病。使郭璞筮之、遇【明夷】之【既濟】曰、「世子不宜裂土封國、以致患悔。母子並貴之咎也。法所封內、當有牛生一子兩頭者。見此物、則疾瘳矣。」其七月、曲阿縣陳門牛生子兩頭、郡縣圖其形而上之。元帝以示石氏。石氏見而有間。或問其故曰「晉陵王土、上所以受命之邦也。凡物莫能兩大。使世子並其方。其氣莫以取之。故致兩頭之妖。以爲警也。[三九]」

『捜神記』にいう。「元帝の大興年間（三一八—三二一）、晋陵郡を割譲して少子を封じ、太傅東海王を継がせようとした。にわかに皇太子の母の石婕妤が病にかかった。郭璞に占わせたところ、【明夷】卦が【既済】卦に之《ゆ》くとなって、こう言った。「皇太子は、領土を割いて国をわけ、禍根を作ってはなりません。母子で貴くなった咎です。領地内で、牛が二つの頭部を持つ仔牛を産むでしょう。これがあらわれれば、病気は治ります。」その年の七月、曲阿県陳門の牛が、二つの頭部を持つ仔牛を産み、郡県はその姿を描いて献上した。元帝はそれを石氏に示した。石氏はそれを見て、病が好転した。ある人がその理由を尋ねたところ、郭璞が言った。「晋陵の土地は、皇帝が命を受けた邦です。二つの大きなものがあってはなりません。皇太子をそこにならべさせ、その気を取ってはならなかったのです。そのために、二つの頭の妖なる現象が起き、警告をしたのです。」

前節の引用と同じく、易の卦名はでてくるが、易占の辞は述べず、結果のみを伝えている。ただ、太興年間はまさに、郭璞と干宝が、著作佐郎として共に勤めていた時期であり、二人は災異や祥瑞の解釈に従事していた。その中での、郭璞が解釈したできごとをしるしたと考えることはできそうである。

この事件の記録は、『宋書』及び『晋書』の五行志にも入っているが、共に郭璞の解釈は示されず、『晋書』では、京房『易伝』が引用されることからも、宮中で正規に記録がなされたことがわかる。[四〇]

大平幸代は、郭璞にまつわる志怪の記事（一部は『易洞林』佚文も含む）は、一時に形成されたものではなく、徐々に新たな形象を獲得しながら積み重ねられたものであり、郭璞は卜筮が行えたため、どんどん郭璞の人物像が現実から乖離していったのではないかとする。[四一]ただ、郭璞は、自分でもその超越した人物像を作り出そうとして、『易洞林』を撰述した。その痕跡は、『易洞林』の佚文の一部に残る。そこから、さらに、さまざまな郭璞説話が増加していき、『易洞林』の佚文にも紛れ込んでいるようなのである。

結語　『天地瑞祥志』における志怪及び『易洞林』の引用

志怪は、自らの体験をしるすことは例外であり、他者のことを記録する書籍であった。『易洞林』は、子部五行類の書物ではあるが、具体的な占いのことを載せる点が、志怪にある同種の話と共通する。ただ、易との関係が密接であるのみならず、郭璞が郭璞のことをしるした（とされる）点が、他の志怪とは異なる。

『天地瑞祥志』は、『易』関連の書籍としては、易緯、京房の『易』に関する書を多く引用する。易緯は、動植物の記述に関する箇所を多く引用する。京房『易』は、災異記事に関連するものが多いが、直接の引用ではなく『漢書』五行志などに引用されているものがそのまま転載されているものも多い。焦氏『易林』は、第一七釜項に一条引用されるのみであり、こちらも現行本の四字句で整えられているものが、必要箇所のみを引用し四字を保たない。（四二） 郭璞『易洞林』も四条という引用数は、全体からすれば少ない。その他、郭璞の鳥獣に対する賛も第一八、一九で複数引用している。

『天地瑞祥志』は、抽象的な天文占のみならず、志怪の記事も引用する書物であった。それは、他の天文類書とは異なる際だった個性である。『易洞林』の引用は、先にみたように、何を引用するのかが一定していなかった。抽象的な辞のみを引用したのは一条のみで、あとの三条は具体的な事件に関する引用であった。そこからすれば、『天地瑞祥志』の編者は、『易洞林』を、志怪や五行志の記事のような具体的な災異事件をしるした書として扱い、引用したのかもしれない。

《注》

（一）［唐］房玄齢等撰『晋書』巻七二郭璞伝（北京：中華書局、一九七四年）、頁一九一〇。

（二）『晋書』巻七二郭璞伝、頁一九〇五。

（三）［宋］王応麟撰『玉海』（武秀成、趙庶洋『玉海藝文校證』南京：鳳凰出版社、二〇一三年）、頁四〇。〈 〉内は割り注。

（四）また、近人の『易洞林』佚文研究として、魏代富「郭璞『洞林』的版本及価値」（『周易研究』二〇一五—六）がある。ちなみに、本稿で検討する『天地瑞祥志』の『易洞林』佚文については言及していない。

（五）［元］胡一桂撰『周易発明啓蒙翼伝』（［清］納蘭性徳輯『通志堂経解』第三冊（揚州：江蘇広陵古籍刻印社、一九九三年））、頁五四八。

（六）注（四）前掲魏代富論文はこの他にまったくみえない一条を、趙朔という郭璞ではない人物の占いであるため、『易洞林』の佚文ではないとしりぞける。

（七）［清］王謨輯『漢魏遺書鈔』（京都：中文出版社、一九七六年、嘉慶三年金谿王氏刊本影印）『易洞林』叙録「朱子『周易本義』亦引『洞林』二條、一、【泰】卦初九、抜茅茹以其彙征吉云『洞林』讀至彙征字、絶句。」一、【小過】初六、飛鳥以凶云『洞林』占得此者、或至羽蟲之孽。」以本説未詳。附識於此。」、頁四五。

（八）新見寛編・鈴木隆一補『本邦残存典籍による輯佚資料集成　続』（京都：京都大学人文科学研究所　一九六八年）。また、web でもテキストが公開されている。
http://www.zinbun.kyoto-u.ac.jp/~takeda/edo_min/edo_bunka/syuitu.html

（九）尚秉和遺稿、張善文校理『易説評議』（北京：中国大百科全書出版社、二〇〇五年）頁二五—二六。張善文『周易辞典（修訂版）』（北京：中国大百科全書出版社、二〇〇五年）、周易洞林の項、頁四七五にもほぼ同内容がある。

（一〇）閲覧調査を行ったのは、以下の諸本である。内閣文庫蔵［明］無名氏撰『鼎鍥卜筮啓蒙便読通玄断易大全（通玄断易）』（万暦四四年序）、［明］汪之顕撰『新刻元亀会解断易神書（断易神書）』（国立公文書館デジタルアーカイブ https://www.digital.archives.go.jp/で両書の画像が公開されている）、蓬左文庫蔵［明］夏青山撰『新刻筮林総括断易心鏡大成（断易心鏡）』、［明］劉世傑撰『新鍥纂集諸家全書大成断易天機（断易天機）』、東北大学狩野文庫蔵［清］余興国撰『新刻捜集諸家卜占源流断易大全（断易大全）』。これら明代・清代の断易書は、書物の全体的な構成は同じであるが、項目に出入りがあり、『洞林秘訣』や郭璞〇〇歌の引用状況もそれぞれ少しずつ違いを含んでいた。

（一一）たとえば内閣文庫蔵『通玄断易』巻下であれば、天時章第一、墳墓章第二、家宅章第三……学問章第四十五となっている。これらの占い内容の配列や順序も各断易書でそれぞれ少しずつ違いを持つ。

（一二）例外として、『通玄断易』『断易大全』に引用される「洞林趙公占節之坎云」は、占いとそれがあたったことという『易洞林』佚文に近い内容を掲載する。

（一三）佐野誠子「天地瑞祥志所引志怪資料について」（『名古屋大学中国語学文学論集』二九、二〇一五年）参照。

（一四）うち三条は、山崎藍・佐野誠子・佐々木聡「京都大学人文科学研究所蔵『天地瑞祥志』第十七翻刻・校注（上）」（『名古屋大学中国語学文学論集』三一、二〇一八年）において発表済みである。血は佐野担当、釜は佐々木担当であった。

（一五）注（一〇）前掲内閣文庫蔵『通玄断易』（巻下、四八葉表、画像ファイルでは四九コマ左）「又『洞林』有王丞相占得【墳】卦云、仲月二五、怪爻土鬼。土數五、陰卦有五種怪異。一鼠作鶏聲、二血汚衣、三鼠戯人髪、四有物如象形、五狗上床入被中。後七八日、臥床前而死。果驗。」また、同文は、東北大学蔵『断易大全』巻四、三五葉裏の通考とある部分にも引用される。

（一六）『唐開元占経』に引用された佚文については、注（四）前掲魏論文がすでに新規の佚文として紹介している。

（一七）［後漢］班固撰『漢書』（北京：中華書局、一九六二年）巻四〇周勃伝「周勃、沛人。其先巻人也。」［唐］顔師古注「巻、縣名也。地理志屬河南。」、頁二〇一〇。

（一八）［梁］沈約撰『宋書』（北京：中華書局、一九七四年）巻二七符瑞志「愍帝建興四年、晉陵武進人陳龍在田中得銅鐸五枚、柄口皆有龍虎形。又有將雛雞雀集其前、皆驅去復還、至于再三。又有鵝三四頭、高飛且鳴、周回東西、晝夜不下、如此者六七日。會稽剡縣陳清又於井中得棧鐘、長七寸二分、口徑四寸、其器雖小、形制甚精、上有古文書十八字、其四字可識、云「會稽徽命。」豫章有大樟樹、大三十五圍、枯死積久、永嘉中、忽更榮茂。景純並言是元帝中興之應。」、頁七八三。

（一九）『藝文類聚』巻七五、方術部・卜筮、頁一二八六。

（二〇）［清］紀昀等撰『四庫全書総目』（『四庫全書総目提要補正』北京：中華書局、一九六四年）子部術数類、頁八五四。

（二一）［梁］蕭繹撰『金楼子』（『金楼子校箋』北京：中華書局、二〇一一年）巻六自序篇「余將冠方好易卜。」、頁一三五八。

（二二）『藝文類聚』巻七五、養生部・卜筮に元帝の「洞林序」あり。『漢魏遺書』の『周易洞林』は誤って郭璞『易洞林』の序として収録している。

（二三）［清］朱彝尊撰『経義考』（国立国会図書館デジタルライブラリー嘉慶二二年朱氏重刊本）巻一一、六葉裏―七葉裏「按郭氏『洞林』『初學記』嘗引之、雙湖胡氏撰『啓蒙翼傳』云、世罕有其書、從王楚翁才古抄得之。則元時此書尚存也。『洞林』之文、有三言者、如「簪非簪、釵非釵（四）。」有四言者、如【同人】之【革】

曰「朱雀西飛、白虎東起、姦猾銜璧、敵人束手、占行得此。是謂无咎（二四）。」【隨】之【升】曰「虎在山右、馬過其左。駮爲功曹、猾爲主者、垂耳而潛、不敢來下、爰升虛邑。遂釋魏野（二四）。」【豫】之【小過】曰、「五月晦日、羣魚來入、州城寺舍（二一）。」【既濟】曰、「小狐汔濟、垂尾累衰。初雖偸安、終靡所依。案卦言之、秋吉春悲（二五）。」又有七言者如【否】曰「乾坤閉塞道消長、虎刑挾鬼法凶亂、亂則何時時建寅、僵尸交林血流漂、此占行者入塗炭（二五）。」【小過】之【坤】曰「【小過】之【坤】卦不奇、雖有卦氣變陽離、初見勾陳被牽羈、暫過則可羈不宜、將見刧追事幾危、賴有龍德終无疵（二五）。」【遯】之【姤】曰「卦象出墓氣家囚、變身見絶鬼潛遊、爻墓充克鬼煞倶、卜病得此歸蒿丘。誰能救之坤上牛、若依子色吉之尤（二六）。」【賁】之【豫】曰「時隱在初卦失度、殺隱爲刑鬼入墓、建未之月難得度、消息卦爻爲扶助、馮馬之師乃寡嫗、自然奇救宜餐兎、子若恤之得守故（二七）。」【豫】之【解】曰「有釜之象无火形、變見夜光連月精、潛龍在中不游行、案卦卜之藻盤鳴、金爻所憑无咎慶（二九）。」驗其占法、靡不奇中。所謂林者、自爲韻語、占決之辭、猶存『左氏傳』遺意。」。（　）内の数字は、佚文の番号を示す。

（二四）［宋］朱震撰『漢上易伝』（［清］納蘭性徳輯『通志堂経解』第一冊（楊州：江蘇広陵古籍刻印社、一九九三年））周易叢説「又筮遇【節】之【噬嗑】曰、簪非簪、叙非叙、此以内卦兌言也。」、頁二八九。

（二五）はやくには、［北宋］邵雍撰（推定）『康節先生易鑑明断全書』（蓬左文庫蔵、室町時代抄本）では、冒頭に郭璞先生撰なる「易卦徳序」という文章を掲載している。

（二六）張樹国「『焦氏易林』中古小説鉤沈—兼論『易林』的作者与時代」（『中南民族大学学報』三三—四、二〇一三年）参照。

（二七）田勝利「郭璞占繇辞的象数易学機理及其与『易林』〃古歌〃淵源考述」（『理論月刊』、二〇一五—〇五）は、『焦氏易林』の四言句と、郭璞『易洞林』の四言、七言の句につながりを見いだそうとするが、筆者は本文に書いたように七言句の占辞は後世にできた可能性も考える必要があり、安易に結びつける見解には賛同できない。

（二八）大平幸代『東晋初期の文学空間と郭璞』（奈良女子大学博士学位論文二〇〇二年）後篇第一章卜者郭璞の言葉、頁九六。

（二九）正史の芸術伝に占い師の伝記が置かれる。また、『太平広記』巻二一六、二一七は、卜筮巻として、さまざまな人物の占いに関する話をそれぞれ一五条、八条収める。

（三〇）『太平広記』巻二一六・卜筮・「郭璞」・出『捜神記』、頁三三一五。『玉函』はこの話も『易洞林』佚文として採録している。現行二十巻本『捜神記』では巻三に収める。

（三一）『晋書』巻八三顧和伝、頁二一六三。

（三二）『晋書』巻六元帝紀、頁一四八。

（三三）第二句「女蘿覆高松」が五字となっているが、注（四）前掲魏論文は、押韻しているため、句のはじめ二字脱落があるかとする。

（三四）連鎮標『郭璞研究』（上海：三聯書店、二〇〇二年）、頁六一。

（三五）［晋］干宝撰『捜神記』（汪紹楹校『捜神記』北京：中華書局、一九七九年）巻七「元康、太安之間、江淮之域、有敗屩、自聚於道、多者或至四五十量。人或散去之、投林草林中。明日視之、悉復如故。」、頁一〇一。『北堂書鈔』巻一三六所引の『捜神記』では、「余常親將人散之」、『開元占経』巻一一四では、「余嘗視之、時人散而去之」と干宝の自称がある。『宋書』五行志では、同内

容を「干寶嘗使人散而去之」としており、主語の書き換えが行われている。汪紹楹による校注〔一〕を参照。

(三六) 曹道衡「『晋書・郭璞伝』志疑」(『蘇州大学学報』一九八三―二)では、『晋書』郭璞伝及び『捜神記』にある、郭璞が趙固の死んだ馬を生き返らせた記事が、各種記述と矛盾することを詳述する。

(三七) 雁木誠「干宝と郭璞―『捜神記』所収郭璞記事をめぐって」(『中国文学論集』四三、二〇一四年)。

(三八) 注(四)前掲魏論文、頁七一では、これも『易洞林』と関わりのある文である可能性を指摘する。

(三九) [唐]瞿曇悉達編『唐開元占経』(北京:九州出版社、二〇一二年)、頁一一二一―一一二三。李剣国輯『新輯捜神記』(北京:中華書局、二〇〇七年)巻一四、頁二四一―二四二の校訂テキストに従い「曲河」を「曲阿」に訂正、「或問其故」の後に「曰」字を補った。

(四〇)『晋書』巻二九、五行志「元帝建武元年七月、晋陵陳門才牛生犢、一體兩頭。案京房『易傳』言「牛生子二首一身、天下將分之象也」。是時、愍帝蒙塵於平陽、尋爲逆胡所殺。元帝即位江東、天下分爲二、是其應也。」、頁八九一―八九二。

(四一) 大平幸代「「郭璞」説話の形成」(『中国文学報』五九、一九九九年)。

(四二) 注(一四)前掲翻刻・校注、頁一〇七参照。

附録：郭璞『易洞林』佚文一覧

※収録書籍の古い順に配列した。巻數・分類・また引用時の書名の表記についてを（ ）内に示す。また、備考として、人名・地名の注釈や、諸本による違いなどを示す。ひとまず、何かしらの書籍で『洞林』『易洞林』などと書名が明示される佚文のみを採録した。同一内容については、原則もっとも長い引用の文を採用したが、『初學記』等所引の八と『啓蒙翼傳』所引の二六は大幅に異なるため、別個にとった。佚文中【 】で圍んだ文字は、易卦をあらわす。『啓蒙翼傳』にある、易卦のあとの卦の符号は省略した。〈 〉内は割り注を示す。

使用したテキストは以下のものである。

■『藝文類聚』（上海：上海古籍出版社、一九六五年）
■『初學記』（北京：中華書局、一九六二年）
■『北堂書鈔』（臺北：宏業書局、一九七四年）
■『太平御覽（御覽）』（北京：中華書局、一九六三年）
■『太平廣記（廣記）』（張國風會校『太平廣記會校』北京：北京燕山出版社、二〇一一年）
■『事類賦』（北京：中華書局、一九八九年）
■『海錄碎事』（北京：中華書局、二〇〇二年）
■『漢上易傳』周易叢説（『通志堂經解』第一冊、楊州：江蘇廣陵古籍刻印社、一九九三年）
■『周易發明啓蒙翼傳（啓蒙翼傳）』（『通志堂經解』第三冊、楊州：江蘇廣陵古籍刻印社、一九九三年）

一．郭璞爲左尉周恭卜云、君且墮馬傷頭。尉後乘馬、行黄昏、坂下犢車、觸馬、馬驚、頭打石上、流血殆死。（『藝文類聚』巻一七・人部・頭・『洞林』、『御覽』巻三六四・人事部・頭・『易洞林』）※周恭：一作「周都」。周恭、周都とも不詳。

二．郭璞避難至新息、有以茱萸令璞射之。璞曰「子如赤鈴、含玄珠。案文言之是茱萸。」（『藝文類聚』巻八九・木部・茱萸・『洞林』、『御覽』巻九六〇・木部・茱萸・『洞林』、『類説』巻六〇）

三．中宗爲丞相時、有雞雛者而雀飛集其背、驅而復來、如此再三。古者云「雞者酉、酉者金、夫雀變而來赴之。即王踐祚之象也。」又云、元帝時、三雀共登一雄雞背、三入安東廳、占者以爲「當進三爵爲天子。」（『藝文類聚』巻九九・祥瑞部・雀・郭璞『洞林』、『御覽』巻九二二・羽族部・雀・郭璞『洞林』、『廣記』巻一三五・徵應帝王休徵・「晉元帝」・『洞林記』、『事類賦』巻一九・禽部・雀・郭璞『洞林』）※元帝は中宗の諡號。

四．巻縣令施安上懷鑷、令郭璞射之、璞曰「非簪非釵、常在頷下、段髭鬚、是有兩岐。」(『北堂書鈔』卷一三六・服飾部・鑷子・『洞林』、『御覽』卷七一四・服用部・鑷・『洞林』)※施安上は不詳。卷縣は河南省。

五．水不下潤、雲不登天、泥沉致寇、宮守不堅。(『北堂書鈔』卷一五九・地部・泥篇・『易筮卦洞林』)

六．臨淮太守柳道明、令郭璞作卦、說之曰「法君婦當夢嫁。」問之果然、便教令取井底泥、泥竈欲常應道。即如法。日中塗之、至黃昏、火凡十起、竈室兩間而止。其婦果亡。(『北堂書鈔』卷一五九・地部・泥篇・『易筮卦洞林』)※柳道明は不詳。臨淮は江蘇省。

七．宣城郡有隱鼠、大如牛形、似鼠象脚。脚有三甲、皆如驢蹄。身赤色、胸前尾上皆白。(『初學記』卷二九・獸部・鼠・郭璞『洞林』)※『初學記』所引止此。下從『晉書』本傳鈔補。「大力而遲鈍、來到城下、衆咸異焉。祐使人伏而取之、令璞作卦、遇【遯】之【蠱】、其卦曰「艮體連乾、其物壯巨。山潛之畜、匪兕匪武。身與鬼并、精見二午。法當爲禽、兩靈不許。遂被一創、還其本墅。按卦名之、是爲驢鼠。」卜適了、伏者以戟刺之、深尺餘、遂去不復見。……」※宣城郡は安徽省。

八．義興方叔保、得傷寒垂死。令璞占之、不吉。令求白牛猒之、求之不得。惟羊唯羊子玄、有一白牛、不肯借之、璞爲致之、即日有大白牛、從西來逕往臨叔保、驚惶病即愈。(『初學記』卷二九・獸部・牛・郭璞『洞林』、『御覽』卷八九九・獸部・牛・『洞林記』(四庫全書版では、『搜神記』に作る。二六に詳細版あり。)※方叔保は不詳。義興は江蘇省。

九．曲阿令趙元瞻兒字虎舒、從吾學卜、自求著作、卦見。吾有盛艾小陵龜、欲得之、不與。語之曰「當作卦相、爲致此物。」令自來復數日、果有一龜入廐。虎舒後見吾言「偶有一物、試可占之。若得當、再拜。」輸一好角弓、即便作卦曰「案卦、之是爲龜。」虎舒奉弓起再拜。(『御覽』卷三四七・兵部・弓・『洞林』)※趙元瞻も虎舒も不詳。曲阿は江蘇省。

一〇．東中郎參軍周稚琰、封蠶蛾截蟲、使璞射之。璞曰「射覆得此、大落度。必是蠶蛾及毛蠹。」稚琰饒鬚、故因以調之也。(『御覽』卷三七四・人事部・鬚髯・郭璞『洞林』)※周稚琰は不詳。

一一．殷鴻喬令吾作卦、得【大壯】之【夬】。語之云「愼勿與許姓者、共事田作也。必鬪相傷。」殷還宣成、遂與許姓、共田。田熟、有所爭。此人舉杖、欲撞之。喬退思中間之戒辭、謝僅乃得休。(『御覽』卷四九六・人事部・鬪爭・

郭璞『易洞林』）※殷鴻喬、四庫全書版『御覽』作「殷洪喬」。殷浩の父は殷洪喬。殷浩は『晉書』に傳あり。

一二．太子洗馬荀子冀家中、以龍銅魁作食。欻鳴。（『御覽』卷七五八・器物部・魁・『易洞林』）※荀子冀は不詳。

一三．丞相從事中郎王文英家、枕自作聲。（『御覽』卷七〇七・服用部・枕・『洞林』）※王文英は不詳。『搜神記』卷五にも王文英が登場する話がある。

一四．鄉里人柳休祖婦病鼠瘻、積年不差。及困垂命。令兒來從吾乞卦。占得【頤】之【履】、按卦應得人師姓石者、而治之。當以鼠出而愈者也。休祖既歸、有一賤家奴、姓石、自言由來能治此病。且灸其三處而止。婦尋差、有一老鼠色正蒼黃、逕就其前、噞噞伏而不動。呼狗嚙殺之。鼠頭上有灸處、病便差。（『御覽』卷七四二・疾病部・瘻（簡略版）・『洞林』。『御覽』卷九一一・獸部・鼠・『洞林』。『廣記』卷二一六・卜筮・「柳林祖」・『洞林』）※引用した『御覽』卷九一一は郭璞が占ったことになっているが、『廣記』は、柳休祖本人が占ったことになっている。

一五．吳興太守袁玄瑛、當之官、卦吉凶曰、至官當有赤蛇爲妖、不可殺。至果有赤蛇、在銅虎符、石函上蟠、玄瑛擿殺之。其後果爲賊徐馥所害。（『御覽』卷八八五・妖異部・怪・『易洞林』、『御覽』卷九三四・鱗介部・蛇と『廣記』卷四五七・蛇は『廣五行記』からとして引用）※袁元瑛は不詳。以下の參考參照。吳興は浙江省。參考：『宋書』五行志（同事又見『晉書』五行志）晉懷帝永嘉五年（三一一）、偃鼠出延陵。郭景純筮之曰「此郡東之縣、當有妖人欲稱制者、亦尋自死矣。」其後吳興徐馥作亂、殺太守袁琇、馥亦時滅、是其應也。

一六．殷鴻業來作卦、身在申、本命酉、乘馬南行、西北走逕、趨木家、化爲狗賴子。救之不成、咎鴻業。丁酉生後八月中、有急事、借馬南出行數里、馬欻驚、更西北走。向戍地入李家、遂落地。馬因齧之、主人出救、得免不見傷也。（『御覽』卷八九三・獸部・馬・『洞林』）※殷鴻業は不詳。

一七．楊州從事愼曜伯婦病、因經日發作、有時如聞物往來者、其兄周彥武令吾作卦、得蹇身、在戊戌與坎鬼并卦中、當有。從東北田家市黑狗、畜之以代人任、患死當有、無幾時、狗便死、復更養、如前凡三遇、養輒皆吐血而死。婦病亦差。（『御覽』卷九〇五・獸部・狗・『洞林』）※愼曜伯、周彥武は不詳。楊州は江蘇省。

一八・寧遠參軍、弘景則其姉適呉、病四十餘年、暫來歸在其家、令*吾卦之、得【明夷】之【小過】。然病毎欲動時、輙有烏來鳴、即便發作。案卦中當時、得獨蹄猪畜之〈江東名之爲獨足猪〉。後婦人如欲眠而見一丈夫、衣服盡黑、在戸前立、遙呼婦人、語其來前不肯言、有所畏、遂泣而去病始小間、吾與殷侯、共論此事、曰「烏日之禽、猪月畜、水火相忌、自然之數、故取玄陰之伏物、用消太陽之飛精、日中三脚、故以獨足者當之。」(『御覽』卷九二〇・羽族・烏・『洞林』、『事類賦』卷一九・禽部・烏・郭璞『洞林』)＊『御覽』は、「吾」字部分を空白に作る。『事類賦』によって補った。※弘景則は不詳。『事類賦』は景則に作る。

一九・流移道路、諸人並欲令郭璞射覆、人人自持。五月五日蜘蛛者物、悉驗。遂不復射。(『御覽』卷九四八・蟲部・蜘蛛・郭璞『洞林』)

二〇・顧行常、不宜兒子。其婦將産、求術於郭璞、爲作卦。得【家人】之【蒙】。其辭曰「巽子在上變値蒙、女蘿覆高松、蔬養徵火捍其凶。養子之人名宜同」。法、當字乳婢曰青蘿。如其言呼、兒果無恙。『侍兒小錄』(『海錄碎事』卷七下・乳母門・字乳婢・郭氏『洞林』)※顧行常は不詳。『侍兒小錄』は、宋代洪适あるいは張邦幾の『侍兒小名錄』か。

二一・郭璞『洞林』得【豫】之【小過】曰「五月晦日、群魚來入、州城寺舍」。注以乙未爲魚星非也。【豫】【艮】爲門闕、【震】爲大塗、六三變九三、互有【巽】體。【巽】爲魚。【豫】五月卦、【坤】爲晦日。(『漢上易傳』周易叢説)※三〇と一部重複。

二二・【兌】爲妾、變爲【巽】、【巽】爲近、市利則倚市門矣。故『洞林』「【咸】之【漸】、【兌】成【巽】、曰妾爲偶。」(『漢上易傳』周易叢説)

二三・『洞林』「以【巽】爲大雞、酉爲小雞者、酉、【巽】之九二爻也。」以此推之、午爲馬、【乾】之九四也。丑爲牛、【坤】之六四也。寅爲虎、【艮】之上九也。辰爲龍、【震】之九三也。未爲羊、【兌】之上六也。(『漢上易傳』周易叢説)

二四・余郷里曾遭危難、因之災厲寇戎、并作百姓遑遑、靡知所投。時姑涉『易』義、頗曉分著、遂尋思貞筮鈎。求攸濟。於是普卜郡内縣道可以逃死之處者、皆遇【明夷】之象、乃投策喟然嘆曰「嗟乎、黔黎時、漂異類、桑梓之邦、其爲魚乎。」於是潛命姻妮密交得數十家與共流遁。當由呉坂遇賊、據之乃却回、從蒲坂而之河北時、草賊劉石、又招集群賊、專爲掠害、勢不可過。於是同行君子、皆欲假道取便、又未審所之。乃令吾決其去留卦遇【同人】之【革】。其林曰「朱雀西北、白虎東起〈離爲朱雀、兊爲白虎、言火能銷金之義。〉姦猾銜璧、敵人束手〈兊爲口、乾爲玉。玉在口中、故曰銜璧。〉占行得此、是謂无咎。」余初爲占、尚未能取定。衆不見從、却退猗氏縣而賊遂至。諸人遑窘、方計舊。之從此至河北有一閑逕名焦丘。不通車乘、惟可輕步、極險難過。捕姦之藪、然勢危理、迫不可得。停復自筮之如何。得【隨】之【升】。其林曰「虎在山石、馬過其左。〈兊虎震馬、五艮山石。〉駁爲功曹、猾爲主者。〈駁猾能伏虎、愚謂惜不注。駁猾象。〉垂耳而潛、不敢來下〈兊虎去、不能見。〉、爰升虛邑、遂釋〈恐誤。〉、魏野〈隨時制行、卦義也。升賊不來、知无寇、當魏則河北亦荒敗。〉」便以林義、通示行人、說欲從此道之意、咸失色喪氣、无有讚者。或云、林迨悞人、不可輕信、吾知衆人、阻貳乃更申命、候一月、契以禍機、約十餘家、即涉此逕、詣河北後、賊果攻猗氏、合城覆没、靡有遺育。
(『啓蒙翼傳』外篇。上卷)

二五・昌邑不靜、復南過潁、由脉頭口渡去三十里所傳高賊屯駐、柵斷、渡處以要流。人時數百家、車千乘、不敢前。令余占可決。得【泰】。欣然語衆曰「群類避難而得拔茅、彙征之卦、且【泰】者、通也。吉又何疑。」吾爲前驅從者數十家、至賊界。賊已去、餘皆迴避、標津渡爲賊所劫、人僅得在悔不取余卦。至淮南安豐縣、諸人緬然懷悲、咸有歸志。令余卦決之、卜住安豐、得【既濟】。其林曰「小狐汔濟、垂尾累衰〈言垂渡而困〉、初雖偸安、終靡所依。案卦言之、秋吉春悲、卜詣壽春。」得【否】。其林曰「乾坤蔽塞道消散、虎刑挾鬼法凶亂〈十一月、虎刑在午爲鬼、鬼即賊。〉亂則何時時建寅〈火鬼生處〉僵尸交林血流漂〈火刑與鬼并〉。此占行者入塗炭。」卜詣松滋不吉。卜詣合淝、又不吉。卜詣陽泉、得【小過】之【坤】。其林曰「【小過】之【坤】卦不奇、雖有旺氣變陽離〈卜時立春、其氣變入坤中氣廢。〉、初見勾陳被牽羈、暫過則可羈不宜、將見劫追事幾危、賴有龍德終无疵〈十二月、龍德在艮、凡有月、德終无患。〉」於是諸計、皆不可伴人、悉散乃獨往陽泉會、壽春有事、周馥反爲陽泉群凶所迫。登時惶遽、卒无所至、乃至廬江、其春三月、諸家住安豐者、爲賊所得、所謂春悲也。松滋合淝、殘夷更相、攻人无有全者。
(『啓蒙翼傳』外篇。上卷)※『啓蒙翼傳』案語「右二則、前一則上卷之首、後一則亦上卷內、皆卜避難之事、所謂林者、自爲韻語。占決之辭也。」

二六・義興郡丞仍叔寶得傷寒疾、積日危困、令卦得【遯】之【姤】。其林曰「卦象出墓氣家囚〈艮爲乾、墓世主丑。故卜時、五月申金在囚。〉、變身見絶鬼潛遊〈身在丙午、夏入辛亥、在五月。〉、爻墓充刑鬼煞俱〈生成爲鬼墓而初六爲戌刑、刑在占。故言充刑五月、白虎在卯、與月煞并也。〉、卜病得此歸蒿丘、誰能救之坤上牛〈以卜爻見丑爲牛、丑爲子、能扶身、克鬼之厭、虎煞上令伏不動。〉、若依子色吉之尤〈巽主辛丑、丑爲白虎、金色復徵以和解鬼及虎煞、皆相制也。〉。」案林、即令求白牛、而廬江荒僻、卒索不得、即日有大牛、從西南來詣、途中仍留一宿主人、乃知過將去。去之後、復尋挽斷綱來臨叔寶。叔寶驚愕、起病得愈也。此即救禦潛應、感而遂通。（『啓蒙翼傳』外篇。上卷）※「仍叔寶」は「方叔保」か。八參照。『啓蒙翼傳』案語「此一則係上卷、卜疾有自然救禦之道。」

二七．丞相掾桓茂倫嫂、病困、慮不能濟。令余卦得【賁】之【豫】。其林曰「時陰在初卦失度〈卜時四月降陰、在初而見陽爻、此爲失度。〉殺陰爲刑鬼入墓〈四月殺、陰在申。申爲木、鬼與投陰。并又身爲卯、變入乙未、未是木墓。〉建未之月難得度、消息卦爻爲扶助。馮馬之師乃寡嫗。〈馬午、午爲火。馮亦馬。申是殺陰、以火姓消之。巽爲寡婦。〉自然奇救宜殯兎〈兎屬卯、所謂破墓出身。〉、子若恤之得守故。茂倫歸求得兎、令嫂食之。便心痛不可堪。於是病愈。（『啓蒙翼傳』外篇。上卷）※桓茂倫は桓彝。茂倫は字。

二八．東中郎參軍景緒病、經年不瘥。在丹徒、遣其弟景岐來、卦六月癸酉日、得【臨】之【頤】。其林曰「卯與身世并而扶、天醫〈六月天醫在卯。〉。」案卦病法、當食兎乃瘥。弟歸捕獲一頭食之果瘥。（『啓蒙翼傳』外篇。中卷）※『啓蒙翼傳』案語「右二則、前一則在上卷。此一則在中卷。皆卜病皆以食兎、愈病也。」景緒、景岐は不詳。丹徒は江蘇省。

二九．余至揚州、從事弘泰言、家時坐有衆客、語余曰「家適有祥、試爲卦、若得吉者、當作二十人王人。」即爲卜之遇【豫】之【解】。其林曰「有釜之象无火形〈不見離也。〉、變見夜光連月精〈坎爲月。〉。潛龍在中不游行〈言蟠者。〉。案卦卜之藻盤鳴、金妖所憑无咎慶。」藻盤非鳴或有鳴者。其家至今无他。弘泰言大駭云「前夜月、出盥盤、忽鳴中有盤龍象也。」（『啓蒙翼傳』外篇。中卷。）※『啓蒙翼傳』案語「右一則亦中卷。此可謂占法之奇中者、卷内他皆稱是難以盡書。姑錄此八則、亦可槩見矣」。弘泰言は不詳。揚州は江蘇省。

三〇．歳在甲子正月中、丞相楊州令余卦安危諸事如何。得【咸】之【井】。案卦、東北郡縣有武名地、當有銅鐸六枚。一枚有龍虎象異祥。〈兌爲金、金有口舌、來達號令者、銅鐸也。山陵神氣出比、則丞相創以令天下見在。丑地則金墓也。起之以卦爲推立之應。晉陵、武進縣也。〉又當犬與豬交者〈狗變入居中、鬼與相連、其事審也。戌亥世應土勝水、二物相交象、吾和合爲一體、此丞相雄有江東也。〉、民當以水妖相警〈歳在水位、而水爻復變成坎。當出大水之象、以此知其靈應。巽木成言、果又妖生、二月變爲鬼、戌土所克、果无他。水乃金子、來扶其母、是亦丞相將興之象也。〉、西南郡縣有陽名者、井水當自沸〈卦變入井内、丙午變而犯升陽、故知井湧也。於分野、應在歷陽〉。虎來入、州城寺〈兗者、虎出山而入門闕。正月戌爲天煞、即刺史宅虎屬寅、與月并而來。此大人將興之應。〉、東方當有蟹鼠爲災、必食稻稼〈有離體眼、相連之象。艮爲鼠。又煞陰在子。子亦鼠。而歳子來寅卯、故知東方有災。〉。又當以鸑應翔爲瑞〈鸑有象烏、而爲徵以應象。出其相、其應。將登其祚也。〉。其年、晉陵郡武進縣民陳龍、果於田中得銅鐸六枚、言六者、用坎數也。銅者咸本家兗故也。口有龍虎文、又得者名龍、益審陳士姓金之用進者、乃生金也。丹徒縣流民趙子康家有狗、與呉人豬相交。其年六月天連雨、百姓相驚、妖言云、當有十丈水、翕然駭動、无幾自靜。又衆人傳言、延陵大陂中、有龍生草蕁。復數里竟不知其信否。其明年丑歳九月中、呉興臨安縣民陳嘉○親得石瑞、此祥氣之應也。六月十五己未日未時、歷陽縣中井水沸湧、經日乃止。陰陽相感、各以其類、亦是金水之應也。六月晦日、虎來州城、浴井中見、覺便去。其秋冬、呉諸郡皆有蟹鼠爲災。鼠爲子、子水。蟹亦水物、皆金之子。晉主初登阼、五日有羣鸑之應、此論一歳、異事略舉一卦之意、惟不得臘中行刑、有血逆之變、將推之不精。亦自无徵、不登於卦乎。〈死者、晉陵令淳于伯也。〉

（『啓蒙翼傳』外篇。下卷）

三一・攝提之歳、晉王將即阼、太歳在寅、爲攝提格。余自通占國家徵瑞之事、得【豫】之【睽】。案卦論之曰「會稽郡當出鍾。以告成功王者。功成作樂。會稽晉王初所封國、又會稽山靈祥之所興也。神出於家井者、子爻并知、此實王者受命之事也。上有銘勒、坤爲文章、與天子爻、并故知晉王受命之事、準此應在民間井池中得之鍾・出於民家井中者、以象晉王出家而王也。金以水爲子、子相扶而生、此即家之祥徵事也。由應所謂先王作樂、崇德殷薦之上帝。言王者、祭天以告成功、亦安樂无復事也。其後歳在執徐、會稽郡剡縣陳青井中、得一鍾長七寸四分、口徑四寸、半器雖小形、製甚精。上有古文奇書十八字、時人莫之能識。蓋王者踐阼、必有薦符。塞天下之心、與神物契合。然後可受命觀、鐸啓號於晉陵。鍾造成於會稽、端不失類、皆出以方、天人合際、不可不察也。（『啓蒙翼傳』外篇。下卷）※『啓蒙翼傳』案語「愚案、前一則『洞林』下卷之首、後一則『洞林』下卷之終。皆取其事體之重者載之。以見卜筮之有關於國家如此」。

三二・郭璞『洞林』顧士群母病、命筮之、得【歸妹】之【隨】。云「命盡秋節。」至七月遂亡。【歸妹】女之終、兌主秋、至立秋日亡。（『啓蒙翼傳』下篇）※『玉函山房』などでは取られない、新規の佚文である。注（四）前掲魏論文が紹介する。顧士群は不詳。

【付記】

本稿は、科学研究費助成事業基盤研究（B）（一般）「前近代東アジアにおける術数文化の形成と伝播・展開に関する学際的研究」（課題番号：16H03466）による研究成果の一部である。

天文の星変と政治の起伏
—中宗政局における韋湑の死—

孫　英剛
伊藤　裕水　訳

天文星占は中古時代の政治文化の重要な一部分である。その主要な功能と目的は、けっして農耕のためではなく、主として王朝の命数に関わるものであり、政治の起伏に影響した。その根本の性質は、人間社会外部から人間社会自身の運行の規律をさぐるものであり、宇宙の運行の軌跡と国家の命運の起伏とを一つに関連させるというものである。そのため、天文星象に関わる文献は、主として中古政治思想と政治伝統という文脈のうえで読み解くべきである。このような共通認識を基礎とした上で、研究者は研究対象を「天文」から「人文」へと引き延ばすことを試み、天文学を本位として、研究領域を拡げてきた。「天学外史」といおうが、「社会天文学史」[一]といおうが、いずれにせよこのような思考の産物である。

しかしながら指摘しておくべきことは、これらは極めて重要な学術上の試みであるものの、多くは科学技術史の一端として生まれたもので、歴史学研究にもとづく文脈ではないということである。根本から言えば、大宗たる天文類文献を活性化させることは、中古史、特に中古政治史の欠を補うものであり、目下重視されるべき学術的潜在力をもつものといえよう。学者たちは、正史の中の天文志にしろ、『開元占経』といった類の星占文献にしろ、中古史を理解するのに大した助けとはならない、と簡単に認めている。このような観念は一般的に現代科学の理性によって、天文・暦法・五行といった類の文献は、そこに記載される旱災・地震などの情報を除き、多くが迷信的色彩を帯びている、とする誤解である。甚だしきにいたっては、この類の文献は、もし専門知識がなければ、随時めくるのでよいと考えている。[二]しかし、これらの容易に放り出してしまうような材料には、かえって非常に豊富な歴史情報が含まれているやもしれず、埋没してしまった歴史記憶の中から新たな歴史のかけらを拾いだす助けともなり、ひいては歴史情景への理解と瞭解を豊かにするものである。

これらの歴史の情報を活かすには、大きく三つの視座が必要となろう。第一に、やはり基礎の所在は、中古史という歴史文脈の中において討論されなければならない。すべての天文データと星占の解読は歴史背景という中に落し込む必要が有り、最終的にはすべて中古政治思想と理念、また事件の起伏のロジックを理解するための助けとなる。第二に、中古時代の星占に内在するロジックと知識とについて深く探求する必要が有る。問題のキーとなるのは、われわれが信じるか信じないかではなく、古人が信じていたか信じていなかったか、という点にある。もし古人が信じていたならば、彼らの心理と行動のロジックに影響を与えたであろうし、ひいては歴史にも影響を与えたであろう。この部分の内容で最も重要なのは史料を広げることではなく、「一事・一占・一験」という歴史記載の中から政治に影響を与えた一般的観念と普遍的常識とを探し出すことにある。第三に、天体ソフトの使用といった天文学の技術と知識を重要な研究方法として歴史研究の中に落し込む必要がある。天体の運行には厳格な規律がある。理論上からいえば、一つの時間軸と空間軸を定めさえすれば、当時のその地から見えた天象を正確に復元することができる。これは天文志の材料と、五行・音律等の材料との重要な違いの一つであり、また天文学の知識を使用して歴史記載を整理することができるという理論的な基礎でもある。以上の三者が合わさるれば、中古政治史を根本的出発点として、おそらくさらにシステマティックで容易に天文類史料を活用する助けとなり、中古政治史の範囲を広げてくれよう。

現状からすれば、誰もが天文政治史研究の潜在力を目にし、努力して顕著な成果を生み出している。しかしながら、上述の三点についてすべて考えているものは、まれである。(三)本稿は唐中宗時期の韋湑の死という事件を切り口として、政治史という文脈・中古星占のなかのロジック・天文データ分析という三方面から検討をおこない、それにより注意に値する歴史の細節を提示することを試みる、これは中古天文政治学という視座における小さな試みである。

一、韋湑、その人とその死：政治史という文脈

中宗（六五六〜七一〇年）の七〇五年の重祚は、政治的妥協の結果であった。中宗は長きにわたって外地に流され、政治の中心から遠く離れており、聖歴元年（六九八）になってようやく武則天によって東都洛陽へと召還された。流された時に中宗は二十八歳、都へと帰ってきた時にはすでに四十三歳となっていた。彼の召還された理由は、彼の弟たる皇嗣李旦が精神的指導者たる親李唐集団と武氏皇権地位を擁護する政治集団との間の政治闘争が白熱化した結果であった。武則天はまったく拠りどころをもたない中宗を召還することによって、自らの政治的実権を維持しようとしたのである。数年後、神龍元年（七〇五）(四)の政変で中宗は突然皇位へと押し上げられたとはいえ、もともとの政治権力の構造にまだ変化は無かった。最大の権勢をもつ政治集団はなお李旦の相王集団と武三思を中心とするいわゆる韋武婚姻集団であった。相王の身

辺に集った姚崇・朱敬則などの多くの大臣貴族はそもそも相王を奉じて領袖としていた。相王集団の勢力は根強く、二十年ほどにわたっても存在し続けており、主観的にせよ客観的にせよその情勢は、十五年にわたり外地へと流され、たったひとりで権力の中心へと舞い戻った中宗には強大な脅威と感じられたのである。このことも中宗の統治時期において、予測不能で緊張と不安がはびこる政治情勢を定めたのである。

すみやかにその后族の韋氏と武氏の子弟とを婚姻関係で結びつけ、さらに政治同盟を結んだほか、[五]中宗は持ちうるほとんど全ての政治資源を動員し、自らの政治権威を強固にした。筆者は以前、中宗の復位は、武則天の時期の仏教政策を変化させるものではなく、仏教の宣揚と支持を新たな高度なものへ押し進めるものであったことを論じた。とりわけ、中宗が高僧玄奘との師徒関係を強調し、また荊州僧人を動員して首都に満たさせたことも、[六]おそらく中宗の政治的な焦りの結果である。とかくこのように、中宗は終始「過渡性」の君主の影を抜け出せず、そのごくわずか数年の統治の中で、党争や陰謀は絶えず、大規模な宮廷政変は、太子の李重俊から相王とその子李隆基にいたるまで引き続き、最後には中宗一系の統治は覆され、李唐の皇権は相王一派のもとに帰したのである。

韋湑は、まさにこうした政治局面の中、舞台へと登場した。しかし彼の登場は非常にわずかな時間で、すぐに幕を下ろし政治舞台の上から消えた、ないしは歴史記憶という大河の中へと沈んでいったのである。

中宗韋后の最も直系の親属は、中宗が最初に政治舞台から下ろされ流された後、命を落とした。韋后の兄弟の多くは欽州へと流される時に殺された。中宗重祚の後、韋后と最も近い親族たる従父韋玄儼の一家はすぐに抜擢された。そのうち韋玄儼の子たる韋温と韋湑はこれによって身を権力の中心に登らせたのである。韋温は武則天の時期には下僚であり、かつて汴州司倉参軍の任に就き、さらに賄賂を受けたことにより蘇瓌に杖罰を受けている。[七]中宗重祚の後、彼はすぐさま抜擢されて宗正卿となり、礼部尚書に遷り、魯国公に封ぜられた。景龍三年（七〇九）には、太子少保・同中書門下三品・遙領揚州大都督へと升り、身を宰相の列に置いた。中宗崩御の後、内外の兵馬は、韋氏がこれを掌握し、韋温がそれを総べていた。『旧唐書』の記載によれば、韋温は策謀をめぐらし相王に対して手を下したが、「韋温・宗楚客・紀処訥等謀傾宗社、以睿宗介弟之重、先謀不利（韋温・宗楚客・紀処訥等 宗社を傾けんと謀るも、睿宗の介弟の重きを以て、先に謀るは利あらず）」といったところであった。[八]韋氏子弟が軍隊を掌握するという情況のもとで、李隆基等は政変を起こして成功し、韋温とその他韋氏子弟の韋捷・韋嬰等もみな誅殺されたのである。

韋温の弟たる韋湑について、正史の記載は多くない。『旧唐書』には「弟湑、左羽林将軍、封曹国公。……。湑子捷、尚成安公主。……（弟の湑、左羽林将軍、曹国公に封ぜらる。……。湑の子捷、成安公主に尚す。……）」と有り、韋湑と陸頌は相次いで病死し、その葬儀に際しての贈り物は非常に多かった。[九]『新唐書』には「弟湑、自洛州戸曹参軍事連拝左羽林大将軍、曹国公。……湑子捷尚成安公主。（弟の湑、洛州戸曹参軍事より連拝せられ左羽林大将軍となり、曹国公たり。……湑の子捷は成安公主に尚す。[一〇]）」とあり、韋氏はこの期間において、「燻灼朝野、時人比之武氏（朝野を燻灼し、時人 之れを武氏に比す）[一一]」、「然温無能、不如諸武凶而熾也（然れども温は無能、諸武の凶にして熾んなるに如かざるなり）[一二]」であった。韋湑は正七品下の洛州戸曹参軍事からすぐに羽林軍の将軍という地位に抜擢され、禁軍を統べるという重任を担っており、このことからは韋后と中宗の韋氏親族に対する信任を窺うことができよう。これは当時の政治権力構造の政治情勢への反映である。

　韋湑は彼の兄たる韋温が韋氏家族政治の崩解を経験したのとは異なり、中宗統治時期に世を去った。『新唐書』には次のような興味深い記載が有る。

　湑初兼脩文館大学士。時熒惑久留羽林、后悪之。方湑従至温泉、后毒殺之以塞変、厚贈司徒・幷州大都督。湑兄弟頗以文詞進、帝方盛選文章侍従、与賦詩相娯楽、湑雖為学士、常在北軍、無所造作。[一三]

　湑 初め脩文館大学士を兼ぬ。時に熒惑久しく羽林に留し、后 之を悪む。方に湑従ひて温泉に至れば、后 之を毒殺し以て変を塞ぎ、厚く司徒・幷州大都督を贈る。湑の兄弟は頗る文詞をもって進み、帝方に盛んに文章侍従に選し、与に詩を賦し相娯楽するも、湑は学士為ると雖も、常に北軍に在れば、造作する所無し。

　この一段の記載のある部分はその他の史料によって裏付けされる、例えば韋湑は羽林軍を統べる大任を担っていたとはいえ、本人はかえって文辞によって称賛されており、修文館大学士を兼任してさえいたというものである。しかも韋湑の死亡は、『新唐書』の編纂者はこのことを当時出現した天象と繋げて記し、天象が韋湑の死亡をもたらしたのだと考えているのである。この天象というのは「熒惑久しく羽林に留す」である。欧陽修等がなぜ『旧唐書』の記載を改めたのかは分からないが、韋湑が天文変異によって死んだこの一段が詳しく記載されている。また欧陽修等が依拠した文献が何であるかも分からない。多くの場合、伝世文献の中から証拠を探し出すのは徒労となる。このばあい他の情報によってその中のロジックを推察する必要が有る。

　幸運なことに、韋湑の鎮墓石が出土している。一九八〇年代中期、韋氏家族墓地で韋湑の「東方九□青天」・「中央黄天」という二つの鎮墓石が出土し、二〇〇三年にはさらに韋湑の西方鎮墓石が出土した。前の両者は陝西省考古研究院に所蔵され、[一四]後者は西安市長安博物館に所蔵されており、『長安新出墓誌』にもこの鎮墓石の鎮墓文が収録されている。[一五]現在この韋湑の鎮墓石についての研究には、加地有定と劉屹のものがある。韋湑の東方鎮墓文の結銜には「大唐鎮国大将軍・行左羽林衛大将軍・脩文館大学士・上柱国・譙国公・贈司徒・使持節幷州諸軍事・并州大都督」とあり、中央鎮墓石の結銜も同様であるが、「上柱国」と「贈司徒」とのあいだに三字の欠けがある、これはおそらく「譙国公」であろう。(一六)二〇〇三年に出土した韋湑西方鎮墓石の結銜は前の両者とほぼ同じく「大唐鎮国大将軍・行左羽林衛大将軍・脩文館大学士・上柱国・譙国公・贈司徒・使持節并州大都督」とある。西方鎮墓石を刻んだ時に技術上の遺漏が発生したのかは分からない。

韋湑の鎮墓文と両唐書の記載とを比べてみると、はっきりと見て取れるのが、鎮墓文は『新唐書』の記載と近いことである。例えば『新唐書』の記載では「左羽林大将軍」としているが、『旧唐書』の記載では「左羽林将軍」とされ、また『新唐書』の記載には「脩文館大学士」と有り、鎮墓文と一致する。このことから推測してみると、宋人の修した『新唐書』の依拠する文献は、いったい何に依拠したのかを知る機会はないだろうが、あるいは本当に独自のものがあったのかもしれない。鎮墓文に記載される「譙国公」は両唐書に記載される「曹国公」とは異なっているが、あるいはこれは死後に改めて贈られたものか、またあるいは音が近いために誤ったのであろう。

両唐書には韋湑の死の時間を景龍三年（六〇九）としている。脩文館の設置は景龍二年(一七)であり、このことと対照できる。鎮墓石についての研究については、加地有定は唐代五方鎮墓文の内容との比較を通じて、唐前期の鎮墓文中にみえる「托質」・「托霊」・「托屍」等の用語はそれぞれ異なる死亡のしかたと対応しているとし、さらに韋湑は毒殺されたのであって正常の死亡ではないと推断する。(一八)劉屹は李義珪五方鎮墓石を研究し、異なった見解を提示しており、五方鎮墓石を用いるかどうかは死者の死に方と関係なく、死者に「生屍」と鎮墓とへの要求が有ったかに関係しているとする。(一九)現在、このテーマについてはなお討論の余地がのこされている。さらに多くの証拠の出現が、五方鎮墓石と死者との間の関係にさらに多くの認識をもたらすであろう。(二〇)

もし新たな証拠が現れなかったとしたら、われわれは韋湑の死と星変の関連、また中古時代の星占の政治的起伏、特に政治上の心理に対する巨大な影響などの論断については、ここで止めざるをえない。加地有定がその葬儀から韋湑の死は非命であると推断した観点は、その実証拠が足りていない。われわれはひとまずのところ劉屹の観点にしたがい、韋湑は死後おそらくは「生屍」と鎮墓とへの要求があったのであるとしておく。

しかし、幸運なことに、鍵となる証拠が現れた。ここで復旦大学の唐雯博士に感謝を述べたい、彼女は鍵となる証拠を提供された。それは張説が人の代わりに書いた韋湑の祭文である。この文章はおそらく政治的敏感さのゆえにその姓名を隠して祭文の題を「為人作祭弟文（人の為に作りし弟を祭るの文）」としており、その作成時期は「景龍三年歳次庚戌正月癸丑朔五日丁巳」であり、韋湑の死亡した時期と一致する。祭祀を行った者もまた韋氏の族人であり、「従兄兵部尚書某、以清酌少牢之奠、致祭於故将軍弟之霊。（従兄兵部尚書某、清酌少牢の奠を以て、祭を故将軍弟の霊に致す。）」と有り、祭文に死んだと書かれている者は「掌北軍之師律、首東観之詞英。（北軍の師律を掌り、東観の詞英に首たり。）」と有り、韋湑が左羽林大将軍となり、修文館大学士にも任ぜられたという特殊な身分と完全に符合する。韋湑の死因については、祭文には明確ににわかに卒したことが記され、「乃奉車之暴逝、忽復綏而凶行。（乃ち車を奉じて暴逝し、忽ち綏を復して凶行す。）」と有る。文中にはまた悼念のありさまが記され、「軫天悲於宸掖、固聚族於華京。（天悲を宸掖に軫《いた》み、聚族を華京に固《とど》む。）」と有る。これは韋氏が長安の大族であり、韋后の権勢が天を感動させるほど強大であったことと完全に符合する。（二一）

この祭文の内容と作成時期とは、処々すべてが韋湑の死を指向している。特に彼がにわかに死去したことを指している点である。先に述べたことと合わせて考えれば、おそらく韋湑の死というのは、『新唐書』に記載されるように、正常ではない死亡、と確定できよう。彼の死亡は、当時の天文星変が引き起こした政治的緊張と関わりがある。

二、「熒惑久しく羽林に留まる」――ただの想像か、あるいは歴史書写か

中宗期の「熒惑 羽林に入る」あるいは「熒惑 羽林に留す」といった記載を探してみると、『新唐書』の韋湑の死と関連した記載のほかに、さらに一カ所の記載が見られる。それは、景龍二年冬十月乙酉（ユリウス暦西暦七〇八年十二月七日）、修文館直学士・起居舎人の武平一が上表し、「熒惑 羽林に入る」などの天文異象を引いて外戚の権寵を抑制するよう詔を下すことを求め、自らも外任に出ることを求めた。

臣縁修起居注、太史監毎季有牒、臣伏見従去歳以来、屢有災異、熒惑入羽林、太白再経天、太陽虧、月犯大角。臣伏按旧史文志、咸非休吉之感、或為咎徴之兆。臣聞災不妄生、変不虚設、象見於上、人応於下、其理昭彰、有如影響……今皇明復辟、聖政惟新、自合恭守園廬、遙承雨露、庇影椒房之末、階清槐裡之余。（二二）

臣 起居注を修するに縁り、太史監季毎に牒有りて、臣伏して見るに去歳従り以来、屢ゝ災異あり、熒惑 羽林に入り、太白再び天を経、太陽虧け、月 大角を犯す。臣伏して旧史文志を案ずるに、咸な休吉の感に非ず、或いは咎徴の兆為らん。臣聞くならく災は妄生せず、変は虚設せず、象 上に見はるれば、人 下に応ず、其の理昭彰たること、影響の如き有り……今皇明復辟し、聖政惟れ新たなれば、自らは合に恭しく園廬を守り、遙かに雨露を承くべきに、影を椒房の末に庇ひ、清を槐裡の余に階《すす》めんや。

武平一は起居舎人を務め、ふだんから太史監が交付する天象牒文に触れていた。彼が上表のなかで示した「熒惑 羽林に入る」というのは基づくところがあるにちがいなく、皇帝への上表の中で勝手につくりだしたものではなかろう。彼が記載

するこれらの天象は、いずれも両唐書天文志などの文献には見えない。注意すべきことに、中宗の統治時期において、天文異象は非常に頻繁に見られた。[二三] 武平一は景龍二年の上表中に、「熒惑 羽林に入る」と示している。韋湑が世を去ったのは、両唐書では景龍三年のこととしている。『新唐書』の記載によれば、当時「熒惑久しく羽林に留す」という天象が起こっていた。ここで、「熒惑 羽林に入る」と「熒惑久しく羽林に留す」という記述が同じ天象を指すものであるのか、検討をしてみたい。

熒惑というのは火星のことである。羽林軍は中国古代の天文図の中では北方七宿の中の室宿に附属する星座に属しており、赤道の近くに位置している。西方天文学においては、羽林軍四十五星は、ほとんどすべてみずがめ座（Aquarius）の属星である—ただし羽林軍六より十までは南魚座（Piscis Australis）に含まれる。（図一[二四]を参照）「熒惑 羽林に入る」と「熒惑久しく羽林に留す」には区別があり、後者は熒惑 羽林に入った後停留した時間が比較的長いことを説明している。長安を観測点としたばあい（景龍年間には中宗はすでに都長安へ帰還していた）、景龍元年から三年の間、つまり西暦七〇七から七〇九年の間に、本当に武平一の上表と『新唐書』に記載される天象が出現したのかについては、天文計算ソフトを使用して、完全に復原することができる。[二五]

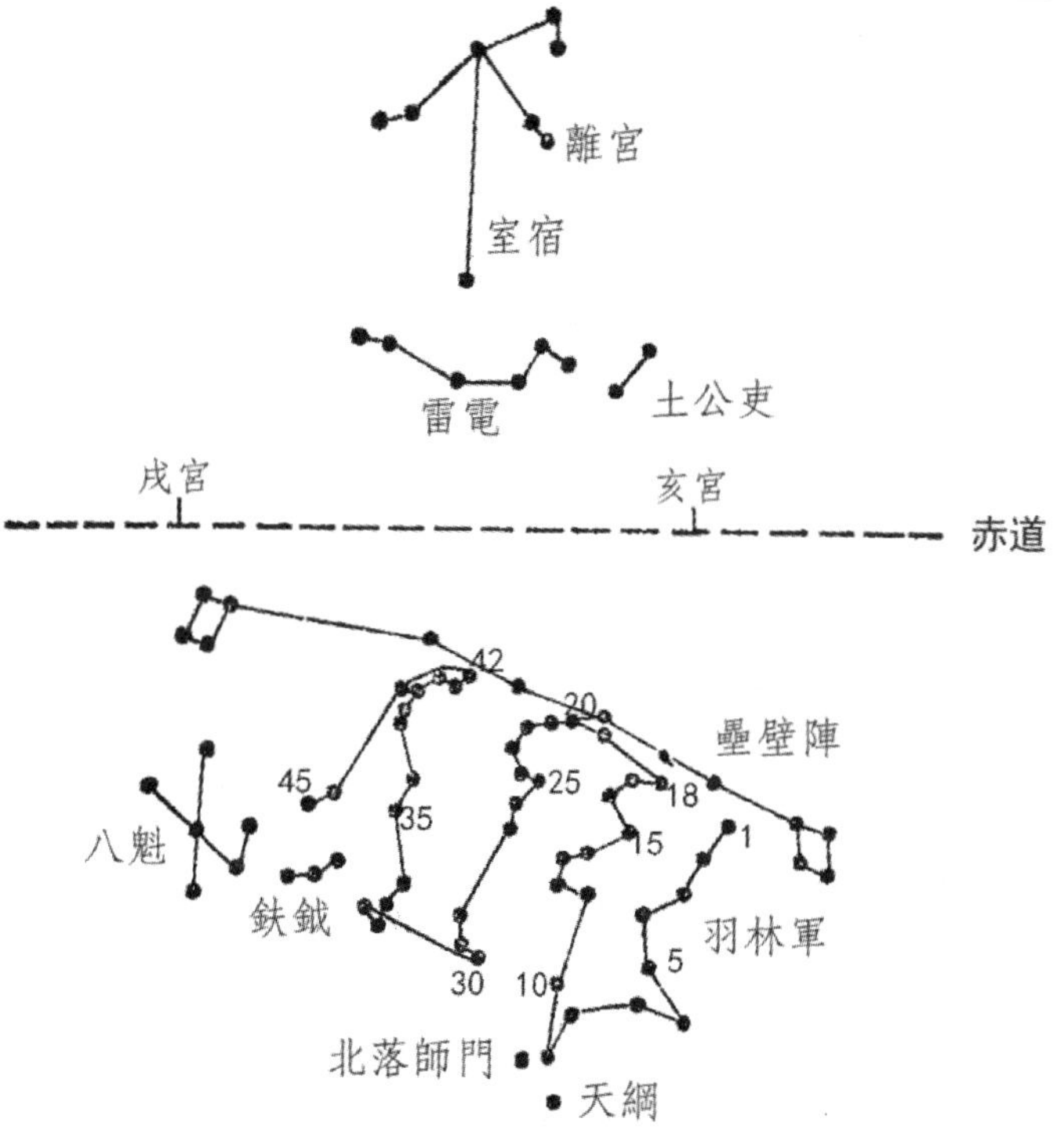

図一　羽林軍四十五星とその周辺の星

天文計算ソフトを使用して復原した結果、景龍元年（七〇七）と景龍三年（七〇九）とにともに「熒惑 羽林に入る」という天象が出現したことを確認できる。

景龍元年のこの天象が発生した時間は西暦七〇七年十一月十日から十二月十日までであり、つまり伝統的な紀年法でいうところの景龍元年十月十二日（丙子）日から十一月十二（丙午）日に至る期間であり、時間にして一ヶ月である。七〇七年十一月十日に熒惑は羽林軍一（29Aqr）に近づき始め、つづいて羽林軍十八（45Aqr）・十九（58Aqr）・四十二（83Aqr）のそばに沿って西へと運行し、十二月十日以降だんだんと羽林軍の区域を離れていく。（図二を参照、七〇七年十一月十日から十二月十日まで、熒惑が羽林軍附近を運行する軌跡、観測点：長安）天文計算ソフトの再現からみると、武平一が上表中に提示した「熒惑 羽林に入る」というのは確実に発生していたのである。これはまた起居舎人として天象牒文に触れていたことの信頼性をも裏付けられよう。

同様に、おおよそ七〇九年五月十三日から、火星が羽林軍のそばを運行し、十月二十八日になって、ようやく羽林軍の区域を離れたことを知ることができるのである。火星が羽林軍の区域に留まっていた時間は五ヶ月半の長きにわたる。これも『新唐書』に記載される景龍三年の「熒惑久しく羽林に留す」の信頼性を証拠づけている。この「久」という字は、この時に熒惑が羽林に留まった時間が半年の長さに達したことを強調しているのである。『新唐書』の史料の来源を知ること

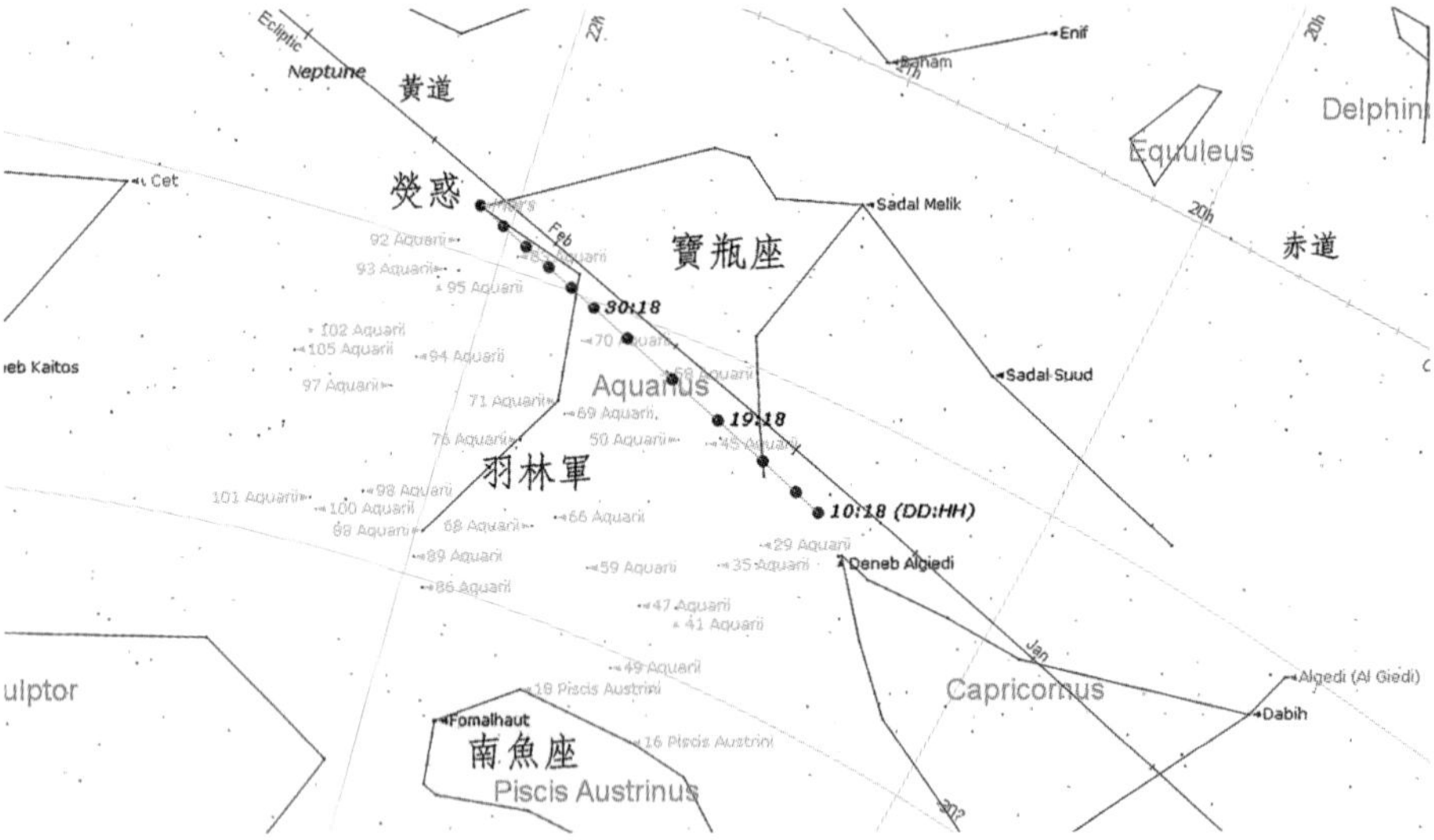

図二　景龍元年（七〇七）の熒惑の運行と羽林軍

はできないが、少なくとも天文データから見ると、『新唐書』の記載は非常に正確なものである。（図三を参照、七〇九年五月十三日から十月二十八日まで、熒惑の羽林軍の区域における軌跡図、観測点：長安）

天文データは、『新唐書』の韋湑の死に関する部分の経緯の信頼性を確かに証明している。そして、『新唐書』の韋湑の死に関するその他の描写についても、真実なのではという疑問を抱かれる。完全には確認できないとはいえ、少なくとも一つの結論を下すことができる、つまり韋湑が天文災変によって死亡したということは有り得べきことであるということであり、これは歴史の一つの可能性である。『新唐書』の記載によれば、韋湑の死は景龍三年の中宗が新豊温泉宮に行幸した時であり、その時間は西暦七一〇年一月十六日であり、まさに「熒惑久しく羽林に留す」という天象が発生した後なのである。

上述の分析から見るに、武平一の上表と『新唐書』の提示するものとは二つの異なる天象であり、わずかに文字面の意味が比較的近いということのみからは一つのことと判断を下すことはできない。ある先行研究では武平一の記載によって韋湑の死は景龍元年のことであると推断されているが、その他の史料に明確にその死が景龍三年にあったと記載されている事実に反し、また実際に発生した天文星象にも反しているのである。（二六）

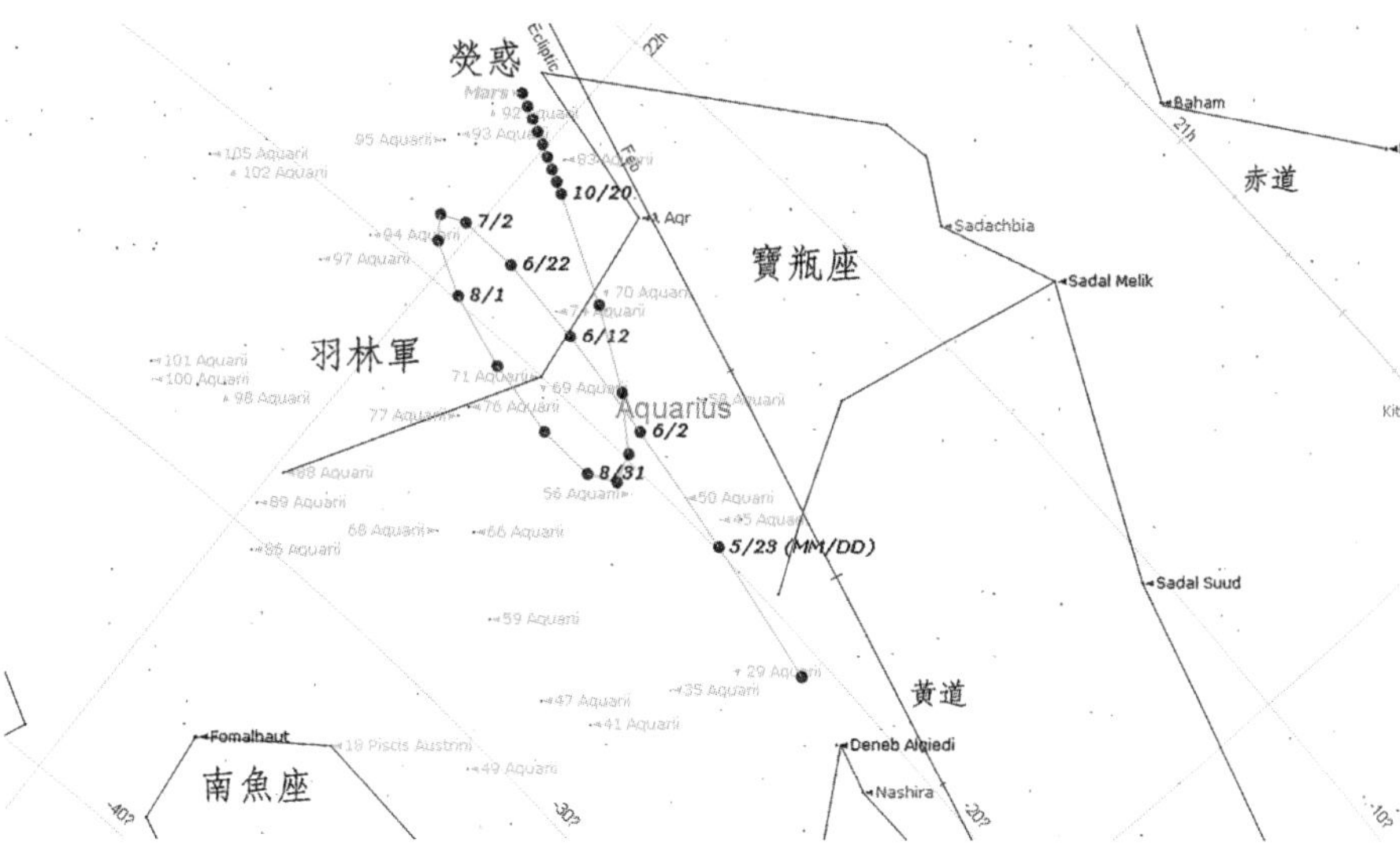

図三　景龍三年（七〇九）の熒惑の運行と羽林軍

この例もまた、すべての天文類の記載は「歴史書写」、つまりパターンあるいは陰謀論式の利用されたものではなく、あるものは本当に発生した事である、というのを裏付ける。当時の政治文化と知識という背景のもと、天文星象の変化は、確実に政治に対して重要な影響を与えていた。もしこれらが重要でなければ、おそらくは正史の中に巨大な篇幅の天文志を残す必要は無かったであろう。少なくとも漢朝から、宰臣が天文星変によって政治舞台から下りたりあるいは自殺を逼られたりすることは、その例が少なからず有り、比較的有名なものには、例えば漢の成帝の綏和二年（前七）の「熒惑守心」と宰相翟方進の死、というのがある。この事件の背後には湧き上がる政治の暗流があるが、表出してくるには、かならず正統な天文星変によって下される最終的な裁決が必要なのである。[二七]

三、「熒惑 羽林に入る」の星占の含意と当時の予測不能な政治情勢

熒惑は中国古代の軍事や国政に関わる星占の中でその一挙手一投足が決定的な力を持っており、主として災異と兵象と関わる。『史記』天官書には「熒惑為悖乱、残賊・疾・喪・饑・兵。（熒惑を悖乱と為す、残賊・疾・喪・饑・兵なり。）[二八]」と有り、羽林軍とは天子の宿衛の力を象徴していた。『史記正義』にこれを論じて「羽林四十五星、三三而聚、散在塁壁南、天軍也。亦天宿衛之兵革出。不見、則天下乱。金・火・水入、軍起也。（羽林四十五星、三三として聚まり、散じて塁壁の南に在り、天軍なり。亦た天の宿衛の兵革出づ。見はれざれば、則ち天下乱る。金・火・水入れば、軍起こるなり。）[二九]」と有る。ほとんどすべての中古文献の中で、「熒惑 羽林に入る」というのは、兵乱の予兆とみなされ、とくに天子の禁軍と関係があるとされた―つまるところ羽林とは天軍である。例えば晋の恵帝の元康九年八月（二九九年八月二十八日―九月二十五日）には、『宋書』天文志に「八月、熒惑入羽林。占曰『禁兵大起。』後二年、恵帝見廃為太上皇、俄而三王起兵討倫、倫悉遣中軍兵、相距累月。（八月、熒惑 羽林に入る。占に曰く「禁兵大いに起こる。」と。後二年、恵帝廃せられて太上皇と為り、俄かにして三王兵を起こし倫を討ち、倫悉く中軍の兵を遣り、相距むこと月を累ぬ。）[三〇]」と有り、この天象をチェックしてみると、これもたしかに発生していたのである。[三一]

天上の「熒惑 羽林に入る」というのは人界の「禁兵大いに起こる」と対応している。このような例は多く、また例えば『宋書』天文志に記載される劉義康が廃されたことは「（元嘉十三年）十二月戊子（四三七年一月三日）、熒惑入羽林。後年廃大将軍彭城王義康及其党羽。凡所収掩、皆羽林兵出。（十二月戊子、熒惑 羽林に入る。後年 大将軍彭城王義康及び其の党羽を廃す。凡そ収掩する所、皆な羽林の兵出づ。）[三二]」と有り、このような「一事・一占・一験」という叙述方式は、パターンとして存在しており、またそこには確実な天象も曖昧な天

象も存在していたのである。中古時代にひろがっていた「神文」の雰囲気の中で、政治的事件は星象解に影響を与えたのである。星象の出現も、人々の心理と方策の決定に影響を及ぼし、ひいては政治的起伏にも影響を及ぼし、ないしは政治の狂潮を引き起こす。これらの天象の中で、宮廷の政変ともっとも直接関係するものこそ、星が運行して羽林軍に入ることであり、とりわけ熒惑のそれである。「熒惑 羽林に入る」というのは、ほとんど明確に天子の禁軍に変乱が発生しようとしていることを指しているのである。

筆者は以前に『唐代前期宮廷革命』において、唐朝前期政治の中核は政治の継承であり、政治の継承の中核は、宮廷革命であり、宮廷革命の中核となる力は、天子の宿衛たる禁軍であることを述べた。唐朝の建国の初めから、ほとんどすべての君主が政治舞台へと登るには、禁軍が発動した政変中において、陰謀と暴力の保護の下で皇位へと登ったのである。君主たちがさまざまに手を尽くして禁軍を制御しようとしたのにも関わらず、不安定な政治情勢下で、大臣貴族はそれぞれに異なる皇位継承人集団へと機会を狙い、禁軍を動かす力を操って我が方のために用いんとし、百年の宮廷革命の歴史を繰りひろげた（二三）。

中宗は勢力の弱い君主として、ありとあらゆる手段によって北門禁軍を自らの手の内に掌握しようとした。韋湑等の韋氏の子弟もまさにこのような情況のもとに禁軍の将帥の地位へと押し上げられていったのである。しかし実際には、韋氏の子弟にはまったく禁軍を制御する能力がなく、後になって韋后に反対する政変の中で、禁軍は自らこれらの長官を殺し、その矛先を転じて、中宗一派の皇権を覆したのである。これもまた反って当時の韋氏と中宗とが完全に禁軍を掌握できていなかったことの一証となろう。

実際に、中宗が長安へと遷都したばかり日遠からずして、七〇七年、太子李重俊は禁軍将帥の支持のもと政変を起こした。そのうち左羽林大将軍の李多祚と左羽林将軍の李承況はともにこの政変へと参加した。この政変は武三思等の韋武集団の重要人物を誅殺したものの、中宗の統治を覆すことはできなかった。しかし、七〇五年・七〇七年・七一〇年・七一三年、禁軍ほとんど毎年のように政変を起こしており、政変を起こしていない時というのは政変を準備していたとも考えられるのである。多くの政変を経た後、政治局面は非常に敏感なものへと変化した。それぞれの政治集団がすべて陰謀と水面下の暴力による脅威のもとにあり、政治上の人物はたえず立場を換え、いずれに付きさえもしたのである。君主・皇后・親王・公主でさえ誰もが不安を覚えていた。

このような雰囲気の中で、連続して長時間の「熒惑 羽林に入る」ということが発生した。唐人にしてみれば、これは明らかに禁軍が乱を起こす予兆であった。すなわちそれに関わる情報は一定範囲内に留めておけたが、しかし情報とは必ずあっというまに拡がるものであり、武平一のように、いろいろな手段によって知られたのである。これは疑いなく一種の暗示と鼓舞である。禁軍の将士から見れば、彼らは落ち着かぬ危険な立場に置かれつつ、またあるものは英主に従って功績を挙げんとする志を抱いていた。もっとも皇権に挑戦する実力のある政治人物は、相次いで倒れ、あるいは公にあるいは密かに、最後の一撃を起こしたり、準備していたのである。これはおそらく武則天が政治舞台を下りた後の李唐の高層の政治情勢の主要な特徴であろう。

どうして韋湑は生け贄とされたのかといえば、それは韋后が一人の左羽林大将軍を犠牲にすることによって天象を吉に転じさせようとしたのであり、あるいは韋湑の忠誠を試そうとしたのであろう。知ることはできないが、歴史と人心の複雑さは、往往にしてわれわれの理解を超える。しかし『新唐書』の論ずるところと天文データの真相は、あるいは一つの解釈の可能性を提供することができよう。いずれにせよ、韋湑の死後、葬儀は丁重に執り行われた。しかしすぐに、禁軍はやはり造反してしまった。李隆基らの策謀の下で、羽林軍は韋后と韋氏の子弟らを殺害し、相王を皇位へと推戴したのである。

四、余論

宗教・術数理論をよりどころとする政治実践も、中古政治の重要な一面を構成している。[三四] 神龍元年、河南・河北十七州に大水がおこり、大臣の宋務光は上表して、武三思等の外戚を抑えることを求めた。[三五] また、右僕射の唐休璟は上表して、「乞解所任、待罪私門、冀移陰咎之徴、復免夜行之眚。（任ぜらるる所を解くを乞ひ、罪を私門に待ち、陰咎の徴を移すを冀ひ、復た夜行の眚を免れん。）」と求めた。[三六] 上文で提示した武平一も、外戚の抑制と地方への赴任という建議を行っていた。伝統的な陰陽五行思想の政治に対する影響は、なおこのようにはっきりと見ることができる。

天象を利用して積極的に人事に関与しようとするのは、中古時期においても珍しいものではない。天象は幹部の任用において絶妙な理由を提供していたのである。神龍三年五月戊戌（七〇七年六月五日）、中宗は旱魃によって穀物が高騰したため、太府卿の紀処訥を召して相談した。翌日、武三思は知太史事右驍衛将軍の迦葉志忠と太史令の傅孝忠に「其夜有摂提星入太微、至帝座。此則王者与大臣私相接、大臣能納忠、故有斯応。（其の夜 摂提星 太微に入り、帝座に至る有り。此れ則ち王者 大臣と私かに相接し、大臣能く忠を納る、故に斯の応有り。）」と奏上させた。中宗はそれに同意し、敕を下して紀処訥を褒め、また衣一副・彩六十段を下賜した。[三七] すぐに、紀処訥は侍中へと昇格した。胡三省はここの注にも「晋天文志、摂提六星直斗杓之南、主建時節、伺禨祥。三思特使志忠傅会以献諛耳。（晋天文志に、摂提六星は斗杓の南に直たり、時節を建つるを主り、禨祥を伺ふと。三思は特だ志忠をして傅会して以て諛を献ぜしむるのみ。）」[三八] という。

人を感嘆させることに、最終的に韋后が追い落とされた唐隆元年の政変をもたらしたのも、また天文気象と関連があるのである。文献の記載によれば、唐隆政変の前夜、おそらくは大規模な虹が発生していた。古人はまだ大気層の存在を知らなかったため、空中に発生したものは、宇宙であれ大気圏の内側であれ、すべて天文気象と考えたのである。『旧唐書』天文下には「唐隆元年六月八日、虹蜺竟天。（唐隆元年六月八日、虹蜺天に竟る）[三九]。」と有り、『新唐書』天文三の虹蜺の条には「唐隆元年六月戊子、虹蜺亙天。蜺者、斗之精。占曰『后妃陰脅王者。』又曰『五色迭至、照於宮殿、有兵。』（唐隆元年六月戊子、虹蜺 天に亙る。蜺なる者は、斗の精なり。占に曰く「后妃陰かに王者を脅かす。」と。又曰く「五色迭はるがはる至り、宮殿を照らすは、兵有るなり[四〇]。」と。）」と有る。唐隆革命の具体的な時期は六月庚子（二十日）であり、もしこの天象が本当であれば、政変前夜に起こったことになる。この「天象」に禁軍が韋氏の将帥を殺害して政変を起こすことを鼓舞する作用があったかは、知ることを得ない。しかし興味を引くことに、政変の重要な参与者であり、禁軍軍官である葛福順の墓誌には、この虹のことが書かれており「唐元際、孝和晏駕、韋氏干紀、皇帝伺知其禍、乃糾合忠義、弋梟鴟于禁林、払虹蜺于天宇。（唐元の際、孝和晏駕し、韋氏 紀を干さんとするに、皇帝 其の禍を伺知すれば、乃ち忠義を糾合し、梟鴟を禁林に弋し、虹蜺を天宇に払ふ[四一]。）」と有る。虹は大気現象に属し、天文ソフトによって検証する術をもたない。しかしどの文献にもこのことが記載されており、しかも明らかにその天象と唐隆政変とが関連しており、政変の原因の一つと見なされている。これはあるいは、まさにその時代の知識・信仰と政治世界の生き生きとした描写かもしれない。

《注》

（一）現在この分野に関わる学者の多くがこの共通認識を持っている、たとえば江暁原『中国星占学類型分析』（上海、上海書店出版社、二〇〇九年）六頁。江暁原は「天学外史」という理念を提唱しており、天文学の研究を「天文と人文」という関係へと拡張している。江暁原『天学真原』、上海、訳林出版社、二〇一一年を参照のこと。黄一農は「社会天文学史」という概念を提唱しており、黄一農『社会天文学史十講』（上海、復旦大学出版社、二〇〇四年）を参照のこと。

（二）比較的代表的な観点については、黄永年『唐史史料学』（上海、上海書店出版社、二〇〇二年）一三頁を参照。

（三）現在天文歴史学の研究成果は、その多くが秦漢およびそれ以前の時代に集中している、例えば班大為（David W. Pankenier）著・徐鳳先訳『中国上古史実掲秘―天文考古学研究』（上海、上海古籍出版社、二〇〇八年）や、馮時『中国天文考古学』（北京、中国社会科学出版社、二〇一一年）などがある。魏晋南北朝時期の星占と軍国政治についての研究については、多くの開拓精神を備えた若手学者が行っており、たとえば呂博「唐蕃大非川之役与星象問題」（『魏晋南北朝隋唐史資料』第二六輯、武漢、武漢大学出版社、二〇一〇年、一三一―一四五頁）や、胡鴻「星空中的華夷秩序―両漢至南北朝時期有関華夷的星占言説」（『文史』二〇一四年第一輯、五五—七四頁）があり、また姜志翰・黄一農「星占対中国古代戦争的影響—以北魏後秦之柴壁戦役為例」（『自然科学史研究』一九九九年第四期、三〇七—三一六頁）も参考になる。近年天文星占を利用して唐宋帝王政治について研究を行い多大な力を尽くし、かつ最も成果の大きな者は、趙貞であろう、その主要な成果は、趙貞『唐宋天文星占与帝王政治』（北京、北京師範大学出版社、二〇一六年）に収録されている。

（四）この政変において、李旦もきわめて重要な役割を演じた。彼は自らの府僚の袁恕己を率いて南衙の府兵を抑えた。

（五）中宗の八人の公主のうち、六人は武氏あるいは韋氏の子弟に嫁した、そのうちの安楽公主は、二度武氏の子弟に嫁いだ、しかし相王李旦の十一人の娘は一人として武氏や韋氏と婚姻関係を結んでいない。ある先行研究では中宗は韋武集団を作り上げたとしている、唐華全「試論唐中宗時期的諸武勢力」（『中国史研究』一九九六年第三期、九一—一〇九頁）を参照。相王集団についての詳細な研究については、筆者の二〇〇三年修士論文『唐代王府与政治』を参照。宮廷の政変については、孫英剛『唐前期宮廷革命研究』（栄新江主編『唐研究』第七巻、北京、北京大学出版社、二〇〇一年、二六三—二八八頁）を参照。

（六）孫英剛「長安与荊州之間—唐中宗与仏教」（栄新江主編『唐代宗教信仰与社会』、上海、上海辞書出版社、二〇〇三年、一二五—一五〇頁）。

（七）『新唐書』（北京、中華書局、一九七五年）巻一二五、蘇瓌伝、四三九九頁。

（八）『旧唐書』（北京、中華書局、一九七五年）巻八、玄宗本紀、一六五頁。

（九）『旧唐書』巻一八三、韋温伝、四七四四頁。

（一〇）『新唐書』巻二〇六、韋温伝、五八四四頁。

（一一）『旧唐書』巻一八三、韋温伝、四七四四頁。

（一二）『新唐書』巻二〇六、韋温伝、五八四四頁。

（一三）同上。

（一四）姜捷「関於定陵陵制的幾個新因素」（『考古与文物』二〇〇三年第一期）七四頁。

（一五）西安市長安博物館編『長安新出墓誌』（北京、文物出版社、二〇一一年）三二六—三二七頁。

（一六）李明先生に資料を提供して頂いた、ここに謝意を示す。

（一七）『新唐書』巻二〇二、李適伝、五七四八頁。

（一八）加地有定著、翁建文・徐璐訳『唐代長安鎮墓石研究—死者的再生与昆侖山升仙』（西安、三秦出版社、二〇一二年）六九—七二頁。

（一九）劉屹「唐代的霊宝五方鎮墓石研究—以大唐西市博物館蔵「唐李義珪五方鎮墓石」為線索」（栄新江主編『唐研究』第一七巻、北京、北京大学出版社、二〇一一年）三二七頁。

（二〇）唐代の鎮墓石刻についての研究については、白彬・葛林傑「記美国芝加哥富地自然史博物館蔵唐代鎮墓石刻」（『文物』二〇一三年第一一期、八七—九一頁）を参考にできよう。

（二一）張説撰「為人作祭弟文」（清董誥等編『全唐文』巻二三三、北京、中華書局、一九八三年、二三五九—二三六〇頁）。

（二二）清董誥等編『全唐文』巻二六八、武平一「請抑損外戚権寵並乞佐外郡表」（北京、中華書局、一九六〇年、二七二二頁）。

（二三）例えば景龍元年には、中宗朝で発生した二度の日食が、いずれもこの一年に起きている、神龍三年六月丁卯と景龍元年十二月乙丑それぞれ東井と南斗の位置に日食が起こり、星占上の区別ではそれぞれ京師の分野と丞相の位に対応する。この二度の日食において攘災のための活動が行われたかについては、史書に記載はない。『新唐書』巻三一、天文一（八一九頁）、および『新唐書』巻三三、天文三（八六五頁）に見られる。

（二四）原図は丁縣孫『中国古代天文暦法基礎知識』（天津、天津古籍出版社、一九八九年）一〇七頁。羽林諸星の数字については筆者が加えたものである。

（二五）本稿で用いた天文計算ソフトはStarry Night Pro Plus 6である。

（二六）盧燕新「唐修文館及神龍至景雲年間在館学士考」（『中華文史論叢』二〇一五年第一期）二三三頁。

（二七）このことについては、張嘉鳳・黄一農「天文対中国古代政治的影響―以漢相翟方進自殺為例」（『清華学報』一九九〇年第二期、三六一―三七八頁）を参照。

（二八）『史記』（北京、中華書局、一九五九年）巻二七、天官書、一三一七頁。

（二九）『史記』巻二七、天官書、一三〇九頁。

（三〇）『宋書』（北京、中華書局、一九七四年）巻二四、天文二、七〇〇頁。

（三一）発生した時間は二九九年九月一三日より十月十一日である、かつこの一年の「熒惑 羽林に入る」という天象は景龍元年に発生した「熒惑 羽林に入る」の過程と極めてよく似ている。

（三二）『宋書』巻二六、天文四、七四七頁。筆者がこの記録に対しても検証を行ったところ、四三六年十二月十三日に羽林軍一に近づき、羽林軍にそって黄道（赤道）の端の近くを運行し、四三七年一月三日には羽林軍四一・四二の附近に在り、一月七日の後はだんだんと羽林軍を離れていく、この天象も実際に発生したものである。しかし元嘉十三年は劉義康が廃された元嘉二二年と時間の隔たりが多く、その間には政治上の修辞的な意味合いが存在している。

（三三）孫英剛「唐前期宮廷革命研究」（栄新江主編『唐研究』第七巻、北京大学出版社、二〇〇一年、二六三―二八八頁。）禁軍に関する研究は、張国剛「唐代禁衛軍考略」（『南開学報』（哲学社会科学版）一九九九年第六期、一四六―一五五頁）・趙雨楽「唐前期北衙的騎射部隊―「北門長上」到「北門四軍」的幾点考察」（『陝西師範大学学報』（哲学社会科学版）二〇〇二年第二期、七四―八一頁）・蒙曼『唐代前期北衙禁軍制度研究』（北京、中央民族大学出版社、二〇〇五年）・唐雯「新出葛福順墓誌疏証―兼論景雲・先天年間的禁軍争奪」（『中華文史論叢』二〇一四年第四期、九九―一三九・三八九―三九〇頁。）を参照。

（三四）詳しくは孫英剛『神文時代―讖緯・術数与中古政治史研究』（上海、上海古籍出版社、二〇一四年）を参照。

（三五）『旧唐書』巻三七、五行志、一三五三―一三五六頁。

（三六）『旧唐書』巻三七、五行志、一三五六―一三五七頁。

（三七）『旧唐書』巻九一、紀処訥伝、二九七三頁。『資治通鑑』巻二〇八、六六一〇頁。この段の『新唐書』紀処訥伝の記載は比較的簡素で、『旧唐書』紀処訥伝に記載される時間は比較的曖昧で、具体的な日付と二日目に進言したことが記されていない。

（三八）『資治通鑑』巻二〇八、六六一〇頁。

（三九）『旧唐書』巻三六、天文下、一三二四頁。

（四〇）『新唐書』巻三五、五行三、六五〇頁。

（四二）前掲、唐雯「新出葛福順墓誌疏証——兼論景雲・先天年間的禁軍争奪」、一〇一頁。

「風水」の背景

清水　浩子

はじめに

牧尾良海氏が一九七七年（昭和五十二年）に『風水』（大正大学出版部）[一]と題して、デ・ホロートの著書の一部を翻訳し出版されて以来、日本の風水研究が盛んになったように思われる。

　デ・ホロートは自分の風水に対する見解を、彼に先立つこと二十二年前にアイテル博士[二]が「風水、又はシナにおける自然科学の萌芽」と題する論文で論ぜられたものと殆どかわらないと述べている。そして、相異があるとしたら「彼(アイテル)の調査は広東や香港で行われ、われわれのそれは福建省の南東地方で行われたという、状況の相異に主な原因があるのである」と述べている。

　そう述べるデ・ホロートは風水の「風」は「かぜを意味」し、「水」は「風が世界の上にまきちらすところの雲から来る水を意味し、かってはこの二つの語は結合されて、中国式に規制されたところの気候」を指していたとする。中国式に規制されたところの気候とは風土くらいの意味ではないでしょうか。ちなみに沖縄には風土という言葉はなく、風土にあたる言葉は風水といわれるようである。

　また、デ・ホロートは風水を「準科学的な組織であり、死者や神霊や生者が、自分の好適な影響のもとに、専らもしくは能うかぎり永く、そこに落ち着くことができるようにするために、墓とか寺院や居宅をどこどこの様に造るべきかを人々に教示するものと想像されている組織」とし、また、「中国の国民にとって絶対に必要欠くべからざることという結論がでてくる」と述べている。それは何故かというと、「何人と雖も己れ自身を大自然の力の支配から取りのぞくことは不可能」だからであるということのようである。

　すなわち、デ・ホロートは風水を人間が自然と調和して生活するために存在したものと考えていたのである。

また、デ・ホロートは

　中国では、自然は、科学的な方法で研究されたことが嘗ってなかったのであるから、風水思想も、天と地に関する経験的・批判的観察に基づいて取得された確実な観念によって固められてはいない。[三]

とも述べている。

　更に風水は「実際的な術」であり、「風水の理論は専門書の中には詳しく説明してあるが、その道の最もすぐれた専門家でさえほとんど注意をはらわない」と言っている。そして、風水は「擬似的な科学であるから擬似的科学らしく即ちペテンとして実施されている」のであるとも述べている。

この「擬似的な科学」ということについて、ジョセフ・ニーダムは『中国の科学と文明』（第三巻・第十四章）のなかで、中国古代文化の占い（亀卜・占筮・占星術・風水・相術など）を「擬科学」とし、科学史家が無視してはならないとしている。なぜなら、「古代の宇宙観の解明に多くの光を投げかけてくれるから」と言う。また、中国において、科学に必要な経験的要素・懐疑的要素（批判精神）がないわけではないとも言っている。デ・ホロートもニーダムも共にヨーロッパの人なのに、その見解は随分と異なっている。

十数年前、欧米のスーパーマーケットやショッピングセンターの本売り場や占いグッズの店には風水関係の本が並んでいたと聞いている。これは欧米人のオリエンタリズムの神秘的な東洋思想へのあこがれからくるものなどといわれるが、風水ブームの発端は、身近な街や家、職場などの環境問題と地球環境に対する意識の高まりもあるともいわれる。すなわち、科学文明だけでは制しきれないものが存在するのではないかということである。研究者の間でも従来は旧習や迷信として避けられてきた風水であるが、ここ二、三十年は、特に地理学、人類学、建築学などの分野で、各国の研究者に注目され、多くの研究書が刊行されるようになっている。

それらの研究書を総括すると、風水の基本は自然環境、方位、あるいは宅地、家屋、墓の形、周囲の環境、風景と自分をどう調和させるかということにある。しかし、風水は単なる自然の環境学ではなく、風水は自然や社会の中に身を置く自分自身が、うまく周囲の環境を認識し、その環境との調和をどうはかるか、あるいは環境そのものを利用したり、創造したりしながら、いかにして自分の生活する環境の中で、幸せに生きていくかということを目指した生活術であると考える。

西洋の思想にも、聖なる山や川とか、聖地というような空間認識はあるようであるが、家や墓、周囲の環境、大地そして自然へとつながる風水のような雄大な思想は発達しなかったようである。だから、このようなことを説いてくれる思想、あるいは生活術としての風水に欧米人は大いに注目するのだと考える。また、東洋では、近代化され経済が発展しても、西洋にない、東洋に伝統的にあった風水が、新鮮なものに映り、再評価され、新たな流行を生んだのだと考える。

その流行の中で、世界的に注目されたのが、香港に一九八六年にオープンした「香港上海銀行」の建物と、少し遅れて建設された「中国銀行」の建物である。このことについては荒俣宏氏や目崎茂和氏が詳しく紹介している[四]が要約すると、以下の通りである。

「香港上海銀行」は香港島の中央街に建設されたビルで、イギリスの著名な建築家ノーマン・フォスターが設計したが、風水師の古柏齢のアドバイスを導入して建築され、それは、香港島から九龍半島に渡るフェリー乗り場のすぐ近くにあり、そこは香港島の玄関口にあたる位置である。その後、香港上海銀行の並びに、奇抜な三角形をした前面ガラス張りの高層ビル「中国銀行」が一九八九年に新築された。このビルはルーブル博物館にガラスのピラミットをつくって評判になった中国系アメリカ人貝聿銘の設計によるものである。この建物は風水を意識したもので、中国銀行の三角形の鋭角な方向の一つは香港上海銀行に流れる気脈を絶ち、ガラス張りの壁面は、中国銀行に向けられた邪気・凶気を反射し、はねのける構造となっている。

香港上海銀行は、この中国銀行の新築により、自分たちのビルの風水が壊されたとして、中国銀行を非難したというのである。

これは現代でも、風水が生きている良い例である。

また、荒俣宏氏は『風水先生』(集英社文庫)の中で、香港の風水師龍景銓の言葉を

風水は迷信と違います。迷信は根拠のないことを押しつけるが、風水は哲学的にも科学的にも根拠を持ちます。要するに、自然と人間がどうやってハーモニーを生みだし、自然の恩恵を最大限に得るかを実現する技術です。

と、紹介する。更に

現在の風水は西洋の環境生理学と中国の地理地相術をブレンドしたものだ。

したがって、風水師は五種の学問技術を身につけている。西洋流のほうは①色彩学②光学③音響学の三つ、中国流が④地理学⑤羅盤のふたつだ。

と、紹介している。

①から③までは、日本の中小企業診断士が必ず持っていなければならないアイテムだそうなので、現代の風水は科学的な側面も持っているといえるのであろう。中国流の地理学と羅盤については、地理学は環境地理学として捉えられるし、羅盤は羅針盤の基礎となったものとみれば、風水が必ずしも迷信とはいえないように思うが、利用の仕方次第で迷信にもなり得るということに注意しなければならない。

一、風水とは何か

風水について調べたい時、図書館に行ったら、どこの棚に風水書はあるのであろうか。もちろん中国思想の棚に風水に関する書物を見つけることはできる。しかし、文化人類学[五]や地理学の棚にも風水に関する書物を見つけることができる。地理学の棚にも風水書はあるのである。これはすでに「はじめに」で述べたように、「地理学、人類学、建築学などの分野で、各国の研究者に注目されている」からである。しかし、地理といっても、私達が中学や高校で学ぶ地理とは少し異なる。風水で地理といったら、環境地理学のことであり、山や川や平地の形を見て吉凶を判断することも意味する。

デ・ホロートが風水の「風」は「かぜを意味」し、「水」は「風が世界の上にまきちらすところの雲から来る水を意味する」

と述べていることを紹介したように、風水とは天地自然のことを述べているのである。天地とは天空と地上のことであり、私達の住む生活空間を象徴している言葉である。

中国では風水という言葉は、東晋（三一七～四二〇）の郭璞（二七六～三二四）が著したとされる『葬書』に初めて見える[六]とされる。しかし、風水のような「地相術」はそれ以前にもあって、「堪輿家」がそのようなことを行っていたと考えられるが、『史記』日者列伝に述べられている「堪輿家」は

孝武帝、時に占家を娶め会せしめ之に問う。某日、婦を取る可きか。結婚は五行家曰く、可なり、と。堪輿家曰く、不可なり、と。建除家曰く、不吉なり、と。

とあり、堪輿家が地相術を扱っている記載ではない。

この他にも漢代の書物である『周礼』春官・保章氏の鄭玄の注、『淮南子』天文訓、『論衡』譏日篇にも「堪輿」の文字は見える[七]が、いずれも地相術を行ったとの記載はなく、「堪輿」を神名として記載しているだけである。しかし、その神は十二神の一つであることが想像できる。何曉昕氏はその十二神を

地上の十二区分と対応したもので「堪輿」と称され、天と地の対応を表していた。おそらく、後になって占家の中に十二神のみを用いて吉凶を判断する一派が生じ、そういった占家を堪輿家と称するようになったであろう。

また、このような占卜はおもに天体の運行を観察することによって地域の吉凶を判断したので、許慎は『淮南子』天文訓に注したとき、「堪輿」の意味を敷衍して、「堪とは天道であり、輿とは地道である」としたのである。[八]

と述べている。また、

後人は「堪輿」を天・地・人の協調と理解するようになり、『史記』日者列伝では、堪輿家が建築の吉凶を占ってはいないが、「堪輿」は建築に関する吉凶の判断が大部分を占めていたので、堪輿は次第に風水の代名詞になっていった。[九]

とする。

しかし、「堪輿」と風水の関係はそれだけでなく、現在では散佚してしまっているが、漢代に『堪輿金匱』という書物が存在し、その主要テーマは天と地との関係を述べる六壬術であったといわれる。六壬術とは六壬式盤を用いて様々な吉凶を占うことであったが、歴史が発展するに従って、これは方位の吉凶を判断するのに用いられるようなる。この方位の吉凶の判断が風水に繋がると考える。

また、「六壬」の起源もはっきりしないが、清の銭大昕の『十駕斎養新録』十七に「六壬占」についての記載があり、六壬占が行われたことが正史に初めてでてくるのは『晋書』載洋伝であるが、その時の史家は「(載) 洋は風角を善くす。」といっているだけである。

六壬とは『論衡』難歳篇に

式上の十二神の登明・従魁の輩は、工伎家之を皆天神と謂い、常に子丑の位に立て、倶に衝抵の気有りて、神太歳に若かずと雖も、宜しく微敗有るべし。（式上の十二神のうちで登明・従魁などを、占い師はみな天の神だといって、

いつも子や丑の方位におき、みな衝抵の気を持っていて、その神明は太歳には及ばないが、これを犯せば多少の禍があるだろう。)

とあり、また、『論衡』解除篇には

宅中の主神、十二有りて、青龍・白虎、十二位に列す。

とある。

この十二神は銭大昕の『十駕斎養新録』六壬十二神と同じであり、二十四位は司南の二十四山と対応する。二十四位は十二支と八卦と十干を組み合わせたもので、図1の一番外側を指し、それを二十四山ともいう。四方の中央は必ず十二支、両側は十干であるが戊と辛は入らない。四維の中央には八卦の乾艮巽坤の四卦とその両側は十二支が置かれるので、十二＋八＋四で二十四になる。

天と地についてもう少し考察を加えると、『易経』繫辞伝上に

易は天地を準う。故に能く天地の道を弥綸す。仰いで以て天文を観、俯して以て地理を察す。是れ故に幽明の故を知る。

とあるように、中国では天文観察の対として地理観察が考えられる。

たとえば、『漢書』郊祀志には

三光（日・月・星辰）は天文なり、山川は地理なり。

とあり、『論衡』自紀篇には

天には日月星辰あり、これを文と称す。地には山川陵谷あり、これを地理と称す。

表1 十二支と十二神

亥	登明
戌	天魁
酉	従魁
申	伝送
未	小吉
午	勝先
巳	太卜
辰	天罡
卯	太冲
寅	功曹
丑	大吉
子	神后

図1 二十四位

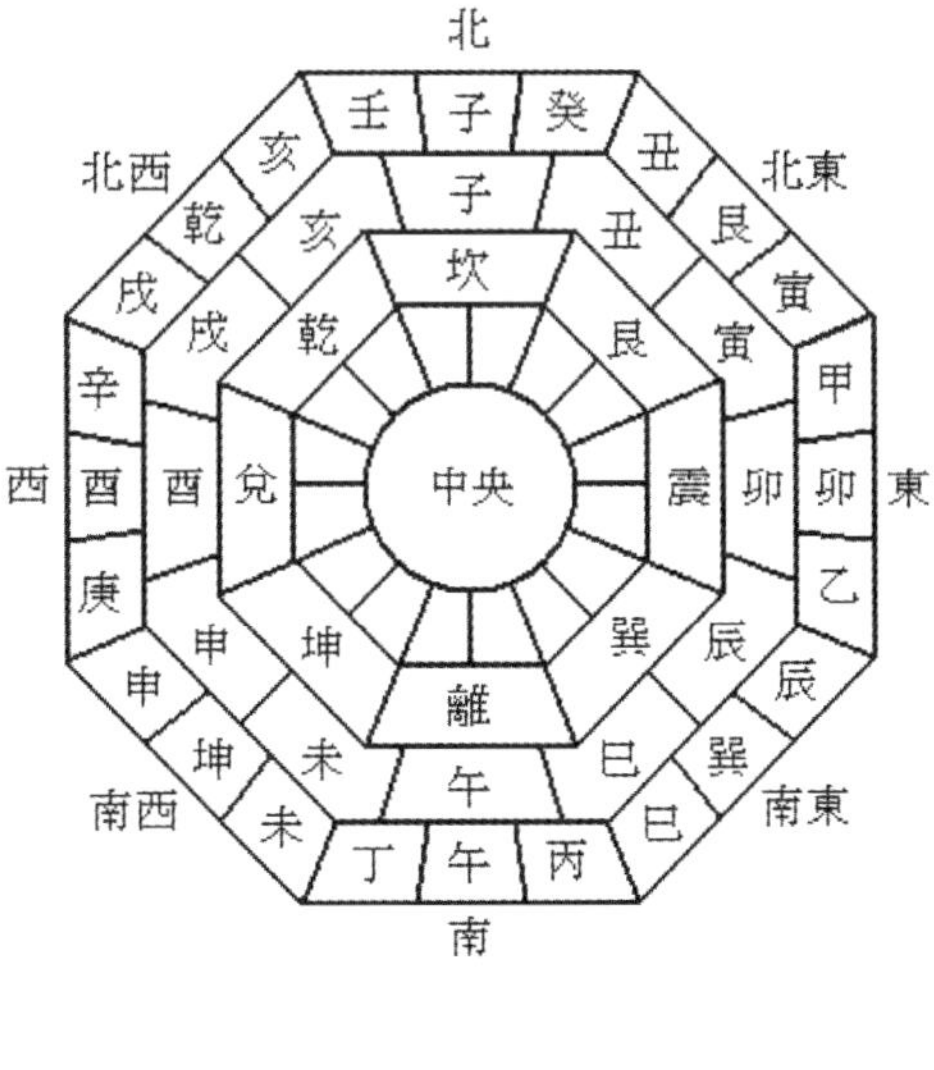

＊表1の十二神は時代によって名称が異なる。図1は後漢の式盤による。

とある。漢代には天文と地理が対として考えられていたことがわかる。ここでいう「地理」とは「土形や方位」のことである。

中国の古代にあっては天文、すなわち、日（太陽）・月・星を観察していろいろな情報を得て生活している。それと同じように地上の観察も重視されたのである。そして、天からの情報に異常（日常的でない現象）があると、人々は恐れをいだく。異常とは天候不順・日食・月食・流れ星などであり、天にこのような異常現象があると、人間の住む地上に何か悪いことが起

きるのではないかと危惧する。そして、このようなことがあるのは為政者の行いに誤りがあったので天が譴告した災異であると解釈されたのである。天界に起こる現象と地上界とは相互関係にあると考えられているのである。このような天と地の関係を天人合一とか天人相関といわれる。

以上のように、天文に大変関心を持っていた古代人は自分たちが直接生活する地上すなわち地理にも大変な関心を傾けていたわけである。そして、良い土地に生活空間を持つことが良い人生に繋がると考えている。だから、良い土地選びは重要なことである。

また、このような天と地の相関関係が考えられていたから、先に述べた六壬式盤などが考案されたのだと考える。六壬式盤の上方の円形は天を下方の方形（四角）は地を象徴している。中国では天円地方の考え方はよくみることができる。

以上より、なぜ風水を地理学として捉えるか理解できるし、環境地理学や方位の吉凶の判断も風水となることも理解できる。だから、風水師を地理師と呼ぶこともあるのである。

二、風水の歴史

（一）殷・周時代

先に風水という言葉は、晋代の郭璞が使ったとされ、『葬書』に初めて見えると述べた時、風水のような「地相術」はそれ以前に存在していたことを漢代の「堪輿」を中心に考えたが、ここでは殷・周時代にまでさかのぼって考えてみたい。何暁昕氏が指摘するように、殷墟や半坡の遺跡は川の交わる丘の上にあり、家屋は南か東に向いていて、地理環境も居住環境も十分考慮されたものである。これを何暁昕氏は「近水向陽」（川に近く南向き）と名付け、後世の風水が求めた基本モデルの一つだとする。また、土地選びには「土圭法」・「土宜法」・「土会法」（二）を用いていたとする。これらの方法は「卜宅」という迷信的な方法から、方角を定め土や水を観察する「相宅」に発展する。

相宅の記録としては『詩経』大雅・公劉に

> 篤公劉はここにおいてその原野を占った。人民は多く集まり遷都に従った。
> そこで篤公劉は人々にあまねく耕作をさせたので、彼らは嘆かなくなった。
> 篤公劉は小山に登ったり、平野に降ったりしてその地形を観察した。篤公劉は百泉に往来し、広い原野を観察し、南岡を経けめぐり、新しい都市を調査した。……篤公劉はその地の東西南北の広さを決め、日影の長さで境界を定め、岡に登って陰陽寒暖の適当な場所を調査し、流泉を観察し、……湿原と田の多少を見て課税を行い、この夕陽という土地を推し量った。
> そこでこの豳人の土地は大いに栄えた。

とある。

また、周の盤庚が都を亳邑に遷すときのことが、『書経』盤庚に亀卜していうには、私がいくところについて来なさい。…
…卜の善霊を用いることにして、卜に違わないことに決め、
遷都の大業を始めることになった。

また、周公が洛都建設のとき、『書経』召誥に

占って吉を得たので、都を建てることにした。

とある。『書経』のこの二例で選ばれた土地は風水で「背山面水」といわれる土地で、農業に良く適した土地とされるので、人々が生活するのに適している土地ということができる。

このように土地を選定した後、建物の建設が行われ、この建設時期の決定は天文観察した結果決められるのである。『詩経』鄘風・定之方中に

定星が南中するとき楚宮を建造する。

とあるように、定星[一二]が南中する時間が建造に適していると考えていたことがわかる。

このように古代中国人は天の運行（天文）と人間の生活を関連づけて考えている。これは人間が自然とよく調和しながら生活しようとするものであり、風水は萌芽期から自然との調和がそのテーマであったことを知ることができる。

また、殷周時代の「まず自然条件にもとづいて適当な地基を選択し、その後で土圭法にもとづいて建築の向きを決定する」この方法は後代の風水の「理法」と「形法」の萌芽ともいえる。そして、土圭法・土宜法・土会法はシンプルではあるが、天文観測という科学的要素をそこに見ることができる。

（二）漢時代

殷・周の「卜宅」・「相宅」というものは後世の風水と比較したら随分とシンプルなものであり、先にも述べたように生活と直結していて、自然とうまく調和してよりよい生活を求めるものである。しかし、漢の時代になると五行説の影響を受けて複雑な態をなすようになる。先に堪輿が風水と関係することを指摘した時、現在佚してしているが、漢代に『堪輿金匱』という書物があったことを述べた。この『堪輿金匱』の名は『漢書』芸文志に「数術略」という項目に記載されている。「数術略」は六種[一三]に分類されていて、その中の「五行」というところに『堪輿金匱』は記載されている。「五行」は『漢書』芸文志に

五行とは、五常の形気である。『書』に「初めの第一疇に曰く、五行。次の第二疇に曰く、羞んで五事を用う」とあるが、これは進んで五事を用いて五行に順うべきことを言ったものである。（人は五行の気を稟けて生まれ、）貌・言・視・聴・思の五事[一四]が正常を失うと、五行の秩序が乱れ、五星に異変がおこる。五行家はもと律暦（こよみ）の数術から出て、分かれて一家となったものである。その法もまた五徳終始の説[一五]の始まり、その説を極限まで推論すれば、およそ世の中に解釈のつかないものは何一つない。しかるに小数家[一六]はこれによって吉凶を占い、これが世におこなわれて、真の五行の術はしだいに乱れた。

と説明されている。五行については後で詳しく考える。

また、後世の風水説に影響を与えたといわれる『宮宅地形』

（現在では佚している）は、『堪輿金匱』と同様、『漢書』芸文志に記載があるが、「五行」の項目ではなく「形法」の項目にある。

> 形法とは、九州[一七]の地勢を大いに挙げて、それにより城郭・室舎の形を定め、人や六畜の骨格の度数（きまり）や器物の形容を示して、その声気・貴賎・吉凶を求めることである。これはあたかも音律の長短に応じ、それぞれその声調をあらわすようなもの、鬼神があってのことではなく、自然の理法である。しかし、形と気とは互いに首尾表裏をなすものである。また、その形があってその気のないものや、その気があってその形のないものもあるが、これは五行の精微なはたらきによる特異なものである。

とある。いずれも五行説と深い関係のあることが理解できる。『堪輿金匱』は後の風水の「理気（法）学派」に、『宮宅地形』は「形勢学派」に影響を与えたといわれる。

今、ここにすべてをあげることはできないが、『漢書』芸文志の記載からは、前漢時代に地相術や占卜の論が数多くあったことが理解できる。また、『後漢書』王景伝に

> 初め景以為へらく、六経に載する所皆卜筮有り、作事挙止には蓍亀に質すに、而も衆書錯糅し、吉凶相反すと。乃ち衆家の数術文書・冢宅の禁忌・堪輿日相の属ひの事用に適うものを集めて大衍玄基と為すと云う。

とあることから、後漢においても同様であったことが察せられる。

デ・ホロートは前漢時代に地相術や占卜の論が数多くあったことをいい[一八]、また、「漢代かその少し後の時代に『宅経』なる書が存在し、これが一般的には残存する最も古い風水思想の解説書と見做していて、今日でも相変わらず実地に使用されている」といっている。しかし、実際は『宅経』は黄帝に仮託されている書であり、デ・ホロートのいう『宅経』とは『道蔵』の中にある『黄帝宅経』のことと思われ、その成立は漢代よりずっと後の宋代ころである。ただ、その内容は『山海経』に述べられている伝説までさかのぼることができるので、その萌芽は漢代にあったといってよい。

また、漢代には『青烏経』なる風水書があったという人もいるが、これは後の偽経である。これらについては後に詳しく述べることにする。

（三）魏晋南北時代

漢王朝が崩壊した三世紀は、風水の歴史でひときわ目立つ世紀である。風水師の元祖といわれる管輅（二〇九～二五六）と風水という言葉がみえる最も古い書である『葬書』を表したといわれる郭璞（二七六～三二四）がその時代の人であるからである。

先ず、管輅については『三国志』魏書・管輅伝に、平原の出身で字は公明といい、易・天文・風后・吉凶判断・人相見・風水など中国にかつてない術数家の一人であると述べられている。また、『三国志』魏書・管輅伝には次のような逸話が記載されている。

輅、軍に随って西行し、毌丘倹の墓の下を過る。樹に倚って哀吟し、精神楽しまず。人その故を問う。輅曰く、林木茂ると雖も形の久しかるべきもの無く、碑誄美なりと雖も後の守るべきもの無し。玄武頭を蔵し、蒼龍足無く、白虎尸を銜え、朱雀（朱鳥ともいわれる）悲哭す。四危以て備わり、法は滅族に当る。二載を過ぎざるに其の応至らんとす、と。卒にその言の如し。

すなわち、管輅は軍に従って西方を旅した時、毌丘倹の墓の近くを通った時、樹にもたれ哀吟して楽しそうでなかったので、人がその理由を尋ねると、「林木は茂っているが、久しく生き長らえるべき肉体を持っている者がなく、碑誄は立派だが、守るべき子孫がいない。玄武は頭を隠し、蒼龍には足がなく、白虎は屍をくわえ、朱雀は悲哭している。四つの危難が備わっているので、一族は滅亡する定めである。二年とたたないうちに、しるしが現れるであろう」といったというのである。そして、それはその言葉どおりになったということである。

ここから、二つのことを理解できる。一つは管輅がすばらしい予言者であること。もう一つは四獣（玄武・蒼龍・白虎・朱雀）を地形に擬えられている（一九）ということである。それから、管輅は『三国志』で知られる曹操に仕官を勧められるが、自分は官吏になる相が顔にも体にも現れていないといって、断ったともいわれている。これは人相見としての管輅を示している例である。

また、管輅がここで四獣を述べるのは軍隊の布陣に触発されたためとされる（二〇）。四獣と軍隊の布陣については『礼記』曲礼上に

行けば、朱鳥を前にして玄武を後にし、青龍を左にして白虎を右とし、招揺上に在り。（行軍には、先頭の軍は朱鳥の旗を立て、後尾の軍は玄武の旗を立て、左翼は青竜の旗を、右翼は白虎の旗を立てる。そして中軍は招揺星（北斗七星）の旗を立てる。）

とあることに由来するといわれる。従って、もともとは四獣は風水と直接関係なかったかもしれない。

次に、風水において、管輅と並び称される郭璞について、考察する。郭璞は字を景純といい、『晋書』郭璞列伝に

郭公なる者有り、河東に客居し、卜筮に精し。璞は之に従いて業を受く。公、青嚢中書九巻を以て之に与う。是に由りて遂に五行・天文・卜筮の術に洞し、攘災・転禍に通じて方ぶるもの無きを致す。京房・管輅と雖も過ぎること能わず。璞の門人趙載、かつて青嚢書を竊みたるも、未だ読むに及ばずして火の焚く所と為る。

と記載されている。すなわち、河東の郭公なる者から、青い嚢に入った九巻の書物を与えられたので、五行・天文・卜筮の術に通じるようになり、災難を除き凶禍を吉に転ずる力は誰よりすばらしく、京房や管輅よりすぐれていたが、弟子の趙載がこの書物を盗み、まだ読み終わらないうちに燃やしてしまったので、その書物は伝えられていないというのである。

先に郭璞は『葬書』の作者とされていると述べたが、そのことに関する記載を『晋書』郭璞列伝に見ることはできない。し

かし、『四庫全書総目提要』子部・術数類に

『唐書』芸文志に『葬書地脈経』一巻・『葬書五陰』一巻が存したと記載されるが、郭璞がその作者であるとはいっていない。『宋史』芸文志になって、ようやく『葬書』一巻が郭璞の作であると記載される。従って『葬書』は宋代にはじめて著されたもので、後世の方術家たちが粉飾したために、二十篇にまでになった。

と述べられている。これは『葬書』の作者が郭璞でないことを示す貴重な記載である[11]。しかし、郭璞は『晋書』郭璞列伝に

博学高才で、五行・天文・卜筮の術に通じ、災難を除き凶禍を吉に転ずる力は誰よりすばらしかった。

とあるから、『葬書』の作者を郭璞に仮託したものと思われる。このことは以下の記述からも推察できる。『晋書』郭璞列伝には

璞は母の憂を以て職をさり、葬地を曁陽に卜せり。水より去ること百歩許りなり。人、水に近きを以て言を為す。璞曰く、当に即ち陸と為るべし、と。

其の後、沙漲って墓を去ること数十里、皆桑田と為る。

と、郭璞は母を葬る際に、水害を予測していたことの記載である。また郭璞が地相（墓相）術に長けていたことを次のように述べている。

璞、嘗て人の為に葬す。帝微服し、往きて之を観る。因りて主人に問う、何を以て龍角に葬るや。此れ当に族を滅すべし、と。主人曰く、郭璞云えり、此れ龍耳に葬るなり。三年を出でずして当に天子を致すべし、と。帝曰く、天子を出すや、と。答えて曰く、能く天子の問うを致すのみ、と。

先に風水という言葉は、晋代の郭璞が著したとされる『葬書』に初めて見えると述べたが、郭璞が『葬書』を著したことや、『葬書』が晋代に存したことの記載をみつけることはできない。しかし、郭璞なる人物が地相（墓相）術に長けていたことと『葬書』にさきがけるような書物が存在したことは想像できる。何暁昕氏は『葬書』の成立に二つの可能性を言っている[12]。一つは魏晋南北時代であり、もう一つは唐代である。

魏晋南北時代とするのは魏晋南北時代には竹林の七賢といわれる隠者たちが気説を論じていることからである。竹林の七賢の一人である阮籍は『達荘論』で

天地は自然より生まれ、万物は天地より生まれる。……昇るものを陽といい、降るものを陰といい、地に在るものを理といい、天にあるものを文といい、蒸すことを雨といい、散ずることを風といい、燃えあがることを火という。……一気は盛衰し変化して、しかも損なわない。

と述べている。また、竹林の七賢の一人である嵆康は『明膽論』で

元気が練り上げ、万物はこれを受け取る。

と述べている。

また、同時代の楊泉は『物理論』で

思うに気とは、自然の本体である。……風とは陰陽の乱気が激しく湧き起ったものである。……各地は気が異なって

いて、風の緩急が同じでない。それに同調すれば順、逆らうと凶となる。

と述べている。このような「気」と「風」を関連づける説き方は、『葬書』の理論と符合しているので、『葬書』は魏晋南北時代に成立したというのである。

唐代の方は、『葬書』中に記載されている、方位を観測する方法から考えると、『葬書』は羅盤が発明される以前、唐王朝の成立以降、西暦八百年までの間に成立したと考えられるということである。

以上から『葬書』が郭璞の作であるということは難しいことが理解できる。しかし、郭璞は『葬書』にさきがけるような書物を書いていたのではないかと推測できる。『葬書』の成立については後でまた考察することにする。

(四) 唐時代

『隋書』経籍志には風水に関する著述の記載は多くないが、『旧唐書』・『新唐書』経籍志にはかなりの記載がある。

唐代になると、李淳風[一三]・僧一行[一四]・楊筠松[一五]・曾文辿などの風水の明師が輩出して、一定の体系と流派を持つようになったことが知られている。

また、太宗は太常博士呂才に命じて、学者十余人と共に風水に関する群書の完成に加え、浅俗を削らせ五十三巻だけを採用して、旧書の四十七巻と併せて百巻として、貞観十五(六四一)年に詔して頒行させた。このことは『旧唐書』呂才伝に記載されている。この呂才伝には『葬書』だけでも百二十家あって、各家それぞれが説を立てて、競合していたことも記載されている。そして、呂才は先の作業の前後に『五行禄命葬書論』を著し、『葬書』の類を批判している。以下にその大意を記す。

『葬書』に叙して曰う、『易』に曰く、古の葬る者は厚く之に衣せるに薪を以てし、これを中野に葬り、封ぜず樹えず、喪期に数無し。後代の聖人之に易えるに棺槨を以てせり、蓋し諸を大過(䷛)に取るなり、と。『礼』に云う、葬とは蔵なり、人をして之を見ることを得ざらしめんと欲するなり、と。然るに『孝経』に云う、其れ宅兆を卜して之を安厝す、と。其の土に復するを顧み、事畢らば長く感慕の所と為し、窀穸(つかあな)の礼は終永に鬼神の宅と作すを以てなり。朝市の遷変は豈に先んじて将来を測るを得んや。泉石(景色のいい所)交々侵すことは逆じめ地下に知るべからず。是を以て之を亀筮に謀るは後艱無きことを庶うなり。斯れ乃ち慎終の礼に備うることにして、曽って吉凶の理義無かりなり。

すなわち、本来の遺体の埋葬は『易経』では「昔は死者を葬るとき、薪を幾重にも屍体にかぶせて野原に埋葬するだけで、土饅頭をつくることも樹を植えて墓標をつくることもしないし、喪に服する期間も定めなかった。後世の聖人がこれにかえて棺槨(棺は棺、槨は外棺)を用いるようにしたのは、大過の卦[一六]から思いついたことであろう」といい、『礼記』では「死後にその肉体が見えないように埋葬し」、『孝経』では「屍体を安置する場所を占卜する」という遺体の安置のためだけであり、現在行われているような子孫の将来がよいようにとか、悪いことが起きたりしないように墓地を択ぶという、吉凶判断は本来なかったということである。だから、墓地の吉凶を判断することは、本来の意義を逸した考え方であると批判している（二七）。

また、呂才は当時流行していた葬書を七則に分けて批判している。七則の批判の第一は埋葬するのに一定の規則はあるが年月を択ぶことはない。第二は埋葬に日を択ぶ必要もない。第三は埋葬に時間を択ぶ必要もない。第四は安葬の吉凶を信用する必要はない。第五は五姓による選墓は根拠のないものである。第六は名位官職を弘め高めることは、安葬とは関係ない。第七は葬書が俗説に流れ聖人の教えからは遠いものとなっていることをあげている。

以上から呂才のもとには多くの葬書の類書が集められていたことを想像できる。しかし、それらは郭璞が著したとされる『葬書』とは違ったものであり、今いわれている郭璞の『葬書』における風水説に対する批判ではない。郭璞の『葬書』における風水説に対する批判はこれより更に後になる（二八）。

次に楊筠松について考察してみたい。『四庫全書総目提要』子部・術数類に

> 楊筠松は史伝には収録されておらず、ただ陳振孫の『直斎書禄解題』にその姓名の記載されているだけである。『宋史』芸文志に楊救貧と呼ばれているが、やはりその一生は詳しくわからない。ただ術家のみが次のように言い伝えている。「楊筠松の名は益といい、竇州の人である。霊台地理（気象地理）を司った。官は金紫光禄大夫にまで上った。唐の広明年間（八八〇〜八八一）、黄巣の賊が宮中に押し入ったとき、禁中の玉の箱に隠されていた秘密を盗み、後に虔州に行ったという」。これは荒唐無稽な話に過ぎず、信ずるに足りない。

とある。ここに記載されているように、史伝に楊筠松についての詳しい記載はない。しかし、『江西通志』などによれば僖宗（八七四〜八八八）の時、霊台地理の仕事をし、金紫光禄大夫の官位を授けられたといわれている。また、『宋史』芸文志には「楊救貧」と呼ばれたり、「救貧先生」と呼ばれたりする。「救貧先生」と呼ばれるのは卓越した風水術によって多くの貧者を救済したことによる尊称である。また、「黄巣の賊が宮中に押し入ったとき、禁中の玉の箱に隠されていた秘密を盗んだ」とされるが、それは玄宗が秘蔵していた邱延翰の秘伝書であったといわれる。しかし、邱延翰を楊筠松の弟子とする説もある。邱延翰は高宗（六四九〜六八三）の時代の人であるから、邱延翰が楊筠松の弟子というのは大変な矛盾であるわけである。いずれにしても唐代は風水術がかなり流行し、風水の秘伝が黄巣の賊の手にわたることを危険視していたことが理解できる。

楊筠松は後世の江西派の創始者とされ、風水学の主流をなす。その相伝弟子には曾文廸・陳希夷・呉景鸞（二九）などが有名である。著作として『撼龍経』、『疑龍経』、『青嚢』、『葬法十二杖』などがあげられるが、後で考察する。

また、楊筠松の江西派は形勢派・巒体派ともいわれる。その理論は形と輪郭の影響と力、すなわち、山岡の形によって指示されている五行や五星の影響と力に重点が置かれる。

その他、唐代にあって風水は仏教思想と深く結びついて、寺塔や僧院の建立の理念に利用されたといわれる。

(五) 宋時代

宋では朱子学派の影響を受けて、地相術においても第二の学派が起こっている。その派では卦・十二支・十干・星宿などに重点が置かれ福建派といわれる。朱子は宋代の一大儒者であるが、風水による予言によって出現したという伝説もある。

それは以下の通りである。北宋の徽宗(一一〇〇～一一二六)の時、呉景鸞は弟子の洪士良を連れて丹陽の官坑に行ったとき、弟子の洪士良はのどが渇いていたので、湧いていた泉を一口飲んでみると、たいへん美味しかったので、師の呉景鸞にもすすめたところ、呉景鸞は「これは香泉だ。近くに佳い龍穴があるに違いない」と言い、水源をたどって山を登ってみると、絶大の霊気を発する穴をみつけた。また、「これほどすばらしい場所をみたことがない。おそらくここからは大賢者、大儒者となる人が出現するにちがいない」と言った。下山後、朱という男に会ったので、そのことを話すと、男はその龍穴に先祖の墓を造るために、埋葬しようとすると、三尺ほどの石板がみつかり、それに「官坑の龍勢を異にす。穴は衆山を聚むるより高く、坑は精の交媾も離わず。……まさに一賢人出だすべし、聡明なること孔子の如し。――宋国師曾文廸」と書いてあったという。

宋国師曾文廸とは先に述べたように江西派楊筠松の弟子曾文廸であり、彼もこの龍穴を発見し、呉景鸞と同じ意見をもっていた。その後、朱家に息子が生まれ、それが後の大儒者朱熹というわけである。この話はどこまで真実かわからないが、当時陰宅(よい土地に墓を造る)と呼ばれる風水が日常的におこなわれていたことを知ることができる話である。

(六) 明・清時代

風水の発展はこの時期に頂点に達し、民間から宮廷にまで広まりる。明の太祖・朱元璋(一三六八～一三九八)は風水師劉基の力をかりて、天下統一をしたといわれている。劉基は字を伯温といい、浙江省青田の出身で、明を建国した朱元璋のもとで、風水による土木工事のほか典章制度の作成などを務める。

このような宮廷の風水にたいする愛好は風水理論の正統化をもたらし、国家が編纂した『永楽大典』・『四庫全書』・『古今図書集成』などに、風水の書が収録されることになる。この時期には風水書の点校や研究が行われただけでなく、民間では各種の風水書がさかんに用いられたので、乾隆時代の呉元音は『葬経箋注』の中で、「青烏子などの書以外にも千百余家は下らない」と述べている。

また、依然として先に述べた江西派と福建派は形法・理法として二大流派をなしている。江西派については清の趙翼の『陔余叢考』葬術に

> 一つは江西の法である。贛州の楊筠松・曾文廸・頼大有・謝子逸輩に肇まる。其れ説を為すに形勢を主とし、其の起る所を原べ、其の止まる所を即し、以て方向を定め、専ら龍・穴・砂・水の相い配するを指す。

とある。これらの記述から楊筠松は江西派の祖師と目され、風水史上の重要人物とされていることがわかる。先にも述べたように楊筠松についての記載は正史にはないとされるが、『四庫全書総目提要』にはある。江西派の主要な著作は『撼龍経』、『疑龍経』、『葬法十二杖』などであり、これらの著作は楊筠松に仮託され、『四庫全書総目提要』には

> 『撼龍経』はもっぱら山龍の脈絡形勢を問題にし、山の形を貪狼・巨門・禄存・文曲・廉貞・武曲・破軍・左輔・右弼の北斗九星などに分類して、各々について説明している。『疑龍経』は、上篇は幹龍を尋杖することを問題にし、関局の水口を主としている。中篇は尋龍到頭、面背朝迎を観察する方法について論じている。下篇は結穴の形勢を論じ、疑龍十問を付して、その意味を明らかにしている。葬法（『葬法十二杖』）はもっぱら点穴を論じ、奇蓋撞黏（穴の形状）の諸説があり、杖を倒して十二条に分ける。

と説明されている。ここから、江西派は形勢を主とし形勢がいかなるものかを理解することもできる。

福建派についても『陔余叢考』葬術に

> 一つは屋宇の法と曰い、閩中より始まり、宋の王伋に至りて大いに行われ、其れ説を為すに星・卦を主とし、陽山は陽向し、陰山は陰向し、純ら五星・八卦に取り、以て生克の理を定む。

とある。閩中とは福建のことで、王伋は南宋の人なので、福建派は南宋時代に盛行していたことが理解できる。また、福建派は宅法の原理を追求していたことがわかる。そして、『宋史』芸文志にも多くの宅法原理を研究する書物が収録されている。たとえば、『二宅賦』、『行年起造九星図』、『宅心鑑式』、『相宅経』などである。『相宅経』は『四庫全書総目提要』では『黄帝宅経』のことであるとして、紀昀の考証は次のようである。

> 旧本では題して『黄帝宅経』という。……しかし、『隋書』経籍志に『宅吉凶論』三巻、『相宅図』八巻と見え、『旧唐書』に『五姓宅経』二巻が著録されているが、いずれも黄帝より出たとは書いていない。後になって黄帝に仮託されたのであろう。……その法は二十四方位を使い、吉凶を判断するには八卦の方位を用いる。乾・坎・艮・震・辰を陽とし、巽・離・坤・兌・戌を陰とする。陽は亥を首とし、巳を尾とする。陰は巳を首とし、亥を尾とする。陰陽相得るを理論の柱とし、理屈が通っていて、文章も典雅　である。『宋史』芸文志五行類に『相宅経』一巻があるが、この本のことかもしれない。相宅術は術数の中で最も成立の新しいもののようである。

『道蔵』にも『黄帝宅経』があるが、その理論は漢代の司南や六壬盤とよく似ている。このことは「（二）漢時代」で述べたようにデ・ホロートは、その成立を漢代としていたが、『黄

帝宅経』の成立は宋代くらいだと思われる。もちろん、これは神話上の黄帝に仮託されたものである。くり返しになるが、風水書のもとと考えられる『葬書』は郭璞に仮託され、『撼龍経』、『疑龍経』、『葬法十二杖』などは楊筠松に仮託されているようにその成立年代には誤差がある。成立年代を古くすることは長い歴史を持たせることにより、権威づけをするわけである。

以上から風水思想は随分古くから存在していたと思われるが、風水の書として体系化されたのは宋代以降であることが理解できる。

（七）まとめ

先に述べたように、中国において風水の歴史は中国に文明が発生したころからその萌芽はあるが、体系化されたのは宋代以降と思われる。しかし、風水と深い関係のある五行説や天人合一の考えは漢代に大いに発展した思想であるので、漢代に『青烏経』が存在したなどと、あたかも漢代に風水に関する書があったようにいわれるわけであるが、先にも述べたようにこれは偽経である。しかし、風水は青烏術といわれることがあるように、風水と「青烏」とは深い関係がある。『雲笈七籤』には

　黄帝が始めて野をくぎり州を分けた。……青烏子が地理を占うのに長けていたので、帝は青烏子に尋ねて経を制定した。

とある。また、『春秋左氏伝』昭公十七年には

　青烏氏は陽気が物を開くことを司る。

とある。この青烏氏とは時計を計る一種の天文暦法の官職である。

このように「青烏」は風水と関係深い「地理」や「天文」に関係して記載がある[三〇]のである。

次に郭璞に仮託される『葬書』は『四庫全書総目提要』子部・術数類に

　この書は、宋代に初めて著された書物である。それを後世の方術家たちが争って粉飾したために、のちに二十篇にまでふくれあがってしまったのである。蔡元定は『葬書』の体裁が整っていないことを憂い、整理して十二篇を八篇に削った。呉澄は、蔡元定もまだその奥義を窮めていないと考えて、純正な部分を選んで内篇とし、精妙で純正な所と粗雑な所が入り混じっている部分を外篇とし、雑駁で除去すべきだがとりあえず残しておく部分を雑篇とした。新喩の劉則章は直接この書を呉澄から授けられ、注釈を書いた。今この本が内篇・外篇・雑篇に分かれているのは、呉澄の旧本にもとづいているようである。……書中の言葉は簡潔で、内容に通じた術士が著したものであろう。郭璞がみずから筆を執ったというのは信ずるに足りない。あるいは郭璞が母を曁陽に葬る際に、水害を遠ざけようとしたのを見た人がいて、この書を郭璞に仮託したのかもしれない。後世の地学[三一]について言をなすものは、みな郭璞を鼻祖としたために、この書物が仮託であるとわかっていても、捨て去ることができなかったのである。『宋史』ではもともと『葬

書』となづけられていたが、後世の術家がその説を尊んで『葬経』と改名したのである。

とある。『葬経』の作者が郭璞でない(三二)ばかりか、それに先立つ『葬書』でさえ郭璞の作でないことは明らかであることがよく理解できる一文である。

三、『葬書』の論じる風水

先に述べたように『葬書』の作者は不明であるが『葬書』には

　気は風に乗ずればすなわち散じ、水に界《さえぎ》られればすなわち止まる。古人はこれを聚めて散ぜざらしめ、これを行かせるも止むことあらしむ。故にこれを風水と謂う。

と「風水」を説明している。現代人にとっても自然環境と上手に調和して生活することは大きな課題である。まして、古代人にとって天候の安定は生活上たいへんな問題であったはずである。「暴風」や「洪水」は畏敬の対象であり、「暴風」や「洪水」を避けるために「風」や「水」を制御することが、生活上たいへんな問題であったのである。そんなことから「風水」という呼称が発生したのではないかと考える。

また、一方では「風水」は目に見えない「気」という概念から成り立っている。「気」とは万物の原動力であり、中国に古代から伝わる宇宙・自然・生命を成り立たせている根本的生命力である。そして、「気」は流動するものである。だから、良い気は止めておきたいし、悪い気は避けたいのである。先にあげた『葬書』の言葉はそのことをよく象徴している。また、気には陰気と陽気があり、『葬書』には

　陰陽の気、吐き出すと風になり、昇ると雲になり、降りると雨になり、地中に流れている時は生気となる。

とある。「地中に流れている生気」を得ることが「風水」にとって重要なことなのである。しかし、「気」は目に見えないので、地形によってその「気」の流れを判断することが「風水術」なのである。そして、この「気」は風に吹かれれば散り、水に隔てられれば止まるという性質をもっている。だから、「気」が風に散らされないように、山に囲まれる地形が望まれ、また、「気」が去って行くことのないように、川によって「気」の流れを遮る必要がある。

このような「気」がもれないように四方をぐるっと囲み、風を収めることができる地形を「蔵風得水」(三三)の地形といい、風水では最も好まれる地形である。また、このように水に界られ山に囲まれた地形によって「気」が溜められるところを「龍穴」という。

以上のように風水の原則に従った居住地は、無原則な立地よりも暴風や水害を避けることができ、農作物の収穫も多く得ることのできる生活の安定した環境であると考えられている。このような風水立地によってもたらされた利点は、古代人にとっては平穏無事の生活環境であり、天地に賜った幸福ということである。しかし、長い年月を経るうちに風水術に神秘思想などが混入され、風水術の最終目的は、大地の気に感応して、生者

に幸福と繁栄などの利益をもたらすこととされるようになる。そのためには気の集中する良い「龍穴」が求められることになる。

良い「龍穴」を見つけ、そこに建物を建てれば地中の気と感応して繁栄と幸福が得られるわけである。また、「龍穴」の上に造られた家は地中の「気」の作用によって傑出した人物が育ち、そこに墓を立てれば「気」の影響によって霊が安息し、後代の子孫に繁栄と幸福が与えられると信じられている。前者は風水では「陽宅」といわれ、後者は「陰宅」といわれる。良い風水を得るために清代に『地理五訣』が著されている。『地理五訣』には風水の五原則が書かれている。

四、風水の五つの原則

『地理五訣』は清代にまとめられたもので、堪輿学の最も権威あるものとされ、人に五常（仁・義・礼・智・信）があるように、地理にも五常（龍・穴・砂・水・向）があるというのが、基本となる考え方である。

『地理五訣』には

> 一を龍といい、龍は本物でなければならず。二を穴といい、穴は的確でなければならず。三を砂といい、砂は高く聳えていなければならず。四を水といい、水は抱くような形でなければならず。五を方といい、方は吉方でなければならず。

と、風水の五つの原則が述べられている。

龍とは龍脈のことで、おもに山脈の形状を指し、基本的には気が流れているルートを意味する。穴とは龍穴のことで、龍脈のルートのなかでも気が集中しているツボのようなところである。砂とは龍穴の周囲、水とは河川や沼湖の位置や形のことである。向とは方位のことである。この風水の五つの原則は中国建築や王陵などを見ると明らかであり、北坐南面（奥を北にし、正面は南向き）、背山面水（後ろに山があり、前に水が流れる）という風水の基本をしっかり踏まえて建設されている。日本や朝鮮でもこのようなことがある。[三四] だから、風水では理想的な土地を探すということと、土地を理想的な状態に保つということが重要なのである。しかし、気の流れは複雑であり、絶えず流動して変化しているものだから、良い土地を探すことは大変なことなのである。また、流動しているからこそ、気は操作できるはずだと考えられ、悪い気が入ってこないように塞ぐものを置いたりする。

次に理想的な土地を探す風水の五つの用語を考察する。

（一）龍

龍とは中国古来の想像上の神獣で、起伏の山勢が龍の姿になぞらえられていて、明の『地理人子須知』に

> 地理家は山を以て龍と名づくは何ぞや、山の変態が千形万象、或は大、或は小、或は起き、或は伏し、或は順い、或は逆う、或は隠れ、或は顕れ、……惟だ龍を然と為す。故

に以て之を名づく。

とある。このような龍の機能をそのまま山脈に引き当てて、龍脈[三五]として気の流れを捉える。しかし、龍脈にそって地中を流れる「気」の流れは均質ではなく、水の流れのように地形構造によって緻密になったり希薄になったりする。そして、龍のように起伏して連続する山脈の中を流れる「気」が最も集中する所を「龍穴」といい、ここは吉祥地とされる。

　このような龍脈は中国には五つ存在するとされ、中国の北西に崑崙という山[三六]から五つの龍脈が発していて、その三支幹が中国全土に分布すると言われている。この三支は「三大幹龍」[三七]といわれ、長江と南海に挟まれた「南幹龍」と、長江と黄河に挟まれた「中幹龍」と、黄河と鴨緑江に挟まれた「北幹龍」である。また、地中の「気」は龍脈にそって流れ、「水に界らるれば即ち止まる」（『葬経』）の原則によって、龍脈は大河を越えず、両河に挟まれる形で山々が連続して走っていくと考えられている。

　『三才図会』では「三大幹龍」は図2の通りに描かれている。

（二）来龍

　彼方から龍脈で貫流された山勢がやってきて、主山で大きな瘤のようにエネルギーの結節点をつくったあと、龍はゆるやかな稜線を描いて下る。この稜線のことを「来龍」といい、エネルギーポイントに向かって来る龍という意味です。来龍はさらにいくつかの低い山並みを連ねた後、「穴」を結ぶ。

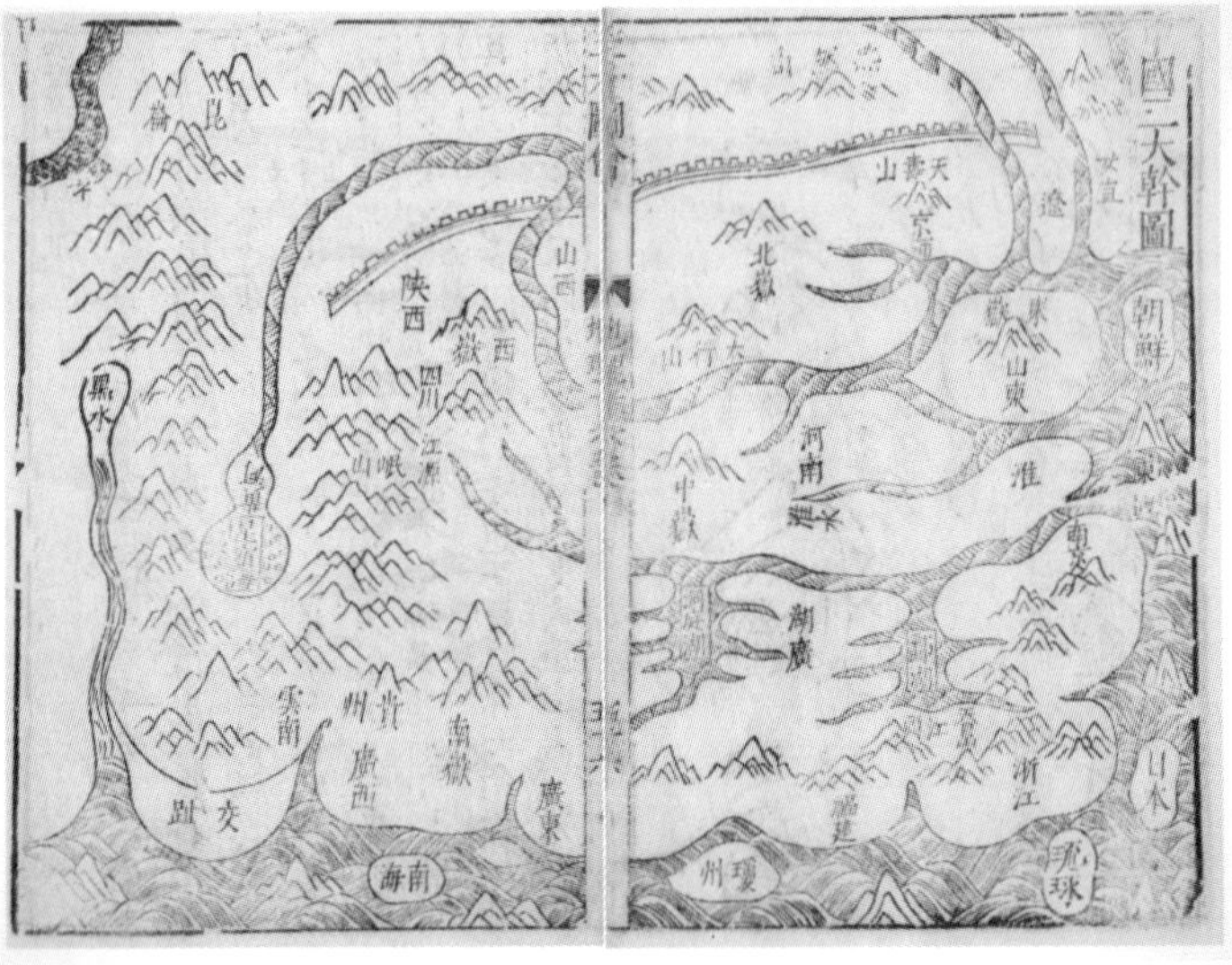

図2　三大幹龍（『三才図会』巻十六　第五十六葉表裏（国立国会図書館デジタルコレクションより））

（三）穴

　穴とは生気の集中しているところである。その生気の噴出点が良い穴であり、穴が結ばれる場所は必ず風をさえぎり、生気を護る防護の山があり、この防護の山を「砂」という。また、穴の一番手前で盛り上がって高くなった部分を「玄武頂」、玄武頂から穴にいたるまでの稜線の流れを「入首」（龍の首が穴に入るという意味）、入首と穴の接する部分を「頭脳」という。

（四）砂

穴を前後左右から守護するのが「砂」で、むきだしの穴はエネルギースポットにはなりえない。穴の生気はガードするものがないと風に散らされてしまうので、穴の周囲には穴の生気を護る防護の小山があり、この防護の小山を「砂」という。そして、その前面に広がる開けた土地を明堂[三八]といい、明堂の大小で都市の大きさが決まる[三九]。穴を取り囲む山並みの砂は東西南北にあるのが望ましく、この四方の砂を四神砂という。四神砂は青龍（東）・白虎（西）・朱雀（南）・玄武（北）の四獣で表し、この四神砂の形により吉凶が判断される。

四神と四獣については後で詳しく考察する。

（五）水

良い穴は風をさえぎると先に述べたが、水を得ることも大切な要素なのである。水とは主に川の流れであるが、この川の流れが来龍からの生気を運んだり、溜めたりする。だから、川がどのように流れているかということは大変重要なことになる。

以上のように、龍・砂・水をチェックすることにより、良い風水が得られるのである。背後に生気を伝える山並みがあって、その場所で龍が止まっており、左右を防護する砂山が囲み、その一帯を囲むか貫流するか横断するようにして河川が流れていて、主山の対面には朱雀山が鎮座するような土地、それが理想の土地ということになる。このような理想の土地を宋時代の朱熹は『朱子語録』のなかで、

> 冀都（北京）は天地の間にある良好な風水である。後方の龍脈は雲中（蒙古）から発し、前方は黄河に環繞（囲ま）れる。泰山は左に聳え（青）龍となり、華山は右に聳え（白）虎となる。淮南諸山は第二層の案山となり、江南の五嶺諸山は第三層の案山となる。故に古今建都の地、皆冀都（北京）に過ぎるなし。

と、北京を最高の地としている。また、このことから、風水がとてつもないものであることが理解できる。

五、風水と五行説

（一）五行と方位

方位は風水にとって重要であることはいままでの考察で明らかである。方位は五行説と深い関係があるので、そのことについて考察する。

「二、風水の歴史（三）魏晋南北時代」のところで管輅が四獣（玄武・蒼龍・白虎・朱雀）を地形に擬えている話をした。四獣については『礼記』曲礼上に

> 行けば、朱鳥を前にして玄武を後にし、青龍を左にして白虎を右とし、招揺上に在り。（行軍には、先頭の軍は朱鳥

の旗を立て、後尾の軍は玄武の旗を立て、左翼は青竜の旗を、右翼は白虎の旗を立てる。そして中軍は招揺星（北斗七星）の旗を立てる。）

と述べていることも紹介した。この四獣こそが、方位を表している。それは中国において戦国時代に成立した五行説の方位は色彩と関係があるから、朱鳥の朱は南方であり、玄武の玄（黒）は北方であり、青龍の青は東方であり、白虎の白は西方なのである。これが方位と色彩の関係である。

また、「四、風水の五つの原則（四）砂」を述べた時に、四神砂のところにも四獣のことがでてきた。四神と四獣は同義語として使われる。四獣のことは『礼記』曲礼上に記載のあることをすでに述べたので、四神について考察すると、『淮南子』天文訓に

何をか五星と謂う。東方は木なり。其の帝は太皞、其の佐は句芒、規を執りて春を治む。其の神を歳星と為す。其の獣は蒼龍。……南方は火なり。其の帝は炎帝、其の佐は朱明、衡を執りて夏を治む。其の神は熒惑と為す。其の獣は朱鳥。……中央は土なり。其の帝は黄帝、其の佐は后土、縄を執りて四方を制す。其の神を鎮星と為す。其の獣は黄龍。……西方は金なり。其の帝は少昊、其の佐は蓐収、矩を執りて秋を治む。其の神は太白と為す。其の獣は白虎。……北方は水なり。其の帝は顓頊、其の佐は玄冥、権を執りて冬を治む。其の神を辰星と為す。其の獣は玄武。

とある。ここにある「其の神」と「其の獣」の関係から四神と四獣の関係が等しいものと考えられたのだと推測する。四神と四獣の他に四霊[四〇]と総称される獣も存在し、四獣と四霊が混同され、後には四霊獣などという語も出てくる。

四神はまた、方位や二十八宿とも関係する。『淮南子』天文訓には四方と二十八宿の関係も述べられている。

天に九野有り、……何をか九野と謂う。中央を鈞天と曰う。……東方は蒼天（数三）、其の星は房・心・尾なり。房・心は宋の分、尾は燕の分、と。東方の色は青なり。震宮の青州に対す。東北は変天（数八）、其の星は箕・斗・牛なり。箕は燕の分、斗は呉の分、牛は岱の分。……

※（　）の中は高誘注である。

以上は方位を表す九天と数と二十八宿の関係を述べるもので、図と表にすると図3と表2のようになる。

図3　九天と数

幽天 六	玄天 一	変天 八
昊天 七	鈞天 五	蒼天 三
朱天 二	炎天 九	陽天 四

表2　九天と二十八宿の関係

九天	二十八宿の宿
鈞天	氐・亢・角
蒼天	尾・心・房
変天	箕・斗・牽牛
玄天	須女・虚・危・営室
幽天	東壁・奎・婁
昊天	胃・昴・畢
朱天	觜・参・井
炎天	鬼・柳・七星
陽天	張・翼・軫

次に方位と五行の関係は、『漢書』五行志にも

説にいう木は東方であり、……火は南方。……土は中央。……金は西方。水は北方である。

と記載されている。

漢代の人々は陰陽、五行、八卦などを相互に配合して宇宙を形成する理論を有しているのである。この理論は後の風水思想に大いに影響を与えている。

五行は『五行大義』巻第一に『尚書』洪範を引用して以下のようも述べている。

『尚書』洪範伝に曰く、木を曲直と曰うは東方。易に云う、地上の木を観と為す、と。言は春時、地に出づるの木は、曲直ならざる無く、花葉観るべし。人の威儀容貌の如きなり。許慎云う、地上の観るべき者は、木に過ぐる莫し。故に相の字は目に木を傍にするなり、と。……（『尚書』洪範に）火を炎上と曰うは南方。……易は離を以て火と為し、明と為す。離を重んじ、明を重んずれば、則ち君臣倶に明らかなり。……（『尚書』洪範に）土は稼穡。……土は中に居り、……（『尚書』洪範に）金は従革。……西方の物に成り、殺気の盛んなるなり。……（『尚書』洪範に）水を潤下と曰う　潤下とは、水の湿に流れ汗に就きて下れるなり。北方は至陰、宗廟、祭祀の象なり。冬は陽の始まる所、陰の終わる所。終始は、綱紀の時なり。死する者の魂気は天に上りて神と為り、魄気は下降して鬼と為る。精気散じて外に在りて反らず。故に之が宗廟を為し、以て散ずるを収むるなり。易に曰く、渙は亨る。王廟に假る、と。此れ之の謂なり。

『五行大義』は隋の蕭吉の作であるが、そこに引用されている『尚書』洪範伝や『易』は漢代には存していたものであり、先に述べた『漢書』五行志と同じように五行と方位の関係が説かれている。従って漢代には五行と方位の関係は一般的であったといってよいと考える。

また、漢代には方位と八卦の関係も確立していたが、これについては後で述べる。

（二）五行と数（一）

「五行と数」の関係を述べる前に、「数」について考察する。

『五行大義』巻第一「数を論ず」では

凡そ万物の始めは、無に始まりて有に復せざるは莫し。是の故に易に大極有り、是れ両儀を生じ、両儀は四序（春夏秋冬）を生じ、四序は生の生まるる所なり。（四二）万物滋繁する有り、然る後に万物生成するなり。皆陰陽の二気に由り、鼓儛陶鋳し、互いに交感す。故に弧陽は独《ひとり》にては生ずる能はず。必ず配合を須ちて以て鑪冶するのみ。乃ち万物化通す。是れ則ち天に其の象有りて、精気は下流し、地道は含化し、以て形の始めを資く。陰陽は消長し生殺用て成る。其の道の明らかにし難きを明らかにするは、数に非らずして、究む可からず。故に数に因りて以て之を弁ず。

とある。すべての事象は陰陽の気により発生し、陰陽の気の消

長によりその生滅が左右されるが、その道理は「数」によるというのである。この「数」とは「数術（術数）」へと発展するが今は詳しく述べない。以下に実際の数について考察を加えてみると、『五行大義』巻一に

凡そ大衍は天地の数は、五十有五を極めるなり。京房は、十日・十二辰・二十八宿を以て、合して五十に応ず。其の一を用いざるは、天の生気、将に虚を以て実を求めんと欲すればなり。故に四十九を用う。馬融は易の大極を以て、北辰を謂うなり。両儀を生じ、両儀は日月を生じ、日月は四時を生じ、四時は五行を生じ、五行は十二月を生じ、十二月は二十四気を生ず。北辰位に居りて動かず、其の余は四十九、転運して用うるなり。鄭玄曰く、貞悔六爻、本五十有り、定めて用うる所は、四十有九・天地の数は、本五十五・天五と地十と通じ、天一と地六と通ず。之を数うる者は、気は則ち并する有り、并するときは則ち宜しく減ずべし。大衍は五を減ず、故に五十有り。其の用は一を減ず、故に四十有九。并せざる者は、減ず可からざるなり。今、其の数を総ぶるに、五十なる者あり。天一より地十に至る、凡そ五十五なり。此れ生成の数を合す。若し止《た》だ生数を言うに、唯だ十五有り、一従り五に至るなり。易の象る所、爻は、之を尽して邃きこと有り。故に天地自り以下、日月等の数、皆蓍卦の摂る所と為す。

とある。すなわち、大衍の数は天地の数であり、五十五であるが、大衍の数を五十（四二）とするわけを述べているのである。まず、天地の数が五十五なのは天の数は奇数である一・三・五・七・九の合計二十五と偶数の二・四・六・八・十の合計三十をたすと五十五となるからである。このことは『易経』繋辞伝にも

天一地二、天三地四、天五地六、天七地八、天九地十。天地の数は、合して五十有五なり。

とあるので、そこから、「天地の数」を合計して求められているのである。そして、大衍の数は天地の数から五をひいた五十となるというのである。どうして五をひくかというと蕭吉は『五行大義』巻一に

五は本并数たり。并数とは、天と地と、共に各々一体有り。体に各々一有りて、正に敵対すべし。今五に盈つれば、則ち是れ気の并数にして、并するとして再び用いず、是れ其の配の義なり。配すれば則ち虚と為り、実に当たらず。実に当たらざるの故に事して主さどる所無く、揲蓍の用いざる所以なり。

とする。これは『易経』繋辞伝に「天一地二、天三地四、天五地六、天七地八、天九地十。天数五、地数五。五位相得て各々合すあり」とあることを参考に考えると、天と地の数はそれぞれ五方位に分配され、この五方位には天と地の数をあわせて二つの数（并数）があり、この并数は実のない虚であるので、大衍の数は天地の数の合計五十五から虚である五をひくということである。この五をひくことは『周易』繋辞上伝の疏に以下のようにある。

鄭康成云う、天地の数、五十有五、五行の気通ずるを以て、

凡そ五行の五を減じ、大衍又一を減じ、故に四十九なり、と。

鄭玄は五行の五をひくという概念によっている。

また、ここからは易占で用いられる筮竹が四十九本であるわけも知ることもできる。

（三）五行と数（二）

天地の数については更に『五行大義』巻一に

易、上繋に曰く、天の数は五、（王曰く、一三五七九を謂うなり、と）地の数は五、（王曰く、二四六八十を謂うなり、と）五位相得て、（王曰く、五位とは、金木水火土なり、と）各々合すること有り。（王曰く、謂うこころは、水の天に在りては一と為し、地に在りては六と為し、六一北に合す。火は天に在りては七と為し、地に在りては二と為し、二七に合す。金は天に在りては九と為し、地に在りては四と為し、四九西に合す。木は天に在りては三と為し、地に在りては八と為し、三八東に合す。土に天に在りては五と為し、地に在りては十と為し、五十中に合す。故に曰く、五位相得て、各々合すること有り、と。）

とある。図で示すと図4のようになる。またこれは、河図図（図5）とその理論が同じであることがわかる。なお、王とは王弼の注である（四三）。韓康伯の注もあるがここでは省略したが、二者の考えを総合して図に示すと五行と天地の数の関係は図4のようになる。

図4　五方位（五行）と天地の数

東・木（天三、地八）

北・水（天一、地六）　中央・土（天五、地十）　南・火（天七、地二）

西・金（天九、地四）

図5　河図図

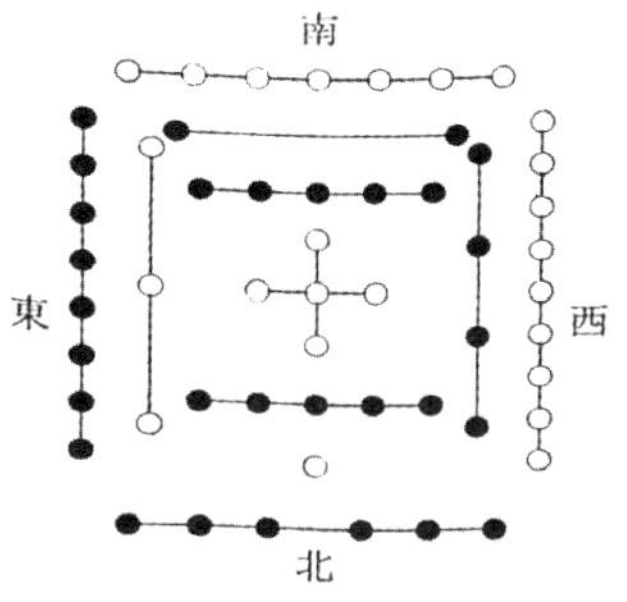

更に『五行大義』巻一には次のように説明がある。

天は一を以て水を北方に生じ、君子の位なり。陽気、黄泉の下に微動す。始めて動くとき二無く、天の数は陽と合して一となる。水は陰物と雖も、陽は内に在り。陽の始めに従る。故に水の数は一なり。極陽、陰を生じ、陰は午に始まる。始め亦二無し。陰陽の二気、各々其の始め有り。正に一と言うべくして、二に云うは、陽の尊きを以ての故なり。尊きものは既に始めを括る。陰は卑しくして賛けて和配す。故に能く生じて陽の数、陰を偶して火の中に在り。火は陽物と雖も、義は陰に従い陰の始めに配合す、故に始めに従いて義を立つる。故に火の数は二なり。……木は陽に配して動き、左して東方に長じ、長ずれば則ち滋繁し、滋繁すれば則ち数増す。故に木の数は三なり。陰は陽の消を佐け、陰道右に転じて西に居る。陽の後に在りて、理は等しき義無し。故に金の数は四なり。陰陽の数は、始めて一周し、然る後に陽は中に達し、四行を総括す。苞めば則ち弥《いよいよ》多し。故に土の数は五なり。此れ竝びに生数なり。

以上は水一・火二・木三・金四・土五という五行と生数の関係を述べている。五行と成数は水六・火七・木八・金九・土五であり、その関係の記述もあるが今は省略する。

（四）九宮と数

方位を九つに分けている九宮と数の関係を『五行大義』巻一にみると

九宮は、上は天を分ち、下は地を別つに、各々九位を以てす。天は則ち二十八宿、北斗九星なり。地は則ち四方、四維及び中央なり。分ちて九有に配す。之を宮と謂うは、皆神の遊ぶ所の処なり。故に以て宮と名づくるなり。鄭司農云う、太一は八卦の宮を行り、四毎に乃ち中央に入る。中央は、地神の居る所、故に之を九宮と謂う、と。易緯乾鑿度に云う、易は一陰一陽之を道と謂う。故に太一は其の数を取り、以て九宮を行る、と。

とある。太一が九宮をめぐるのは『重修緯書集成』巻一上では『易緯乾鑿度』鄭玄注の文として以下のようにある。

太一は八卦の宮を行り、四つ毎に乃ち中央に還る。中央は北神の居る所、故に因りて之を九宮と言う。

さらに、『五行大義』（四四）には

故に『黄帝九宮経』に云う、九を載せ一を履み、三を左にし七を右にし、二四を角と為し、六八を足と為し、五を中宮に居らしめ、総べて得失を御す、と。其の数は則ち坎は一、坤は二、震は三、巽は四、中宮は五、乾は六、兌は七、艮は八、離は九なり。太一は九宮を行り、一従り始めて、少なきを以て多きに之き、其の数に順なり。

とある。

九宮とは図6のようなものであり、「黄帝九宮」は図7のようである。この理論は先にみた『淮南子』天文訓の理論と同じである。

図6　九宮図

南

4	9	2
3	5	7
8	1	6

北

図7　『黄帝九宮経』による図

巽四	離九	坤二
震三	中宮五	兌七
艮八	坎一	乾六

この理論は「洛書図」（図８）と同じである。

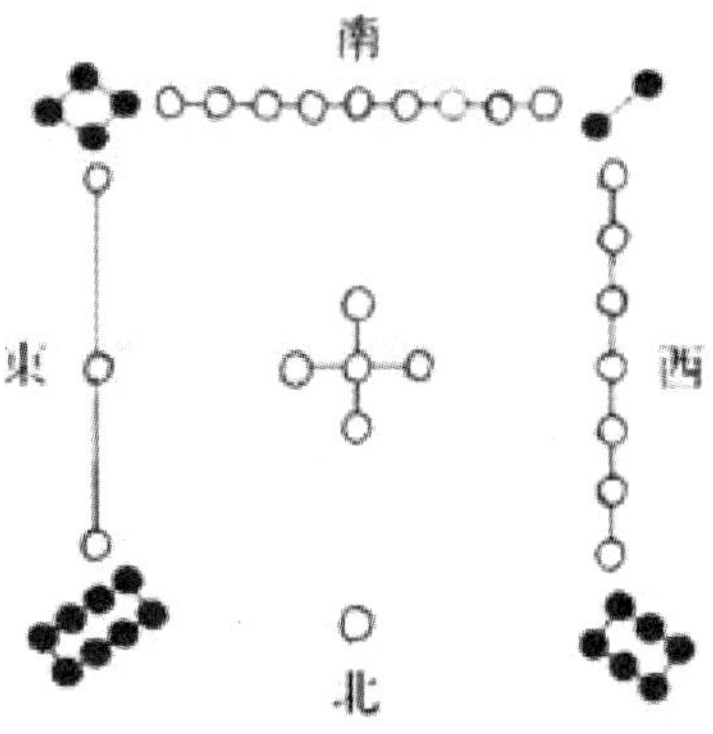

図８　洛書図

以上の数の概念からは以下のような理論を生じる。

一、天地の数の合計、五十五から天の一、地の二、人の三をひいた数の四十九、これは筮竹の数である。

二、四十九から四時（四季）の四をひくと、余りは四十五で、さらに五行の五をひくと四十になり、四十は五行の成数（六・七・八・九・十）の合計と同じである。

三、三つの宮は縦、横、斜めのそれぞれの合計が十五となり（魔方陣）、これは一節気の日数であり、十五日×二十四節気が一年となる。

すなわち、九宮の数による理論はまさに数字の組み合わせの理論を述べているのであって、術数が述べられていることが理解できる。

さらに、八卦と方位の関係は『五行大義』巻一には

> 兌は正西なり。卯酉は天地の門為り。卯は始を主り、酉は終を主る。故に斗、卯を指せば、則ち万物皆出で、酉を指せば、則ち万物皆入る。兌は七星の数に応ず。兌は金為りて悦言を主る。故に西方に在り。故に云ふ、「吉凶を決定し、疑ふ所を分別するなり。」と。数の八は、七の後を次ぐなり。又云ふ、「艮八は東北に在り。艮は是れ止むの義なり。艮は径路為り。万物の大なるは震に出で、小なるは艮に出づ。震は衆男の長為り、艮は衆男の少為り。故に八卦の数に応ず。」と。艮は既に止むと為す。悪を止めて善に就かしむ。故に東北に在り。故に云ふ、「粛敬なれば徳方なり、狂僭なれば乱す。」と。

と、九宮図の詳しい説明もある。さらに、地上と八卦の関係は以下のようにもある。

> 今、九宮の位に依る。冀州は正北、坎宮に在り。荊州は西南、坤宮に在り。青州は正東、震宮在り。徐州は東南、巽宮に在り。予州は中央、中宮在り。雍州は西北、乾宮在り。梁州は正西、兌宮に在り。兗州は東北、艮宮在り。揚州は正南、離宮に在り。其の位と此の解と相い似たり。

また、『太康地記』・『呂氏春秋』・『釈名』『釈名』・『爾雅』などの記載を総合すると図９のようになる。

図9　地上と八卦の関係

雍州 乾宮	冀州 坎宮	兗州 艮宮
梁州 兌宮	予州 中宮	青州 震宮
荊州 坤宮	揚州 離宮	徐州 巽宮

また、風水には大別して形勢派と理法派の二派があり、形勢派が地形を重視するのに対して、理法派は陰陽・五行・八卦といった理法的・数理的側面を重んじる。形勢派は地域としては江西地方を中心とし、理法派は福建地方を中心とする。時代としては唐代に形勢派が発展し、理法派は宋代に発展している。宋代に発展したのは大儒者である朱熹の功績が大きいと考えられる。それは「五、風水と五行説」で考察したように「河図図」や「洛書図」は『周易本義』によるものであり、『周易本義』の著述は朱熹によるものであるからである。

おわりに

以上から、風水の萌芽はかなり古くに求めることができるが、実際の風水思想はそう古いものでないことが理解できる。しかし、萌芽期（殷・周時代）から土地の選定には経験にもとづくものではあるが天文観測という科学的方法が用いられていた。漢代になると五行説と結びついて数理的・理論的に天上と地上の関係が理解され、そのもとで土地の良し悪しが考えられるとともに少し「占い」の要素も見えるようになる。そこには「太一」の移動が考えられる。本稿では「太一」の移動についての詳しい考察を行うことが叶わなかったので、稿を改めて考察したいと考える。

《注》

（一）この書は一九八六年（昭和六十一年）に改定され、『中国の風水思想—古代地相術のバラード—』（第一書房・一九八六年）として出版されている。

（二）アイテルとはエルネスト・ヨハン・アイテルのこと。彼の著書は『風水—欲望のランドスケープ—』（青土社）として、一九九九年に中野美代子氏と中島健氏により翻訳されている。

（三）『中国の風水思想—古代地相術のバラード—』六頁。

（四）香港の風水合戦のことは荒俣宏氏の『風水先生』（集英社文庫）や目崎茂和氏の『図説風水学』に詳しく紹介されている。

（五）風水を文化人類学として研究して、多くの成果をあげているのは渡辺欣雄氏である。著書には『風水思想と東アジア』（人文書院・一九九〇年）、『風水　気の景観地理学』（人文書院・一九九四年）がある。

（六）三浦國雄監訳『風水探源』（人文書院・一九九五年）二十一頁

に「葬は生気に乗らなければならない。経典にいうには、気は風に乗れば散り、水にへだてられれば止まる。古人は気をめて散らさず、気を運行させて止める。ゆえにこれを風水という」とある。

(七)『風水探源』四一頁から四三頁に詳しく考証されているので、参照されたし。

(八)『風水探源』四三頁。

(九)『風水探源』四三頁。

(一〇)「式」を「或」にする本もあるが、孫詒譲は『黄帝竜首経』及び『金匱玉衡経』により「式」すなわち「六壬式」とする。その説により、「式」とした。

(一一)土圭法とは水平の地面に柱を立て、それに縄を懸けて垂らし、その後、日の出と日の入りに太陽が柱につくる影を観察して方位を定める方法である。『周礼』冬官・考工記下に「匠人は国を建設するために、水平の地面上に柱を立て、それに縄を懸けて垂直に垂らし、その後で日の出と日の入りに太陽が柱によってつくる影を観察し、この二つの影の長さを半径とし柱の位置を中心として円を描く。そして、この二つの円の二箇所の交点を線で結ぶと、それが正東北方向であり、さらに正午の柱の影、あるいは夜の北極星の方位で微調整する」とあることにより土圭法を用いた測定がなされていたことを知ることができる。温少峰・袁庭棟著『殷墟卜辞研究』では、殷人は圭（日影柱）を使って影を測定する技術をもっていたことを述べている。

土宜法・土会法は土地の性質を判断し、山川の性質を考察するのに用いる。『周礼』地官・司徒に「土宜法で十二土の名物を明らかにし、住宅を占ってその利害を知ることできる」と述べている。十二土とは天上の星宿に対応したものとおもわれる。また、『周礼』地官・司徒に「土会法を用いて五種類の土地の産物を判断する。一に山林をいう。ここの動物は…略…二に川をいう。……」とあり、当時、土地の性質と動植物や人の生態とが関係づけられていることがわかる。

(一二)定星は営星ともいわれ、「定星が南中するとき楚宮を建造する」ということは、今日の「営建」という語の由来になっている。

(一三)天文・暦譜・五行・蓍亀・雑占・形法の六種。

(一四)五事は『尚書』洪範に「五事とは一に曰く、貌。二に曰く、言。三に曰く、視。四に曰く、聴。五に曰く、思」とあるが、『五行大義』には「五事とは『尚書』洪範に敬んで五事を用う、と。蓋し人事を以て五行に配するなり。一に曰く貌、以て木に配す。二に曰く言、以て金に配す。三に曰く視、以て火に配す。四に曰く聴、以て水に配す。五に曰く思、以て土に配す」と説明されているように、五行説と関係する概念である。

(一五)斉の騶衍が唱えた説。王朝はかならずその五行の徳（水・火・金・木・土）の相克によって興亡し、その興亡には一定の規則があるというもの。

(一六)後世の風水家や行年・推命の属。

(一七)中国を九つに区分した名称。

(一八)『中国の風水思想―古代地相術のバラード―』九一頁。

(一九)四獣（玄武・蒼龍・白虎・朱雀）を地形に擬えられている例は郭璞の『古本葬経内篇』に「地には四勢があり、気は八方に従う。だから、人を葬るには、左に青龍が、右に白虎が、前に朱雀が、後ろに玄武がそれぞれいるような地形をえらばなければならない。」とあるといわれている。（中野美代子『中国の妖怪』）

(二〇)『風水探源』六〇頁。

(二一) 清の光緒年間（一八七八）に出版された『風水祛惑』に詳細な考証がある。

(二二)『風水探源』六四頁。

(二三) 子の李播と『天文大象賦』、『大衍暦』を著す。また、『晋書』、『隋書』の天文志の編纂の責任者。

(二四) 唐代の大天文家で、地磁気の偏角について述べる。

(二五) 楊筠松については正史には詳しい記載がないが、『江西通志』など記載があり、『贛州府子志』巻九に「楊筠松、竇州人、唐僖宗朝国師、官至金紫光禄大夫、掌霊台地理。黄巣破京城、乃断髪入崑崙山歩龍。一過虔州、以地理術授曽文迪、劉江東諸徒、世称救貧仙人是也。卒于虔、葬雩都葯口。」とある。

(二六) 大過の卦（䷛）は外の二陰が土、内の四陽は棺材、土中に棺材を埋める象を象っている。上は兌の卦（☱）下は艮の卦（☶）である。

(二七) 近代に曁んで以来、之に陰陽の葬法を加え、或は年月の便近なるを選び、或は墓田の遠近を量る。一事だに所を失えば禍は死生のものに及ぶと。巫者は其の貨賄を利として擅ままに妨害を加えざるは莫し。遂に葬書一術をして乃ち百二十家有らしむ。各々吉凶を説き、拘わりて忌むこよのみ多し。且つ天は覆い地は載せ、乾坤の理備わり、一剛一柔して消息の義詳らかなり。或は昼夜の道に成り男女の化に感じ、三光は上に運り四時は下に通ず。斯れ乃ち陰陽の大経にして之を斯須にも失うべからず。喪葬の吉凶に至っては乃ち此に附して妖妄を為す。伝（『礼記』王制）に曰く、王者は七日にして殯し、七月にして葬る。諸侯は五日にして殯し、五月にして葬り、大夫は時（三月）を経て葬り、士は乃ち月を踰えるのみ。此れ則ち貴賤同じからざれば礼も亦数を異にす。同盟のものをして軌を同じくし弔に赴くに期有り、事を派量って宜しきを制し、遂に常式と為し、法既に一たび定まれば之に違うを得ざらしめんと欲したるなり。故に期に先んじて葬る、之を不懐と謂い、期に後れても葬らざる、之を殆礼と謂う。此れ則ち葬に定期有れども年月を択ばざること、其の義の一なり。

　春秋に云う、丁巳に定公を葬らんとするに雨ありて葬に克らず、戊午に事を襄し、礼の経に之を善しとせり。礼記に云う、卜葬するに遠日を先にするとは、蓋し月終の日を選ぶは不懐なるを避くる所以なり。今、葬書を検するに、己亥の日を以て葬に用いるは最も凶なりと。謹しんで春秋の際を按ずるに、此の日に葬りたるもの凡そ二十余件有り。此れ則ち葬に日を択ばざりしこと、其の二なり。

　礼記に云う、周は赤を尚び、大事は日出を用ゆ。殷は白を尚び、大事は日中を用ゆ。夏は黒を尚び、大事は日昏を用ゆと。鄭玄の註に云う、大事とは何をか謂う、喪葬なりと。此れ則ち直だに当代の尚ぶ所を取りたるものにして時の早晩を択ばざるなり。春秋（左伝・昭公十二年）に又曰う、鄭の卿なる子産及び子太叔、鄭の簡公を葬らんとす。時に司墓大夫の室葬路に当る。若し其の室を壊さば即ち日出にして堋（埋葬）せん。其の室を壊さざれば即ち日中にして堋せん。子産は室を壊すことを欲せず、日中を待たんと欲す。子太叔云う、若し日中に至って堋すれば、諸侯大夫の来って会葬する者を久労せんことを恐ると。然れども子産は既に博物の君子と云われ、太叔は乃ち諸侯の選を為せり。国の大事は喪葬に過ぎたるは無し。是が義に必すれば吉凶有り、斯の等のこと豈に用いざるを得んや。今は乃ち時の得失を問わず、唯人事の可否を論ずるのみ。曾子問に云う、葬するとき日蝕に逢えば、路左に含きて明なるを待ちて行くなり。非常に備うる所以なりと。若し葬書に依らば、多く乾艮の二時を用いるも並びに是れ夜半に近く、此れ則ち文と礼とに違う。今、礼伝に検するも葬に時を択ばざりしこと、其の義の三なり。

葬書に云う、富貴官品は皆安葬の致す所に由り、年寿の延促（長短）も亦墳隴の招く所なりと。今孝経を按ずるに云く、身を立て名を後世に揚げて以て父母を顕わにすと。易（繋辞伝下）に曰く、聖人の大宝を位と曰う、何を以て位を守るや、曰く仁なりと。是を以て日に一日を慎しまざれば則ち沢は無窮に及ばん。苟も徳建たざれば人は拠るところ無しと。此れ則ち安葬の吉凶を論ずるに非ずして福祚の延促を論ずるなり。夫の臧孫（哀伯）の魯に後ありたるは、葬に吉日を得たるに関わず、若敖の嗣を荊に絶したるは遷厝所を失いたるに由らず、此れ則ち安葬の吉凶の信用すべからざること、其の四なり。

今の喪葬の吉凶は、皆五姓の便利なれども、古の葬は並びに国都の北に在り。兆域既に常所有り、何くにか姓墓の義に取らんや。趙氏の葬は並びに九原に在り、漢の山陵は諸処に散在す。上利下利のこと蔑爾にして、大墓小墓を論ぜず、其の義安くに在らんや。其の子孫に及ぶも富貴は絶えず、或は三代と風を同じうし、或は六国に分けたるるも而も王たり。此れ則ち五姓の義、大いに古に稽うるところ無く、吉凶の理、何に従りて生ずるや。其の義の五なり。

且つ人臣の名位進退は何ぞ常あらん。亦、初め賎にして後に貴きもの有り、亦、始めは泰にして終りに否なるあり、是を以て子文は三たび令尹を已め、展禽は三たび士師より黜けられたり。冢墓既に成り、曾って革易せざれば、則ち何に因りて名位の時として暫らくも安きこと無からんや。故に知る、官爵之を弘むるは人に在り、安葬の致す所に由らざることを。其の義の六なり。

野俗のものは識無くて皆葬書を信じ、巫者は其の吉凶を誑かる。愚人は因りて幸を徼め、遂には擗踊の際にして葬地を択んで官品を希い、荼毒の秋にも葬時を選んで以て財禄を規る。或は辰の日には宜しく哭泣するべからずと云いて、遂に晥爾として賓客に対して弔を受く。或は同属のものは壙に臨するを忌むと云い、乃ち吉服して其の親を送らず。聖人の教えを設くること、一に斯に至る、其の義の七なり。葬書の俗を敗ること、豈に其れ然らんや。

(二八) 牧尾良海氏『風水思想論考』（山喜房仏書林・一九九四年）「風水思想と科学の間」一一三頁。

(二九) 生没年不詳。字は仲祥。婺源県（現在の江西省）徳興の人。父呉克誠は形勢派陳希夷の直弟子であったので、玄宗皇帝秘蔵の風水書を継承しているともくされていた。

(三〇)『風水探源』一二二頁。

(三一) 地学とは風水地理学のことで、唐代ころに用いられた呼称。

(三二)『葬経』の作者が郭璞でないことは『風水祛惑』にも詳しく論じられている。

(三三)『葬書』に「風水の法は水を得るを上とし、風を蔵するはそれに次ぐ」とあり、これは生気に乗るための第一の条件である。

(三四) 風水を意識した都市建設については荒俣宏氏の『風水先生』（集英社文庫・一九九四年）・黄永融氏の『風水都市』（学芸出版社・一九九九年）・崔昌祚氏著・熊谷治氏訳の『風水地理入門』（雄山閣・一九九九年）に詳し。

(三五)『史記』蒙恬列伝に「恬の罪固よりまさに死に当たるべし。」とあり、これは「蒙恬が地脈を切断したことが死を招いた原因」

であるということであり、風水の「龍脈」の萌芽といってよいであろう。

（三六）『春秋命歴序』に「天地開闢のとき、万物は混沌とし、知無く識無し。陰陽の憑く所、天体は北極の野に始まり、地形は崑崙の墟に起る」とあるように、大地は崑崙山から形成されたとの認識がある。また、崑崙山は中国の西北にあるにもかかわらず、大地の中心に位置するという考え方もある。『河図括地象』に「地の中央を昆侖と曰く。崑崙とは地の中央なり」とある。

（三七）別に三支幹として北幹（陰山系）・中幹（秦嶺系）・南幹（南嶺系）といい、次のような説もある。

○北幹（陰山系）は崑崙山から青海・甘粛・綏遠（蒙古）を経て大行山脈に至り、北京に完結。

○中幹（秦嶺系）は崑崙山から甘粛・陝西太白山に入り、長安に結ぶ山系と関中・天津を含み東行して泰山で完結するもの。

○南幹（南嶺系）は崑崙山から青海・西康を経て大雪山に走り、雲南・貴州・広西・桂林に完結。

（三八）「明堂」とは衆山が会集する所で、後は枕山に寄り添い、前は朝山に対座し、左に青龍山、右に白虎山があり、そのまんなかが明堂である。

（三九）『撼龍経』に「大龍脈は帝都を結び、小龍脈は郡県を結び、その次の小脈は町村となる」とある。

（四〇）四霊は『礼記』礼運篇に「何をか四霊と謂う。麟（麒麟）・鳳（鳳凰）・亀・龍、之を四霊と謂う」とある。朱鳥（朱雀）は鳳凰のことであり、玄武は亀のことであるから、四神（四獣）と四霊と白虎と麒麟が入れかわっている。

（四一）『易経』には「是の故に易に大極有り、これ両儀を生ず。両儀は四象を生じ、四象は八卦を生ず。八卦は吉凶を定め、吉凶は大業を生ず。」とある。四象とは、陰陽二爻の組み合わせによりできる、老陽・少陽・少陰・老陰のこと。

（四二）『易経』繋辞伝に「大衍の数は五十、その用は四十九」とある。

（四三）このことについては中村璋八氏『五行大義の基礎的研究』（明徳出版・一九七六年）「王弼繋辞伝注の存在について」に詳しく論じられている。

（四四）『黄帝九宮経』には「一は冀州為り、二は荊州為り、三は青州為り、四は徐州為り、五は予州為り、六は雍州為り、七は梁州為り、八は兗州為り、九は揚州為り。」ということも述べられている。

【附記】

この小論は、基盤研究（B）、課題「前近代東アジアにおける術数文化の形成と伝播・展開に関する学際的研究」（課題番号16H03466）の成果の一部である。

『後法興院記』所収勘文の佚文資料研究

名和　敏光

はじめに

『後法興院記』は、室町後期から戦国初期にかけて関白・太政大臣を歴任した公卿、近衛政家の日記であり、「後法興院」は政家薨後の追号である。その詳細な内容については、益田宗氏の解説に詳しいのでそちらを参照されたい[一]。

『後法興院記』が日本史や国文学の史料として重要であることは知られているが、天文・気象・地震・災害等の史料としても利用されていることからも、貴重な資料と言うことができる[二]。

この『後法興院記』に上記の災異に対する勘文が収録されていることから、年号勘文と共にその全てを抜き出し、『天地瑞祥志』の佚文を輯集すると同時に、土御門家旧蔵『天変地妖記』[三]所収の災異勘文と対比することにより、その資料的価値を考察する。

また、『後法興院記』を利用した論文に、災異勘文の在り方の理解に誤解があるのが見受けられるので、その問題点についても指摘しておきたい。

更に、文末に資料として、『後法興院記』から輯集した勘文資料（災異・年号）を掲載した。土御門家旧蔵『天変地妖記』に対応する災異勘文がある場合は収録した。その際、異体字等は正字に統一し、一部誤記を改めた部分もある。詳細を確認する際には、資料末に付した原史料を参照されたい。

『後法興院記』と『天変地妖記』所収の災異勘文の史料価値

『後法興院記』と『天変地妖記』所収の災異勘文については、文末の資料を参照されたい。本章では、『後法興院記』と『天変地妖記』所収の災異勘文の勘申者に焦点を当て、その資料価値について考察する。

そのために作成したのが次頁の表である。

『後法興院記』所収の災異勘文は、災異の対象事象で分類すると全てで二十六条である。これに対し、『天変地妖記』に対応する災異勘文があるのは十四条である。但し、この内、重複するものが一条あるので、『後法興院記』に見えない『天変地妖記』の災異勘文は、十三条ということになる。『天変地妖

表『後法興院記』『天変地妖記』勘申者対照表

	和暦	月	日	対象事象	月	日	勘申者	
1	應仁1	6	18	流星	6	18	在貞	
2	應仁1	6	17	太白歳星相合	6	20	在盛	在貞
3	長享3	1	10	太白與歳星迫犯	1	12	有宣	
天	長享3	1	11	太白與歳星相犯	2	5	在重	在通
4	長享3	5	7	太白入犯軒轅中	5	9	有宣	
5	長享3	8	7	大地震	8	7	有宣	
天	長享3	8	7	大地震	8	11	在重	在通
6	延徳2	閏	1	熒惑犯輿鬼西北星	閏	4	有宣	
天	延徳2	閏	10	熒惑犯輿鬼星	閏	12	在重	在通
7	延徳2	11	28	彗星	11	29	有宣	
天	延徳2			彗星	11	29	在重	在通
8	延徳3	6	18	太白與歳星相犯	6	18	有宣	
天	延徳3	6	18	太白與歳星相犯	6	18	有宣	
天	延徳3	6	19	太白與歳星相犯	6	21	在重	在通
9	延徳4	1	19	天鳴	1	22	有宣	
天	延徳4	1	19	鳴動	1	25	在重	在通
10	延徳4	7	20	太白與辰星相犯	7	22	有宣	
天	延徳4	7	21	太白與辰星相犯	7	22	在重	在通
11	明應2	3	10	熒惑犯大微宮星	3	11	有宣	
天	明應2	3	8	熒惑犯大微左執法上相星	3		在重	在通
12	明應2	10	30	大地震	10	30	有宣	
	明應2	10	30	大地震	10	30	在通	
天	明應2	10	29	大地震	10	30	在通	
天	明應2	10	30	大地震	10	30	有宣	
13	明應3	2	12	太白犯昴星	2	13	有宣	
14	明應3	2	22	流星	2	24		
天	明應3	2	22	流星	2	24	在通	
15	明應3	5	7	大地震	5	7	有宣	
天	明應3	5	7	大地震	5	7	在通	
16	明應3	9	23	太白與歳星迫犯	9	23	有宣	
天	明應3	9	25	歳星與太白相犯	9	25	在通	
17	明應3	8	3	太白與歳星迫犯	8	4	有宣	
18	明應6	1	10	歳星與熒惑迫犯	1	16	有宣	
19	明應6	10	18	大地震	10	18	有宣	
20	明應7	6	11	大地震	6	11	有宣	
	明應7	6	11	大地震	6	13	在通	
21	明應7	8	25	大地震	8	25	有宣	
	明應7	8	25	大地震	8	26	在通	
22	明應9	5	4	彗星	5	6	有宣	
23	文龜1	4	21	雷鳴雨雹降	4	21	有宣	
天	文龜1	4	21	雷鳴雨雹降	4	23	在通	在基
24	文龜1	8	27	暈有軒轅度	8	29	有宣	
25	文龜2	1	9	歳星與塡星二星合	1	16	有宣	
26	文正1	6	24	太白與歳星迫犯	6	24	有尚	有宣
天	文正1	6	26	太白歳星相犯	6	26		在通

※通番は『後法興院記』所収勘文。
「天」は『天変地妖記』所収勘文。

記』は、土御門家、即ち安倍有世（晴明の十四代目の子孫）の末裔が所蔵していた災異勘文を収録したものであるが、その全てに賀茂家の災異勘文を収録しているのは、自家の災異勘文輯録書とは別に、賀茂家の災異勘文を収録することを目的に作成された書籍と考えることができるかもしれない。これについては、『天変地妖記』及び『家秘要録』[四]に対する詳細な検討が必要である。

興味深いのは、『後法興院記』所収の災異勘文が安倍家勘申に依るものを主としているのに対し、『天変地妖記』所収の災異勘文が賀茂家勘申に依るものを主としているという点である。

近衛政家は関白・太政大臣を歴任する高位の公卿である。その手元にもたらされ、日記に書き遺される勘文のほとんどが安倍家勘申に依るものであるということは、当時の勘申の主従関係が伺えるのではないだろうか。

また、『家秘要録』・『天変地妖記』[五]はこれまで貴重な史料として取り上げられて来たが、中世の日記史料に収録された勘文資料については、具体的な検討が充分になされていない現状があるので[六]、今後の研究が待たれるところである。

『後法興院記』利用論文の検討

『後法興院記』を利用した論文としては披見の限り、多くを見出すことができなかった。その一つとして小林健彦氏の「日本の戦国期に於ける災害対処の文化史」[七]を災異勘文を扱った論文として挙げることができる。この論文は、『後法興院記』や同時期の日記史料における災害記述を基に、当時の人々の災害に対する認識・対応について考察した論文である。

しかしながら、翻刻の誤りや書名の誤解、更に当時の勘文の在り方に関する理解に誤りがあるので、指摘しておきたい。

まず、翻刻の誤りである。第五頁第一—二行の「只今申時大地震 月在て宿水神所動也 天地瑞祥志月云、行て宿者水神所動也、……」の「て」は「弖（氐）」の誤り。第八頁第三—四行の「兎」は「禹」の誤りである。

次に、引用書名の誤り。第五頁第十行の「填星（土星）の動き」は『填星直』という書名の誤りである。

更に、当時の勘文の在り方に関する理解の誤り。まず、第五頁第十三—十四行に、

> 地震勘文とは、中国における関連書籍、関連記事を検索し、これからの政治的な動向、民心の不安、気象や天文学上の変化を過去の事例を基に推測したレポートに他ならない。

と述べているが、そもそも勘文とは、為政者が政治を行うために学問を究めた諸官の専門家が勘申した重要文書であり、単なるレポートと見做すことはできない。次に、第八頁第五—六行に、

> つまり、日本で発生している地震に基づく日本の近未来予測を、日本側で作成されていた文献を用いるのではなく、外国の事例にすがって調査するという奇妙なことが行われ

ていたのである。

と述べているが、その前文でも「判定の材料とされたのが日本の古典等ではなく、何故か中国文献に見える記事である」（第七頁第十六―十七行）ことに疑問を呈している。当時の社会における書籍の認識・中国書籍の受容（八）が如何なるものであるか、全く理解していない。更に、同頁第六―十行に、

その文献自体に就いても、中国自身では既に禁書になっていて、当時もう既に原文が正確な形では残存しておらず、逸文の形でしか伝わっていなかった緯書や、河圖洛書等を基にして予測した結果が正確な筈もなく、徒に人々の不安を煽ることが薄々にでも分かっていたのかもしれない。しかし、地面が大きく波打つ実際の現象に対して、そうしたものにでもすがるしかなかったと考えるのが的を得た答えであるのかも知れない。

と述べているが、緯書が中国で禁書になっているからといって、日本で卑避されていたと言えるのであろうか。緯書の意義や輯佚の状況も理解せず、利用目的すら議論しない態度は如何なものであろうか。勘文は一般の人々が知り得るものでもなく、「人々の不安を煽る」ものではないのである。そして、「そうしたものにでもすがるしかなかった」様な宗教的なものでもないのである。最後に、同頁第十三―十五行に、

これは、10世紀以降に於いて「暦道の家」となった賀茂氏と、天文博士や天文密奏の宣旨手続きを世襲化して「天文道家」となって行った安倍氏の、所謂「安賀両家」と称された二つの陰陽家で以って、交代で地震勘文の作成を行う様になっていた結果であると言えるかもしれない。

と述べているが、これも全くの推測でしかないし、誤りである。本稿で収録した『後法興院記』災異勘文の勘申者のほぼ全てが安倍氏であることを見れば、安倍氏がその主たる任を負っていたと考えるのが妥当であろう。また、『後法興院記』に賀茂氏の災異勘文が併載され、土御門家（安倍氏）旧蔵『天変地妖記』の災異勘文に賀茂氏の災異勘文が収録されていることから、両家ともに災異勘文を作成し勘申していたことも明らかである。その意味でも、『後法興院記』と『天変地妖記』の両書に安倍氏・賀茂氏の災異勘文が残されていることは、非常に価値があると言えよう。

おわりに

本稿では、『天地瑞祥志』の佚文を探す過程で『後法興院記』所収の災異・年号勘文資料を輯集することができた。これにより、災異の際の勘申に於ける安倍氏と賀茂氏の勘文資料が併存することが解り、両家の位置付けについても考察することができた。また、当時に於ける勘文の認識に対する理解の誤りも指摘できた。論者は日本史研究者ではないので、誤りもあるかと考える。専門の諸家のご指正を賜れば幸いである。

《注》

(一) 財団法人陽明文庫編『後法興院記四』巻末解説、陽明叢書第八輯、記録文書篇、平成三年、思文閣出版。

(二) これらの研究については下記書籍を参照。
神田茂編『日本天文史料総覧』昭和九年、神田茂。

神田茂編『日本天文史料』昭和十年、神田茂。

神田茂著『日本の天文気象史料』昭和二十二年、あしかび書房。

中央気象台・海洋気象台編纂『日本気象史料』昭和十四—十六年、中央気象台・海洋気象台。

中央気象台編『日本気象史料綜覧』昭和十八年、地人書館。

小鹿島果編纂『日本災異志』明治二十七年、日本鉱業会。

権藤成卿『日本震災凶饉攷』昭和七年、文藝春秋社。

西村眞琴・吉川一郎編『日本凶荒史考』昭和十一年、丸善株式会社。

東京府学務部社会課『天災地変に関する調査　上・下』昭和十三年、東京府學務部社會課、社會調査資料第二十九・三十輯。

東京大学地震研究所編『新収 日本地震史料』昭和五十六年—平成六年、東京大学地震研究所。

(三) 東京大学史料編纂所蔵、土御門家旧蔵『天変地妖記』、書目ID00063363、請求記号3061-9。

(四) 東京大学史料編纂所蔵、土御門家旧蔵『家秘要録』、書目ID00063289、請求記号3061-6。

(五) 水口幹記「中世における『天地瑞祥志』の利用状況」(『日本古代漢籍受容の史的研究』第四章、平成十七年、汲古書院)を参照。

(六) 水口幹記「『天地瑞祥志』の受容、その仕方」(『日本古代漢籍受容の史的研究』第三章、平成十七年、汲古書院)では『天地瑞祥志』第七の出典表を作成し、そこには『後法興院記』を収録している。

(七) 『駒沢史学』七六号、平成二十三年。

(八) 日本における陰陽道が受容した典籍については、山下克明「陰陽道における典拠の考察—いわゆる本書・本条・本文の存在意義—」(村山修一・下出積與・中村璋八・木場明志・小坂眞二・脊古真哉・山下克明編『陰陽道叢書1古代』平成三年、名著出版)を参照。

『後法興院記』所収災異勘文・年号勘文

一、災異勘文史料

應仁元（一四六七）年六月
第一冊一〇九―一一〇頁
後法興院記　二

七月大
四　日丁卯晴陰風吹
去月十八日有流星云々勘文尋記
今日戊時流星出南天下乾地其大如甕其色赤白
晉書志曰流星者天使也所墮之處大戰流血
占申云流星如火炎其兵起人流散
又云色白爲兵喪
又云宮室火事
爾雅云流大而疾日奔星降下之地必見流血精骨也
靈帝中平二年有流星兵馬晝鳴
應仁元年六月十八日　従二位賀茂朝臣在貞

今月十七日寅時太白歳星相合相去一尺三寸許
天文要録云太白西兌之位金精象兵喪也歳星東震之位木精
象武兵也
荊州占曰金木倶出東方王者亡地
海中占曰金與木闘有滅諸侯人民離郷
黄帝占云金木合有破軍飢
又云金木會相去五尺戰三尺張二尺拔國光芒相及天下大亂
巫咸曰歳星守會下勝上之象也民臣隆盛侵其上君弱臣強
又云木金合爲飢内兵大將軍愼
又云有白衣之會
天地瑞祥志曰金木同宿兵甲起有大災
應仁元年六月廿日　正三位賀茂朝臣在盛
従二位賀茂朝臣在貞

長享三（一四八九）年正月
第二冊二五五―二五六頁
後法興院記　十四

正月大
廿三日壬午晴陰未刻雪散　大祥院被歸右少辨賢房來令對面
就二星合事御祈事被仰處々云々勘文
尋問有宣卿記之可恐々々
今月十日戊時太白與歳星迫犯相去一尺二寸所
天文要錄云太白與歳星合　天子愼之
又云太白與歳星合　大將軍愼之
又云太白與歳星合　女主愼之
又云太白與歳星合有破軍萬民飢
又云太白與歳星合國易政大亂
又云太白與歳星合有白衣會
又云太白與歳星合其國天火下燒穀倉
長享三年正月十二日　従二位有宣

『天變地妖記』
今〔去〕月十一日戌時太白與歳星相犯相去三寸所
天文要錄云太白者主金之精大將之象也歳星者主木
之精天子象也
又曰太白歳星者主仁義之象也故大將者以仁義捴攝
天下得萬兵之精也賢將以愛惠之要義則裁正也故擧
仁義謀無萬一失也
天地瑞祥志曰金木同宿有火災
郗萠占曰太白與木合其國謀兵起不戰
又云歳星與太白合南國以兵飢道路不通期一年
又云金與木遇金木也命曰伐其野戰
巫咸曰金與木合有白衣會爲水
又云有強國易相
長享三年二月五日　圖書頭在重
正三位在通

長享三（一四八九）年五月
第二冊二七一頁
後法興院記　十四
五月大
十九日丙子晴（略）
今月七日戌時太白入犯軒轅中相去七寸所云々尋記勘
文

天文要錄云太白犯軒轅　天子愼之
石申云太白犯軒轅　逆賊臣有城内
又云太白犯軒轅　女主當之愼之
又云太白犯軒轅　天下大亂有謀
又云太白犯軒轅　火災起
又云太白犯軒轅　必有喪
長享三年五月九日　從二位有宣

長享三（一四八九）年八月
第二冊二八五―二八六頁
後法興院記　十四
八月小
十九日乙巳晴（略）
去七日地震勘文尋問傳奏記之
今月七日午時大地震有音月行心宿者天王所動也
天地瑞祥志云月行心宿者天王所動也
内經云天王所動者天子吉大臣受福
又云天王所動者宜五穀萬民安隱
又云地動邑有亂臣
又云八月地動不過六十日兵
八月七日　從二位有宣

『天變地妖記』
今月七日午時大地震有音傍通星宿金翅鳥之所動也

天文錄曰秋地動兵起
又云八月地震六十日内兵
大智度論云金翅鳥動无雨江河枯竭年不宜麦天子凶
大臣受殃
穀梁傳曰地動大臣盛軍將動有變
京房易妖占曰地動敎令從臣下出有流血飢
張衡上書曰地動震者人民擾亂
劉向曰地動者臣不臣也下者大貴也
又云人君愼功臣失位
又云地震有聲國有陰謀
　長享三年八月十一日　圖書頭在重
　　正三位在通

延德二（一四九〇）年閏八月
第二冊三四七頁
後法興院記　十五
閏八月小
七　日丁未晴陰（略）
　就變異之儀御祈事被仰處々云々仍勘文事相尋有宣卿記
之
　今月一日寅時熒惑犯輿鬼西北星相去五寸所
天文要錄云熒惑犯輿鬼有逆賊臣
甘德曰熒惑犯輿鬼　天子愼之
又云熒惑犯輿鬼　大將軍愼之
又云熒惑犯輿鬼其國必兵革赴起賊萬民飢
又云熒惑犯輿鬼　女主愼之
又云五星犯輿鬼有火災
又云五星犯輿鬼大喪連
　延德二年閏八月三日　從二位有宣

『天變地妖記』
　今月十日寅時熒惑守輿鬼星相去七寸所
天文要錄曰熒惑守輿鬼東北萬民愼多死
又云守輿鬼有兵水災萬物五穀不登
又云五星犯鬼萬姓勞兵革大動
又云熒惑至輿鬼留三月大人病留十月諸國主爲病
乙巳占曰火犯輿鬼皇后失勢執法殃
　延德二年閏八月十二日　圖書頭在重
　　正三位在通

延德二（一四九〇）年十二月
第二冊三六二頁
後法興院記　十五
十二月大
二　日己酉晴（略）
　彗星出西方勘文尋問有宣卿記之
　今月廿八日戌時彗星見西方在室宿其長五尺許其色白
天文錄云彗星天地之旗也

荊州占曰彗星出君臣失政濁亂三光五星錯逆變氣之所生也
又云彗星出必兵起其下戰流血
又云彗星出入室宿者　大將軍愼之
又云彗星出入室宿者翌年大水出五穀不登
又云彗星入室宿者有白衣會
又云彗星入室宿　女主愼之
延徳二年十一月廿九日　從二位有宣

『天變地妖記』
又云彗星見君臣失政
又云白彗金精臣爭權主斬強臣
延徳二年十一月廿九日　圖書頭在重
正三位在通

延徳三（一四九一）年七月
第二册三九六頁
後法興院記　十六
七月小
二日丁丑晴（略）
二星合占文尋問記之
今月十八日寅時太白與歳星相犯相去一尺五寸所
天文要錄云太白與歳星合　天子愼之
又云太白與歳星合　大將軍愼之
又云太白與歳星合其下大亂有兵革
又云太白與歳星合國易政萬民飢死
又云太白與歳星合有大喪
又云太白與歳星合必天火下焼穀倉
延徳三年六月十八日　從二位有宣

『天變地妖記』
從安家注進之
今月十八日寅時太白與歳星相犯相去一尺五寸所
天文要錄云太白與歳星合　天子愼之
又云太白與歳星合　大將軍愼之
又云太白與歳星合其下大亂有兵革
又云太白與歳星合國易政萬民飢死
又云太白與歳星合有大喪
又云太白與歳星合必天火下焼穀倉
延徳三年六月十八日　從二位有宣
今月十九日寅時太白與歳星相犯相去一尺三寸所
天文要錄曰太白者主金之精大將之象也歳星者主木
之精天子象也
又云太白歳星者主仁義之象也故大將者以仁義捴攝
天下得萬兵之精也賢將以愛惠之要義則裁正也故擧
仁義謀無萬一失也
天地瑞祥志云金木同宿有火災
郗萠占曰太白與木合其國謀兵起不戰

巫咸曰金與木合有白衣會爲水
又云有強國易相
延德三年六月廿一日　圖書頭在重
正三位在通

延德四（一四九二）年二月
第三冊七頁
後法興院記　十七
二月小
三　日甲辰晴（略）
天鳴動占文尋問記之
今月十九日未時從乾天鳴聲如雷
天文決要齊類云天鳴　天子愼之
乙巳占云天鳴有聲　大將軍愼之
天鏡經云天鳴兵大起萬民勞也
晉書天文志云帝元大興二年八月戊戌天鳴東南有聲占云天
鳴人主有愼三年十月壬辰天又鳴其年兵起
延德四年正月廿二日　從二位有宣

『天變地妖記』
今月十九日未時鳴動當乾有響聲
乙巳占曰天鳴有聲至尊憂而且驚也
劉向曰春秋《左傳事也》之前天地坼害異並臻其主不和驚懼悠德
上帝《天也》降禍災爰必極皆亂國之妖人降自天是故也

天文要錄云天鳴西北有聲如風水相薄人主憂
又云萬姓勞飲妖
班固天文志云天皷有音如雷非雷音在地而下及地其
所住者兵發其下
延德四年正月廿五日　圖書頭在重
正三位在通

明應元（一四九二）年七月
第三冊三〇頁
後法興院記　十七
七月小
廿五日甲午晴　變異勘文尋問記之
今月廿日戌時太白與辰星相犯相去一尺三寸所
天文要錄云太白辰星鬪者君臣愼之
又云太白與辰星合天下爲變謀有外兵內大亂
又云金與水鬪其國大將軍愼之
又云太白與辰星鬪四夷侵內
又云辰星與太白合暴兵起
又云金與水合其下不出一年戰有流血
七月廿二日　從二位有宣

『天變地妖記』
今月廿一日戌時太白與辰星相犯相去一寸所
天文要錄云金與水倶必有兵

又云辰星與太白合天下兵大戰期一年
又云太白與辰星合天下爲變謀爲憂若合鬪有外兵内
大亂國也
又云水隨金於西方繞環若西北則陰國起兵
荊州占曰水出金北主人利
　　延德四年七月廿二日　圖書頭在重
　　　　　　　　　　　正三位在通

明應二（一四九三）年三月
第三冊七三頁
後法興院記　十八
三月小
十九日甲申（略）
　去十日變異之儀有之云々御祈事被仰處々云々召勘文記
之
　今月十日戊時熒惑犯大微宮星相去三寸所
天文要錄云熒惑者南離位主火精也
又云熒惑守犯大微宮天下不平　君臣愼之
又云熒惑入大微宮四夷内侵地動四海有兵喪
又云熒惑入大微宮其國有飢旱
又云熒惑入大微宮必大驚有逆亂
又云熒惑入大微宮者有火災
　明應二年三月十一日　　從二位有宣

『天變地妖記』
　今月八日寅時熒惑犯大微左執法上相星相去六寸所
天文要錄曰五星犯大微宮者君臣有愼
又云熒惑守大微諸侯三公謀其上必有斬臣
又云火星犯大微者大臣有憂執法者愼之
甘氏云熒惑犯大微者臣試其君也
乙巳占曰五星犯大微者其國有變臣天下驚
　明應二年三月　日　圖書頭在重
　　　　　　　　　　正三位在通

明應二（一四九三）年十一月
第三冊一一二―一一三頁
後法興院記　十八
十一月大
三　日甲午自未明雨下午刻止
　丑刻又地震　去晦日地震勘文尋問記之
　今月卅日寅時大地震傍通箕宿龍神所動也
天地瑞祥志云傍通龍神所動也
京房云地動邑有亂臣
又云地動龍神所動者　天子凶大臣受殃
又云冬地動不過百日有兵喪
又云地動必四海戰有流血
又云地動龍神所動者　女主愼之
　明應二年十月卅日　　從二位有宣

今月卅日丑時大地震數度傍通尾宿龍神動也
河圖秘徴篇曰地之動大臣之逆
洛書雄罪級曰地震不言衆虐盛
尚書夏侯說曰地動大臣盛將有爲而不靜兵數動
春秋緯運斗樞曰地之動亂並孳群臣厥施
宋均曰厥讀爲靨ゝ動也施讀爲絕ゝ放縱也佞者執政　君子
在野小人在位朝庭多賊國受其咎
內經曰地以冬動人主有病兵起
土曜直曰動世界不安威重人病
天鏡經曰地動國有陰謀天下大喪
明應二年十月卅日　　在通

『天變地妖記』

今月廿九日丑時大地震數度傍通尾宿龍神所動也
河圖秘徴篇曰地之動大臣之逆
洛書雄罪級曰地震不言衆虐盛
尚書夏侯說曰地動大臣盛將有爲而不靜兵數動
春秋緯運斗樞曰地之動亂並孳羣臣厥施
宋均云厥讀爲靨ゝ動也施讀爲絕ゝ放縱也佞者執政
君子在野小人在位朝廷多賊國受其咎
內經曰地以冬動人主有病兵起
土曜直曰動世界不安威重人病
天鏡經曰地動國有陰謀天下大喪

明應二年十月卅日　　正三位在通
今月卅日寅時大地震傍通箕宿龍神所動也
天地瑞祥志云傍通龍神所動也
京房云地動邑有亂臣
又云地動通龍神所動者　天子凶大臣受殃
又云冬地動不過百日有兵喪
又云地動必四海戰有流血
又云地動龍神所動者　女主愼之
明應二年十月卅日　　從二位有宣

明應三（一四九四）年二月
第三册一三五―一三六頁
後法興院記　十九

二月小
十八日戊寅陰入夜雨下（略）
去十二日有變異云々勘文如此
今月十二日戌時太白犯昴星相去五寸所
天文要錄云昴者白獸第四宿也主天之耳目也主三災初起門
也西晉紀云五星犯昴星四夷侵內失地天下動亂
公連曰太白犯昴星有逆臣　天子愼之
又云太白犯昴星必大戰流血不出三年
又云太白犯昴星　　大將愼之
又云太白犯昴星其歲大暑多疾疫

宗（マヽ）書天文志云晉成帝咸康元年二月己亥太白犯昴星兵起
明應三年二月十三日　従二位有宣

明應三（一四九四）年二月
第三册一三六—一三七頁
後法興院記　十九
二月小
廿二日壬午晴（略）
亥刻許有光物云々自艮飛坤云々聊有動搖云々
（押紙）
今月廿二日戌時流星從艮亘坤長丈餘色赤分散而成三入雲中沒也
天地瑞祥志曰流星所墮之處大戰流血
又云色赤爲兵喪
又云行跡絕名飛星所下多死亡
石申云流星明如火其下兵起人民流散
東晉紀曰流星曰奔星天下有逆臣國亂上下失禮不出二年
明應三年二月廿四日

『天變地妖記』
今月廿二日戌時流星從艮亘坤長丈餘其色赤分散成三入雲中沒也
天地瑞祥志曰流星所墮之處大戰流血
又云色赤爲兵喪
又云行跡絕名飛星所下多死亡
石申云流星明如火其下兵革人民流散
東晉紀曰流星曰奔星天下有逆臣國亂上下失禮不出
二年
明應三年二月廿四日　正三位在通

明應三（一四九四）年五月
第三册一五〇頁
後法興院記　十九
五月大
十三日辛丑晴晡雪雨甚　深更地震云々（略）
去七日地震勘文尋問記之
只今午時大地震有音傍通張宿水神所動也
天地瑞祥志云傍通水神所動也
京房云地動邑有亂臣　天子愼之
又云地以夏動有音者　大將軍愼之
又云五月地動不過廿五日有兵革
又云水神所動者无雨江河枯竭
又云地動水神所動者有大喪
明應三年五月七日　従二位有宣

『天變地妖記』
今月七日未時大地震有音傍通翼宿者金翅鳥所動也
天文錄曰地動國有亂臣人主不要干戈大起
又云地震疾疫有兵喪
董仲舒曰五月地動兵交起

宿曜經曰火曜直月地動宮室有驚火災起
抱朴子云地動必大戰有謀反
明應三年五月七日　正三位在通

明應三（一四九四）年十月
第三冊一七〇頁
後法興院記　十九
十月大
二日丁巳晴風吹
去月廿三日有二星合云々尋問記之
今月廿三日寅時太白與歳星迫犯相去一尺三寸所
天文要錄云太白與歳星迫犯　君臣愼之
又云太白與歳星迫犯其下大亂戰　大將愼之
又云太白與歳星迫犯四夷侵内國易政萬民飢
又云太白與歳星迫犯有白衣會
又云太白與歳星迫犯　女主愼之
又云太白與歳星迫犯有火災
明應三年九月廿三日　從二位有宣

『天變地妖記』
今月廿五日寅時歳星與太白相犯相去六寸所
天文要錄曰太白與歳星合有兵喪
又云太白與歳星合有白衣之會
又云金木合盜賊多火災起
荊州占曰金木俱出東方國君亡地
又云金木合爲内兵
明應三年九月廿五日　正三位在通

明應四（一四九五）年八月
第三冊二一二―二一三頁
後法興院記　廿
八月大
八日戊午夜來降雨風頗吹未刻止（略）
有宣卿進變異勘文
今月三日酉時太白與歳星相犯相去三尺所
天文要錄云太白與歳星相犯其國失地　君臣愼之
乙巳占云太白與歳星相犯必大亂戰　大將軍愼之
又云太白與歳星相犯國易政萬民流亡
又云太白與歳星相犯　女主愼之
又云太白與歳星相犯火災起
荊州占曰木與金相遇天下疾疫有白衣之會
明應四年八月三日　從二位有宣

明應六（一四九七）年正月
第三冊二八八頁
後法興院記　廿
正月小
十九日壬戌晴陰及晩小雨洒（略）

今月十日寅時歳星與熒惑迫犯相去一尺五寸所
天文要錄云熒惑者主萬物之集精也所往有兵亂疾喪也
乙巳云熒惑與歳星迫犯内大驚　天子愼之
又云熒惑與歳星迫犯者大臣匿謀
又云熒惑與歳星迫犯者大將軍愼之
又云熒惑與歳星迫犯者萬民飢
又云熒惑與歳星迫犯者有火災
又云火與木同舍其國易政
明應六年正月十六日　　從二位有宣

明應六（一四九七）年十月
第三册三二九頁
後法興院記　廿
十月小
十八日丙戌曉來雨下午刻以後止
今曉寅刻大地震（略）
（押紙）
今月十八日寅刻大地震傍通金翅鳥所動也
天地瑞祥志云傍通金翅鳥所動也　天子愼之
又云地動者國有亂臣人主不安
又云地動者疾疫有喪
又云地動者必四海戰有流血
又云十月地動者不過五十五日兵革起
明應六年十月十八日　　從二位有宣

明應七（一四九八）年六月
第三册三五八―三五九頁
後法興院記　廿
六月小
十一日丙子晴陰申刻大地震（略）
十二日丁丑晴　昨日地震勘文尋問記之
只今申時大地震月在弖宿水神所動也
天地瑞祥志云月行弖宿者水神所動也
京房云地動邑有亂臣　天子愼之
又云地動者　　大將軍愼之
又云夏地動少老多死
又云六月地動七十五日内有兵革
又云水神所動無雨江河枯竭
明應七年六月十一日　　從二位安部朝臣有宣
酉刻小地震
十三日戊寅晴陰（略）
一昨日地震勘文尋問在通記之
今月十一日申時大地震傍通心宿天王所動也
河圖秘徵篇曰地之動大臣之逆
内經曰心宿地動人君有災走獸健者衰
又云地以六月動百姓不安人民勞苦
又云夏地動喪
塡星直曰地動世界不安重成人疾病

宗均曰地震之異陰陪主也
保乾圖曰地動下度上無陽自燭則退臣誅過免々近盛
明應七年六月十三日　　在通

明應七（一四九八）年八月
第三冊三六六—三六八頁
後法興院記　廿
八月小
廿五日(己丑)晴陰巳刻小雨洒雷微音
辰時大地震去六月十一日地震一陪（マヽ）事也尋問勘文記之
今月廿五日辰時大地震(傍通水神所動也)
天地瑞祥志云傍通水神所動也
内經曰秋地動　天子凶大臣受殃
又云地動其國有戰民流亡
又云地動天下疾病有大喪
又云八月地動六十日内兵革起
明應七年八月廿五日　　從二位有宣
廿六日(庚寅)晴陰巳刻小雨洒
去夜曉鍾時分小地震今日又午刻酉刻兩度小地震昨日地震以後雷鳴事非其儀鳴動時分光物飛云々其長カラカサノセイト云々流星歟云々同時天地震動可恐々々從聖門有音信昨日虚空鳴動云々地震勘文尋問在通記之
今月廿五日辰時大地震數々而無聲(傍通張宿火神所動也)
洛書雄罪級曰地震衆虐盛
尚書夏侯說曰地動大臣盛將有爲而不靜　兵數動
春秋緯運斗樞云地動亂並孳群臣厥施（校者注）佞者執政君子在野小人在位朝庭（マヽ）多賊國受其咎也
公羊傳云臣專政陰而行陽故地震
穀梁傳云地動大臣盛軍將動有變
夏氏云地動民不安搖擾流移
又云地動數煞人賊臣暴
鴻範傳云地動者臣不臣下者大貴也
明應七年八月廿六日　　正三位在通

校者注：「施」字與「佞」字之間、缺「宋均曰厥讀爲靡〻動也施讀爲絕〻放縱也」一八字。

明應九（一五〇〇）年五月
第四冊一七頁
後法興院記　廿五
五月大
十四日(丁卯)晴　都鄙疫病興盛人多死去云々
此間彗星出現云々勘文尋問記之
今月四日子時彗星見丑方(在内杵星長二尺所未方指光芒色白)
天文錄云河圖曰彗星者天地之旗也
荊州占曰彗星君臣失政濁亂三光五星錯逆變氣之所生也
又云彗星出有反者兵起其國亂　君臣愼之
又云彗星出有内杵星者賊臣内宮中相攻擊流血失宮
石申曰白彗星出不出二年有大水其下五穀不登

海中占曰彗星居內杵貴人有憂愼之
又云彗星出色白爲喪
雜災異占云彗星除舊布新惡氣之所生也
明應九年五月六日　從二位安倍朝臣有宣

文龜元（一五〇一）年四月
第四冊六七―六八頁
後法興院記　廿六
四月小
廿一日己亥晴陰申刻雷雨甚又霰下其大加淡路石未曾有事也
廿二日庚子晴
廿三日辛丑晴陰入夜雨下
（略）
一昨日雷鳴雨雹勘文有宣卿進上
今月廿一日申時雷鳴雨雹降雹其大如梅
天文要錄云夏雹降陰脅陽
又云冬之愆陽夏之伏陰也
又云夏雹降陰氣專情凝合也
又云夏秋雹降者　天子愼之
又云夏雹降必兵革起大將軍愼之
又云夏雹降其年天旱人民飢
又云四月雹降天下有疾疫
孝武帝大元十二年四月雷鳴雨雹是時有事中州兵役連歲
文龜元年四月廿一日　從二位安倍朝臣有宣

『天變地妖記』
今月廿一日未時雷鳴雨雹降大如梅子
天地瑞祥志云雹者陰脅陽之象也其狀如積氷此臣欲
凌上象也
天鏡經云雹下與雨倶降有賊害者庶民大亂
雜災異占云夏雹下者大旱貴人愼
宋書五行志云晉明帝大寧三年四月雨雹倶降是年帝
惡有蘓凌之亂孝武帝大元十二年四月雨雹是時有事
中州兵役連歲辛酉歲也
文亀元年四月廿三日　正三位在通
權暦博士在基

文龜元（一五〇一）年八月
第四冊八六頁
後法興院記　廿六
八月小
六　日壬子晴陰（略）
去月廿七日變異事尋問有宣卿記之
今月廿七日寅時月之暈有軒轅度其躰三重也
天文要錄云月之暈見軒轅度其分野大旱
石申曰月入軒轅中有逆賊臣　天子愼之
乙巳占云月之暈有軒轅者貴人失坐
又云月之暈其國必有兵動流民散

又云月之暈入軒轅天下人飢死火災起
　文龜元年八月廿九日　從二位安倍朝臣有宣

文龜二（一五〇二）年正月
第四冊一〇七頁
後法興院記　廿六
正月小
廿六日庚子天快晴（略）
　此間就變異勘文進上之由聞及間相尋有宣卿記之
　今月九日戌時熒惑與塡星二星合相去二尺三寸所
天文要錄云熒惑者南離之位也主火之精也塡星者中宮之位
也主土之精也
熒惑占云熒惑與塡星於西南合其下不出一年有亡國
又云熒惑與塡星合必大亂戰　君臣愼之
又云熒惑與塡星合天下有疾疫
石氏曰熒惑與塡星同宿火災起
又云火與土合其年大旱
　文龜二年正月十六日　兵部大輔安倍朝臣有尚
　　從二位　安倍朝臣有宣
又禮紙ニ如此戴之
變異事
正月三日月行六日月行
九日二星合廿日二星合
　九日之計注進申其餘者不及注進候近頃邂逅之儀驚
入候

永正元（一五〇四）年六月
第四冊二一九頁
後法興院記　廿九
六月小
廿五日甲申晴　土御門二位有宣卿進變異勘文
　今月廿四日寅時太白與歲星迫犯相去二尺所
天文要錄云太白與歲星迫犯內亂　天子愼之
又云太白與歲星迫犯　大將軍愼之
又云太白與歲星迫犯有白衣會
荊州占云太白與歲星迫犯國易政四夷侵內萬民流散
乙巳占云太白與歲星迫犯相尅則必病事兵革起
又云太白與歲星合天火下燒穀倉
　永正元年六月廿四日　兵部大輔安倍有尚
　　從二位　安倍有宣

『天變地妖記』
　今月廿六日寅時太白歲星相犯相去一尺所
天文要錄曰太白者主金之精大將之象也歲星者主木
之精天子之象也
又云金木同宿天下有急謀期八十日
天地瑞祥志曰金木同宿有火災
又云木與金合有兵喪飢疾萬民哭

宋均云歳星宿太白盗賊多兵革起
黄帝占曰金與木合有白衣之會
又云有強國易相
郗萠占曰太白與木合其國謀兵起不戰
又云歳星與太白合南國以兵飢道路不通
又云金與木合人民病
石申云金與木鬬所在之國有内亂
海中占曰金與木鬬有滅諸侯人民離郷
永正元年六月廿六日　　正三位在通

二、年號勘文史料
文明十九（一四八七）年七月
第二冊一六二―一六五頁
後法興院記　十二
七月大
九　日丁未晴陰晩景微雷小雨
頭左大辨光忠朝臣來有　勅問事來十七日改元定也年號
可被用何字哉可計申云々勘文如此寫留返遣訖追而可申
所存由申入畢令對面大閤九條前關白下官關白有　勅問
云々
年號事
康德
漢書曰烝庶咸以康寧功德茂盛
後漢書曰頌成康之載德號詠南風之歌聲

明治
周易曰聖人南面而聽天下嚮明而治
正二位菅原朝臣在治
年號事
天定
文選曰天保定子靡德不鑠
文元
隋書志曰造文之元始創曆之厥初
安長
五行大義曰國家安寧長樂無事
漢書曰建久安之勢成長治之業
年號事　　式部大輔　　菅原在永
寛祐
禮記曰寛祐者仁之作也温良者仁之本也禮節者仁之貌
也歌樂者仁之和也
尚書注曰天下被寛祐之政則我民無遠用來
萬和
文選曰萬邦協和施德百蠻而肅愼致貢
康樂
崔寔政論曰苟有康樂之心充於中則和氣應於外
文選曰心凱康以樂觀
從三位　菅原長直
年號事

功永
後漢書曰上應天心下疇人望爲國立功可以永年
寛安
毛詩正義曰行寛仁安靜之政以定天下得至於太平
長享
文選曰喜得全功長享其福
春秋左氏傳曰元體之長也享嘉之會也利義之和也貞事
之幹也
正五位下行少納言兼侍從大内記式部少輔文章博士菅原在數
年號事
瑞應
史記曰天之瑞應並集四方襁負而至兆民欣戴樂嘉慶
後漢書曰祥瑞之降以應有德
寛安
毛詩注疏曰行寛仁安靜之政以定天下
荀子曰生民寛而安
寶曆
貞觀政要曰恭承寶曆寅奉帝圖垂拱無爲氣埃靜息
文章博士　菅原和長

長享三（一四八九）年八月
第二冊二八一―二八三頁
後法興院記　十四
八月小
十四日庚子晴
入夜藏人右少辨守光持來改元勘文可然年號可擧申云々
追而可申所存之由令返答　勘文如此
年號事
寶仁
新序曰魏文侯曰仁人者國之寶也國有仁人則羣臣不爭
元喜
周易曰六四元吉有喜也
正二位菅原朝臣在治
年號事
順安
揚子法言曰君子在上則明而光其下在下則順而安其上
寛永
毛詩曰考槃在澗碩人之寛獨寐寤言永矢弗諼注曰碩大
寛廣長永
德和
尚書曰今王用德和悅
左氏傳曰聞以德和民不聞以亂
永正
周易緯曰永正其道咸受吉
參議式部大輔菅原長直
年號事
昭仁
文選曰昭仁惠於崇賢抗義聲於金商

永禄
　羣書治要曰保世持家永全福祿者也
應平
　後漢書曰昔周公有清命之應隆太平之功也
從四位下行少納言兼侍從大內記式部少輔文章博士菅原朝臣在
數
　年號事
昭應
　文選曰暑緯昭應山瀆效靈五方雜遝四隩來曁
明暦
　漢書律曆志曰大法九章而五紀明歷法
　續漢書曰黃帝造歷歷與曆同作
寛永
　毛詩曰考槃在澗碩人之寬獨寐寤言永矢弗諼注曰碩大
　寛廣永長
　　　　文章博士菅原朝臣和長

長享三（一四八九）年八月
第二冊二八四―二八五頁
後法興院記　十四
八月小
十九日乙巳晴
　權帥廣光卿來令對面年號追加勘文依仰各勘進候此內御
點分可被計申以前御申詞可被書改歟云々彼勘文披見之處安永ハ安
ノ字在上號安和　安元　安貞共以不快也又建正建ノ字
建武以來不被用之殊正ノ字在下號康正以來三ケ度共以
不快又延德延字延文以後武家不被遮幾云々是延文度等
持院他界故也仍追加分愚意ニ不相叶之間申詞可爲以前
分之由令返答訖
追加勘文御合點分有勅問可計申云々
安永
　唐紀曰保安社稷永可奉宗祧
　左氏傳注曰寧安也永長也
文觀
　太平御覽曰天文以觀其天象天文之字落歟日月星辰也
　　　　文章博士菅原在數
明應
　周易曰其德剛健而文明應乎天
建正
　周禮曰乃施法于官府而建其正
　　　　文章博士菅原和長
明治
　尚書注曰明惟治民之道而善安之
延德
　孟子曰開延道德
　　　　式部大輔菅原長直

明應十（一五〇一）年二月

第四册五八―六〇頁
後法興院記　廿六
二月小
廿七日丙午晴入夜雨下　密々見小野邊之櫻
頭辨守光朝臣付書狀於因候者改元勘文三通相副之一兩
字可計申云々追而可申所存由令返答勘文如此
年號事
永正
周易緯曰永正其道咸受吉
萬治
唐書曰正本則萬事治
式部大輔菅原長直
季號事
文龜
爾雅曰十朋之龜者一曰神龜二曰靈龜三曰攝龜四曰寶
龜五曰文龜六曰山龜七曰筮龜八曰澤龜九曰水龜十曰
火龜
貞德
周易正義曰利貞者卦德也
寛永
毛詩朱注曰寛廣永長
永平
杜氏通典曰以饗祀神明以朝會諸侯故史盛稱永平之閒
永祿
群書治要曰保世持家永全福祿者也
文章博士菅原和長
年號事
永光
貞觀政要曰貽範百王永光萬代
文承
文選曰皇上以叡文承曆
寛永
毛詩朱注曰寛廣永長
文章博士菅原朝臣章長

文龜四（一五〇四）年二月
第四册一九八―二〇〇頁
後法興院記　廿九
二月大
廿九日辛酉晴陰風吹（略）
甘露寺中納言來就甲子改元事可爲明日年號字事可計申
之由仰之趣示之勘文持來之無餘日閒不及引勘寶曆德和
閒無子細歟之由令申訖人々永正可然之由申之云々正之
字一タヒトヽマルト云古來之難也正ハキミトヨムト云
々キミヲ下ニヲク事可有其憚歟其上正字下ニヲク事古
來無之近來康正寛正文正之外無之共以不快例也康德几
雖可然康保當甲子改元代末年號村上院有御事可有其憚
歟正字下ニアル事異朝例兩三度歟是又不快例也如何

勘文如此
式部大輔
　永正
　　易緯曰永正其道咸受吉
　明保
　　尚書曰聖有謨訓明徴定保
菅宰相
　寶暦
　　貞觀政要曰恭承寶暦寅奉帝圖
　康徳
　　尚書曰王人無弗康徳明恤肖
　久保
　　梁書曰姫周基文久保七百
文章博士章長
　寛永
　　毛詩朱注曰寛廣永長
　徳暦
　　宋書曰功徳昭長世道徳暦遠年
　康徳
　　漢書曰蒸庶咸以康寧功徳茂盛
文章博士爲學
　文化
　　文選曰文化内輯武功外悠
　徳和
　　尚書曰今王用徳和悦
　文承
　　文選曰皇上以叡文承暦

【使用史料】


財団法人陽明文庫編『後法興院記』、陽明叢書第八輯、記録文書篇、思文閣出版。

『後法興院記一』、平成二年四月一日発行。

『後法興院記二』、平成二年九月一日発行。

『後法興院記三』、平成三年二月一日発行。

『後法興院記四』、平成三年十二月一日発行。

竹内理三編『増補　続史料大成』第五～八巻、臨川書店、昭和五十三年八月二十五日発行。

平泉澄校訂『後法興院記一』、『後法興院記二』、『後法興院記三』、『後法興院記四』。


【付記】

本稿は、高橋産業経済研究財団助成「『天地瑞祥志』を中心とした前近代東アジア思想・文化の総合的研究」、日本学術振興会科学研究費補助金（基盤研究（C））「中国古代の陰陽五行―占と科学の成立―」（研究課題番号：16K02157）、（基盤研究（B））「前近代東アジアにおける術数文化の形成と伝播・展開に関する学際的研究」（課題番号：16H03466）、（基盤研究（B））「年号勘文資料の研究基盤の構築」（研究課題番號：

15H03157）による研究成果の一部である。

『天地瑞祥志』の編纂者に関する新しい見方
―日本へ伝来された新羅の天文地理書の一例―

権 悳永
南 知言 訳

Ⅰ. はじめに

日本の尊経閣文庫に『天地瑞祥志』という古書が所蔵されている。この本は、題目からも分かるように、天と地で起きる各種の瑞祥を分類し、項目を立て、人間史に対応させて解釈した、一種の天文地理書である。自然科学が今日のように発達しなかった時代に生きていた古代人は、人間のあらゆる日常生活を自然の様々な現象と結びつけて理解していたため、彼らは天と地で起きる怪現象について多大な関心を持っていた。そのため、過去の自然現象を一目瞭然にまとめ編纂した天文地理書は、今を省みて未来を見通す指針書として、当時、非常に大切に活用された。『天地瑞祥志』もこのような実用的な意図から編纂した天文地理に関する類書の一つなのである。

本稿で考察する『天地瑞祥志』は、我々に多少不慣れな資料である。見聞が狭いせいかもしれないが、この本の全文が韓国にはまだ紹介されたことがないのはもちろん、このような本があったという事実すら広く知られていないと思われる。筆者がこの資料の存在について初めて知ったのは、植民地時代の朝鮮総督府傘下の朝鮮史編修会で編纂した『朝鮮史』第一編第三巻にある、いわば「就利山盟文」を通してであった。当時、筆者は『天地瑞祥志』に新羅文武王と百済扶余隆が就利山で会盟した時の盟文があるのはなぜか程度の単なる好奇心以上の関心は持っていなかった。

ところで、筆者が国史編纂委員会で勤務していた数年前、韓国国内外に散在していた韓国古代史関連の史料を集成し、電算化する方策を講じるように指示を受けた。その基礎的な資料調査を行う過程で、『天地瑞祥志』に関するいくつかの日本学者の論文を読ませていただき、その過程でこの本の性格をより詳しく理解するようになった。その結果、筆者はこの本が唐で編纂されて日本に伝わったという従来の見解に疑問が生じた。つまり、『天地瑞祥志』の編纂者は唐人ではなく新羅人だったかもしれないという疑問であった。だが、この本の全文を見ずに言い切ることはできないため、資料を四方に探していたところ、京都大学人文科学研究所にあるこの本の抄本を入手し、全体を読み通すことができた。[一]『天地瑞祥志』の全文を読み通した後、筆者はこの本の編纂者が新羅人であった可能性に確信が持てた。

本稿は、筆者の考えを具体化したものである。そのため、まず『天地瑞祥志』がどのように伝承・保存されたかという基本的な問題を考え、この本の編纂者薩守真に関して詳しく論証していきたい。さらに、『天地瑞祥志』が編纂された七世紀半ばにおける新羅の国内的状況を考えることで、この本がもつ時代的な意味を追求してみたい。読者のご叱正を請う。

Ⅱ.『天地瑞祥志』の伝承と保存

『天地瑞祥志』は、編纂した当事国といえる韓国もしくは中国に実物が残っていないのはもちろん、その存在を論じた記録すらない。一方、日本では、かつて数冊の書籍目録でこの本の存在を明かした。またこの本の内容を引用しており、その一部が残っている。

日本で『天地瑞祥志』の存在を初めて言及した文献は『日本国見在書目録』である。この目録は、日本最古の漢籍目録で、約八七五―八九一年の間に藤原佐世が当時、日本の宮中で伝えられてきた漢籍を目録化したものである。この目録は『隋書』経籍志の仕組みに従い、漢籍を易家から惣集家に至るまで四十家に分けて署名と巻数、そして必要に応じて編纂者の氏名と簡単な注記をつけたが、『天地瑞祥志』は天文家編に「天地瑞祥志　二十」と編纂者と注記なしに簡単に記載されている。[二]

その後、平安時代の政治家・漢学者であった藤原通憲（一一〇六―一一五九）の蔵書を集録した『通憲入道蔵書目録』で「天地瑞祥志　第十六」から第十六巻の存在が確認できる。[三]たとえ、これまで伝えられてきたこの目録から『天地瑞祥志』第十六巻しか確認することができないとしても、藤原通憲の蔵書に第十六巻しかなかったと言い切ることはできない。この目録は書櫃別に第一巻から第一七〇巻まで番号を振ってまとめたが、その中で欠番が半数を超えるといわれ、[四]ない番号の書櫃に『天地瑞祥志』の残りが含まれている可能性が高いからである。

このように、九世紀後半以降の書籍目録に登場する『天地瑞祥志』は、この時期からその内容の一部は、実際に他の書籍が編纂される場合にも引用されることがあった。この本を最初に引用したのは、『日本三代実録』巻二十九・貞観十八年（八七六）八月六日庚戌条である。[五]『日本三代実録』は、八九二年頃に纂修をはじめ、途中で一時中止されたが、九〇一年に完成した清和、陽成、光孝の三代天皇の史跡を記録した勅撰歴史書である。[六]そのため、『天地瑞祥志』は遅くても『日本三代実録』が編纂された九世紀末頃に当時の有識者の間で広く知られていたといえる。

『日本三代実録』に初めて引用された『天地瑞祥志』はその

後、日本の様々な文献に継続して引用された。[七]『扶桑略記』巻二十四・延長五年（九二七）九月二十九日条をはじめ、『諸道勘文』『朝野群載』『天文変異記』など多くの文献で天文・易道家は各種天文的な現象を『天地瑞祥志』に拠って説明した。さらに、仏家の様々な文献にも『天地瑞祥志』が引用されたという。[八]このように、『天地瑞祥志』は九世紀末以降、『天文要録』と共に日本で最も頻繁に引用された重要な天文地理書であった。

それでは、『天地瑞祥志』はいつ、どの経路を通じて日本に入ったのだろうか。具体的な時点は定かでないが、この本が編纂された麟徳三年（六六六）から『日本三代実録』に初めて引用され、『日本国見在書目録』に記録された八七〇年代あるいは八八〇年代の間に日本に伝来されたことは確かである。この時期の日本は、随時遣唐使と遣新羅使、そして求法僧と学問僧を唐や新羅に送り、両国の文物を受け入れた。そして、唐や新羅からも日本へ使節団を派遣し、両国の僧侶と商人が日本を往来した。とりわけ、九世紀以降から唐や新羅の私商が活発に行われ、あらゆる物を日本に持ち込んで日本人と交易を行った。このように、八、九世紀に唐・新羅・日本の間では従来はみられなかった公私の人的往来が頻繁に行われた。『天地瑞祥志』は、彼らの手によって日本に伝えられたはずだが、彼らが使節団であったか留学僧であったか、それとも商人であったかは具体的に分からない。

とにかく八、九世紀頃、唐あるいは新羅と日本を往来していたある人によって日本に伝えられた『天地瑞祥志』は、そもそも宮中書庫に保管されていた。『日本国見在書目録』の末尾に書かれている「書見在書目録後」によれば、貞観乙未年すなわち貞観十七年（八七五）に宮中の秘閣冷泉院に火災が起きて多くの典籍が燃えてしまい、この目録を作ることになったという。[九]この記録が事実であれば、『日本国見在書目録』に記された書目は冷泉院火災の際、勿怪の幸いに燃えなかった書籍があったわけで、この目録に含まれている『天地瑞祥志』は八七五年以前からは日本宮中の図書館に秘蔵されてきた典籍といえる。

言い換えれば、冷泉院での火災で燃えなかった書籍の目録作成は『天地瑞祥志』が世の中に知られるきっかけになったとみられる。平安、室町時代における日本で代表的な漢籍天文地理書は『天文要録』と『天地瑞祥志』であった。[一〇]これらは六六四年と六六六年にそれぞれ編纂されたにもかかわらず、その内容の一部が初めて引用されたのは、偶然にもいずれも貞観十八年七月条[一一]と八月条の『日本三代実録』である。編纂されて二〇〇年が過ぎたこの典籍が『日本三代実録』に同時に引用されたというのは、この時に至ってこの本が日本に初めて伝来されたからではなく、宮中書庫の奥に隠れていた本の存在が注目されなかったが、冷泉院火災を機に世の中に紹介されたからではないかと思う。

以上の推論によれば、『天地瑞祥志』は九世紀末よりもそれ以前に日本へ伝来され、宮中の書庫で注目されずに保管されていたが、八七五年、冷泉院での火災の後残存書籍の目録を作る中で『天文要録』と共に世の中に知られた後、重要な天文地理書として脚光を浴びるようになったといえる。このことから『日本国見在書目録』を作成する際『天地瑞祥志』は欠本のない完本として、新羅または唐から輸入された元本がそのまま保存されていた可能性があると推定できる。

その後、この本の数多くの写本が流通したようだが、藤原通憲の蔵書に含まれていた『天地瑞祥志』第十六巻はその一つであったといえる。また、伝承の過程で欠本が生じ、今は全体二十巻の中で半分に満たない九巻しか残っていない。[一二]つまり、第一、七、十二、十四、十六、十七、十八、十九、二十巻がそれである。だが、幸いに第一巻の「明目録」項に二十巻全体の目次が記されており、『天地瑞祥志』全体の構成を概ね知ることができる。[一三]

これまで伝えられてきた写本は、江戸時代に土御門家つまり、古来から天文と暦・陰陽などを家業としてきた安倍家で筆写した古本を底本として一六八六年に転写したもので[一四]、現在、日本の尊経閣文庫に保管されている。そして、一九三二年東方文化学院京都研究所で尊経閣本を模写した草本を作ったが、それは現在、京都大学人文科学研究所が所蔵している。筆者が閲覧したのはその京都大学人文科学研究所に保管された草本である。

Ⅲ．編纂者「薩守真」の実態

（1）従来の見方

『天地瑞祥志』の編纂者に対する従来の見方は、一言で言うと「唐人薩守真が編纂した」というものである。これは、現在、疑いの余地のない確固たる事実として受け止められている。九世紀末、この本の存在を初めて記録した『日本国見在書目録』で明らかにしなかった『天地瑞祥志』の編纂者を唐人と初めて述べたのは一九三三年、服部宇之吉が書いた『佚存書目』である。つまり、この目録（巻三）子部によると、『天地瑞祥志』の残本はその著者名が書かれておらず著者が誰かわからないが、それが『日本国見在書目録』に記されているため、この本はおそらく唐人が編纂したものと書いている。[一五]

しかしながら、『佚存書目』の説明には問題がある。まず、『天地瑞祥志』巻一の初頭にある啓文には、この本が完成した時期は麟徳三年（六六六）で、編纂者名は薩守真と明らかに記されているにもかかわらず、『佚存書目』の著者は『天地瑞祥志』の序章も見なかったのか、この本を著者不明と処理する誤りを犯した。

さらに、『天地瑞祥志』が『日本国見在書目録』に含まれているという理由だけでその著者を唐人と決め込んだのも必ずしも正しいとはいえない。『日本国見在書目録』に収録した典籍のほとんどが中国の書籍だったのは間違いないが、例外なくすべてを中国人が著述したわけではない。例えば、渤海人高峻が中国の五帝から唐初期までの歴史を叙述した『小史』

五十巻が『日本国見在書目録』第十三雑史家に載せられており、[一六]同書第十六旧事家にある『具員故事』十巻については冷泉院の鳳閣舎人戴言が書いたという。[一七]このように、『日本国見在書目録』には、中国人以外の著述者による書籍が載せられているにもかかわらず、『佚存書目』の著者は『天地瑞祥志』が『日本国見在書目録』に記録されているという事実だけでこの本の著者を唐人と推定した。

　このもろい主張は今もその命脈を維持している。一九六三年に発刊した『京都大学人文科学研究所　漢籍分類目録』には、この本を唐の薩守真が述したものとし、[一八]一九六八年と一九七二年にそれぞれ発表された中村璋八と太田晶二郎の論文[一九]でも詳細の差はあるものの、薩守真が唐人だったということについては軌を一にしている。この中でより詳しく、精密に考察した太田晶二郎の論文をみると、『天地瑞祥志』の成立過程について巻一にある薩守真の啓文に基づき、唐高宗麟徳三年に天文と暦数を担当していた唐の大史薩守真が皇太子の令旨を承り編纂したものと説明している。特に、編纂者薩守真については、唐初期に太史丞と太史令を歴任した後、紫府観の清台で天文を観察し、災いや瑞祥を申し奉った薛頤家門の人だと考えた。そして、薩守真に『天地瑞祥志』を編纂するように命じたのは唐高宗の五男で、武則天の実子、当時の太子李弘だと推定した。[二〇]

　このような諸説をまとめて小坂眞二は『国史大辞典』の「天地瑞祥志」項で「薩守真が高宗乾封元年（六六六）に太子（弘）の令旨によって撰進した」[二一]とし、この本の編纂者が「唐人薩守真」であることをより確固たるものに位置づけた。

（2）新しい解釈

　『天地瑞祥志』の編纂者薩守真は、果たして唐人であったのだろうか。結論から言うと、薩守真が唐人だといえるいかなる根拠もないので、彼を唐人と言い切ることはできない。先述したように、薩守真を初めて唐人と推定した『佚存書目』での根拠は単に『天地瑞祥志』が『日本国見在書目録』に収録されているという一つの理由からであった。しかし、この事実が薩守真が唐人と理解する上で十分な根拠になり得ないのは言うまでもない。その後、日本で発刊された古書目録類と論文、そして日本の歴史辞典などでもいかなる根拠もないのに、『佚存書目』に従って薩守真を唐人と見なした。

　ところが、『天地瑞祥志』巻一にある啓文を詳しくみると、この本の編纂者薩守真の国籍が唐というところには疑問の余地がある。まず、啓文の末尾に記された記述年代すなわち「麟徳三年四月」という表現に関するものである。麟徳という年号は、唐高宗が六六三年十二月庚子に従来の龍朔から変えた年号で、これは六六六年正月に泰山で執り行われた封禅儀式を記念するための新しい年号乾封が制定されることで廃止となった。[二二]その時が麟徳三年（六六六）正月であった。そのため、『天地瑞祥志』に記された「麟徳三年四月」は存在するわけがない。それにもかかわらず、薩守真がこの本で麟徳三年四月と示したのは年号が麟徳から乾封に変更されて三ヶ月が過ぎるまでその事実を知らなかったためであろう。それでは、薩守真は比較的に唐の事情に明るくない人だといえる。

一方、先述した啓文によると、薩守真は皇帝ではなく「王級」に当たるある人の命を受けてこの本を書いたものとみられる。唐制で「啓」は下官が上官に捧げる文書の一種で、特に『文苑英華』に載せられた啓文の中で「臣某啓」という言葉で始まる文章は官人が皇太子に捧げる際に使われた書き方だったという。（一三）「臣某啓」の表現が皇太子に捧げる文章の書き方であるならば、これと同級の王侯にも同じ書き方を使ったはずである。しかしながら、『天地瑞祥志』の啓文は「臣守真啓」云々とし、また後半部には「大王殿下」云々と語られているので、この本はいわば皇帝ではなく皇太子または王侯に捧げる文章であったことがわかる。

そのため、従来は薩守真が唐人だったという先入観をもって当時の太子であった李弘が『天地瑞祥志』の編纂を命じたものとみられた。（一四）ただ、ここには論理的な矛盾がある。『天地瑞祥志』の編纂を命じた人が太子李弘であろうが、それとも国内のある王であろうが、彼らは唐の中央で起きていたことを詳細に知っていたはずである。それにもかかわらず、彼の命を受けて編纂した『天地瑞祥志』には年号が変わったことすら気付けず、既に廃止となった年号を堂々と使っているのは理解し難い。

したがって、『天地瑞祥志』の序文でこのように年号を書き間違えたのは、この本の編纂者薩守真が唐と距離的に相当離れており、唐の中央と頻繁な交流が行われていなかったある場所、あるいはある国に住んでいたため、年号が変わったことに気付くことができなかったと思う。

新羅では、そのような場合が何度もあった。八七五年十一月、唐で年号を「乾符」に変えたが、新羅はその翌年二月二十二日になってようやく乾符の年号を使い始めた。また、八八一年七月、唐で年号を「中和」に変えたが、新羅では十ヶ月後の翌年五月二十五日にその事実に気付き中和を使い始めた。さらに、八八五年三月唐で新しく制定した年号「光啓」に対して新羅はなんと一年三ヶ月が過ぎた翌年六月にそれを襲用した。（一五）そうだとすれば、この本の編纂者薩守真は唐の周辺国の人である可能性もあり、著述を命じた人も唐の中にいた皇太子または王ではなく、唐の外にいた、いわば「藩国王」である可能性が高いといえる。

二番目の疑問は、『天地瑞祥志』がどうして『旧唐書』経籍志と『新唐書』芸文志に載せられていないのか、という点である。もちろん、唐で記述されたすべての書籍を欠かさず両唐書の経籍志または芸文志に収録することはできなかった。だが、『天地瑞祥志』は薩守真の個人的な観点から書いたものではなく、いわば「王級」にあたる人物の「令旨」を承って書いた書籍であるため、決して気軽に扱われる書籍ではなかったはずである。さらに、従来の見方通りに、この本が高宗の太子李弘の命によって編纂されたのであれば、当然に両唐書経籍志または芸文志に収録されたであろう。

しかし、両唐書はもちろん中国のいかなる文献でもこの本の名前を見つけることができない。その理由は、薩守真に令旨を下した人が太子李弘をはじめとする唐の王ではなく、唐室とは距離のある王であったため、唐の知識人の間で注目されることがなかったのではないかと思われる。その見方からすると、薩守真の国籍に関しても再考の余地はあるといえる。このように、『天地瑞祥志』の編纂者薩守真は唐人でない可能性が大きいのである。

以上のように、薩守真が唐人ではないとすれば、新羅人である可能性はないだろうか。そのような可能性は十分にある。先述したように、薩守真は三ヶ月が過ぎても唐の年号が変わったことに気付いていなかった。新羅は真徳女王四年から新羅固有の年号を捨て、唐の年号を使い始めた[二六]。唐で年号が変わると新羅は唐に遣唐使を送ってその事実を聞いてから年号を変えた。ところで、唐で麟徳の年号を乾封に変えた時期の前後に入唐した新羅の遣唐使は金仁問であった。六六五年、熊津就利山で扶餘隆と盟約を結んだ後、直ちに薛仁貴と共に同年十月頃に入唐した金仁問は、翌年正月に唐高宗の泰山封禅儀式に直接参加した人物で、年号改正を知ったに違いない。しかし、金仁問はそれより二年後の文武王八年（六六八）に帰国した。たとえ金仁問と共に入唐した残りの使節団が先に帰国し、年号が変更された事実を新羅に報告したとしても、唐と新羅を行き来するのにかかる期間を考えれば、その時期は早くても二、三ヶ月後の六六六年三月、四月頃になったと思われる[二七]。薩守真が『天地瑞祥志』で既に廃止となった年号を書かざるを得なかったのは、上のような理由があったからではないかと思う。

次に、薩守真が新羅人であったことを暗示するのはこの本の巻第二十に書かれたいわば「就利山盟約文」に付いた細注である。薩守真は『天地瑞祥志』に多くの細注を付けて読者に分かりやすく説明している。彼は、細注によって本文の内容を補うか、前提を明かし、半切として文字の発音を表記した。必要な場合は「守曰」にして自分の見解を述べることもあった。

その中で、就利山の地名を考証した細注の一節がある。つまり、「就利山は百済の地である。盟約を結んだことにより乱山を就利山と呼んだが、只馬縣にある」[二八]とした。薩守真が新羅人でなければ中国の東の小さい国にある就利山についてこのように詳しく説明することができるだろうか。さらに、中国の古典と古事がずらりと綴られているこの本で中国以外の事実として新羅と百済が結んだ就利山盟約文を唯一選択して収録したのも意義深いことであろう。

それでは、果たして新羅に薩守真という人物が存在していたのであろうか。『三国史記』（巻七）によると、新羅文武王十四年（六七四）九月に王が霊妙寺の前で軍隊を査閲し、阿湌薛秀眞の六陣兵法を観覧したという[二九]。六陣兵法は、唐高祖時代の武将である李靖が諸葛亮の八陣法に基づいて作った兵法である[三〇]。そのため、薩守真はかつて唐に留学し、六陣兵法を身につけ、六七四年の以前に帰国したのではないかと思われる。

一方、先述した本（巻四十六）列伝・強首伝の末尾には『新羅古記』を引用し、新羅で文章が優れている人物として強首・帝文・良図・風訓・骨沓などと共に「守真」に言及している[三一]。この中で、活動がある程度知られている強首、良図、風訓はいずれも七世紀半ばに主に活動していた人物であった。そのため、守真を含めた帝文と骨沓もその頃生きていた人物であろう。漢文を書いていた当時の新羅における文章の水準はそれほど高くなかった。武烈王が即位した際、唐から届いた詔書を滞りなく即時に解釈できる者が新羅朝廷では珍しいほどであった[三二]。新羅の代表的な文章家といえる崔致遠・崔彦撝・崔承祐など、いわば新羅の「三崔」のように漢文文章に優れている者はほとんどが唐に渡って留学した渡唐留学生出身であった。『三国史記』列伝・強首伝の末尾に取り上げられた人物の中でも良図と風訓は唐に留学生あるいは遣唐使として唐へ数回に渡って往来していた人物である。そのため、文章家守真も渡唐留学生あるいは遣唐使として唐を往来した経験があった人だったと思われる。

以上のように、六陣兵法を新羅に紹介した薛秀眞と文章家薩守真は「秀」と「守」の文字は違うが、韓国語の発音が同じで活動の時期も重なる上に、二人とも唐で勉強した経験のある人と推定されることから、二人を同一人物と考えても大きな無理はないだろう[三三]。つまり、その人物の名前は「秀真」または「守真」で、かつて唐に渡って文章と兵法を勉強してから帰国し、文武王時代に主に活動していたといえる。

一方、その人物の苗字「薛」は、古代の日本と韓国で「薩」とも表記されていた。『三国史記』（巻四十七）列伝・薛罽頭伝で「薛一木作薩」と言い、薛と薩を通用していたことがわかる。そして、日本では、元暁の孫で薛聡の息子である薛仲業を『続日本紀』（巻三十六）宝亀十一年（七八〇）正月に薩仲業と書いた例がある[三四]。さらに、『天地瑞祥志』の中でも薛を薩に表記した例が所々ある。例えば、中国呉（三国時代）の孫権の下で五官中郎と太子少保を歴任した薛綜の「薛」を「薩」と類似した文字で表記し[三五]、漢の成帝時代に御史大夫や丞相を歴任した薛宣を薩宣と書いておいた[三六]。「薛」を「薩」に書いたのが編纂当時からそうであったのか、それとも日本で数回にわたって書き写す過程で起きた変形なのかは定かでないが、この本に書かれた「薩」は「薛」の誤記であるといえる。

以上の論証から、『天地瑞祥志』の編纂者薩守真はすなわち薛守眞であったことがわかる。そして、この本の著者である薩守真は文武王十四年（六七四）に文武王の前で六陣兵法を披露し、また当時文章家としても名を馳せていた新羅の薛守（秀）眞と同一人物である可能性が非常に高い[三七]。つまり、先述したように新羅の薛秀眞は、唐に渡って兵法と文章を磨き、六七四年の前に帰国したと推定される。また、『天地瑞祥志』の編纂者薩守真と苗字と名前、さらに活動時期も同一で、学問分野も類似しているということから、同一人物であるという事実を見出すことができる。『天地瑞祥志』の編纂者薩守真が新羅の薛秀眞だという以上の論理によれば、この本の序文で明かしたように、彼に著述を命じた、言わば「大王殿下」は文武王であったといえる。

薛秀眞が文武王の命を受けて『天地瑞祥志』を著述したとしても、彼が新羅に戻ってから著述に取り掛かってこの本を完成したとは考えられない。『天地瑞祥志』には中国の各種緯書、天文書、易書、地理書、礼書、兵書など膨大な量の書物を引用[三八]し、さらに爾雅や瑞応図などを基にして事物の形を絵に描いたところもある。当時、新羅では、このように様々な資料を収集することができなかったとみられる。そのため、薛秀眞は唐に留学する間、個人的な学問への関心により、天文地理書の編纂作業を始めてほぼ仕上げてから帰国し、新羅で最終的に完成したと考えられる。

新羅の渡唐留学生らが唐で研究・著述したものを本国に帰国する際に持ち込んできて修正・補充した後、完成して王に捧げた例は新羅末の文士崔致遠の場合からもみることができる。崔致遠は、景文王八年（八六八）に唐に渡り、八七四年に唐の賓貢科に及第した後、数年間宣州溧水縣尉に赴任した。その後、八八〇年には黄巣の乱を征圧する総司令官を務めた。また、淮南節度使の幕下で従事官として勤めながら有名な「檄黄巣書」のような檄書をはじめとする各種表文と状啓および詩文を代作または著述するなど、唐で生活した十七年間多くの文章を書いた。八八五年に帰国した後、彼は直ちに在唐時代の文章を主に集め、『桂苑筆耕集』二十巻、『中山覆簣集』五巻、『今体賦』一巻、『五言七言今体詩』一巻、『雑詩賦』一巻など計二十八巻の詩文集としてまとめ、憲康王に進上した。[三九]

その中で、『桂苑筆耕集』は、崔致遠が高駢の従事官として勤めていた時代の著作物が主に入っており、それに新羅へ帰国する途中に書いた詩文を加えてまとめたものである。『中山覆簣集』は溧水縣尉として勤めていた時代の所作であり、詩賦集三巻は彼が唐の東都にいた当時の作品をまとめたものである。[四〇]このような崔致遠の場合と同様に、薩守真の『天地瑞祥志』も彼が唐に滞在した当時に収集・編纂した内容を帰国後に整理・完成して文武王に進上したものとみても大きな間違いはないだろう。ともかく、『三国史記』（巻四十六）列伝・強首伝に引用された『新羅古記』で彼を文章家と称したのは『天地瑞祥志』の著述を説明する言葉なのかもしれない。

Ⅳ．『天地瑞祥志』編纂の時代的背景

古代中国の政治理論の中で「天人相関説」というものがある。この理論によると、統治者は天から百姓の統治を委任された者であるため、為政者が行う政治の善悪によって天から各種の瑞祥あるいは災異現象が起こって為政者に対する評価をするが、その為政者は天文地理の観測を通じてこのような表徴を見抜き、それを警戒しながら天の志に適合した政治を行う

べきだというのが大まかな天人相関論の内容である。この思想は、東西古今を問わず普遍的に広がっていた天に対する素朴な信仰に基づいているが、中国では漢代にすでに一つの政治理論として整備され、その効用は清末期まで続いたという[四一]。

その他の文物制度がそうであるように、中国のこうした天人相関説は東洋の各国に伝播・受容された。新羅も例外でなかった。炤知麻立干十四年（四九二）の春と夏に干ばつが起き、王は自らを責めて平常時に食べていたおかずの数を減らした。真平王七年（五八五）春三月にやはり干ばつが起きたので真平王は王殿に居ることを避け、おかずの数を減らしただけでなく、南堂に出向いて罪人の情状を酌量したという記録がそのような事実を裏付ける。そして、『三国史記』本記の内容の中で天災地変に関する記事が全体の二七・四％も占めるという事実は[四二]、新羅を含めた古代韓国人にとって天命観といえる天人相関意識をどれだけ重視していたかを暗示している。

政治的な側面での天人相関説は相いれない二つの機能が同時に入っている。つまり、この思想は、災異現象に対する解釈によって易姓革命や非常識的な王位交代を正当化する理論であり、瑞祥に対する解釈を通じて王朝または王自身の権威を強化する役割も果たした。真骨としては初めて国人に推戴され真徳王に次ぎ王位を獲得した太宗武烈王にとって天人相関論は真骨王室の正当性の確保という面でこの上ない理論的な武器であったと思われる。善徳王と真徳王代には一件も見られなかった白い鹿あるいは白い鳥の出現のような瑞祥が武烈王代初期に随時現れたということからも[四三]、新羅中期王朝の開創初期に天人相関論を政治に利用したのではないかと思われる。

天人相関説を政治に活用するための第一の課題は天文地理に対する観測である。中国では、かつてから太子を置き、天と地で起きるあらゆる現象を観測・記録していたが、新羅ではいつから独自的な観測を行ったか具体的には知られていない。『三国史記』に記録された日食記事を分析した論者によれば、日食観測に限り、七世紀以前には新羅で独自の天文観測が行われなかったが、七世紀半ば以降になると独自の天文観測が行われたという[四四]。善徳王十六年（六四七）に建てられた瞻星台は七世紀半ば以降、新羅で独自的に天文を観測していたことを証明する実物資料である[四五]。

先述したように、天人相関説の要諦は為政者が治める社会の様相によって天からあらゆる現象が現れるということであるため、天文地理の観測による瑞祥と災異に関する資料の集録だけでは大きな意味をもたない。むしろそうした現象をいかに解釈し、受け止めるかというところがより重要だ。ただし、瑞祥あるいは災異による天の意をきちんと解釈するためには、長期間にわたって観測された各種の天文現象と、それに対応する生活像に関する記録を集める必要があった。言い換えれば、為政者があることを行う場合、やはり天地からもある現象が起こったかどうかを帰納的に解釈しなければならない。しかし、新羅は天文観測や歴史記録に富んでいなかった。一方、天人相関説の発祥地である中国には先秦時代から記録が残っており、新羅は天文現象に対する解釈を中国から学び、またそれを適用せざるを得なかったであろう。

七世紀半ばは、まさに新羅が唐の文化を本格的に習得・輸入しようとしていた時期であった。善徳王九年（六四〇）に初めて唐に宿衛学生を派遣し、引き続き真徳王三年に唐の正朔を奉ずることで、唐の年号を使った。また、金春秋の親唐政策によって唐の衣冠制と賀正礼などを襲用することで社会全般にわたって唐の制度と文物が移植された。こうした時代的背景の下で、新羅は天文と暦法に対する関心が高まり、あらゆる天文書籍が遣唐使あるいは遣唐留学生を通じて唐から輸入されたり、まとめられたりしたのであろう。唐に渡って宿衛していた徳福が文武王十四年（六七四）に唐から暦術を学び、新たな暦法に改めて使ったのが一つの例である。(四六)

一方、六六〇年代の新羅は国内外的に闘争と葛藤の時期であった。武烈王七年（六六〇）に新羅は唐と連合を結び百済の王室を滅亡させたが、唐に操られる新たな百済国が復活することで、文武王時代には百済との闘争が続いた。また、百済の故土をめぐって羅唐間で目に見えない葛藤が続いた。のみならず、数十年間の戦争で民心は荒廃化し、羅済両国は反目と嫉視が深まった。(四七)闘争と葛藤、嫉視と反目が蔓延る社会を統合し癒すために、文武王は天の威力つまり瑞祥が現れる諸現象に頼らざるを得なかったであろう。そのような努力の一環として、薩守真が『天地瑞祥志』を編纂するようになったのではないだろうか。

V．最後に

『天地瑞祥志』の編纂者薩守真が唐人であったという考えに対して誰も疑いを示してこなかった。しかし、この本の伝承と目録化過程を詳細に観察すると、そもそも不明な著者の国籍がある時点から唐人に定着してしまったという事実に気付くことができる。本稿では、その始末を追及して『天地瑞祥志』の著者薩守真が新羅人であったということを論証した。

六六六年に薩守真が編纂した『天地瑞祥志』は八、九世紀頃、日本に伝来されて以来宮中で保管してきたが、九世紀末『日本国見在書目録』の作成過程で世に知られた後、『日本三代実録』を筆頭に日本の平安・室町時代の各種書籍でしばしば引用されてきた重要な天文地理書となった。そもそも全体二十巻で構成されたが、伝承過程で散逸し、現在は九巻のみが残っている。

この本を保存してきた日本では、『天地瑞祥志』が唐人によって編纂され、唐から輸入されたということを当然視し、各種古書の目録、研究論文、そして日本の歴史辞典に無批判的に編纂者薩守真を唐人に見なしてきた。しかし、薩守真が唐人であったことを裏付けるいかなる根拠もない。『天地瑞祥志』の序文とその内容を詳しくみると、薩守真は唐人というよりは新羅人であった可能性を暗示する部分が目立つ。すでに廃止となった「麟徳」という年号を三ヶ月が過ぎて気付き、それまでは以前の年号を使い続けた。また、百済の就利山について中国人としては書けないほど詳細にその地名を考証した点、さらに中国周辺国の事実としては唯一新羅文武王と百済扶餘隆との就利山盟文を収録した点がそれである。

さらに、新羅には文武王時代に薛守（秀）眞という人物が存在していた。彼はかつて唐で留学した後、帰国してから文武王の前で六陣兵法を披露し、強首・良図・風訓などと共に当時は文章家としても有名であった。一方、古代韓国と日本では「薛」を「薩」に表記する傾向があったため、『天地瑞祥志』の編纂者薩守真はすなわち薛守眞であったといえる。

このように、新羅の薛守眞と『天地瑞祥志』の編纂者薩守真は同じ名前と苗字を使っており、彼の活動時期が七世紀半ばであることから、二人の活動時期が重なる。また、学問的な関心分野もやはり天文と兵法、そして文章家という点から類似性がある。そのため、現在日本に残っている『天地瑞祥志』の編纂者薩守真は、新羅人薛守眞であり、この本の編纂を命じた人は新羅文武王で、この本は新羅から日本へ伝来されたものと推定することができる。

一方、七世紀半ばは、唐の年号をはじめ、様々な文物制度が新羅に本格的に流入された時期であり、聖骨から真骨へと王位交代が行われた新羅中期王室の基盤が比較的に脆弱な時期であった。

《注》

（一）『天地瑞祥志』の抄本マイクロフィルムを提供していただいた京都大学人文科学研究所の水野直樹先生に論文にて感謝の意を伝える。

（二）本稿では、『続群書類従』巻第八八四雑部三四に収録された活字本『日本国見在書目録』を参考した。

（三）この目録の現存本は、日本宮内庁書陵部に所蔵されている伏見宮本と内閣文庫に所蔵されている近世に関するいくつかの写本がある。本稿は、『群書類従』巻第四九五雑部に収録された活字本に基づいて作成した。

（四）吉村茂樹「通憲入道蔵書目録についての疑問」（『史学雑誌』三九―一〇、一九二八年）一〇〇頁。

（五）「日入之時、赤雲八条起自東方直指西方、広殆及意天。瑞祥志曰、天気峙時、山川出雲。占云赤気如大道一条、若至三四条者大赦、人民安楽。」

（六）坂本太郎『六国史』（吉川弘文館、一九七〇年）二〇八―三〇七頁。

（七）「九月二十九日夜、黒雲三四尺東西亘天。大江維時云、天地瑞祥志曰、黒雲三四尺亘天、春必有喪、云云。」

（八）日本の平安・室町時代に『天地瑞祥志』が引用された具体的の書目に関しては、太田晶二郎「天地瑞祥志略説―附けたり、所引の唐令佚文―」（『東京大学史料編纂所報』七、一九七二年）一―一五頁参照。

（九）「按史　先是貞観乙未　冷泉院火　図書蕩然　蓋此目所因而作而所以有現在之称也。」冷泉院はすなわち、冷然院であり、冷然院に火災が起き、秘閣に所蔵されていた図書が焼失した事実は

『日本三代実録』巻二十七・貞観十七年正月二十八日壬子条に詳細に書いてある。

(一〇) 太田晶二郎「天地瑞祥志略説―附けたり、所引の唐令佚文―」(『東京大学史料編纂所報』七、一九七二年) 一頁で『尺素往来』の記事を引用し、このような事実を強調した。

(一一)「天文要録瑞祥図曰、非気非煙、五色粉縕、是謂卿雲。亦謂景雲也。占曰、王者之徳至山陵則景雲出。又曰、天子孝則景雲見。」(『日本三代実録』巻二十九・貞観十八年七月二十七日壬寅条)

(一二) 残りの十一巻がいつ無くなったのかは具体的にわからないが、現在尊経閣本の元表紙に各巻ごとに「九冊内」というメモがあることから、残りの十一巻は遅くても尊経閣本を転写した一六八六年以前にすでに逸失したと推定できる。

(一三)「明目録」項によると、この本の全体の目録は中村璋八「天地瑞祥志について―附引書索引―」(『漢魏文化』七、一九六八年) 八七―八九頁にまとめられている。

(一四) 太田晶二郎、同上 (注一〇)、二―三頁。

(一五) 太田晶二郎、同上 (注一〇)、九頁。

(一六)「小史　五十巻　渤海高峻撰　起五帝訖唐初。」

(一七)「具員故事　十巻　冷泉院鳳閣舎人戴言撰。」

(一八)『京都大学人文科学研究所　漢籍分類目録』子部第八・術数類二・占候之属。

(一九) 中村璋八「天地瑞祥志について―附引書索引―」(『漢魏文化』七、一九六八年) 七四―九一頁、太田晶二郎、同上 (注一〇) 一―一五頁。

(二〇) 太田晶二郎、同上 (注一〇)、三頁。

(二一) 国史大辞典編纂委員会編『国史大辞典』巻九 (吉川弘文館、一九八八年) 九八三頁。

(二二)『旧唐書』巻五、高宗 (下) 麟徳三年正月条。『新唐書』巻三、高宗乾封元年正月条。

(二三) 石井正敏「古代東アジアの外交と文書―日本と新羅・渤海の例を中心に―」(『アジアなかの日本史 (Ⅱ外交と戦争)』、東京大出版会、一九九二年) 三二六頁。

(二四) 太田晶二郎、同上 (注一〇)、三頁。

(二五)『三国史記』巻三十一、年表 (下) 新羅憲康王元年条および同王八年条、定康王元年条。

(二六)『三国史記』巻五、真徳王四年条。

(二七) 権悳永『古代韓中外交史―遣唐使研究―』(一潮閣、一九九七年) 二一四―二三一頁。

(二八)「就利山百済地也、由盟改乱山為就利山、在只馬縣也。」

(二九)『三国史記』巻七、文武王十四年九月条。

(三〇) 李丙燾『国訳　三国史記』(乙酉文化社、一九九三年) 一二三頁。

(三一)「新羅古記曰、文章則強首帝文守真良図風訓骨沓、帝文己下事逸、不得立博。」

(三二)『三国史記』巻四十六、列伝・強首伝。

(三三) 鄭求福外『訳注　三国史記 (三) 注釈編 (上)』(韓国精神文化研究院、一九九七年) 二三六頁でも文章家守真を兵法家薛秀真と同一人物としてとらえている。

(三四)「壬申、授新羅使薩飡金蘭蓀正五品上、副使級飡金岩正五品下、大判官韓奈麻薩仲業、少判官奈麻金貞楽、大通事韓奈麻金蘇忠三人、各従五品下。自外六品己下各有差。並賜当色幷履。」

(三五)『天地瑞祥志』巻十八・鳥条。一方、この本の転写者は「薛綜」

の「薛」を「薩」と似たように転写した後、その文字が「孽」なのかと思い、文字にメモをしておいた。

(三六)『天地瑞祥志』巻十八、鶘条。

(三七)この可能性に対しては疑わしいところがないとはいえない。『天地瑞祥志』の序文で、当時薩守真の官職が大史であったといわれるが、これまでの研究成果からすると、新羅に大史の官職があったという証拠がないからである。この点に関し、たとえ新羅に大史がなかったといっても、新羅後期の崔致遠など渡唐留学生の例からわかるように、薩守真が唐に滞在していたころの官職を新羅に入ってそのまま襲用した可能性もある。それとも、新羅にすでに大史の官職が設けられ、天文と暦法を司っていたかもしれない。

(三八)中村璋八、同上(注一九)、一九九九年、七四—八七頁に『天地瑞祥志』から引用した典籍で索引を作っている。

(三九)「淮南入本国兼送詔書等使、前都統巡官承務郎侍御史内供奉、賜紫金魚袋、臣崔致遠、所進著雑詩賦及表奏集二十八巻、具録如後、私試今体賦、五首一巻、五言七言今体詩、共一百首一巻、雑詩賦、共三十首一巻、中山覆簣集、一部五巻、桂苑筆耕集、一部二十巻。」(崔致遠、『桂苑筆耕集』序)

(四〇)「尋以浪跡東都、筆作飯囊、遂有賦五首、詩一百首、雑詩賦三十首、共成三編、爾後調授宣州溧水縣尉、禄厚官閒、飽食終日、仕優則学、免擲寸陰、公私所為、有集五巻、益励為山之志、爰表覆簣之名、地号中山、遂冠其首、及罷微秩、従職淮南、蒙高侍中専委筆硯、軍書輻至、竭力抵當、四年用心、萬有余首、然淘之汰之、十無一二、敢比披沙見宝、粗勝毀瓦画墁、遂勒成桂苑筆耕集二十巻。」(崔致遠、『桂苑筆耕集』序)

(四一)小島毅「宋代天譴論の政治理論」(『東洋文化研究所紀要』一〇七、一九八八年)一—七頁。

(四二)申瀅植『三国史記研究』(一潮閣、一九八一年)一八四—二〇九頁。

(四三)『三国史記』巻五によると、太宗武烈王二年(六六五)十月に牛首州で白い鹿を捧げ、屈弗部で頭が一つ、体が二つ、足が八つの白い豚を捧げ、同王六年九月には何瑟羅州で白い鳥を捧げたなどがそれである。

(四四)金容雲・金容局『韓国数学史』(悦話堂、一九七七年)三八—三九頁。朴聖來、一九七七年、Portentography in Korea、*Journal of Social and Humanities No. 46*、五三—七一頁。

(四五)瞻星台は実際に観測向けで築造・使用されたわけではなく、周髀算経の内容を総合的に反映する象徴的な塔あるいは仏教の宇宙観である須弥山の形で作られた祭壇などという説がある。これに対し、南天祐教授は、「瞻星台に関する諸説の検討—金容雲、李龍範、両氏の説を中心に—」(『歴史学報』六四、一九七四年、一一五—一三六頁)という論文で、瞻星台が観測用ではなかったという学説を批判し、それは実際に天文観測向けの建物であったことを主張した。

(四六)「十四年春正月、入唐宿衛大奈麻徳福、傳学暦術還、改用新暦法。」(『三国史記』巻七、文武王十四年)

(四七)文武王三年(六六三)、唐から羅済間盟約を結び和親するように求めたことに対して新羅は「百済は狡賢く、詐術を弄し、言を左右にするので、今はたとえ盟約を結ぶといっても、後日必ずへそをかみしめる心配事が生じるだろう」として拒絶した事実が文武王十一年に薛仁貴に送った文武王の答申に書かれている。このような事実は、六六年代初、羅済間の反目と不信がいかに深かったものかを示している。

《編者注》

本稿は、『白山学報』第五二号（一九九九年）に発表された論文を翻訳したものである。そのため、注に挙げられた論文については、論文集所収以前の文献が挙がっているものもある。注に挙げられた『天地瑞祥志』に関する中村璋八論文は同『日本陰陽道書の研究　増補版』（汲古書院、二〇〇〇年）、太田晶二郎論文は『太田晶二郎著作集』第一冊（吉川弘文館、一九九一年）、注（二三）の石井正敏論文は同『日本渤海関係史の研究』（吉川弘文館、二〇〇一年）所収である。

『稀見唐代天文史料三種』前言（二、『天地瑞祥志』）

游 自勇
洲脇 武志 訳

『天文要録』と同様に、『天地瑞祥志』は我が国の古今の図書目録には全く著録されておらず、ただ『日本国見在書目録』卅四「天文家」の中に「天地瑞祥志廿」と著録され、『通憲入道蔵書目録』第一百七十櫃「月令部」にも『天地瑞祥志』が記載されている。本書の現存する最古の本は前田育徳会尊経閣文庫所蔵の貞享三（一六八六）年鈔本で、『天文要録』と同時に書写され、その藍本は陰陽道家の土御門家の所蔵である。京都大学人文科学研究所に所蔵される昭和七（一九三二）年の鈔本は、尊経閣文庫本の写しである。京大人文研鈔本の文字配列と行数は全て尊経閣本と同じく、後者の誤っている箇所も同じように書写しているが、ただいくらかの誤っている箇所に対しては朱色で紙を貼って訂正している。この他にも、金沢市立玉川図書館に加越能文庫に文化七（一八一〇）年鈔本が所蔵されているが、ただ『天文要録』・『六関記』と併せて一冊になっており、わずかに十五行が残るだけである（一）。中国国家図書館には京大人文研鈔本の複製が所蔵されており、今回はこの本によって影印した。

『天地瑞祥志』が始めて引用されたのは、『日本三代実録』巻二十九である。清和天皇貞観十八年八月六日庚戌の条に、「日入之時、赤雲八條、起自東方、直指西方、廣殆及竟天。『瑞祥志』曰、天氣峙時、山川出雲。占云、赤氣如大道一條、若至三四五條者大赦、人民安樂」とある。この後、頻繁に日本の陰陽家に引用されるようになる（二）。『天文要録』と『天地瑞祥志』の流通過程から見ると、この両書は同時期に日本に伝わったのであろう。

本書はもともと二十巻で、尊経閣文庫本は九巻（一、七、十二、十四、十六、十七、十八、十九、廿）が残存している。第一巻の中には序文に似た「啓」があり、我々は本書の成書過程と全体の構成に関する資料を知ることが出来る。今、水口幹記の訂正した文章を以下に収録する（三）。

臣守眞啓、禀性愚瞢、無所開悟。伏奉令旨、使祗承讃誡、預避災孽。一人有慶、百姓乂又安。是以、臣廣集諸家天文、披攬圖讖。災異雖有類聚、而□□相分。事目雖多、而不爲條貫也。韓楊天文□□月蝕、應暦數不占、不應暦數乃占。又、楊『天文序』曰、「魏甘露五年正月乙酉、日有食之。君弱臣強、反征其主。五月、高貴作難也。」吾亦將借子之矛、以刺子之楯。今以暦術勘、甘露五年日食、是合暦數。然而有殃也。由此觀之、韓楊雷同、不詳是非。今鈔撰其要、庶可從□也。昔在庖羲之王天下也、觀象察法、始畫八卦、以通神明之德、以類天地之情。故『易』曰、「天垂象、聖人則之。」此則觀乎天文、以示變者也。『書』曰、「天聰明、自我民聰明。」此明觀乎人文以成化者也。然則政教兆於人理、瑞祥應乎天文。是故三皇邁德、七曜順軌、日月無薄蝕之變、星辰靡錯亂之妖。高陽乃命南正重司天、北正黎司地。帝□亦序三辰。唐虞命羲和、欽若昊天。夏禹因『雒書』而陳之、『洪範』是也。至於殷之巫咸・周之史佚、格言遺記、於今不朽。其諸侯之史、魯有梓愼、晉有卜偃、鄭有裨灶、宋有子韋、齊有甘德、楚有唐昧、趙有尹皐、魏有石申、皆掌著天文。暴秦燔書、六經殘滅、天官星占、存□不毀。及漢景武之際、好事鬼神、尤崇巫覡之説。既爲當時可尚、妖妄因此浸多。哀平已來、加之圖讖、擅説吉凶。是以、司馬談父子繼著『天官書』、光祿大夫劉向、廣『鴻範』作『皇極論』。蓬萊士、得海浮之文、著『海中占』。太史令郗萌・荊州牧劉表・董仲舒・班固・司馬彪・魏郡太守京房・太史令陳卓・晉給事中韓楊等、竝脩天地災異之占。各羨雄才、互爲干戈。臣案『晉志』云「巫咸・甘・石之説、後代所宗」、皇世三墳、帝代五典、謂之經也、三墳既陳、五典斯炳、謂之緯也。歷於三聖爲淳、夫子已後爲澆、澆浪薦臻、淳風永息。故墳典之經見弃於往年、九流之緯盛行乎茲日。緯不如經、既在典籍、庶令泯没經文、還昭晰於聖世。諸子□詞、補甘・石之跡遺。守眞憑日月之光耀、觀圖諜於前載、言渉於陰陽、義關於瑞祥、讖介之惡無隱、秋毫之善必陳。今拾明珠於龍淵、抽翠羽於鳳穴、以類相從、成爲廿卷。物阻山海、耳目未詳者、皆攄『爾雅』・『瑞應圖』等、畫其形色、兼注四聲、名爲『天地瑞祥志』也。謂瑞祥者、吉凶之先見、禍福之後應、猶響之起空谷、鏡之寫質形也。在昔、殷主責躬、甘雨流潤。周王自咎、嘉禾反風。以德勝妖、各諸彝典。伏惟大王殿下、惠澤光於日月、仁化浹於乾坤。握金鏡而垂衣、運玉衡而負扆。臣幸逢昌運、謬承末職。輒率愚管、輕爲撰著。臣所集撰、少或可觀、雖死之日、猶生之年。不任惶懼之至、謹奉啓以聞。臣守真誠惶誠恐、頓首頓首、死罪死罪。

麟德三年四月□日　　太史臣薩守真上啓

以上の文章が明らかにしているのは、本書は太史薩守真が「大王殿下」の命を奉じて撰述したもので、麟徳三（六六六）年四月に奏上したことである。本書の作者について、『日本国見在書目録』と『通憲入道蔵書目録』は一切注記していないが、尊経閣本のこの一段には明確に薩守真が命を奉じて撰述したと記載されており、さらに残存する本の中にいつも「守曰」の文字があるので、中村璋八はこれによって作者は唐人の薩守真だと断定しているが、ただ彼は「薩」は「薛」の誤りではないかと疑っている。韓国の学者である権悳永は本書は新羅人の著作だとし、唐王朝とは無関係で、「薩守真」は「薛秀真」の誤りだとする。彼の主な論拠は三つある。第一に、唐高宗は麟徳三年正月に泰山で封禅したことにより、乾封に改元し、そのために唐王朝には「麟徳三年四月」という紀年が存在しない。ただ当時の新羅が採用していたのは唐王朝の年号であったが、改元の知らせが新羅に到着するには一定の時間がかかり、このために時間差が生じたので、新羅は改元の知らせを受け取れない間はそのまま麟徳の年号を使用し続けたとする。第二に、薩守真が奉った文章は「啓」であるが、これは臣下が太子だけに使用する文章形式で、これによれば文中の「大王殿下」が太子を指しているのだが、しかし中国ではこのような呼称は使用していないので、これは新羅の制度であるとする。彼はまた「薩」は「薛」の誤りだとするが、薩守真は同時期の新羅人である薛秀真だとし、彼はかつて唐王朝に留学していた可能性が極めて高いとする。第三に、本書の最後の一巻に、麟徳二年八月に唐王朝・新羅・百済の三国が就利山で会盟した時の盟約を全文収録しているが、これは意味深長で、先に挙げた二点に関係するものとし、彼は本書が新羅の著作で、唐人の撰述ではないとする。(四)水口幹記は権悳永の上述の三つの見解を一歩進めて、その他に「虎」・「民」・「淵」などの唐代によく見える避諱字が本書では概ね正字で現れることに注目し、これは「新羅撰述説」の論拠となり得るとする。しかし彼は唐人が撰述した可能性を排除せず、ただ新羅の可能性が更に高まったとする。(五)

権悳永と水口幹記が列挙した論拠を子細に分析すると、確定的なものは一つも無い。まず、「薩守真」が「薛秀真」の誤りだという意見は、これは「新羅撰述説」の先入観によるある種の妄想で、確実な史料がこの点を証明しているわけではない。本書は麟徳二年八月の就利山盟約を全文収録し、その中の「序」は『旧唐書』やその他の中国現存典籍に見えないが、これを「新羅撰述説」の証拠とするのは牽強付会を免れない。次に、「大王殿下」が新羅の太子に対する専用の呼称で、中国にはこのような制度はないとするが、これは検討する必要がある。梁の昭明太子が薨じた後、晋安王がその後を継いで太子となったが、周弘正の奏記の中で彼を「大王殿下」と称している。(六)梁の簡文帝の大宝元年十一月に、南平王恪ら千人が牋を奉じて湘東王(即位後は梁の元帝)が相国となって政務を総覧することを請願した際に、湘東王を「大王殿下」と呼称しており、(七)何遜が梁の建安王に宛てた箋の中にもまた彼を「大王殿下」と称している。(八)唐の武徳四年六月に傅奕が上疏して、仏教勢力の拡張を抑制することを請願し、五年正月に法琳が秦王李世民に「啓」を奉って傅奕の見解に反駁したが、その中に「伏惟大王殿下」云々とある。(九)上述した四例は説明するに十分であろう。南北朝から初唐までの時期において、「大王殿下」は太子や諸王の呼称で、新羅特有の呼称ではなかった。続いて避諱に関する問題であるが、水口幹記は明らかに我々が現在見ることができる本が十七世紀の鈔本であって、唐王朝の写本ではなく、最初の避諱字は完全に伝写の過程で正字に改められていることを忘れている。一つの例によって筆者の見解を証明したい。本書巻二十「封禅」は唐の高宗が泰山で封禅して乾封に改元したことを載せ、その日時を「大唐麟徳三年歳次景寅」とするが、この「景」は避諱で、正字は「丙」であり、これはまた唐王朝の最もよく見かける避諱である。この例は本書が唐人の手によっていることを完全に説明することができ、いくつかの本来あった避諱が流伝の過程で正されていったが、ただ不徹底のため、十七世紀の鈔本の中にも「景寅」のような言葉を見ることが出来るのである。最後に「麟徳三年四月」という紀年に関する問題である。本書中に既に乾封改元の事が記載されており、作者は麟徳の年号が正月の後に停止されたことを知っていると説明できるので、このような「新羅撰述説」中の年号使用の時間差問題は存在しないのである。

　以上論じたことから、「新羅撰述説」は成立することはできないが、「唐人著述説」もうまく説明することは難しい。本書は編纂の命を奉じ、成書後に直接大王殿下に献上されたが、作者は年号を間違えることはできないのに、引き続き麟徳の年号を使用した。これは今になっても合理的に解釈することの出来ない疑問点である。ただこのようであれば、本書は唐人の撰述である可能性が依然として最も大きいだろう。最も直接的な証拠―「景寅」の他にも、またいくつかの証拠を出すことが出来る。たとえば本書に引用されている文献の大多数は唐代以前のものであるが、引用されている唐代の文献には、唐の太宗の詔書・唐の貞観年間に成立した『漢書』顔師古注・呂才『陰陽書』があり、唐の太宗を「太宗文皇帝」と称している。最後の一巻が引用する「祀令」は、全て麟徳の前の唐の武徳令・顕慶令などである。

　『天文要録』が基本的にただ星占の条文を記すだけなのとは異なり、本書は星占の他に、また風・雨・雲気・雷・雹などの自然現象や、百穀草木禽獣などの動植物、人々の日常生活と関係ある住宅器具、神鬼物怪、さらには「国の大事」である祭祀も記録している。また、「吉凶之先見、禍福之後應」である瑞祥災禍・天文変異を明らかにして、すべて作者の死や範囲に入れるのは、その目的は天地の変異状況の記録を通じて、現実の施政のために吉凶の基準を提供することとも言えよう。このため、作者は書中に大量の占条を列挙しており、不完全な統計によれば、引用文献は二百五十種類以上にも達し、その中には早くに散逸した貴重な典籍が少なくなかったので、これにより歴史学者の関心を引き起こした。二十世紀二十年代に、日本の学者である新城新蔵が『東洋天文学史綱』を撰述した際に本書に注意を払っている[一〇]が、この後に本書は長い期間隠滅して、仁井田陞先生が『唐令拾遺』を編纂したときにはこの書を洩らしている。九十年代に池田温先生は本書の最後の一巻に少なくない唐代の「祀令」を引用していることに注目し、これを『唐令拾遺補』に入れ、中村祐一先生が研究を継続推進している[一一]。我が国においては、栄新江・史睿と李錦繡先生がロシア蔵Дх.3558号敦煌写本の性質について、本書が引用する「祀令」も成立年代を判定する尺度

の一つだとしている。（一二）

特に注意したいのは、もし我々が『天文要録』・『天地瑞祥志』と『開元占経』の目録の対応表を作成すれば、きっと『開元占経』は前の二書を内容をまとめたもののようであるという驚くべきことが明らかとなり、構成や配列について緻密で明晰な分析が加えられるだろう。これまで我々の『開元占経』の構成に対する研究は大変薄く、この種の本の構成や配列の源流についてもあまり明解ではなかったが、『天文要録』と『天地瑞祥志』はまた学界の『開元占経』研究を一歩進める資料を提供してくれる。当然、この種の作業は大量の本文対照作業の基礎の上に成り立っており、これは長く煩瑣で困難な過程でもある。

《注》

（一）水口幹記『日本古代漢籍受容の史的研究』（汲古書院、二〇〇五年）、一八五―一九〇頁。水口幹記・陳小法『日本所蔵唐代佚書「天地瑞祥志」略述』、一六九―一七二頁。

（二）中村璋八「天地瑞祥志について」、五〇三―五〇五頁。水口幹記『日本古代漢籍受容の史的研究』、二二八―二三八、二五五―二六五頁。

（三）水口幹記『日本古代漢籍受容の史的研究』、一七九―一八〇頁。

（四）権悳永「天地瑞祥志編纂者に対する新しい視角―日本に伝来した新羅天文地理書の一例」、『白山学報』第五二号、一九九九年。水口幹記『日本古代漢籍受容の史的研究』一九一―一九四頁から引用。

（五）水口幹記『日本古代漢籍受容の史的研究』、一九四―二〇〇頁。

（六）『陳書』巻二十四「周弘正伝」（北京、中華書局、一九七二年）三〇六頁。

（七）『梁書』巻五「梁元帝本紀」（北京、中華書局、一九七三年）一一五頁。

（八）厳可均輯『全梁文』巻五十九「与建安王謝秀才箋」（北京、商務印書館、一九九九年）六五五頁。

（九）法琳『破邪論』巻上「上秦王啓」、『大正新修大蔵経』第五二冊、四七六頁。

（一〇）一九二六年初版で、ここでは氏の『中国天文学史研究』（沈瑢訳、台北、翔大図書有限公司、一九九三年）一九頁に拠った。

（一一）中村裕一『唐令逸文の研究』（東京、汲古書院、二〇〇五年）二一七―六二一頁。

（一二）栄新江・史睿「俄蔵敦煌写本「唐令」残巻（Дx.3558）考釈」（『敦煌学輯刊』一九九九年第一期）三―一三頁。李錦繡「俄蔵Дx.3558唐「格式律令事類・祠部」残巻試考」（『文史』二〇〇二年第三輯（総第六〇輯））一五〇―一六五頁。栄新江・史睿「俄蔵Дx.3558唐代令式残巻再研究」（『敦煌吐魯番研究』第九巻、北京、中華書局、二〇〇六年）一四三―一六七頁。

《編者注》

本稿は、高柯立選編『稀見唐代天文史料三種』（国家図書館出版社、二〇一一年）に収録されている「前言」の『天地瑞祥志』部分を翻訳したものである。

なお、注に挙げられた中村璋八論文は同『日本陰陽道書の研究 増補版』（汲古書院、二〇〇〇年）所収、権悳永論文は本論集第一部にその翻訳が収録されている。

また、本論文中に引用されている「啓」（『天地瑞祥志』巻一所収）は、注（三）にあるように水口幹記『日本古代漢籍受容の史的研究』からの引用であるが、その後、水口幹記・田中良明によって新たに「啓」の翻刻と校注が発表された（「京都大学人文科学研究所蔵『天地瑞祥志』翻刻・校注―「第一」の翻刻と校注（一）―」、『藤女子大学国文学雑誌』第九三号、二〇一五年に所収）。「啓」に関しては、この新たな翻刻・校注も参照されたい。

『天地瑞祥志』に関する若干の重要問題の再検討

趙益・金程宇
伊藤　裕水　訳

『天地瑞祥志』は日本に残る唐代「天下」の漢文典籍である。これは現在まで残された重要な中古時期の文献であり、比較的高い史料価値を有している。早くは二十世紀の初めより、日本人学者の新城新蔵がすでに『天地瑞祥志』のうちより唐初の廿石『星経』の輯佚をおこない、天文学史の研究資料を作っている。二十世紀九十年代には、それを薄樹人が『中国科学技術典籍通匯』天文学巻を編集する際に収録した。近十数年来、学術界では『天地瑞祥志』に対する認識が、単純な天文学史の資料、という古い枠組みを越えはじめており、次第に知識史・思想史・社会史・政治観念史・文献史などの多方面の研究に用いることが出来ると考えられるようになってきている。このことにより、『天地瑞祥志』はますます注意を払われるようになり、それにともなって多くの独創的な研究成果が得られている。（一）しかし『天地瑞祥志』の伝存書の複雑性により、いくつかの重要な問題はなお依然として完全な解決と展開をみてはおらず、さらに深く全面的な検討を行うことが必要とされる。

一

最初の重要な問題は、『天地瑞祥志』の編纂者の身分である。それはかなりの程度において『天地瑞祥志』というこの文献の意義属性を決めるものである。『天地瑞祥志』巻首には「大（太）史薩守真」が「大王殿下」にあてた上啓という記載があり、その内容は「薩守真」が『天地瑞祥志』の編纂者であるという証明に足るものである。「薩守真」の身分については二つの説があり、一つは唐人であるというものであり、（二）一つは新羅人であるというものであり、今に至るまで中日韓の学術界ではいまだ見解の一致をみてはいない。このような情況は正常なものではなく、正反両面の証拠からの総合的考察を行いつつ論理的判断を行うことによって、『天地瑞祥志』が新羅人の編著したものであることを証明出来るのである。

　もっとも早く明確に体系だった新羅人説を唱えたのは韓国人学者の権悳永である、権氏主張の主な理由は次の三点である。第一、巻首の啓文の「麟徳三年四月」とあること、麟徳三年

（六六六）正月にはすでに「乾封」と改元している。もし作者が唐人であれば、四月になっても改元のことを知らないということはあるまい。また唐朝の改元のしらせが新羅に伝わるまで、通常二三ヶ月の時間を必要とするため、新羅人が改元のことを知らなくても、おかしくない。第二、『天地瑞祥志』今本巻二十「祭物載」中に記載される「就利山盟文」は、麟徳二年（六六五）百済と新羅の間での盟約であること。作者がもし唐人であれば、おそらくは他の唐代の会盟の文を例とするであろう。また、『天地瑞祥志』のこの部分には注釈があり「就利山」地名に対するものはすこぶる詳細で「就利山、百済地也、由盟改乱山為就利山、在只馬県也。（就利山、百済の地なり、盟に由りて乱山を改めて就利山と為す、只馬県に在るなり。）」とある。唐人が東国の小山に対してこのような詳しい解釈をつくることは、とても理解しがたい。第三、『三国史記』のうちに新羅当時の文章家中に「薛秀真」の記載があること。現在見られる唐代史料には薩姓の人の記載がみられず、「薩」と「薛」とは相い通じる、このことから薩守真は『三国史記』中の薛秀真であろう[三]。

游自勇は『稀見唐代天文史料三種』前言において権氏の説に対して、そのうちでも特に「麟徳三年四月」の改元の時間差の問題に対して弁駁を行い、重要な内証を提示している。すなわち『天地瑞祥志』巻二十「封禅」に「大唐麟徳三年歳次景寅正月戊辰朔、皇帝以元日備礼於圜丘之壇、……更為乾封元年。（大唐麟徳三年歳は景寅に次る正月戊辰朔、皇帝　元日を以て礼を圜丘の壇に備ふ、……更めて乾封元年と為す。）」とあることである。この一条の証拠は十分な説得力を有し、『天地瑞祥志』の作者が―唐人であれ新羅人であれ―成書の時にはすでに唐朝の改元の事を知っていたことを証明することができよう。しかし問題は、このことは実際に権氏の「新羅人不知改元説」を打ち破ることが出来るものの、それと同時にまた「唐人編纂説」の強力な反証となってしまうことである。

この問題について論ずる前に、まずあるテキストの前提となる問題を解決する必要がある。それは薩守真の上啓にみえる「麟徳三年四月」中の「三」という字が、「二」という字の誤写ではないか、というものである。その答えは否である。それは書中にまた時間についての記載がある「麟徳二年八月」の「就利山盟文」ということによる。『旧唐書』・『三国史記』などの記載によれば、高宗の時に百済と高麗・靺鞨はしばしば新羅を侵し、顕慶年間に高宗は左衛大将軍蘇定方に命じて兵を率いて百済を討たしめ、おおいに百済を打ち破り亡ぼした。ほどなくして、百済の僧の道琛ともとの百済の将軍の福信が衆を率いて叛旗を翻したため、龍朔元年より二年に至るまで、唐は劉仁願・劉仁軌・孫仁師に命じて軍を率いて新羅王金法敏と会同しともに叛軍を討伐せしめ、おおいにそれを打ち破り、百済の諸城は再度帰順したのである。唐の高宗は詔して劉仁軌に兵をひきいて鎮守せしめ、百済のもとの太子の扶余隆を熊津都督として、新羅・百済と会盟させた。麟徳二年八月、扶余隆と新羅王金法敏は熊津城（『三国史記』には

「熊津就利山」という）において白馬を殺して盟し、劉仁軌がその盟文を記し、「歃訖、埋幣帛於壇下之吉地、蔵其盟書於新羅之廟。（歃り訖はりて、幣帛を壇下の吉地に埋め、其の盟書を新羅の廟に蔵す。）」（『旧唐書』巻一百九十九）という。会盟が終わり、劉仁軌は新羅・百済・耽羅・倭国の使者を率いて、海上より西へ戻り、泰山を祀り（『冊府元亀』巻九百八十一「外臣部」、『三国史記』巻六）、最後におそらくは長安へと帰り、盟文を朝廷にのぼし、史館へと渡したのであろう。『旧唐書』巻一百九十九『東夷伝』にはこの盟文をのせており、『天地瑞祥志』巻二十に載せるところと、文字にやや出入りがあるのを除き、基本的には同じものである。このことから、麟徳二年八月の百済・新羅の盟は、時間地点ともに史実が明確であり、疑問を挟む余地がないことが知れる。上啓は成書以前のものであるはずはないため、啓文中の「麟徳三年」の「三」字は「二」の誤字であるはずはなく、これこそが啓文の本当の撰された時であり、また『天地瑞祥志』の最終的な成書の時なのである。

上啓の「麟徳三年」という文字が誤りでないとすれば、本文の中にまた「麟徳三年歳次景寅正月戊辰朔……更為乾封元年。（麟徳三年歳は景寅に次り正月戊辰朔……更めて乾封元年と為す。）」と明文があり、であれば唐人が『天地瑞祥志』を編纂した可能性はほとんど存在しない、なぜなら唐の太史令が「改元乾封」のことを知っていたのであればわざわざ「麟徳三年四月」と記すことは、絶対にありえない事である。游自勇もこのことについて認めており、「今に至るまで合理的解釈をえられぬ鍵となる問題点である。[四]」とする。

『天地瑞祥志』の編纂者は改元のことを知っていたのにもかかわらずなお「麟徳三年」と記したことの矛盾は、ただ一つの解釈のみによって解消することができる、つまり『天地瑞祥志』の編纂者たる薩守真は新羅人であり、彼が「乾封」に改元されたことを知ったその年の四月になお「麟徳三年」と記したのは理由というのは、それは新羅という地域は唐朝の改元のことを知ることがすこぶる遅く、しかも改元のことを知り得た後、依然として習慣となっているもとの年号を用いていた、と考えられるのである。これは理屈として完全に通る解釈である、なぜなら新羅は改元のことについては受動的立場にあり、突然改元を知りえた時に、新羅地域では古い年号をすでに長く使用しており、官では正式な文書を公布して告げる必要があり、そののちにようやく次第に使用される年号が変更されるものである、年号の変更にはあきらかにこのような過程が必要なのである。『三国遺事』巻二「文虎（武）王金法敏」条にはある記録があり「麟徳三年丙寅三月十日、有人家婢女名吉伊、一乳生三子。（麟徳三年丙寅三月十日、人家の婢女名は吉伊なる有りて、一たび乳《はら》みて三子を生む。[五]）」といい、『三国遺事』は野史の要素がないことはないとはいえ、しかしこのように詳細に年月日が記載してあるのならば、必ずや依拠することの出来る原材料があるのであろう。その時にすでに改元のことを知っているのであるから、その「麟徳三年三月」云々というのは、続けてもとの年号を使っていた旁証の一つとおのずからなろう。薩守真『天地瑞祥志』「封禅」門の材料は、必ず唐朝政府の公式文書から採択されたものであるから、それをそのままに書き写したものなのである（ここで直接に唐人の避諱である「景寅」を書き写していることも、また証左となろう）。さらに彼が新羅王に奉った上啓は、当時の実際の情況にしたがって年号を書写しており、この両点は矛盾しない。

　これと緊密に関わるひとつの問題は、新羅は四ヶ月以内に唐の天子の封禅と改元のことを知ることが出来たのか、ということである。一般的には、唐朝の改元の消息が新羅に伝わるまである程度の時間が必要であるが、三四ヶ月という時間でこと足りる。天子の封禅は朝廷の最重要の大事であり、高宗は麟徳元年七月に「詔宜以三年正月、式遵故事、有事於岱宗（詔して宜しく三年正月を以て、故事に式遵し、岱宗に有事すべ）」（『冊府元亀』巻三十六）くし、二年十月には、東都から出発し（『旧唐書』高宗本紀）、「突厥・于闐・波斯・天竺国・罽賓・烏萇・崑崙・倭国及新羅・百済・高麗等諸蕃酋長、各率其属扈従（突厥・于闐・波斯・天竺国・罽賓・烏萇・崑崙・倭国及び新羅・百済・高麗等諸蕃の酋長、各おの其の属扈を率ゐて従）」（『冊府元亀』巻三十六）わしめ、上文に示した百済・新羅との会盟の主催者である劉仁軌は新羅・百済・耽羅・倭国の使者をつれて、「浮海西還、会祀泰山（海に浮び西還し、会して泰山に祀）」っており、これは詔を奉じてこの封禅大典に参加したという可能性が極めて大きいと考えられる。このことから、新羅の使者は必然的にすぐさま封禅改元の詔令を携えてその国に帰ったのである。当時の山東半島と朝鮮半島との航海速度からすると、新羅は比較的短時間の内に関係する詔令を受け取っていたとみて、まず間違いない。薩守真はこれによってまさに完成しようとしていた『天地瑞祥志』のなかにそれを編入していたとすることは、時間的に見ても充分にありえることである。

　権氏の示した「就利山」の問題については、水口幹記氏は、『旧唐書』所載「就利山盟文」は『天地瑞祥志』より詳細であるため、「就利山」についての注釈はおそらくは唐人が資料をさがして得たものであり、新羅人が編纂したことの絶対的な証拠とはならない、とする。[六] しかし、『旧唐書』『冊府元亀』はいずれもただ熊津城についていうのみで、会盟地点を詳しく「就利山」とはしておらず、現存の中国文献にはいずれもこの地のことをいわず、およそ「就利山」について言及するものは基本的にすべて東国文献である。唐人が調べることが出来たというのは、実際には成立しがたいのである。「就利山」の注文はまた今本『天地瑞祥志』の注釈がたしかに薩守真の撰述にかかることを証明するものであり、これと『天地瑞祥志』の多くの部分が唐の避諱をしないということ[七]・一部の文字に反切や四声などの注釈が加えられているという事実を、このことともに考えてみると、唐人にも後世の書写者にも出来ることではないのであるから、しからば新羅人の撰述であるにちがいないのである。

その他の事実も同様にこの結論を証明することが出来るが、ここではその要点を以下に述べておく。

第一、『天地瑞祥志』の巻首の薩守真啓文の末に次のようにいう。

……伏惟大王殿下、恵沢光於日月、仁化浹於乾坤、握金鏡而垂衣、運玉衡而負扆。臣幸逢昌運、謬承末職、輒率愚管、軽為撰著。臣所集撰、少或可観、雖死之日、猶生之年、不任惶懼之至。謹奉啓以聞、臣守真誠惶誠恐頓首頓首死罪死罪。麟徳三年四月□日大史臣薩守真上啓。

……伏して惟へらく大王殿下、恵沢は日月より光き、仁化は乾坤に浹く、金鏡を握りて衣を垂らし、玉衡を運らし扆を負ふ。臣幸ひに昌運に逢ひ、末職を謬承し、輒ち愚管を率ゐ、軽しく撰著を為す。臣の集撰する所、少しくも観るべく或れば、死するの日と雖も、猶ほ生まるるの年のごとく、惶懼に任へざるの至りなり。謹しみて啓を奉じ以て聞す、臣守真誠惶誠恐頓首頓首死罪死罪。麟徳三年四月□日大史臣薩守真上啓。

『唐会要』巻二十六「牋表例」に「下之達上、其制有六。上天子曰表、其近臣亦為狀、上皇太子曰牋・啓、於其長上公文皆為牒、庶人之言曰辞。(下の上に達す、其の制六有り。天子に上るを表と曰ひ、其の近臣も亦た狀と為す、皇太子に上るを牋・啓と曰ひ、其の長上に於ける公文は皆牒と為し、庶人の言を辞と曰ふ。)」とあり、唐代の「啓」というのは東宮への上書である、しかしここにみられる「大王」は唐代の太子では絶対にない。そもそも、署名の「太史」という言葉が合わない。唐の東宮の属官のなかに「太史」という職はなく、ならば薩守真はこのときには司天台の太史であり、それは重要な専門職であり、中央政府に対してのみ隷属するものである。太史の「掌観察天文、稽定暦数、凡日月星辰之変・風雲気色之異、率其属而占候之。(天文を観察し、暦数を稽定するを掌り、凡そ日月星辰の変・風雲気色の異あれば、其の属を率ゐて之を占候す。)」という職分をもってして、もっぱら東宮太子のためにこの専門書籍を撰述する可能性は少ない。また、もしこれが太子への上啓であるならば、「恵沢光於日月、仁化浹於乾坤、握金鏡而垂衣、運玉衡而負扆」という一句はすこぶるそれにそぐわない。これはあきらかに唐代の天子あるいは新羅王といった一国の主であってはじめてうけることの出来る頌語である。(八) さらに、『天地瑞祥志』がもしもっぱら東宮のために撰述されたのであれば、古代の伝統的な政治法則に符合しない。それは政府官員が太子のために「受命之徴」すらふくむ「符瑞」をいうことは、完全に大逆不道の挙ということが出来るからである。そして当時の新羅の文武王金法敏は、一国の主とはいえ、畢竟唐朝に藩属しており、その性質からいえば藩国国王の身分とはいえ、名義上はただ「王」とのみ称することが出来るのみで「帝」と称する可能性はまったくなく、「啓」文の上書対象と完全に符合するのである。同時に、薩守真が本国の国主に上書するのであれば、その文章に帝徳をたたえることばがあったとしても、正常に属すると言えよう。また、水口幹記が指摘するように、「誠惶誠恐頓首頓首死罪死罪」云々といったことばは、その語気は実は「表」に近いもので、当時同様に藩国であった日本にもこのような「礼制」に符合しない情況が存在していた[九]。これはまさに新羅の臣として薩守真が、「啓」の名を改めないという情況の下で工夫を施して、その主にたてまつるといった目的であったことを証明するものである[一〇]。

三国時代の新羅が「太史令」という職を設けていたかについては、文献から確認することは出来ず、確証を得ることは難しい。しかし実際の情況から分析してみると、新羅の十七官等制と骨品制は官位等級と身分等級制度にあたるが、身分制度と官職名が混同されているとはいえ、まったく別のことである[一一]。つまり、具体的な職務はその重要さの程度により、異なる位級の官員が任に当たるのである。このために、職務のシステムについては記載が少なく、『三国史記』にも「世久文記欠落、不可得核考而周詳。（世久しく文記欠落し、核考して周詳するを得べからず。）」といっている。しかも新羅の当時の官職名称についてはいわゆる「唐夷相雑」という特徴があり、「其曰侍中・郎中等者、皆唐官名、其義若可考。曰伊伐餐・伊餐者、皆夷言、不知所以言之之意。（其の侍中・郎中等と曰ふ者、皆な唐の官名にして、其の義考ふべきが若し。伊伐餐・伊餐と曰ふ者、皆な夷の言にして、之を言ふ所以の意を知らず。）」（『三国史記』巻三十八『雑誌第七・職官上』）である。同時に、薛守真の「太史令」という結銜は、唐代官制に対する模倣から生まれたものである可能性も排除出来ないのである。

第二、『天地瑞祥志』は中国の各種目録類に見えない。もっとも早く著録されたものは『日本国見在書目録』である、つまり時間の下限は貞観十七年（八七五）となる。しかし『日本国見在書目録』に著録されているものは必ずしもすべてが唐朝から伝来した書物ではない、日本の学者の考察によれば、そのなかには日本の著述が『弘帝範』・『摂養要訣』・『新修鷹経』・『律附釈』・『大律』・『新律』・『新令』・『弁色立成』[一二]・『海外記』・『新撰宿曜経』等といったものが著録されている。また、唐朝の藩国から伝来した書籍もあり、たとえば権悳永は渤海国高峻撰写にかかる『小史』五十巻を挙げる。八から九世紀にかけて、日本は何度も遣唐使と遣新羅使および求法僧・学問僧を派遣して、唐朝と新羅の文化を学ばせており、新羅の著作たる『天地瑞祥志』も必然このことによって日本へと伝来したのである[一三]。

『天地瑞祥志』は中国文献の中にはまったくその引用が見られない、だがしかし新羅や日本においては引述・伝承が見いだせる。日本の情況はすでに論ぜずともよかろう。いま残本は日本に伝存している。朝鮮半島について言えば、『天地瑞祥志』は少なくとも高麗朝時期にはまだ伝存していた。韓国の学者がすでに指摘するように、朝鮮時期の鄭麟趾『高麗史』巻六十四・志十八・礼志六及び巻五十三・志七・五行志一に二度『天地瑞祥志』が引用される。(一四)この二条の文章のうち、第一条は現存『天地瑞祥志』巻二十に見られ、文字はすべて同じである。第二条は残本にはみられないとはいえ、その内容からすれば、おそらくはもとの巻十「雲気総載」部分に属するものであることは疑いない。鄭麟趾『高麗史』は明の景泰二年以前に成書しており、「採稗官之雑録、発秘府之故蔵（稗官の雑録を採り、秘府の故蔵を発す）」といい、その拠るところは多くは当時存在した高麗時期の原始档案資料にちがいなく、その記載はおそらくは拠ることが出来るであろう。

第三、『天地瑞祥志』には豊富な漢文典籍が引用されている。当時の新羅が本当にすでにこのように多くの漢文文献を所有していたのかについては、史書には明文がなく、このことから少なからぬ学者が疑問を呈している。権悳永もまた「このような大量の資料は、当時の新羅国内では蒐集しきれないものである。筆者は薛守真は唐朝留学の時に、個人の興味から天文地理書の編纂をはじめ、基礎が完成した時に帰国し、新羅に帰った後に最終的な定稿を完成させた、と推測する。新羅の留唐学生は往往にしてみずから(一五)唐朝において著作を撰述し、帰国後に訂補をおこない、国王へと奉ったのである、新羅晩期の崔致遠も同様の経歴をもつ。」とする。しかし本当の状況はおそらくそのようなものではない。史書の文献伝受に関する状況の記載はおおよそ例を挙げていうものであって、目録のように完備したものではありえない。同時に、個人の渉猟と民間の購買とは、往往にして官の档案所の記録されるものではない。このことからこの類の記述は字面に拘泥するわけにはいかず、具体的な分析をおこなう必要がある。たとえば『旧唐書』東夷列伝には高句麗の状況が「其書有『五経』及『史記』・『漢書』・范曄『後漢書』・『三国志』・孫盛『晋春秋』・『玉篇』・『字統』・『字林』、又有『文選』（其の書『五経』及び『史記』・『漢書』・范曄『後漢書』・『三国志』・孫盛『晋春秋』・『玉篇』・『字統』・『字林』有り、又『文選』有り）」（巻一百九十九）と記されるが、これはその主要なるものについて言ったもので、時間上の範囲も明確でない。しかしこのうちより明らかに看取出来るのは、高句麗という土地に存在した文献はすでにある相当の大きな範囲に及んでいたということである。類似の史料は少なからずあり、七世紀の中葉にいたるまでの、朝鮮半島への漢籍の伝入の程度は絶対に低く見積もってはならないことを証明している。新羅と唐王朝の関係はのちによくなり、太宗・高宗時にはしばしば来朝し、いずれの折にも文献・典籍を下賜されている。特に貞観二十一年、新羅の貞徳女王がその弟・金春秋を遣わして朝聘させた際には、太宗は「賜以所制『温湯』及『晋祠碑』並新撰『晋書』（賜ふに制する所の『温湯』及び『晋祠碑』並びに新撰『晋書』を以て）」（『旧唐書』巻一百九十九）している。薛守真の啓文に自述するところ、および『天地瑞祥志』の構成・内容の分析からすれば、『晋書』の「天文志」・「五行志」・「律暦志」は、『天地瑞祥志』の重要な参考書のひとつであることが知れる。『晋書』が編まれたばかりで太宗によって礼物として頒賜されたことは、二つの明確な事実を示している。一つめは当時の新羅の漢文典籍の受容はすでに高い程度にあったこと、二つめには『天地瑞祥志』の編纂については完全に充分な文献的基礎をそなえており、唐に滞在したおりにそれをしたことの可能性も否定出来ない。

第四、薩守真の上啓のなかに「物阻山海、耳目未詳者、皆拠『爾雅』『瑞応図』等画其形色、兼注四声。（物の山海を阻て、耳目 未だ詳かならざる者は、皆『爾雅』『瑞応図』等に拠り其の形色を画き、兼ねて四声を注す。）」という語が見え、「物阻山海、耳目未詳」については、これは明らかに海東人のことばである。「兼注四声」については、中国の作者であれば必ずしもする必要がなく、さらにわざわざ強調する必要性も無いのである。上啓のそのほかの文章についても、唐人の習慣にそぐわない個所が多々みえる。

権悳永が提出した第三条の理由、「薩」姓の問題と『三国史記』中の「薛秀真」については、さほど重要でないとはいえ、ある程度においては旁証とすることができよう。唐代の「薩」字はおそらくは「薛」字の訛変であり、このことについては疑いがない、現代学者の張湧泉の総合的考証によると、「薩」は「薛」から分化してできた文字で、唐代前後の石刻および写本の文字では、菩薩の「薩」はみな「薛」字などの形に作っている。分化してくると、菩薩の「薩」と薛姓の諸「薛」字という異体字を区別して用いるために、字形が調整され、現在の「薩」字となったのである。[一六] 総合すると、「薩守真」は「薛守真」と同じとしてよかろう。おそらくはもともと漢人の「薛」姓をもっており、またおそらくは北朝胡姓の「薩孤・薛孤」の後裔なのであろう。いずれにせよ、現存史料には唐人に「薩守真」あるいは「薛守真」という者は見えない。

日本の学者が提出した「薩守真」がおそらくは太宗時期に太史令の職にあった薛頤あるいはその子孫という説[一七]は、「守真」と「頤」とが字としての（互いに誤写しかねない）関係を除き、ほかに確実な理由はなく、また薛頤が貞観の時に「請為道士（請ひて道士と為る）」（『旧唐書・薛頤伝』）ことから、麟徳年間に太史令の職に復して太子のために書物を編纂したことはありえない。また史書にもその子孫は太史令を世襲したといういかなる記載もない。当然、『三国史記』のなかの「薛秀真」が『天地瑞祥志』の撰者たる「薩守真」であるかについては、同様に確実な証拠があるわけではない、しかし、少なくとも一つの非常に大きな可能性を示していると言えよう。

二

『天地瑞祥志』の編纂主旨と総体的な特性とは、同様に非常に重要な問題である。中日韓の学者はその性質を簡単に定めて「天文地理」の書あるいは「数術」の書としているが、いずれも正確であるとはいいがたい。

つまり「天文」は『天地瑞祥志』の内容の一部分にすぎず、「地理」（「形法」）ということを説くことはほとんどない。いわゆる「天地」というのは、「天地之間」という意味である。そのため『天地瑞祥志』はおおよそ同時期の『天文要録』などといった純粋な天文占星の著作とは異なり、また形法の書でもないことは、贅言を費やす必要はなかろう。広くいえば、『天地瑞祥志』は「数術」彙編の著作ということができようが、しかし明らかに独特の内容をもつ書物である。

『七略』数術略に総括される「数術」系統は、全体から見れば陰陽五行理論をうちに含む天道人事にかかわる技術的知識を概括したものといえる。ここでいわゆる「技術的知識」というのは、具体的な応用にかかわる知識とは異なるものであり、また哲学的・倫理的あるいは玄学思弁的な一種の知識系統とも異なり、その根本の内容は天道・人事の根本の規律性に対する技術的探求である。「技術的知識」には巫術・偽科学・前科学・神秘主義ないし原始宗教観念の遺存などの種種の複雑な要素が含まれ、主として広義の占卜を表現形式としている。儒家思想を代表とする実用理性の発展にともない、この知識系統は漢以降だんだんといくつかの異なる道をたどっていくのである。

一つめは、哲学化と儒術化である。哲学化のはじまった時期は早く、おおよそ戦国時代からすでに一種の素樸な弁証観と変化観を代表とする哲学思想および思考様式が充分な発展をしており、その主要なものとしては『周易』が経典として確立されたのを代表とする。「政治化」については陰陽五行学説の「同類互動」の関連づけあう思考を基礎として一種の唯心主義的世界観と歴史観を発展させたことをさす。また儒家思想と結合して一種の政治倫理法則として成立し、天人感応・五行災異理論が出現したことを代表とする。「災異」の判断は主として自然災害の破壊程度や歴史上の災害と人事との関連のふたつの面から決定され、自然現象の「災」「祥」の属性は必ず歴史事実を基礎としている。ゆえにはじめに災異をいうものは『春秋』を中心とするものが多かった。「天人感応」と「五行災異」が政治倫理となるにあたっては、災異を記録するのは術家から史臣の職務に転じ、「災異之記」というのが一変して史書系統の「五行」の志となったのである(一八)。当然、数術系統のなかにはなお一般的な災祥の論述が残されている。

二つめは、技術化である。「技術性」そのものは古代の占卜を主体とする数術システムの主流であり、一種の客観世界の認識に対する追求を代表するものであった。漢以降もなお継続して発展し、「天数」を追求する天文、「律数」を追求する律暦、「易数」を追求する易占を典型としている。そのうち、「天文」「律暦」は南北朝時期に外からの影響を大きくうけた。天文観念は比較的大きな進歩があり、前科学的成分が徐々に増え、『隋志』の中にいたって、「天文」一類が術数のうちから独立し、「五行」と並列されるにいたった。これ以後、「天文算法」と「推歩」とは互いに独立していった。当然、「技術化」は「哲学化」と「政治化」と交わり、「天文」がいにしえより一種の政治星占学であり、漢以後、益々種々の政治的意味が賦与されて「聖王参政」の道具となったことが例といえよう。同時に、「技術化」そのものの地位も下降しはじめ、『隋志』は「技術書」を子学の附庸として位置づけたことにより、古代学術と明確な区別が発生したのである。[一九]

三つめは神秘化と迷信化である。理性精神の成熟、術数の哲学化・儒術化の発展、これらはエリート層の思想の中から巫術と原始宗教的要素を失わせ、古典術数はここに至って辺縁化という道をたどらざるをえなくなっていたのである。そのうちにはもともと神秘主義的要素を含んでいたため、「迂而入諸拘礙、泥而弗通大方、矜以誇衆、神以誣人（迂にして諸れを拘礙に入り、泥にして大方に通ぜず、矜以て衆に誇り、神以て人を誣むく）」（『新唐書』方技伝）といい、最後にはエリートの思想から歯牙にもかけられないものへと転落し、民間において完全に一種の「迷信」となってしまったのである。この流れは『隋志』のうちですでに明確になっており、現代の学者の指摘するように、『隋志』のなかの数術方技の部分は「数が増えたことと門類の減少というこの対比はこの五百年以上の思想史のなかの変化を示している。すなわちこの方面の知識と技術とは依然として盛んにおこなわれ、はなはだしきにいたっては過去よりもさらに発達をとげている。しかし観念上においてはそれらはかえって断えず辺縁化していっており、知識階層と主流文化のなかで棚上げされた部分となったのである。[二〇]」。

『天地瑞祥志』が体現している傾向は、上述の趨勢のすべてとやや異なるところがある。

『天地瑞祥志』は全書の体例・序論にあたる「明載字」・「明災異例」のなかでは、「洪範五行」及び『漢書』五行志を発端としている、しかし具体的な内容からすると、「五行」部分は巻十六（今存）であり、「月令」の後に並べられており、全書における中心的内容とはいえない。巻十六の「五行」の大部分の内容が『漢書』五行志・『晋書』五行志等より採られているとはいえ、その他の個所でも各『五行志』の引用が見られる、しかしながらその中心思想は決して厳格に五行理論にしたがっているわけではなく、また「五行志」の「五行」から「五事」にいたるという形式上の体例を守っているわけではない。このことと相い関わるものは、『天地瑞祥志』は「瑞祥」を名としていること、薩守真の啓文にもまた「憑日月之光耀、観図諜於前載、言涉於陰陽、義開於瑞祥、纖介之悪無隠、秋毫之善必陳。（日月の光耀に憑り、図諜を前載に観、言は陰陽に渉り、義は瑞祥に開き、纖介の悪隠す無く、秋毫の善必ず陳ぬ。）」といっていることである。しかし存本目録を概観し、またそれに関わる内容を考察してみると、『宋書』符瑞志の創始した「符瑞」システムとの差異は小さくない。『宋書』と『南斉書』の「符瑞」・「祥瑞」両志の中心は神権天授説である、そのため帝王の政治と天が符瑞を下したこととの符合が記されている。しかし『天地瑞祥志』は実際の編纂において必ずしも「従徳獲自天之祐、違道陥神聴之罪。（徳に従ひ自天の祐を獲、道に違ひ神聴の罪に陥る。）」という根本原則を強調はしない、また具体的内容も「祥瑞」というものの範囲を遠く離れている。もっとも重要な違いは、当時の唐人はあるいはある程度「五行」と「祥瑞」とを混同しており、しかしまた同時に「五行」「祥瑞」を「数術」の内容と一体化させるようなことは決してなかった。『晋書』は「天文」・「五行」の両志を別々に立て、また『隋書』経籍志では「天文」・「暦数」・「五行」・「医方」の四つの小分類をそれぞれ別に立てている、これらのことはいずれも充分にそのことを証明している。当時の著作についていえば、五行・符瑞類の文献はおそらく比較的多くの天変の実例を挙げており、しかし天官星図・分野・日月五星雲気占例といった星占いの技術性の内容を含むことはなかった。そして、五行災異の論は万物の異象を五行の乱れの判断の基礎とするものの、各種の占候や煞鬼厭勝の術に及ぶことは決してなかったのである。『天地瑞祥志』のほとんどの内容は『隋書』経籍志・子部「五行類」の中に対応するものを探すことが出来るとはいえ、しかし『隋志』子部「五行類」のいう「五行」は、実は『漢書』五行志が開創したところの「五行志」のシステムとは異なるもので、その内容は「風角鳥情」・「式占」・「亀占」・「筮占・易占及其衍変」・「雑占」・「選択及時日禁忌」・「災祥・瑞応及変怪雑占」・「禄命」・「相術」・「禱禳・咒禁・符印・変化・仙術」等といったものであり（二二）、実際には「数術」が魏晋南北朝以来の神秘化・迷信化の発展結果を経たもので、またこれは『四庫全書総目』にいうところの「末流猥雑、不可殫名、史志総概以五行。（末流猥雑にして、名を殫すべからず、史志総概するに五行を以てす。）」である。故に『天地瑞祥志』の全書の体系は「五行」・「祥瑞」・「天文」を包括したものであるため、『隋志』の「五行類」に内在するロジックとは吻合しないものである。これと類似するものはといえば、『天地瑞祥志』と『乙巳占』・『開元占経』とは相当の程度に内容が同じく、その引用するところの文献も『乙巳占』・『開元占経』と相当の程度で同じものを用いている。しかし唐代初中期の比較的純粋な占書の代表として（二三）、『乙巳占』・『開元占経』は同様に「五行」・「祥瑞」観念に及ぶことはなく、『天地瑞祥志』もまたただ各種の占卜を行うのみではないのである。

非常に明らかに、『天地瑞祥志』の編纂の初めには「五行」・「祥瑞」・「天文」およびすでに辺縁化していた「数術」をまとめて一つに融合させようとしていた、その中心思想は一種の天地の間に関する万事万物を象徴する体系を総合化し、災祥の判断を行うことにより、最終的に政治に帰せしめんとするものである。図示すれば次のようになる。

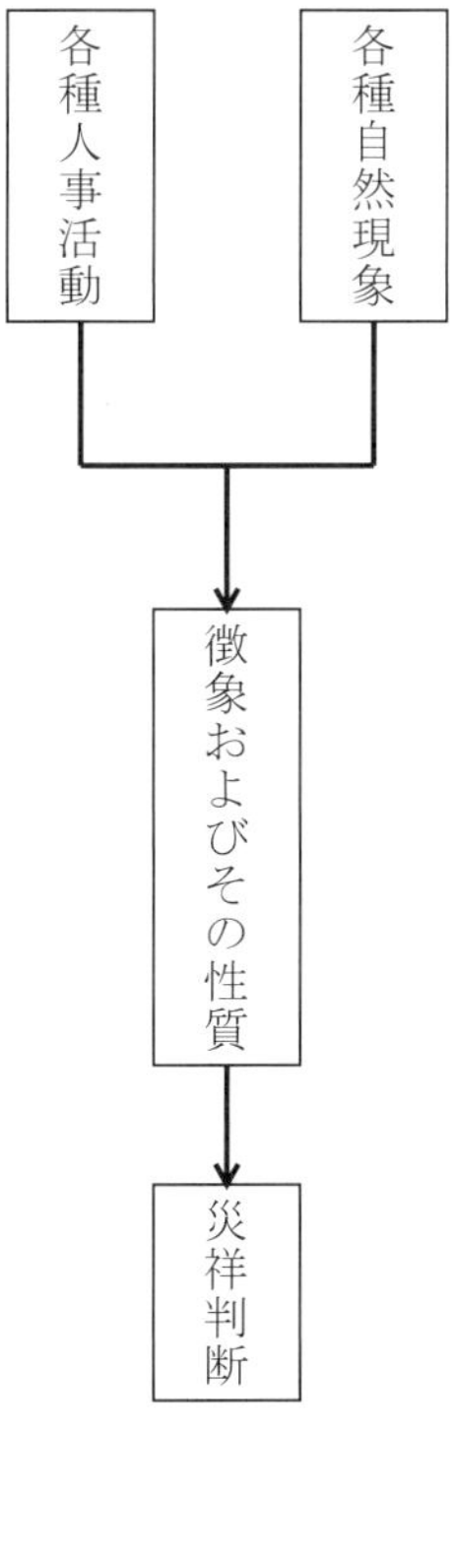

まったく疑問なく、これは性質的に見ればおおよそ漢より唐

初に至るまでの広義の「占候」と同じく、『漢志』はこれを「雑占」に帰しており、いわゆる「紀百事之象、候善悪之徴（百事の象を紀し、善悪の徴を候す）」である。「占候」は数術の評価の上下に従って分化し、「五行」・「祥瑞」・「天文」・「数術」の四種の体系を統括することが出来なくなっており、そのため「占候」のロジックによって機械的に整合することでは有機的なシステムを形成することが出来なくなったのである。つまりこれが、『天地瑞祥志』が「五行志」や「符瑞志」でなく、また『五行大義』等の数術理論でもなく、しかも猥雑な叢集たる『隋志』「五行」体系とも異なり、それだけでなく『乙巳占』や『開元占経』とも異なる原因である。つまり、当時の中国の観念では、『天地瑞祥志』はむろん一種の学術的帰納であれまたは一種の鈔録としての文献匯編であれ、いずれにせよ生み出されることはありえないものなのである、それはこの文献を統括するロジックが合理性を備えておらず、中国思想学術の発展の文脈および唐初に内在する構造と符合しないからである。

『天地瑞祥志』は編纂思想および具体的な内容にこのような特徴があり、まさに当時の文化輸入地区、たとえば新羅の、漢より唐にいたるまでの「知識―思想」系統の受容情況を反映している。文化の受容初期において、輸入する側はあるいは全体的な具体的な事物および技術知識を吸収することが出来るが、往往にしてすぐには外来思想に対する確実で完全な理解に到達することはありえないものである。たとえば中国では漢以来盛行した「五行災異」理論は豊富で精微な哲学観念をはらんでおり、しかも複雑な政治応用があり、同時に唐初にはすでにそれ自身の止揚をはじめるところまで発展しており[二三]、このような発展・変化の情況は受容を始めたばかりの新羅人士が消化・接受を正確かつ完全にすることはありえないことであった。またたとえば沈約『宋書』と蕭子顕『南斉書』では「符（祥）瑞」一志のみを列して瑞応を強調し、厳格に論じれば漢以来の正統の儒家思想における災異を重んじ符瑞を軽んじるという主流とは符合しない。これは完全に魏晋南北朝の王朝交替の際に、権力者はわざと君権神授説を利用して「天与人帰」の正統性を明らかにした産物なのである。そして『天地瑞祥志』には「所謂瑞祥者、吉凶之先見、禍福之後応、猶響之起空谷、鏡之写質形也。（所謂瑞祥なる者は、吉凶の先見、禍福の後応なり、猶ほ響の空谷に起こり、鏡の質形を写すがごときなり。）」（巻首薩守真　啓）・また「順道吉、従逆凶。吉凶之報、若影之随形、響之応声、言不虚也。（道に順ふは吉、逆に従ふは凶。吉凶の報、影の形に随ひ、響の声に応ずるが若く、虚ならざるを言ふなり。）」（巻一）といい、その従っていたものは『七略』数術略の「声気相感、形気首尾。（声気相感じ、形気首尾あり。）」という理論であり、あきらかに『宋書』符瑞志の意図とは異なるのである。

実際、有効に政治的目的を達成するために、『天地瑞祥志』が陰陽五行および数術系統全体に対して一種の簡易な理解を採用したことはしごく正常なことである。「紀百事之象、候善悪之徴。（百事の象を記し、善悪の徴を候す。）」というのは比較的初級のこととはいえ、これももっとも基礎的な観念であり、これは当然受容する側がもっともはじめに容易に把握する思想原則である。また、文化受容初期においてはおおよそ全面的にその見ることの出来る全てのものを吸収しようとつとめるもので、選択意識がないことはなかったとはいえ、しかし「格義（比較対照）」式の処理は総じて免がれざるものである。そのため一種の簡易な理解を枠組みとして、『天地瑞祥志』はただ漢以来の「五行」・「符瑞」にかかわる内容をむりやり受け入れただけでなく、漢から唐に至るまでの「数術」系統全体を切り取って新たにそれと組み合わせ、それ自身の姿を形成したのである。

三

統一以前の新羅の状況については、現代の研究はすでに比較的深く行われているとはいえ、その多くは政治史という視点からのものである。[一四]特に唐王朝との関係について、史料整理といった基礎作業の外、中国の学者の研究重点はおおむね唐代「天下秩序」[一五]が東アジア地域において構築される過程という重要問題にある。文化という方面では、史料の欠乏により、考古学・人類学的研究のほかには、基本的にはなお比較的概説的なものに限られている。一般的には、朝鮮半島の高句麗・百済・新羅の三つの地域政権のうちで、地理上の位置などの原因から、新羅と大陸王朝の交流は比較的遅くはじまり、その程度についても低く、文化についても相対的に後塵を拝している、と考えられている。しかしこの結論はなお歴史の「黙証」にもとづき形成された推測であり、有効な証明とは言えない。理屈から言えば、新羅は武徳四年から正式に使者をつかわして朝貢し、貞観二十二年に至って「請改章服（章服を改むるを請）」い、永徽元年貞徳女王が献じた『太平頌』にはその文学レベルと儒家思想とが体現されており、こののちの開元年間にいたると唐玄宗によって「頗知書記、有類中華。（頗ぶる書記を知り、中華に類する有り。）」（『旧唐書・東夷列伝』）と賞賛されている、この過程は一朝一夕にしてなるものではなく、これには必ず比較的浅からぬ基礎があろう。しかも唐代には最終的に新羅の拡張政策および統一を支持することを選択しており、これは政治戦略上の考えのほかに、そのほかの要素があるはずがない。故にある種の観点からは、新羅と唐王朝が関係を樹立したのち、「さらの固有の文化を保存していることが比較的多いため、内外を融合することができ、新旧を調和して燦爛たる独特の文化を生みだしたのである。特にその国都は高句麗・百済二国のごとく容易に外敵の侵攻と脅しを受けることはなく、そのために長期にわたって平和を保つことを得、多方面にわたってその文化が育まれたことによって高められ、先進諸国と肩を並べることが出来るようになり、はなはだしきにいたってはある部分においては高句麗と百済の二国をはるかに上回っていたのである。[一六]」。『天地瑞祥志』は新羅人によって著されたという事実とその体現している唐初知識思想の受容状況、それらのことはこの急変した過程に内在する情報について示すもので、われわれに早期新羅文化史に対する新たな視点を与えている。

文献は知識思想をのせるうつわであり、その伝播と受容というのはもとより文化交流のもっとも顕著な外在的反映であるが、しかしながら受容側の文化水準の高低の必然的なメルクマールとはならない、なぜならば文献の受容はもし知識思想の有効な吸収方法を形成できていなければ、ほとんどその意義がないからである。『天地瑞祥志』が証明しているもっとも重要な事実というのは、唐高宗の麟徳年間にいたるまで、新羅はすでにほとんどすべての領域の重要な中国文献をもっていただけでなく、中国文化の受容と消化についても相当程度に高いものとなっており、しかも同時に新羅自身の思考を行っていたのである。

『天地瑞祥志』は機械的な格義という方法によって「祥瑞」と「五行災異」を理解し、さらに「候百事之徴」を主として諸端を混ぜ合わせているとはいえ、しかし王の聖徳によって「災消福至」が達成されるという主観意識が強調されていることはやはり比較的突出しているもので、たとえば序例に引く『晋書』五行志に「夫帝王者、配徳天地、叶契陰陽、発号施令、動開幽顕、休咎之徴、随感而作。故『書』曰、『恵迪吉、従逆凶、唯影響也。』（夫れ帝王なる者は、徳を天地に配し、陰陽と叶契し、号を発し令を施し、幽顕を動開し、休咎の徴、感に随ひて作こる。故に『書』に曰く、『迪に恵へば吉、逆に従へば凶、唯れ影響たり』と。）」（巻一）とみえ、ならびに引用する唐太宗の詔書が君主の「修徳」等を強調することは、いずれもこの類に属すものである。韓国学者の権悳永は、七世紀中葉の新羅は国内外で激しい闘争を繰り広げ、矛盾が幾重にも重なる局面をむかえており、文武王が矛盾を解消し社会を整えるためにとった、その方法の一つが上天の符瑞を借りることであったという見方を提示し、同時にこれこそが薩守真が『天地瑞祥志』を編纂したゆえんとするのである。[一七] この結論は重視するに値する。なぜなら薩守真の上啓中に明確にその編纂主旨が「伏奉令旨、使祇承譴誡、預避災孽、一人有慶、百姓乂安。（伏して令旨を奉じ、祇みて譴誡を承け、災孽を預避せしむれば、一人に慶有り、百姓も乂安す。）」と説明しており、新羅の知識エリートの儒家政治哲学に対する初歩的な受容を示しているのである。これと関わるものは「天学」に対する重視であり、善徳王十六年（六四六）より瞻星台を作り「以候天文[一八]（以て天文を候）」し、『天地瑞祥志』には天文の内容が含まれており、「聖帝明王、莫不欽若昊天、祇承譴誡。（聖帝明王、欽みて昊天に若ひ、祇みて譴誡を承けざる莫し。）」（巻一）と強調しており、いずれもその中国の天学観念とすでに相当に同じいことを反映している。これより以後、新羅の天学の伝統はさらに自らの道を歩みながら、絶えることなく、中国の政治天文学の思想原則との終始高度な一致をみせたのである。

『天地瑞祥志』の編纂および政治哲学についての受容は、新羅知識人がすでに顕著な歴史意識を備えていたことを示している。その書は歴史を編纂したものではないとはいえ、歴史の休咎を通じて過去未来を知り・悪をこらしめ善を称揚するという歴史観念は、その重要な出発点のひとつなのである。経験を貴ぶ農業社会のなかにおいて、歴史の総括に対して重きを置くのはその文化が層次的に成長するのに必要な条件である。新羅士人は真興王の時期には国史を編纂する意図をもっており、『三国史記』巻四に「(真興王)六年、伊餐異斯夫奏曰『国史者、記君臣之善悪、示褒貶於万代。不有修撰、後代何観。』主深然之、命大阿餐居柒夫等、広集文士、俾之修撰。（(真興王）六年、伊餐異斯夫奏して曰く『国史なる者は、君臣の善悪を記し、褒貶を万代に示す。修撰有らざれば、後代何をか観ん。』と。主深く之を然りとし、大阿餐居柒夫等に命じて、広く文士を集め、之をして修撰せしむ。)」といい、『天地瑞祥志』に引かれる歴史著作は、経部の『尚書』・『春秋左伝』のほかに、正史の『史記』・『漢書』・『晋書』・『宋書』・『三国志』がみえ、その他の史書には『国語』・『戦国策』・張璠『漢紀』・『呉録』・『呉越春秋』・『南越志』・『魏略』・『華陽国志』・王隠『晋書』・『晋紀』・『晋中興書』・『趙書』・『前趙録』・『陳留耆旧伝』・『風土記』等があり、まさに上述の歴史意識の形成が深く厚い基礎を備えたことをあきらかに示している。

もっとも注意に値することは、『天地瑞祥志』の編纂は新羅の技術的知識の受容と認知とを体現していることである。上述のごとく、技術的知識は中上古時期に暦律・天文星占およびその他の占卜の中に主として体現されている。全体的に言えば、占卜（Divination）は機械的方法あるいは人為的技術によって秘密あるいは未来の事情を獲得するという一種の観念と行為である。それは本質の上であやまりに基づく思想で間違った方法をとっているとはいえ、その旨によって自然と人事の因果の関係をあらわし、経験世界の規律を支配することを追求しており、ゆえに必然的に精密な「技術」と「機械」の手段を明らかにすることに汲々としており、このことから客観的に種種の知識を獲得することが出来たのである。『天地瑞祥志』の具体的占候の内容は基本的には『乙巳占』や『開元占経』と同じであり、星占（日月占を含む）・雲気風雨等占・夢占・植物占・動物占・器物占などが含まれている。星占以外の内容はもっとも多岐にわたり、例えば植物占には禾・秬・稲・黍・稷・秫・粟・穄・菽・麦・麻・蚕・草・蓍・芝英・蓂莆・華平・朱草・蓂英・福並・延嘉・紫蓬・平甫・賓連・萍実・屈軼・蜚廉・菊・蒺藜・苦藚・薏苡・姜・爪・薺・葶藶・水藻・艾・三蔓・葵・福草・礼草・葳蕤が有り、器物占には宅捨・光・血・肉・毛・衣服・床・刀剣・鏡・鼎・釜・甑・甕・印璽・金縢・環・玉・貝・蘓・胡鈎・山・石・船・車などがあり、動物占はさらにおおくのものを含んでいる。すべての占われるものは、おおむねまず知識的な紹介、たとえば『説文』・『爾雅』・『方言』・『釈文』・『広雅』の関連する文を述べ、次に各家の著述にいわれる徴象と吉凶の占断が述べられ、ときにははなはだしいものは『瑞応図』等によって図像に描き出され、あるいは詩賦が付され、『宋書』符瑞志等がわずかに瑞応を述べるのみであり『開元占経』は占断に偏重するのと、明らかに異なるものである。この種の大量の材料を引用してさらに注釈を加えるという編纂方式は、客観的な効果があり、『天地瑞祥志』を成熟した類書と似た、ある種の意義上では百科知識全書とならしめたのである。

天文を重視することは、必ず天文観測を重視していることである。天文観測というは星占のために行われたものであるが、またある種の意義上においては星占を超越した一種の前科学の実践なのである。中国古代の天文観測の成果は絶えず精密な星官システムと分野システムに向かっていき、李淳風にいたって新たに高度なものへと到達した。『天地瑞祥志』は「広集諸家天文（広く諸家の天文を集め）」ることを通して、この成果を基本的に受容・消化し、それにより天文観測の基礎を定め、朝鮮半島の天文学の伝統の持続的発展を保証したのである。

『天地瑞祥志』は主として徴象体系を立てることにあり、そのため占卜技術、特にさらにそれを一歩深めた「天数」・「易数」・「律数」の内容、に及ぶことは比較的少ない、しかしそれは決して新羅がこの類の最高級の技術性の知識に対しての把握がなかったのではない。薩守真の上啓中に次のようにいう。

韓揚『天文』□□月蝕、応暦数不占、不応暦数乃占。又揚『天文』序曰、「魏甘露五年正月乙酉、日有食之、君弱臣強、反征其主。五月、高貴作難也。」吾亦将借子之矛、以刺子猷。今以暦術勘甘露五年日食、是合暦数、然而有殃也。由此観之、韓揚雷同、不詳是非。

韓揚の『天文』□□月蝕、暦数に応ずれば占せず、暦数に応ぜざれば乃ち占す。又た揚の『天文』序に曰く、「魏の甘露五年正月乙酉、日の之れを食する有り、君弱くして臣強し、反して其の主を征す。五月、高貴難を作すなり。」と。吾も亦た将に子の矛を借り、以て子の猷を刺せん。今暦術を以て甘露五年の日食を勘するに、是れ暦数に合す、然れども而《すなは》ち殃有るなり。此に由り之を観るに、韓揚の雷同、是非を詳らかにせず。

暦術はもっとも科学的要素をそなえた古代知識であり、交食を推算することはそのうちの重要な一端である。韓揚は晋人であり（一九）、彼の時の日月食を推算する精度は決して高くはなかったため、その著たる『天文要集』の中には「応暦数不占、不応暦数乃占」という自ら定めた原則に違反する事例が出現している。この後南北朝時期の張子信が太陽運動の不規則性を発見してより、隋代の『皇極暦』が入交定日の推算方法を創立するに至るまで、交食の予測精度は大きく高まった。当然、「暦術によって史書に記載される日食記録をたしかめること」と「日食の観測によって暦法を確かめること」との精度的要求は同じものではない。しかし薩守真は「以暦術勘甘露五年日食（暦術を以て甘露五年の日食を勘）」して「是合暦数

（是れ暦数に合す）」という結論を得ており、このことは少なくとも二つのことを説明できる。一つめはすでに意識的に確かめ算が始められており一定の交食計算のレベルをもっていたこと。二つめはこの意識と能力とはその個人および集団の関係する知識レベルとかかわりがあるにちがいないこと。これらのことから、新羅人士が先進知識を受容する速度と程度とは目を見張るものがあることがしれよう。

　さらに『三国史記』巻七・新羅本紀・文武王十四年（六七四）に「春正月、入唐宿衛大奈麻徳福伝学暦術還、改用新暦法。（春正月、入唐して宿衛せし大奈麻の徳福暦術を伝学して還り、改めて新暦法を用ふ。）」といい、朝鮮時代の人士はこの新暦法が『麟徳暦』であると考えており、「文武王十四年即唐高宗上元元年甲戌、徳福之自唐還在是年、而李淳風『麟徳暦』前此九年、唐已頒用、則徳福之所伝学、其為『麟徳暦』無疑也。（文武王十四年は即ち唐高宗上元元年甲戌、徳福の唐自り還るは是の年に在り、而して李淳風『麟徳暦』は此に前んずること九年、唐已に頒用すれば、則ち徳福の伝学するところ、其れ『麟徳暦』為ること疑ひ無し。）」(三〇)という。現代の学者もまたみなこの説に同意している。(三一)具体的な暦法の使用は、政治的な「夏時を用いる」ということを超越した技術史的意義を備えているのである。『麟徳暦』は李淳風の撰したもので、麟徳二年（六六五）に頒布され、欠点もあったとはいえ、なお唐代に実際に用いられた暦法の中で比較的よいもので、多くの独創性をもっていた。(三二)『麟徳暦』は開元十六年（七二八）に至るまで全六十四年間使用され、日本には文武元年（六九七）にはじめて行われ、日本では儀鳳暦と呼ばれ、全六十七年間用いられた。(三三)新羅は唐で頒布された九年後からこの暦を用いており、おそらくは『麟徳暦』を日本へと伝えた中介者であったのであろう、これは同様に新羅の暦法技術に対する認知程度を証明するものといえよう。

　以上に述べてきたように、『天地瑞祥志』はかなりの程度で七世紀中葉の三国統一以前の新羅の思想文化の発展レベルを反映しており、新羅文化の成就の早期の姿と底の深さを示しているといえよう。当然、『天地瑞祥志』の意義は新羅文化史あるいは新羅—唐文化交流史の範囲内にとどまるものではなく、また唐代「天下」文化という偉大なものの有力な柱でもあるのである。

附記

　本稿の執筆には韓国東国大学（慶州校区）白承錫教授・中国吉林四平師範学院権赫子博士・北京大学歴史系郭津嵩の大いなる助けを得、また復旦大学「中古史共同研究班」諸氏の貴重なご意見を得た。ここに記して感謝申し上げる。

《注》

（一）既知のものには以下のものがある。中村璋八「天地瑞祥志について—附引用書索引」（『漢魏文化』七、漢魏文化研究会、一九六八年）、太田晶二郎「天地瑞祥志略説—附けたり、所引の唐令佚

文」（『東京大学史料編纂所報』七、一一―一五、一九七二年）、水口幹記『日本古代漢籍受容の史的研究』（汲古書院、二〇〇五年）、権悳永「『天地瑞祥志』作者新考―新羅天文地理書伝至日本一例」（『白山学報』第五二号、一九九九年）、Choi Hyun-hua, Kim Yong-chun, Lee Kyung-seob「『天地瑞祥志』研究試論」（東国大学校大学院『大学院研究論集』三三、二〇〇三年）、Kim Yil-kwen「『天地瑞祥志』的歴史意義以及於韓国史研究的資料価値―以〈高麗史〉引用文献為中心再考察編纂者問題」（『韓国古代史研究』二六、二〇〇二年）、黄正建『敦煌占卜文書与唐五代占卜研究』（北京：学苑出版社、二〇〇一年）、水口幹記、陳小法「日本所蔵唐代佚書天地瑞祥志略述」（『文献』二〇〇七年第一期）。最近では、游自勇「稀見唐代天文史料三種・前言」（載高柯立選編『稀見唐代天文史料三種』、国家図書館出版社、二〇一一年）に総論がある。

（二）この「唐人」は最も狭義に取る。つまり各藩属国地地域の唐代の人士を含まない。

（三）（韓）権悳永「〈天地瑞祥志〉作者新考―新羅天文地理書伝至日本一例」（『白山学報』、第五二号、一九九九年）。

（四）游自勇「稀見唐代天文史料三種・前言」（高柯立選編『稀見唐代天文史料三種』、北京、国家図書館出版社、二〇一一年）。

（五）（高麗）一然『三国遺事』（韓国学民文化社影印明武宗正徳七年慶州刊本、二〇〇七年、第一一〇頁）。

（六）水口幹記『日本古代漢籍受容の史的研究』（汲古書院、二〇〇五年）第一九五頁。

（七）游自勇は、今本『天地瑞祥志』は唐代の避諱をおこなわないことから、十七世紀に抄写者が改めたもので、「封禅」中の唐人の避諱である「景寅」は直し損なっている、とする（『稀見唐代天文史料三種』前言）。筆写者が大多数の避諱を直しているにもかかわらずもっとも常用の「景寅」を直し忘れていたというのは、人を承服させるには足りなかろう。先に論じたように、「景寅」の避諱は、薩守真が封禅改元詔令によって直接鈔録した結果であろう。

（八）「光於……」、「化浹……」、「握金鏡」、「運玉衡」といった語はしばしば唐代詔令奏議中にみえ、いずれも帝王であってはじめて用いることが出来るものである。

（九）水口幹記『日本古代漢籍受容の史的研究』（汲古書院、二〇〇五年）第一九八―二〇〇頁。

（一〇）伝存本『天地瑞祥志』巻一「災消福至」の巻頭には「臣守真表曰」という一段がある。しかしこの段の後半部分は『晋書』五行志を全録したもので、全体の内容も『晋書』五行志の「消禍福至」にもとづくもので、巻首啓文の錯簡であることはありえない、また他の上啓あるいは上表でもない。啓文以下序例行文中には「臣聞」、「臣按」とあり、正文中には多く「守曰」、「表曰」とあり、この例はここに見える一例のみである。かつ「表曰」云々というのは他称であり、唐代上表では一般的に「臣某某稟言」ということばからはじまる。要するに、「臣守真表曰」中の「表」字というのは誤衍であろう。

（一一）朴文一、金亀春主編『中国古代文化対朝鮮和日本的影響』第一編第四章（黒龍江朝鮮民族出版社、一九九九年）第九四―一〇七頁を参照。

（一二）矢島玄亮『日本国見在書目録の研究』（汲古書院、一九八四年）第二四九頁。

（一三）（韓）権悳永「〈天地瑞祥志〉作者新考―新羅天文地理書伝至

日本一例」(『白山学報』五二、一九九九年)。

(一四)(韓)金日権「〈天地瑞祥志〉的歴史意義以及於韓国史研究的資料価値—以〈高麗史〉引用文献為中心再考察編纂者問題」(『韓国古代史研究』二六、二〇〇二年)。

(一五)(韓)権悳永「〈天地瑞祥志〉作者新考—新羅天文地理書伝至日本一例」(『白山学報』五二、一九九九年)。

(一六)張湧泉『漢語俗字研究』(商務印書館、二〇一〇年)第一八〇—一八一頁。

(一七)太田晶二郎「〈天地瑞祥志〉略説—附けたり、所引の唐令佚文」(『東京大学史料編纂所報』七、一一—一五、一九七二年)。

(一八)趙益『古典術数文献述論稿』(中華書局、二〇〇五年)第一〇七頁。

(一九)李零「従簡帛発現看古書的体例和分類」注一一(『中国典籍与文化』二〇〇一年第一期)。

(二〇)葛兆光『中国思想史』第一巻(復旦大学出版社、一九九八年)第五九七頁。

(二一)『隋志』はもともとは三級の類目を設けていない。「五行」に内在する類別については、姚振宗『隋書経籍志考證』(『二十五史補編』本、中華書局)および拙著『古典術数文献述論稿』(中華書局、二〇〇五年)第四三—一二七頁の関係する個所を参照。

(二二)『新唐書』芸文志は『乙巳占』と『開元占経』を「天文類」に入れており、これはおおよそ星占の内容的比重が比較的多いことによるのだろう。しかし実際はこの帰属は妥当とはいえない。二書はやはり典型な占候の書であり、天文星占を主としているにすぎないのである。『四庫全書総目』もやはり『開元占経』を「術数」の「占候」に帰属させており、当を得ているといえよう。

(二三)『晋書』五行志は「五行志」の意義をあらたに帰納しなおし「綜而為言、凡有三術。其一曰、君治以道、臣輔克忠、万物咸遂其性、則和気応、休徴效、国以安。二曰、君違其道、小人在位、衆庶失常、則乖気応、咎徴效、国以亡。三曰、人君大臣見災異、退而自省、責躬修徳、共御補過、則消禍而福至。此其大略也。」とする。

(二四)中国については、比較的典型的なものには韓国磐「南北朝隋唐与百済新羅的往来」(『歴史研究』、一九九四年第二期)がある。近年来、中韓学者は金石碑銘等の新出史料に対して比較的多くの討論をしており、拜根興「朝鮮半島現存金石碑誌与古代中韓交往—以唐与新羅関係為中心」(『陝西師範大学学報(哲学社会科学版)』第三六巻第四期、二〇〇七年)を参照。

(二五)代表的な研究成果は拜根興『七世紀中葉唐与新羅関係研究』(中国社会科学出版社、二〇〇三年)および韓昇『東亜世界形成史論』(復旦大学出版社、二〇〇九年)、『海東集—古代東亜史実考論』(上海人民出版社、二〇〇九年)等がある。

(二六)(韓)李丙燾『韓国史大観』(許宇成訳、正中書局、一九八五年)第八三頁。

(二七)(韓)権悳永「〈天地瑞祥志〉作者新考—新羅天文地理書伝至日本一例」(『白山学報』五二、一九九九年)。

(二八)(朝鮮)金致仁等編修、李萬運等増補、朴容大等修訂『増補文献備考』巻二増補(韓国明文堂影印本、二〇〇〇年)第四〇頁。

(二九)『隋書経籍志』に『天文要集』四十巻を著録しており、注に「晋太史令韓揚撰」とある。

(三〇)(朝鮮)金致仁等編修、李万運等増補、樸容大等修訂『増補文献備考』巻一按語(韓国明文堂影印本、二〇〇〇年)第一七頁。

(三一)陳尚勝『中韓交流三千年』(中華書局、一九九七年)第八五頁。

(三二) 陳遵嬀『中国天文学史』(上海人民出版社、二〇〇六年) 第一〇四六頁。

(三三) 張培瑜等『中国古代曆法』(中国科学技術出版社、二〇〇八年) 第四七一頁。

《編者注》

本稿は、『南京大学学報 (哲学・人文科学・社会科学版)』二〇一二年第三期に発表されたものを翻訳したものである。そのため、注に挙げられた論文については、論文集所収以前の文献が挙がっているものもある。注 (一) に挙げられた中村璋八論文は、同『日本陰陽道書の研究　増補版』(汲古書院・二〇〇〇年)、太田晶二郎論文は、『太田晶二郎著作集』第一冊 (吉川弘文館・一九九一年)、権悳永論文及び游自勇の「前言」は本論集第一部所収である。

第二部　『天地瑞祥志』翻刻・校注篇

『天地瑞祥志』概説と翻刻について
―『天地瑞祥志』翻刻・校注の前書きとして―

水口　幹記

本論集において翻刻・校注をする『天地瑞祥志』は全二十巻で構成されている天文を中心とした専門類書であるが、『隋書』経籍志や『旧唐書』経籍志・『新唐書』芸文志などの目録類にも見えず、現在中国には残されていない。日本にのみ残されたいわゆる佚存書である。日本では『日本三代実録』貞観十八年（八七六）八月六日条を初見とし、以後、江戸時代に至るまで陰陽道関係文献を中心として様々な場面で利用されていたことが確認できる。平安時代の将来漢籍目録である『日本国見在書目録』にも「天地瑞祥志廿」と見え、平安期には全二十巻が将来されていたことが確認できる。

現在、現存最古の写本である前田育徳会尊経閣文庫本（江戸時代の貞享三年［一六八六］写）のほか、尊経閣本の忠実な書写本である京都大学人文科学研究所本（昭和七年［一九三二］）などが存在しているが、全巻が伝存しているのではなく、「第一」「第七」「第十二」「第十四」「第十六」「第十七」「第十八」「第十九」「第廿」と約半数の九巻が残存しているのみである。

本書は、残存している「第一」の「啓」によると、麟徳三年（六六六）四月に「大史臣薩守真」により「大王殿下」へ提出されたものであることがまず確認できるが、麟徳三年は正月に改元しているため四月は存在しないことなど不審な点が多く見られ、その成立に関して多くの疑義が呈されている。特に本書の編纂地については、唐であるのか新羅であるのかで議論が分かれている[一]。

本書は中村璋八「天地瑞祥志について（附引書索引）[二]」・太田晶二郎「『天地瑞祥志』略説―附けたり、所引の唐令佚文―[三]」により研究の先鞭がつけられたが、その後しばらくは専論が書かれることはなかった。しかし、水口幹記が『日本古代漢籍受容の史的研究[四]』の中で詳細に検討をすることにより、本書への注目が日本国内のみならず、中国やいくつかの論文がすでに出されていた韓国でも改めて集まることになり、現在三国間で活発な議論が行われるまでになった[五]。

しかしながら、本書に関しては中国において影印本が刊行されているものの[六]、全文を翻刻し、校注を付したものはまだなく、一般の研究者には基礎文献すら入手できない状況であり、依然本書をめぐる研究状況が良いとは決して言うことができない。

そうした状況を変えるために、二〇一一年秋に数名の有志により『天地瑞祥志』研究会（代表・水口幹記）を立ち上げ、基本的に毎月一回の輪読会を行ってきている。難解なテキストであるため、残念ながら遅々として進まずという状況であるが、いくつかの巻は公開することができる状況となった。以下に、これまでに公開した成果を掲げておく。なお、これらは決してそれぞれの担当者だけの手になるものではなく、研究会の参加者による意見の集約であることを付言しておく。

・水口幹記・田中良明「京都大学人文科学研究所所蔵『天地瑞祥志』翻刻・校注―「第一」の翻刻と校注（一）―」（『藤女子大学国文学雑誌』第九三号、二〇一五年）

・佐野誠子・佐々木聡京都大学人文科学研究所所蔵『天地瑞祥志』第十四翻刻・校注（『名古屋大学中国語学文学論集』第二九輯、二〇一五年）

・水口幹記・田中良明「京都大学人文科学研究所所蔵『天地瑞祥志』翻刻・校注―「第一」の翻刻と校注（二）―」（『藤女子大学国文学雑誌』第九四号、二〇一六年）

・洲脇武志「京都大学人文科学研究所所蔵『天地瑞祥志』第十六翻刻・校注 ―「五行」「木」「火」「土」―」（『大東文化大学 中国学論集』第三五号、二〇一七年）

・山崎藍・佐々木聡・佐野誠子『天地瑞祥志』第十七翻刻・校注（上）」（『名古屋大学中国語学文学論集』第三一輯、二〇一八年）

・深澤瞳「京都大学人文科学研究所所蔵『天地瑞祥志』第十六翻刻・校注―「月令」（一）」（『武蔵野大学日本文学研究所紀要』第六号、二〇一八年）

《注》

（一）本論文集第一部には、新羅成立説の権悳永論文、趙益・金程宇論文、唐成立説の游自勇論文を収載している。

（二）中村璋八『日本陰陽道書の研究　増補版』（汲古書院、二〇〇〇年。初出は一九六八年）。

（三）『太田晶二郎著作集』第一冊（吉川弘文館、一九九一年。初出は一九七三年）。

（四）汲古書院、二〇〇五年。

（五）現時点（二〇一八年）での直接的に本書を対象とした研究論文などの紹介は、水口幹記「関於伝到日本的術数書、占書」（南京大学古典文献研究所主編『古典文献研究』第二十一輯上巻、鳳凰出版社、二〇一八年）参照。

（六）中国で二種類の影印本が刊行されている。一つは薄樹人主編『中国科学技術典籍通彙』天文巻四（河南教育出版社、一九九三年）に含まれているものであり、二つは高柯立選編『稀見唐代天文史料三種』（国家図書館出版社、二〇一一年）に含まれているものである。共に、底本は北京の国家図書館本（京大人文研本のコピーと思われる）であるが、後者のほうが図版が大きく見やすい。

『天地瑞祥志』翻刻・校注凡例

原文

一、底本には高柯立選編『稀見唐代天文史料三種』（国家図書館出版社、二〇一一年）に所収の影印本を用い、京都大学人文科学研究所本で確認をした。

一、底本は文章の改行に無秩序な箇所があるが、読者の便を図り、引用書や文脈により適宜段落を設け、各々に01、02、……と番号を付して①に記した。

一、底本は鈔本であり、行草体や筆写特有の字体を含むが、適宜楷書化し、通行の字体に改めた。

一、底本の双行注（割り注）は山括弧〈　〉に入れて示し、欠字は□で示している。

一、底本に書き入れが有る際、または、底本の字作りが前田尊経閣文庫所蔵『天地瑞祥志』（以下「尊経閣本」と略す）と異なる際には、①の本文の右旁に［一］［二］……と付し、文末に書き入れや校異を記した。但し、僅かでも字体が異なる文字をすべて挙げることは繁雑の難があるため、鈔本に頻見する異体字の類で、一見して同義の文字であると判断可能な文字は、これを略して載せていない。

校訂

一、①に示した原文を適宜正字に改め、句読点などの記号を付したものを②に記した。略字・異体字については、「日」と「曰」、「弖」と「氐」、「文」と「父」、「大」と「太」などの鈔本に多く見られる字形が混同される文字や、その字形が甚だしく相異する場合以外は、特に断りなく改めている。

一、①に示した原文に衍字が有ると認めた場合は、②に衍字を丸括弧（　）に入れて示し、脱字・誤字が有ると認めた場合は、適宜文字を挿入・改正した。

一、右の誤字・衍字・脱字を②に示す際、①に記した原文の書き入れ、もしくは尊経閣本を根拠とした箇所には白丸○を、他の関連資料を根拠とした箇所には四角□を付した。書き入れと他の関連資料の両者を根拠とした箇所には、白丸○しか付していない。

一、右に記した根拠以外、前後の文脈などに依拠して誤字・衍字・脱字を判断した箇所には黒丸●を付し、特記すべき事項が有れば②の文末に注記した。

訓読

一、②の文章を訓読し、③に記した。

注釈

一、関連資料は③の右傍に（一）（二）……と付し、④に提示した。

一、④には、関連資料の書名、篇名と本文を記し、『天地瑞祥志』本文と対応する箇所に傍線を付している。また、引用箇所に注釈が付いている場合、本文中に（1）（2）の番号を付して、本文の後に併記した。なお、引用文が長大に渉る際には、本文・注釈とともに『天地瑞祥志』本文と関連しない箇所を省略した。

一、②で四角□を付して誤字・衍字・脱字を示した際に根拠となった文字については、④の当該文字を□で囲み示した。

一、『天地瑞祥志』本文中の「守曰」の「守」が『天地瑞祥志』撰者の「薩守真」であることは逐一注記しない。

※なお、底本の文字の判定や正字の確定などは、コンピューター処理の可能な限り努めたが、最終的な判断は担当者に一任した。また、『天地瑞祥志』本文の体裁が各巻によって異なるため、各巻の注釈の体裁も、各担当者に一任している。

第十二　翻刻・校注
―「風総載」「風期日」―

水口　幹記

【概要】

第十二は風と雨に関する巻である。それぞれ「揔載」により、風雨に関する基本事項が示され、その後、各項目にわかれる。本巻には、「対敵占」「翼氏」など多くの佚文が見られることも特徴である。また、本巻に関しては、通行本である四庫全書本『開元占経』とは異なる伝存本（異本）と共通する記述が多く見られ、注目される。本稿では、佐々木聡氏が紹介した静嘉堂文庫所蔵本を主として利用している（佐々木聡『開元占經』閣本の資料と解説』、東北アジア研究センター、二〇一三年）。

○小篇目

01①

天地瑞祥志第十二

風捴載　風期日　正月朔旦風

五音風　六情風　八風〈主客附見〉

〔一〕廻風

雨捴載　候雨　候雨晴

四時雨〈正月朔附見〉　當雨不雨　徧雨

无雲而雨〈軍雨附見〉　異雨　霖雨

［一］「廻」に作る。

01②

天地瑞祥志第十二

風揔載　風期日　正月朔旦風

五音風　六情風　八風〈主客附見〉

廻風

雨揔載　候雨　候雨晴

四時雨〈正月朔附見〉　當雨不雨　徧雨

无雲而雨〈軍雨附見〉　異雨　霖雨

01③

天地瑞祥志第十二

風揔載　風期日　正月朔旦風

五音風　六情風　八風〈主客附見〉

廻風

雨摠載　　　雨を候う　　　雨晴を候う
四時雨〈正月朔附見〉　當に雨ふるべくして雨ふらず
偏雨
雲無くして雨ふる〈軍雨附見〉　異雨　　霖雨

○風摠載
【概要】
風の性質・種類、及びそれらに関する占文が載せられている。

01①
風〈福雄反平〉
01②
風〈福雄反平〉
01③
風〈福雄(一)の反、平。〉。
01④
(一)『篆隷萬象名義』
風〈甫融反。凬、古文。飌、古文。凮、古文。教也、放、告也、衆也、聲也。〉。
『大廣益会玉篇』篇中・風部
風〈甫融切。風以動萬物也。風者萠也。以養物成功也。散也、告也、聲也。〉。
『一切經音義』巻十四
諷誦〈福鳳反。諷謂詠讀也。誦謂背文也。〉。

02①
元命苞曰陰陽怒為風也
02②
『元命苞』曰、「陰陽怒爲風也。」
02③
『元命苞(一)』に曰く、「陰陽怒りて風と爲るなり。」と。
02④
(一)『太平御覽』巻九・天部九・風
春秋元命苞曰、陰陽怒爲風。
靜嘉堂文庫本『開元占經』巻九十一
元命包曰、陰陽怒爲風。

03①
五経通義曰陰陽散為風ゝ氣无根也
03②
『五經通義』曰、「陰陽散爲風。風氣無根也。」
03③
『五經(一)通義』に曰く、「陰陽散りて風と爲るなり。風氣は無根なり。」と。
03④
(一)『文選』巻十三・賦庚・物色・風賦・宋玉・李善注
五經通義曰、陰陽散爲風、風氣無根也。

静嘉堂文庫本『開元占經』巻九十一
五經通義曰、陰陽散者爲風、風氣無根。

04①
述仙記曰長安霊臺上有相風銅鳥遇千里風乃動

04②
『述征記』曰、「長安靈臺、上有相風銅鳥。遇千里風、乃動。」

04③
『述征記』(一)に曰く、「長安に靈臺あり、上に相風の銅鳥有り。千里の風に遇はば、乃ち動く。」と。

04④
（一）『藝文類聚』巻一・天部上・風
述征記曰、長安宮南有靈臺、有相風銅烏。或云、此烏遇千里風、乃動。
『太平御覧』巻九・天部九・風
述征記曰、長安宮南靈臺、上有相風銅烏。或云、此烏遇千里風、乃動。
〔參考〕『隋書』經籍志・史・地理に「述征記　二巻　郭縁生撰」とある。

05①
崔豹古今注曰相風鳥夏禹所作也

05②
『崔豹古今注』曰、「相風鳥、夏禹所作也。」

05③
『崔豹古今注』(一)に曰く、「相風鳥、夏禹の作る所なり。」と。

05④
（一）『太平御覧』巻九・天部九・風
崔豹古今注曰、司風鳥、夏禹所作。
『古今注』上・輿服第一
伺風鳥、夏禹所作也。

06①
翼氏候風以鷄毛八雨遠五大竿

06②
翼氏、候風、以鷄毛八兩、立五丈竿。

06③
翼氏、「風を(一)候《うかが》うは、鷄の毛八兩を以てし、五丈竿を立つ。」と。

06④
（一）『乙巳占』巻十・候風法第六十八
凡候風者、必於高迥平原、立五丈長竿。以雞羽八兩爲葆、屬於竿上以候風。
『開元占經』巻九十一・風占・候風法
凡候風、必於高平暢達之地、立五丈竿。以鷄羽八兩爲葆、屬竿上、候風吹羽葆平直則占。

07①

黄帝占曰風初遅後疾其風来遠初急後緩其風来近鳴條以上百里
風拔木者五百里風飛石者千里風

07②
『黄帝占』曰、「風初遲後疾、其風來遠。初急後緩、其風來近。
鳴條以上百里風、拔木者五百里風、飛石者千里風。」

07③
『(一)黄帝占』に曰く、「風初め遲く後疾ければ、其の風來たること遠し。初め急にして後緩やかならば、其の風來たること近し。條《えだ》を鳴らす以上ならば百里風、木を拔かば五百里風、石を飛ばせば千里風。」と。

07④
（一）『乙巳占』卷十・占風遠近法第六十九
凡風動、初遲後疾、其來遠。初急後緩、其發近〈此以遲疾、推風發遠近。〉。凡風動葉十里、鳴條百里、揺搖枝二百里、墮葉三百里、折小枝四百里、折大枝五百里。一云、飛砂石者千里。或云、折木千里、拔木樹及根五千里〈此鳴條已上、皆百里風也。此以勢力、推風遠近。〉。
靜嘉堂文庫本『開元占經』卷九十一
黄帝曰、風之動皆不安也。初遲後疾、其來遠。初急後緩、其道近。從鳴條以上百里風也。拔木五百里、飛沙千里。

08①
對敵占曰三日三夜天下盡風二日二夜天下半風一日一夜万里風
之也

08②
『對敵占』曰、「三日三夜天下盡風、二日二夜天下半風、一日一夜萬里風、之也。」

08③
『對敵占』に曰く、「(一)三日三夜なれば天下盡風、二日二夜なれば天下半風、一日一夜なれば萬里風、之なり。」と。

08④
（一）『太平御覽』卷九・天部九・風
抱朴子曰、用兵之要、惟風爲急。扶搖獨鹿之風大起軍中、軍中必有反者。風高者道遠、風下者道近。風不鳴葉者十裡、鳴條搖枝百里、大枝五百里、仆大木千里、折大木五千里。三日三夕、天下盡風。二日二夕、天下半風。一日一夕、萬里風。
『乙巳占』卷十・占風遠近法第六十九
凡大風非常、三日三夜者天下盡風也。二日二夜者天下半風也。一日一夜者萬里風也〈此以時節多少、推風發遠近。〉。
靜嘉堂文庫本『開元占經』卷九十一
抱朴子曰、用兵之要、唯風氣爲急。扶搖獨鹿之風、大起軍中、軍中必有反者。風高者道遠、風下者道近。風不鳴葉者十里。鳴條搖枝、四百里。折大枝、五百里。仆大木、千里。折大木、五千里。　三日三夜天下盡風、二日二夜天下半風、一日一夜萬風。

〔參考〕『隋書』經籍志・子・兵家に「對敵占風　一卷」、「對敵占　一卷」とある。

09①

漢書五行志曰□□思心之不容是謂不聖〈思心者思慮也容寛之也〉其罸常風〈言丙旱寒奥亦風為本也四氣皆乱故其罸常風也〉左傳曰僖公十六年正月六鷁退飛過宋都風也〈過迅風而退風髙不為物害故不記風之異也〉劉歆以為風發於所至宋而髙鷁髙蜚而逢之則退以経見者為文故記退蜚傳以實應著言風常風之罸也象宋襄公區霿自由[一]不不容臣下逆司馬子魚之諌而与強楚争盟〈師古子魚公子自夷也桓公之子而為司馬争盟謂鹿上之盟以求諸侯於楚子魚諌曰小國争盟禍也公不聽之也〉後六年為楚所執〈師古曰僖廿一年楚執家[二]公以伐宋距六鷁退飛凡六年也〉漢文帝五年呉暴風雨壊城官府民室時呉王濞[三]謀為逆乱天或[四]數見終不改竆後誅滅也五年十月楚王都彭城大風従東南来毀市門殺人是月王戊初嗣立後坐淫削國与呉王謀反刑戮諌者呉在楚東南或若曰勿与呉為悪将敗市朝王戊不竆卒隨呉已也昭帝元鳳元年燕王都薊大風雨〈師古曰薊縣名燕國之所都也〉拔宮中樹七圍以上十六枚壊城樓燕王旦不竆謀反發覺卒伏其辜也□京房易傳曰潛龍勿用衆逆同志至德迺潛厥異風其風也行不解物不長也〈師古曰不解物謂逢之而不解散也不長所起者近也〉雨小而傷政悖德隱茲謂乱厥風先風不雨大雨暴起發屋折木守義不進茲謂耄厥風与雲倶起折五穀莖臣易上政茲謂不順厥風大猋發屋〈師古[五]曰猋疾風也音必遥反〉賦斂不理茲謂禍厥風絶経紀〈如淳曰有所破壊絶匹帛之属也晋灼南北為経東西為緯絲因風暴乱不端理之也〉止即温〻即虫侯専封茲謂不統厥風疾而樹不播穀不成辟不思道利茲謂无澤〈師古曰道讀曰導不思道示於下而安利之也〉厥風不摇木旱无雲傷乗公常於利茲謂乱〈師古[六]曰公上爵也常於利謂心常求利也〉厥微而温生蟲蝖害五穀棄正作淫茲謂惑厥風温蝖蟲起害有益人之物侯不朝茲謂叛厥風无恒地變赤殺人也

［一］右旁に「用歟」とある。

［二］「宋」に作る。

［三］「濞」に作る。

［四］右旁に「戒歟」とある。

［五］「占」に作るが、京大人文研本は、「占恐古語以下倣之」という頭注を付す。

［六］「占」に作る。

09②

『漢書』五行志曰、「□□思心之不睿、是謂不聖〈思心者思慮也、睿寛之也。〉。其罰常風〈言雨・旱・寒・奥、亦風爲本也。四氣皆亂、故其罰常風也。〉。『左傳』曰、「僖公十六年正月、六鷁退飛、過宋都。風也〈遇迅風而退、風高不爲物害、故不記風之異也。〉。」劉歆以爲風發於它所、至宋而高、鷁高蜚而逢之、則退。經以見者爲文、故記退蜚。傳以實應著、言風、常風之罰也。象宋襄公區霿自用、不（不）容臣下、逆司馬子魚之諫、而與强楚爭盟〈師古、「子魚、公子目夷也。桓公之子、而爲司馬。爭盟、謂鹿上之盟、以求諸侯於楚。子魚諫曰、「小國爭盟、禍也。」公不聽之也。」〉、後六年爲楚所執〈師古曰、「僖廿一年、楚執宋公以伐宋。距六鷁退飛凡六年也。」〉。漢文帝五年、呉暴風雨、壞城官府・民室。時呉王濞謀爲逆亂、天戒數見、終不改寤、後誅滅也。五年十月、楚王都彭城大風從東南來、毀市門、殺人。是月王戊初嗣立。後坐淫削國、與呉王謀反、刑戮諫者。呉在楚東南、天戒若曰、勿與呉爲惡、將敗市朝。王戊不寤、卒隨呉亡也。昭帝元鳳元年、燕王都薊大風雨〈師古曰、「薊、縣名、燕國之所都也。」〉、拔宮中樹七圍以上十六枚、壞城樓。燕王旦不寤、謀反發覺、卒伏其辜也。『京房易傳』曰、「潛龍勿用、衆逆同志、至德迺潛、厥異風。其風也、行不解物、不長也〈師古曰、「不解物、謂逢之而不解散也。不長、所起者近也。」〉、雨小而傷。政悖德隱、茲謂亂、厥風先風不雨、大雨暴起、發屋折木。守義不進、茲謂耄、厥風與雲俱起、折五穀莖。臣易上政、茲謂不順、厥風大焱發屋〈師古曰、「焱、疾風也。音必遥反。」〉。賦斂不理、茲謂禍、厥風絶經紀〈如淳曰、「有所破壞、絶匹帛之屬也。」晋灼、「南北爲經、東西爲緯、絲因風暴、亂不端理之也。」〉、止即溫、々即蟲。侯專封、茲謂不統、厥風疾、而樹不搖、穀不成。辟不思道利、茲謂无澤〈師古曰、「道讀曰導、不思道示於下而安利之也。」〉、厥風不搖木、旱無雲、傷禾。公常於利、茲謂亂〈師古曰、「公、上爵也。常於利、謂心常求利也。」〉、厥風微而溫、生蟲螟、害五穀。棄正作淫、茲謂惑、厥風溫、螟蟲起、害有益人之物。侯不朝、茲謂叛、厥風无恒、地變赤、殺人也。」。」

09③

『漢書』(一)五行志に曰く、「思心の不睿《えい》、是れを不聖と謂ふ〈思心は思慮なり、睿は寛 之れなり。〉。其の罰は常風なり〈言ふこころ雨・旱・寒・奥、亦た風 本と爲すなり。四氣皆な亂れ、故に其の罰は常風なり。〉。『左傳』(二)に曰く、「僖公十六年正月、六つの鶂《げき》退き飛び、宋都を過ぐ。風なり〈迅風に遇ひて退き、風高く物害を爲さず、故に風の異に記さざるなり。〉」と。劉歆以爲へらく風 它所に發し、宋に至りて高くして、鶂高く蜚《と》びて之に逢ひ、則ち退く。經は見る者を以て文と爲す、故に退蜚と記す。傳は實應を以て著す、風と言ひ、常風の罰なり。宋の襄公區霧《こうぼう》にして自らを用ゐ、臣下を容れず、司馬子魚の諫めに逆らい、强き楚と盟を爭い〈師古、「子魚、公子目夷なり。桓公の子にして、司馬と爲る。爭盟は、鹿上の盟にして、以て諸侯を楚に求めるを謂ふ。子魚諫めて曰く、「小國 盟を爭うは、禍なり。」と。公 之れを聽かざるなり。」と。〉、後六年にして楚の執らうる所と爲るを象る〈師古曰く、「僖廿一年、楚は宋公を執らえ以て宋を伐つ。六鶂退飛するを距てること凡そ六年なり。」と。〉。漢文帝五年(三)、呉に暴かに風雨あり、城の官府・民室を壞す。時に呉王濞 謀りて逆亂を爲し、天戒数しば見《あらわ》るるも、終に改寤せず、後に誅滅せらるるなり。五年(四)十月、楚王の都彭城に大風 東南從り來たりて、市門を毀し、人を殺す。是の月王戊 初めて嗣ぎて立つ。後に淫に坐し國を削られ、呉王と反を謀り、諫めし者を刑戮す。呉は楚の東南に在り、天戒めて、呉と惡を爲す勿れ、將に市朝に敗れんとす、と曰ふが若し。王戊寤《さと》らずして、卒に呉に隨いて亡ぶるなり。昭帝元鳳元年(五)、燕王の都薊《けい》大いに風雨あり〈師古曰く、「薊は、縣名なり、燕國の都する所なり。」と。〉、宮中の樹七圍以上なるもの十六枚を拔き、城樓を壞す。燕王旦 寤らずして、謀反発覚し、卒に其の辜《つみ》に伏するなり。『京房易傳』(六)に曰く、「潛龍用うる勿れ、衆逆は志を同じくし、至徳は迺ち潛りて、厥の異は風なり。其の風や、行ひて物を解さず、長からざるなり〈師古曰く、「物を解さずとは、之に逢ひて解散せざるを謂ふなり。不長とは、起こる所の者近きなり。」と。〉、雨小《すくな》くして傷《そこな》う。政悖《みだ》れ徳隱る、茲れを亂と謂ひ、厥の風は先ず風ふき雨ふらず、大雨暴かに起こりて、屋を發《あば》き木を折る。義を守りて進まず、茲れを耄と謂ひ、厥の風は雲と倶に起こり、五穀の莖を折る。臣の上の政を易《か》う、茲れを不順と謂ひ、厥の風は大焱にして屋を發く〈師古曰く、「焱は、疾風なり。音は必遥の反なり。」と。〉。賦斂理せず、茲れを禍と謂ひ、厥の風は經紀を絶ち〈如淳曰く、「破壞せらるる有り、匹帛を絶つの屬なり。」と。晉灼、「南北を經と爲し、東西を緯と爲し、絲 風暴に因り、亂れて理を端《ただ》さざる之れなり。」と。〉、止まば即ち溫く、溫ければ即ち蟲わく。侯の封を專らにす、茲れを不統と謂ひ、厥の風は疾く、而るに樹搖れず、穀 成らず。辟《きみ》 道《みちび》きて利するを思わず、茲れを無澤と謂ひ〈師古曰く、「道は讀みて導と曰ひ、道きて下に示して之を利に安んずるを思わざるなり。」と。〉、厥の風は木を揺らさず、旱りして雲無く、禾を傷う。公の利を常にす、茲れを亂と謂ひ〈師古曰く、「公は、上爵なり。利を常にするとは、心は常に利を求むるを謂ふなり。」と。〉、厥の風は微にして溫く、蟲螟を生じ、五穀を害す。正《まつりごと》を棄て淫を作す、茲れを惑と謂ひ、厥の風は溫く、螟蟲起こり、有益なる人の物を害す。侯の朝せず、茲れを叛と謂ひ、厥の風は恒無く、地は赤に變じ、人を殺すなり。」と。

と。

09④

(一)(六)『漢書』卷二十七下之上・五行志第七下之上

傳曰、「思心之不容、是謂不聖、厥咎霿、厥罰恆風、厥極凶短折。時則有脂夜之妖、時則有華孽、時則有牛禍、時則有心腹之痾、時則有黃眚黃祥、時則有金木水火沴土。」「思心之不容、是謂不聖。」思心者、心思慮也。容、寬也。…貌言視聽、以心爲主、四者皆失、則區霿無識、故其咎霿也。雨旱寒奧、亦以風爲本、四氣皆亂、故其罰常風也。常風傷物、故其極凶短折也。…釐公十六年「正月、六鶂退蜚、過宋都」。左氏傳曰「風也」。劉歆以爲風發於它所、至宋而高、鶂高蜚而逢之、則退。經以見者爲文、故記退蜚。傳以實應著、言風、常風之罰也。象宋襄公區霿自用、不容臣下、逆司馬子魚之諫、而與彊楚爭盟[1]、後六年爲楚所執[2]、應六鶂之數云。京房易傳曰、「潛龍勿用、衆逆同志、至德乃潛、厥異風。其風也、行不解物、不長[3]、雨小而傷。政悖德隱、茲謂亂、厥風先風不雨、大風暴起、發屋折木。守義不進、茲謂耄、厥風與雲俱起、折五穀莖。臣易上政、茲謂不順、厥風大焱發屋[4]。賦斂不理、茲謂禍、厥風絕經(紀)〔緯〕[5]、止即溫、溫即蟲。侯專封、茲謂不統、厥風疾、而樹不搖、穀不成。辟不思道利、茲謂無澤[6]、厥風不搖木、旱無雲、傷禾。公常於利、茲謂亂[7]、厥風微而溫、生蟲蝗、害五穀。棄正作淫、茲謂惑、厥風溫、螟蟲起、害有益人之物。侯不朝、茲謂叛、厥風無恆、地變赤而殺人。」

（1）師古曰、「子魚、公子目夷也、桓公之子、而爲司馬。爭盟、謂爲鹿上之盟、以求諸侯於楚。子魚諫曰、『小國爭盟、禍也。』公不聽之。」

（2）師古曰、「僖二十一年、楚執宋公以伐宋。距六鷁退飛凡六年。」

（3）師古曰、「不解物、謂物逢之而不解散也。不長、所起者近也。」

（4）師古曰、「猋、疾風也。音必遙反。」

（5）如淳曰、「有所破壞、絕匹帛之屬也。」晉灼曰、「南北爲經、東西爲緯、絲因風暴、亂不端理也。」

（6）師古曰、「道讀曰導、不思導示於下而安利之。」

（7）師古曰、「公、上爵也。常於利、謂心常求利也。」

（二）『春秋左氏傳』僖公傳十六年・杜預注

〔經文〕十有六年、春…是月、六鷁退飛。

傳十六年春、隕石于宋五、隕星也。六鷁退飛、過宋都、風也〈六鷁遇迅風而退飛、風高不爲物害、故不記風之異。〉。

（三）『漢書』卷二十七下之上・五行志第七下之上

文帝五年、吳暴風雨、壞城官府・民室。時吳王濞謀爲逆亂、天戒數見、終不改寤、後卒誅滅。

（四）『漢書』卷二十七下之上・五行志第七下之上

五年十月、楚王都彭城大風從東南來、毀市門、殺人[1]。是月王戊初嗣立。後坐淫削國、與吳王謀反、刑僇諫者。吳在楚東南、天戒若曰、勿與吳爲惡、將敗市朝。王戊不寤、卒隨吳亡。

（1）師古曰、「謂楚相張尚・太傅趙夷吾也。僇、古戮字。下皆類此。」

（五）『漢書』卷二十七下之上・五行志第七下之上

昭帝元鳳元年、燕王都薊大風雨[1]、拔宮中樹七圍以上十六枚、壞城樓。燕王旦不寤、謀反發覺、卒伏其辜。

（1）師古曰、「薊、縣名、燕國之所都。」

10①

尓雅曰四氣和為通正謂之景風〈李巡曰景風大平之風也〉

10②

『爾雅』曰、「四氣和爲通正、謂之景風〈李巡曰、景風　大平之風也。〉」

10③

『爾雅』[一]に曰く、「四氣和し通正爲る、之を景風と謂ふ〈李巡曰く、「景風は大平の風なり。」と。〉。」と。

10④

（一）『爾雅』釋天

春爲青陽、夏爲朱明、秋爲白藏、冬爲玄英。四氣和謂之玉燭、春爲發生、夏爲長嬴、秋爲收成、冬爲安寧。四時和爲通正[1]〈通平暢也〉謂之景風、甘雨時降、萬物以嘉、謂之醴泉祥。

（1）『爾雅注疏』釋天第八・爾雅疏卷第六

釋曰、此釋太平之時四氣和暢以致嘉祥之事也。…李巡云、…云四時和爲通正者、言上四時之功和是爲通暢平正也。云謂之景風者、言所以致景風、景風即和風也。
『藝文類聚』巻一・天部上・風
爾雅曰、四氣和爲通正、謂之景風。
『太平御覽』巻九・天部九・風
又(爾雅)曰、四氣和爲通正〈道平暢也。〉、謂之景風〈所以致景風也。〉。
静嘉堂文庫本『開元占經』巻九十一
爾雅、四氣和爲通正、謂之景風〈李淳風曰、景風太平之風也。〉。

11①
論衡曰儒者論太平瑞應皆言五日一風ゝ不鳴條也〈遁甲巫鈴曰風順四時而来謂之香風翼氏曰風起有漸甚止此謂之徳合風也和命出則風動而散不鳴條清明来久長而不動揺樹木離地二三丈者此龍徳者在下也風不及地二三尺下不埸埃此仁賢君子之風也〉

11②
『論衡』曰、「儒者論太平瑞應、皆言五日一風、風不鳴條也〈『遁甲巫鈴』曰、「風順四時而來、謂之香風。」翼氏曰、「風起有漸甚止、此謂之徳合風也。和命出、則風動而散不鳴條、清明來久長、而不動揺樹木、離地二三丈者、此龍徳者在下也。風不及地二三尺、下不揚埃、此仁賢君子之風也。」。〉」

11③
『論衡』(一)に曰く、「儒者は太平の瑞應を論じ、皆な五日に一たび風ふくも、風 條を鳴らさずと言ふなり〈『遁甲巫鈴』(二)に曰く、「風 四時に順いて來たるは、之を香風と謂ふ。」と。翼氏(三)曰く、「風起こりて漸らく甚だ止まる有るは、此れ之を徳合風と謂ふなり。命に和して出づれば、則ち風動きて散るも條を鳴らさず、清明にして來たること久しく長く、而して樹木を動揺せず、地から離れること二三丈ならば、此れ龍徳なる者は下に在るなり。風の地に及ばざること二三尺にして、下に埃を揚げざるは、此れ仁賢君子の風なり。」と。〉」と。

11④
(一)『論衡』第五十二・是應篇
儒者論太平瑞應、皆言氣物卓異、朱草・醴泉・翔鳳(風)・甘露・景星・嘉禾・萐脯・蓂莢・屈軼之屬。又言山出車、澤出舟(馬)、男女異路、市無二價、耕者讓畔、行者讓路、頒白不提挈、關梁不閉、道無虜掠、風不鳴條、雨不破塊、五日一風、十日一雨。
『藝文類聚』巻一・天部上・風
論衡曰、儒者論太平瑞應、皆言五日一風、風不鳴條。
(二)静嘉堂文庫本『開元占經』巻九十一
遁甲巫咸鈴曰、香風不清、則八風相乘、則王者有事。注云香風者、風清者而香音長也。順四時來、春以甲乙、夏以丙丁、秋以庚辛、冬以壬癸、此香也。風刑來則五穀不登、兵革竝興也。
〔參考〕「遁甲」を名に含む書はあるが、「遁甲巫鈴」は『隋書』経籍志などに見られない。但し、『天地瑞祥志』
には、他に第十八に二例見られる。

(三)『藝文類聚』巻一・天部上・風

風俗通曰、風或清明來久長。不搖樹本枝葉、離地二三丈者、此有龍德在其下。風或清、不及地二三尺者、此君子之風。

『太平御覧』巻八七二・休咎部一・風

風角曰、風清明、高不及地二三尺、此下有聖人。或清明、其來久長、而不動搖樹木枝葉、此龍德在其下。

12①

六韜曰人主好田獵則歳多大風穀不實也

12②

『六韜』曰、「人主好田獵、則歳多大風、穀不實也。」

12③

『六韜』(二)に曰く、「人主 田獵を好まば、則ち歳多く大風あり、穀 實らざるなり。」と。

12④

(一)『六韜』佚文(百部叢書集成・武經七書)

人主好田獵畢弋、不避時禁則歳多大風、禾穀不實。

『太平御覧』巻九・天部九・風

六韜曰、人主好田獵畢弋、則歳多大風、禾穀不實。紂時如此。

靜嘉堂文庫本『開元占經』巻九十一

六韜曰、人主好畋獵畢弋、則歳多大風、禾穀不實。

13①

對敵占曰軍始出有風嗡一軍之上氣色塵埃皆鳥前髙後卑其兵雖衆主将敗死〈不死當啓瘧瘡之也〉兵出行及始立軍之曰順風者軍引風従後来吹旗幡翩ヽ前指此必勝得天助也鬼風者軍引千人過去蹤跡隨滅此名鬼風如此擧軍不還旍旗无故乱而繞竿逆大風甚雨或人馬驚車折軸金鐸之聲下而濁鞞鼓之音湿如木敗之也〈旍旗繞竿者将軍死繞自解有救者也〉大風其雨旍旗皆前指金鐸之聲陽以清鞞鼓之音宛而鳴此皆得神明助勝之微也

13②

『對敵占』曰、「軍始出、有風嗡一軍之上、氣色塵埃皆爲●前高後卑、其兵雖衆、主將敗死〈不死當啓瘧瘡、之也。〉。兵出行及始立軍之日、順風者、軍引、風從後來吹、旗幡翩翩前指、此必勝得天助也。鬼風者、軍引、千人過去蹤跡隨滅、此名鬼風。如此擧軍不還。旍旗无故亂、而繞竿。逆大風甚雨、或人馬驚、車折軸。金鐸之聲下而濁、鞞鼓之音濕如木、敗之徴也〈旍旗繞竿者、將軍死。繞自解、有救者也。〉。大風甚雨、旍旗皆前指、金鐸之聲揚以清、鞞鼓之音宛而鳴。此皆得神明助、勝之徴也。」

13③

『對敵占』に曰く、「軍始(二)めて出づるに、風有り一軍の上に嗡《おさ》まり、氣色塵埃皆な前高後卑を爲せば、其の兵 衆しと雖も、主將敗死す〈死せざるも當に瘧《ぎゃくそう》瘡を啓くべき、之れなり。〉。

兵出行、及び始めて軍を立つるの日、順風は、軍を引き、風後ろ從り來たり吹き、旗幡翩々として前指すれば、此れ必ず勝ちて天助を得るなり。鬼風は、軍を引き、千人過ぎ去るも蹤跡は隨いて滅ぶ、此れを鬼風と名づく。此の如くして軍を擧ぐるも還らず。旃旗《せいき》故無くして亂れ、而して竿を繞る。大風甚雨に逆らい、或は人馬は驚き、車は軸を折る。金鐸の声下すも濁り、鞞鼓《へいこ》の音濕ること木の如きは、敗の徵なり〈旃旗 竿を繞らば、將軍死ぬ。繞るも自ら解かば、救う者有るなり。〉。大風ありて甚だ雨ふるも、旃旗皆な前を指し、金鐸の声揚ぐるに以て清く、鞞鼓の音宛《うつ》しく鳴る。此れ皆な神明の助を得、勝の徵なり。」と。

13④

（一）『武經總要』後集・巻十七

謝臨曰、初出軍、及三日内行、次風勢蓬勃、逆來沖我、旗難擧、人聲怯、馬不嘶、從後或從傍起、吹沙觸塵、人馬行過步回視無跡者、此名鬼風、軍必敗。

『靈臺秘苑』巻五・兵負風

初出軍及三日内、風勢蓬勃、逆來沖我、旌旗不擧、人聲怯、馬不嘶、或從後、或從傍起、吹沙揚塵、人馬行過、步或無跡、此名鬼風。

『六韜』巻三・龍韜・兵徵第二十九

又有大風甚雨之利。三軍無故、旌旆前指、金鐸之聲揚以清、鼙鼓之聲宛以鳴。此得神明之助、大勝之徵也。行陣不固、旌旆亂而相遶。逆大風甚雨之利、士卒恐懼、氣絕而不屬。戎馬驚奔、兵車折軸。金鐸之聲下以濁、鼙鼓之聲濕以沐。此大敗之徵也。

14①

抱朴子曰軍始發細風相觸軍必无功

14②

『抱朴子』曰、「軍始發、細風相觸、軍必无功。」

14③

『抱朴子』に曰く、「軍始めて發するに、細き風あり相い觸れば、軍必ず功無し。」と。

14④

（一）『太平御覽』巻十・天部十・雨

抱朴子曰、軍始發、大風甚雨起於後、大勝之征也。軍始出、雨沾衣者、是謂潤兵、軍有功。雨不足沾衣裳、是謂泣軍、必敗。又曰、無雲而雨、是謂雨血、將軍當揚兵講武以應之。雨軍中尤甚者、將軍戰必無功也。

15①

大公兵法曰三刑會一辰風従其上来者坐者急起行者急走大賊方至ゝ必久戦ゝ必宜固守〈假令大歳在子ゝ刑卯十一月建子刑在卯今日甲子刑又在卯此歳月日刑皆會在卯故曰三會一辰他皆效此也矣〉

15②

『大公兵法』曰、「三刑會一辰、風從其上來者、坐者急起、行者急走、大賊方至。至必久戦、戦必宜固守〈假令、大歳在子、子刑卯。十一月建子、刑在卯。今日甲子、刑又在卯。此歳月日刑、皆會在卯、故曰三會一辰。他皆效此也矣。〉。」

15③

『大公兵法』(一)に曰く、「三刑 一辰に會し、風 其の上從り來たらば、坐する者は急に起ち、行く者は急に走り、大賊は方に至る。至らば必ず久しく戦い、戦はば必ず宜しく固守すべし〈假令《たとひ》、大歳子に在らば、子の刑は卯なり。十一月 子を建《さ》すは、刑は卯に在り。今 日甲子ならば、刑は又た卯に在り。此れ歳月日の刑、皆な會して卯に在り、故に三會一辰と曰ふ。他皆な此れに效うなり。〉。」と。

15④

（一）『五行大義』巻二・第十一論刑

故兵書云、刑上風來、坐者急起、行者急住。即此謂也。云三刑者、如寅刑在巳、巳刑在申。寅日申時、巳上起風、或巳上見妖、謂之三刑也。他亦效此。

16①

對敵占曰風従歳月日時刑上来太将戦死王相為客死休癈主人死

16②

『對敵占』曰、「風從歳月日時刑上來、太將戰死、王相爲客死休癈、主人死。」

16③

『對敵占』(一)に曰く、「風 歳月日時の刑上從り來たらば、太將戰死し、王相 客死休癈と爲し、主人死す。」と。

16④

（一）新美寛編・鈴木隆一補『本邦残存典籍による 輯佚資料集成続』（以下、輯佚続）・子部・第十・兵家類「對敵占風」収載。

〔參考〕『靈臺秘苑』巻五・營寨警急風

城寨相守、勝負未決、風從歳月日時刑上來者、勢遲緩者宜防賊至、必大戰。

17①

翼氏曰凡虜盗賊皆在刑下風従月刑上来為賊日刑上来賊夜来攻矣〈凡風卆営中若従外入若従刑上来若孤虚上来皆有害姧耶陰賊時弥凶當有姧人反間者誡之也〉

17②

翼氏曰、「凡虜・盜賊、皆在刑下、風從月刑上來、爲賊、日刑上來、賊夜來攻矣〈凡風卒營中、若從外入、若從刑上來、若孤虚上來、皆有害奸耶。陰賊時弥凶。當有奸人反間者、誡之也。〉。」

17③

翼氏(一)曰く、「凡そ虜《いのこ》・盜賊、皆な刑の下に在り、風 月の刑上從り來たらば、賊と爲り、日の刑上より來たらば、賊は夜る來攻す〈凡そ風卒かに營中にあり、若しくは外從り入り、若しくは刑上從り來たり、若しくは孤虛の上より來たらば、皆な害奸有り。陰賊時に弥いよ凶なり。當に奸人の反間する者有るべし、之れを誡しむるなり。〉。」と。

17④

（一）輯佚続・子部・第十三・五行類「風角要候」収載。

18①

黄帝曰其風氣温和天清明軍且解若寒尅日光沈没不明此兵不解必戦風往来相湯必交戦也

18②

『黄帝』曰、「其風氣溫和、天清明、軍且解、若寒尅日、光沈没不明、此兵不解必戰。風往來相揚、必交戰也。」

18③

『黄帝』(一)に曰く、「其の風氣溫和にして、天清明ならば、軍且《まさ》に解け、寒さ日に尅ちて、光沈没して明らかならざるが若きは、此れ兵解けずして必ず戰う。風往來して相い揚ぐれば、必ず交戰するなり。」と。

18④

（一）輯佚続・子部・第十一・天文家類「黄帝占」収載。（輯佚続では、「黄帝占」の直前に置かれているが、これは誤りだろう。）

19①

抱朴子曰兩軍相向風与天上氣相逢必大戦

19②

抱朴子曰、兩軍相向、風與天上氣相逢、必大戰。

19③

『抱朴子』(一)に曰く、「兩軍相い向かうに、風と天上の氣と相い逢はば、必ず大戰あり。」と。

19④

（一）出典不明。

20①

河圖曰五剛之日風従剛上来賊亦従風所来

20②

『河圖』曰、「五剛之日、風從剛上來、賊亦從風所來。」

20③

『河圖』(一)に曰く、「五剛の日、風剛上從り來たらば、賊も亦た風の來たる所に從ふ。」と。

20④

（一）『緯書集成』巻六「河圖」収載。

21①

翼氏曰風初起加時為人數多少不應辰數則應月數〈假令初起時加子賊ゝ九人時加丑八人餘効此一日所乗辰亦為人數王者十而倍之相者十之休癈倍之囚死如數若半之也〉風夜起晝止此兵伏夜行如此比三者大賊方圍城也風一日之中従四維来名曰四轉還復其故慮名曰五復勿問音情則有誅殺反叛之事也

21②

翼氏曰、風初起、加時爲人數多少、不應辰數、則應月數〈假令、初起時加子、賊〔賊〕九人、時加丑、八人。餘効此。一日所乘辰、亦爲人數、王者十而倍之、相者五□之、休癈倍之、囚死如數、若半之也。〉。風夜起晝止、此兵伏夜行。如此比三者、大賊方圍城也。風一日之中從四維來、名曰四轉還復。其故拠●名曰五復。勿問音情、則有誅殺反叛之事也。

21③
翼（一）氏曰く、「風初めて起ち、時に加えて人數の多少と爲し、辰數に應ぜざれば、則ち月數に應ぜよ〈假令、初めて起つる時に子を加えれば、賊は九人、時に丑を加えれば、八人なり。餘は此れに効へ。一日 辰に乘ずる所、亦た人數と爲し、王者は十にして之を倍し、相者は之れを五〔倍〕にし、休癈は之れを倍し、囚死は數の如く、之れを半するが若きなり。〉、風夜起ち晝止まば、此れ兵伏して夜行す。此の如く三者を比ぶれば、大賊方に城を囲むなり。風一日の中に四維從り來たらば、名づけて四轉還復と曰ふ。其れ故に名に拠りて五復と曰ふ。音情を問うこと勿れば、則ち誅殺反叛の事有るなり。」と。

21④
（一）輯佚続・子部・第十三・五行類「風角要候」収載。

『靈臺秘苑』巻五・占賊知數風
欲知賊數多少、視風所來之門爲月期所。辰爲來道里以止起、時支干爲人數乘王氣十倍、相氣五倍、休廢如數、囚死減半。

『乙巳占』巻十・占風出軍法
軍行左右有風起、賊有伏兵。忽有風起西北、卻復東南、四轉五覆、主將貪虐、士卒謀逆。

22①
抱朴子曰春丙丁夏戊巳秋壬癸冬甲乙此日有大暴疾雨寒尅者賊方入男也春庚申辛酉夏壬子癸亥秋丙午丁巳冬戊辰己未丑四季月甲寅乙卯三不止必有大赦也

22②
『抱朴子』曰、「春丙丁、夏戊巳、秋壬癸、冬甲乙、此日有大暴・疾雨・寒尅者、賊方入男也。春庚申・辛酉、夏壬子・癸亥、秋丙午・丁巳、冬戊辰・己未丑、四季月甲寅・乙卯、三不止必有大赦也。」

22③
『抱朴子』に曰く、「春（一）丙丁、夏戊巳、秋壬癸、冬甲乙、此の日大暴・疾雨・寒尅有らば、賊方に男に入るなり。春（二）庚申・辛酉、夏壬子・癸亥、秋丙午・丁巳、冬戊辰・己未丑、四季月甲寅・乙卯、三たび止まざれば必ず大赦有るなり。」と。

22④
（一）『通典』巻一六〇
蕭世識曰、春丙丁・夏戊己・秋壬癸・冬甲乙、此日有疾風猛雨也。吾勘太乙中有飛鳥十、精知風雨期、五子元運式也。各候其時、可以用火也。

（二）『命理探源』巻三・强弱・四廢
協紀辯方云、春庚申・辛酉、夏壬子・癸亥、秋甲寅・乙卯、冬丙午・丁巳。以日主爲主、年月時不論、如春月逢庚申・辛酉日、皆爲四廢。

23①
春秋潛苞曰天赤有大風發屋折木兵大起

23②
『春秋潛苞』曰、「天赤有大風、發屋折木、兵大起。」

23③
『春秋潛苞』（一）に曰く、「天赤くして大風有り、屋を發き木を折らば、兵大いに起つ。」と。

23④
（一）『太平御覽』卷八七六・咎徵部三・赤風
春秋潛潭巴曰、天赤有大風、發屋折木、兵大起、行千里。

24①
對敵占曰諸大風從日中至夜半灾及人君從夜半至丙巳及大臣小國諸侯

24②
『對敵占』曰、「諸大風從日中至夜半、災及人君。從夜半至丙巳、及大臣・小國諸侯。」

24③
『對敵占』（一）に曰く、「諸大風 日中從り夜半に至らば、災は人君に及ぶ。夜半從り丙巳に至らば、大臣・小國の諸侯に及ぶ。」と。

24④
（一）輯佚続・子部・第十・兵家類「對敵占風」收載。

25①
翼氏曰日月光明風摩天有音聲而下枝葉不動者君不施政於下也天宴然无雲氣卆大風發屋折木走沙石者害大興必兵戦也

25②
翼氏曰、「日月光明、風摩、天有音聲而下、枝葉不動者、君不施政於下也。天宴然无雲氣、卒大風、發屋折木、走沙石者、害大興、必兵戰也。」

25③
翼氏（一）曰く、「日月光明にして、風摩《せま》り、天に音声有りて下り、枝葉動かざるは、君 政を下に施さざるなり。天宴然として雲氣無く、卒かに大風ふき、屋を發き木を折り、沙石を走らせば、害大いに興り、必ず兵戰うなり。」と。

25④
（一）輯佚続・子部・第十三・五行類「風角要候」收載。

26①
翼氏曰君任小人專權則風觸地出上天也風起冥ゝ黄霧四塞太陽翳精主上昏乱政教不明揚砂石与天連日月无光而此君臣暴虐其政不理所致也

26②
翼氏曰、「君任小人專權、則風觸地、出上天也。風起、冥ゝ黄霧四塞、太陽翳精、主上昏亂、政教不明。揚砂石、與天連日月無光、而此君臣暴虐、其政不理所致也。」

26③

翼(二)氏曰く、「君 小人を任じ權を專にすれば、則ち風 地に觸れ、上天より出づるなり。風起ち、冥々と黃霧四塞し、太陽翳精ならば、主上昏亂し、政教明らかならず。砂石を揚げ、天と連なりて日月光無くば、此の君臣暴虐にして、其の政 致す所理《ただ》さざるなり。」と。

26④

(一)『玉葉』治承四年五月四日条

天地瑞祥志云、淮南子曰、人主之精通于天、故誅暴則多飄風。翼氏曰、君任小人專權、則風觸地〈土上天也。〉。又曰、廻風發屋折木、飛沙走石、軍有敗。又曰、廻風數起、臣迷君政。春秋緯曰、天赤有大風、發屋折木、兵大起。京房曰、廻轉風［入］宮、人主慎之。太公曰、廻風暴起、營中欲發火。

27①

淮南子曰人主之精通于天故誅暴則多飄風〈傳曰暴起曰飄風也河上公老子注疾風也〉

27②

『淮南子』曰、人主之精通于天、故誅暴則多飄風〈傳曰、「暴起曰飄風也。」河上公老子注、「疾風也。」〉。

27③

『淮(二)南子』に曰く、「人主の精 天に通ず、故に誅 暴なれば、則ち飄風多し〈傳(二)曰く、「暴起を飄風と曰うなり。」と。河(三)上公老子注、「疾風なり。」と。〉。」と。

27④

(一)『淮南子』天文訓

人主之情、上通于天、故誅暴則多飄風、枉法令則多蟲螟、殺不辜則國赤地、令不收則多淫雨。

『太平御覽』卷九・天部九・風

又（淮南子）曰、人王之精通于天、故誅暴則多飄風。

『太平御覽』卷八七六・咎徵部三・風

淮南子曰、人王之精通于天、故誅暴則多飄。

『玉葉』治承四年五月四日条

天地瑞祥志云、淮南子曰、人主之精通于天、故誅暴則多飄風。翼氏曰、君任小人專權、則風觸地〈土上天也。〉。又曰、廻風發屋折木、飛沙走石、軍有敗。又曰、廻風數起、臣迷君政。春秋緯曰、天赤有大風、發屋折木、兵大起。京房曰、廻轉風［入］宮、人主慎之。太公曰、廻風暴起、營中欲發火。

(二)『毛詩注疏』・小雅・南山之什・何人斯

彼何人斯、其爲飄風、胡不自北、胡不自南、胡逝我梁、祇攪我心〈飄風、暴起之風攪亂也。〉。

(三)『老子道德經』河上公章句・虛無第二十三

飄風不終朝、驟雨不終日。（河上公注）飄風、疾風也。驟雨、暴雨也。言疾［風］不能長、暴［雨］不能久也。

28①
京房曰飃風留君門一日一夜不去乱兵在門飄風數相従入殿門且有凶疾憂以此巳暴風折柱色大憂

28②
京房曰、「飄風留君門一日一夜不去、亂兵在門。飄風數相從入殿門、且有凶・疾・憂。以此亡。暴風折柱、邑大憂。」

28③〔一〕
京房曰く、「飄風 君門に留まること一日一夜にして去らざれば、亂兵門に在り。飄風 數しば相い從いて殿門に入り、且に凶・疾・憂有らんとす。此れを以て亡ぶ。暴風柱を折り、邑大いに憂う。」と。

28④
（一）『太平御覽』巻八七六・咎徴部三・風
又（京房易妖占）曰、暴風折柱、邑大憂。暴風木折、吹草上屋、且有急令。獨祿風入宮、人主死。飄數相從入殿門、有凶・疾・憂、以此亡。飄留君門一日一夜不去、亂兵在門。獨祿風者、回轉風也。
靜嘉堂文庫本『開元占經』巻九十一
易妖占曰、暴風折柱、邑大憂。折木、且有急令。獨祿風入宮、人主死。飄數相從入殿門、有凶・憂民亡。飄留君門一日一夜不去、亂兵在門。獨祿蒙者廻轉風也。

○風期日

【概要】

五音（角・徴・宮・商・羽）を基準とした風の期日について、季節、さらには各季節を三等分（孟・中・季）し配分し、王・相・休・囚・死の五行消長の期日についても触れている。また、風変期後の風・雨の関係による占文が載る。本項目は、「翼氏」の一条（佚文）のみで構成されている。

01①
風期日□翼氏曰宮〔一〕日有風變期在四季商曰〔二〕有風變期在秋角曰〔三〕有風變期在春徴曰〔四〕有風變期在夏羽曰〔五〕有風變期在冬孟角期正月上旬仲角期二月仲旬季角変期三月下旬孟徴期四月上旬仲徴期五月中旬季徴期六月下旬孟商期七月上旬仲商期八月中旬季商期九月下旬孟羽期十月上旬仲羽期十一月中旬季羽期十二月下旬宮期一日一旬徴期三日三旬羽期五日五旬商期七日七旬角期九日九旬欲知灾変發從何方商角之日發在風所起〈假令風自南来灾在南〉宮羽徴日發在風所止〈假令風止午時灾在午也〉風以王相之日發者其應疾囚死之發者遲王日以日為期相日以月為期休癈以徴為期其會於大歳後者変不能發凡風皆用刑下及刑衡為期〈假令正月見灾當四月發者十月發餘效此又風所乗辰至月建辰為月期〉凡太変風期後三日若五日有大雨灾解若風雨倶起倶止有変不消風雨倶起雨先止風後止変亦不消出軍凶若風先止雨後止灾消出軍日亦吉風雨倶從一鄉来皆不占風因寒尅連日灾必深矣風雖為変日月清明不昏翳灾徴淺〔六〕也

〔一〕「宮」に作る。
〔二〕～〔五〕「曰」を消して、右傍に「日」。

［六］「浅」に作る。

01②

風期日

翼氏曰、宮日有風變期在四季、商日有風變期在秋、角日有風變期在春、徵日有風變期在夏、羽日有風變期在冬。孟角期正月上旬、仲角期二月仲旬、季角変期三月下旬、孟徵期四月上旬、仲徵期五月中旬、季徵期六月下旬、孟商期七月上旬、仲商期八月中旬、季商期九月下旬、孟羽期十月上旬、仲羽期十一月中旬、季羽期十二月下旬。宮期一日一旬、徵期三日三旬、羽期五日五旬、商期七日七旬、角期九日九旬。欲知災變發從何方、商角之日發在風所起〈假令、風自南來、災在南。〉、宮羽徵日發在風所止〈假令、風止午時、災在午也。〉。風以王相之日發者、其應疾。囚死之日發者、遲。王日以日爲期、相日以月爲期、休癈以徵爲期。其會於大歳後者、變不能發。凡風皆用刑下及刑衡、爲期〈假令、正月見災、當四月發者、十月發。餘効此。又風所乘、辰至月建、辰爲月期。〉。凡太變風期後三日若五日有大雨、災解。若風雨倶起倶止、有變不消。風雨倶起、雨先止風後止、變亦不消、出軍凶。若風先止雨後止、災消、出軍日亦吉。風雨倶從一鄕來、皆不占風。因寒尅連日、災必深矣。風雖爲變、日月清明、不昏翳、災徵淺也。

01③

風期日

翼（一）氏曰く、「宮日は風變期の四季に在ること有り、商日は風變期の秋に在ること有り、角日は風變期の春に在ること有り、徵《ち》日は風變期の夏に在ること有り、羽日は風變期の冬に在ること有り。孟角期は正月上旬、仲角期は二月仲旬、季角変期は三月下旬、孟徵期は四月上旬、仲徵期は五月中旬、季徵期は六月下旬、孟商期は七月上旬、仲商期は八月中旬、季商期は九月下旬、孟羽期は十月上旬、仲羽期は十一月中旬、季羽期は十二月下旬なり。宮期は一日一旬、徵期は三日三旬、羽期は五日五旬、商期は七日七旬、角期は九日九旬なり。災（二）變の何方從り發するを知らむと欲すれば、商角の日は風の起こる所に在るに發し〈假令へば、風 南自り來たらば、災は南に在り。〉。宮羽徵日は風の止む所に在るに發す〈假令へば、風 午時に止まば、災は午に在るなり。〉。風 王相の日を以て發せば、其の應は疾なり。囚死の日に發せば、遲なり。王日は日を以て期と爲す、相日は月を以て期と爲す、休癈は徵を以て期と爲す。其れ大歳の後に會せば、變 發すること能はず。凡そ風皆な刑下及び刑衡を用ゐて、期と爲す〈假令へば、正月見れし災、四月に當り發せば、十月發す。餘は此に効へ。又た風の乘ずる所、辰月建に至らば、辰をば月期と爲す。〉。凡そ太變風期後の三日若しくは五日に大雨有らば、災は解す。若し風雨倶に起こり倶に止まば、變有りて消えず。風雨倶に起こり、雨先に止み風後に止まば、變は亦た消えず、出軍は凶なり。若し風先に止み雨後に止まば、災は消え、出軍の日亦た吉なり。風雨倶に一鄕從り來たらば、皆な風を占はず。寒尅日を連ぬるに因り、災は必ず深し。風 災を爲すと雖も、日月清明にして、昏翳ならざれば、災徵は淺きなり。」と。

01④
（一）輯佚続・子部・第十三・五行類「風角要侯」収載。
（二）『乙巳占』巻十・占入兵営風第八十六
欲知定發何方、法。商角之日、變風發所從來。宮羽徴日、變風在刑上刑下、風所從起來為期。風從東、甲乙寅卯期〈他仿此。〉。

【付記】

本稿は、科学研究費助成事業基盤研究（B）（一般）「前近代東アジアにおける術数文化の形成と伝播・展開に関する学際的研究」（課題番号：16H03466）による研究成果の一部である。

第十六　翻刻・校注
―「金」「水」―

洲脇　武志

○金

【概要】本項目では、五行の一つである「金」について、前項「木」「火」「土」と同様に『漢書』五行志を始めとする正史「五行志」を引用し、併せて正史以外の関連資料を引用して解説している。なお、前項「五行」「木」「火」「土」については、洲脇武志「京都大学人文科学研究所所蔵『天地瑞祥志』第十六翻刻・校注―「五行」「木」「火」「土」―」（『大東文化大学中国学論集』第三五号、二〇一七年）を参照。

01①

金〈居音反平〉

01②

金〈居音反、平。〉。

01③

金〈居音の反、平（一）。〉。

01④

（一）『玉篇』巻一八
居音切。
『廣韻』下平
居吟切。

02①

釋名曰金者禁也陰氣始起万物禁止也

02②

『釋名』曰、「金者禁也。陰氣始起、萬物禁止也。」

02③

『釋名』（一）に曰く、「金は禁なり。陰氣 始起すれば、萬物 禁止するなり。」と。

02④

（一）『釋名』巻一・釋天
金、禁也。氣剛毅能禁制物也。
『白虎通』巻四・五行
金在西方、西方者、陰始起、萬物禁止。金之爲言禁也。

03①

漢志曰傳曰好戦攻軽百姓飾地郭侵邊境則金不従革〈孔安國曰

金可改更也鄭玄曰君行此為逆天西官為金无不消或入飛亡也董仲(一)曰人君好戦侵陵諸侯貪城邑之賂軽百姓之命則民喉效漸筋率白卑孔塞咎及於金工冶鋳化疑不成飛散亡咎反虫則白虎妄搏麒麟遠去是金不従革之也〉説曰金西方万物既成殺氣之始也故立秋而鷹隼撃秋分而微霜降其於王事出軍行師把旄杖鉞誓士(二)衆杭威武所以征畔逆暴乱金得其性矣若乃貪欲恣睢務立滅勝〈師古曰睢音呼季反〉不重民命則命失其性蓋工冶鑄金鐵冰滯涸堅不成者衆〈師古曰涸讀洋同沍凝也音下故反左傳曰固陰訝寒之也〉乃為変怪是為金不従革〈劉歆以為金石同類也今石者見別篇之也〉

［一］頭に「仲下舒脱歟」と書き入れあり（尊経閣本にはこの書き入れなし）。

［二］「士歟」と傍書あり。

03②

『漢志』曰、「傳曰、「好戰攻、輕百姓、飾城郭、侵邊境、則金不從革〈孔安國曰、「金可改更也」。鄭玄曰、「君行此、爲逆天西宮爲金。无不消、或入飛亡也」。董仲曰、「人君好戰、侵陵諸侯、貪城邑之賂、輕百姓之命、則民喉效、漸筋攣鼻孔塞。咎及於金、工冶鑄化凝不成、飛散亡。咎及蟲、則白虎妄搏、麒麟遠去。是金不從革、之也」。〉」。説曰、「金、西方。萬物既成、殺氣之始也。故立秋而鷹隼擊、秋分而微霜降。其於王事、出軍行師、把旄杖鉞、誓士衆、抗威武。所以征畔逆暴亂。金得其性矣。若乃貪欲恣睢、務立威勝〈師古曰、「睢音、呼季反」〉、不重民命、則金失其性。蓋工冶鑄金鐵、冰滯涸堅、不成者衆〈師古曰、「涸讀沍同。沍、凝也。音下故反。左傳曰、「固陰沍寒」、之也。」〉、乃爲變怪。是爲金不從革〈劉歆以爲、「金石同類也」。今、石者見別篇、之也〉」。

03③

『漢志(一)』に曰く、「傳に曰く、「戰攻を好み、百姓(二)を輕じ、城郭を飾り、邊境を侵せば、則ち金は從革せず〈孔安國曰く、「金は改更すべきなり。」と。鄭(三)玄曰く、「君 此を行へば、天の西宮の金爲るに逆ふを爲す。消けざる无くんば、或いは入りて飛亡するなり。」と。董(四)仲曰く、「人君 戰を好み、諸侯を侵陵し、城邑の賂を貪り、百姓の命を輕んずれば、則ち民 喉效、漸く筋攣し鼻孔塞がる。咎 金に及べば、工冶 鑄化するも凝して成らず、飛散し亡す。咎 蟲に及べば、則ち白虎 妄搏(五)し、麒麟 遠去す。」と。是れ金 從革せず、之なり。〉」と。説に曰く、「金は、西方なり。萬物 既に成り、殺氣の始めなり。故に立秋なれば鷹隼 撃ち、秋分なれば微霜 降る。其の王事に於けるや、軍を出だし師を行ひ、旄を把り鉞を杖つき、士衆に誓ひ、威武を抗す。畔逆暴亂を征す所以なり。金 其の性を得。若し乃ち貪欲恣睢し、威勝を務立し〈師古曰く、「睢の音、呼季の反。」と。〉、民の命を重んぜざれば、則ち金 其の性を失ふ。蓋し工冶 金鐵を鑄するも、冰滯涸堅して、成らざる者衆く〈師古曰く、「涸は讀みて沍と同じ。沍は、凝なり。音は下故の反。『左傳』に曰く、「固陰沍寒す」と、之なり。」と。〉、乃ち變怪と爲る。是を金の從革せざると爲す。(六)〈劉歆以爲へらく、「金石 同類なり。」と。今、石は別篇に見ゆ、之なり。〉」と。

03④

（一）『漢書』卷二十七上・五行志第七上　・金

傳曰、「好戰攻、輕百姓、飾城郭、侵邊境、則金不從革。」

（二）『尚書』洪範

木曰曲直、金曰從革[1]。

（1）木可以揉曲直、金可以改更。

（三）『後漢書』五行志・五行一・屋自壞

五行傳曰、好攻戰、輕百姓、飾城郭、侵邊境、則金不從革[1]。

（1）劉昭注「鄭玄注曰、君行此四者、爲逆天西宮之政。西宮於地爲金、金性從刑、而革人所用爲器者也。無故冶之不銷、或入火飛亡、或鑄之裂形、是爲不從革。其他變異、皆屬沴也。」

（四）『春秋繁露』卷十三・五行順逆

金者秋、殺氣之始也。建立旗鼓、杖把旄鉞、以誅賊殘、禁暴虐、安集、故動衆同師、必應義理、出則祠兵、入則振旅、以閒習之。因於搜狩、存不忘亡、安不忘危。築城郭、繕牆垣、審羣禁、飭兵甲、警百官、誅不法。恩及於金石、則涼風出。恩及於毛蟲、則走獸大爲、麒麟至。如人君好戰、侵陵諸侯、貪城邑之賂、輕百姓之命、則民病喉咳嗽、筋攣、鼻鼽塞。咎及於金、則鑄化凝滯、凍堅不成。焚林而獵、咎及毛蟲、則走獸不爲、白虎妄搏、麒麟遠去。

（五）『漢書』卷二十七上・五行志第七上・金

說曰、金、西方、萬物既成、殺氣之始也。故立秋而鷹隼擊、秋分而微霜降。其於王事、出軍行師、把旄杖鉞、誓士衆、抗威武。所以征畔逆止暴亂也。詩云、「有虔秉鉞、如火烈烈。」又曰、「載戢干戈、載櫜弓矢。」動靜應誼、「說以犯難、民忘其死。」如此則金得其性矣。若乃貪欲恣睢[1]、務立威[2]勝、不重民命、則金失其性。蓋工冶鑄金鐵、金鐵冰滯涸堅、不成者衆、及爲變怪。是爲金不從革。

（1）師古曰、「睢音、呼季反。」

（2）師古曰、「涸讀與沍同。沍、凝也。音下故反。春秋左氏傳曰、『固陰沍寒。』」

（六）『漢書』卷二十七上・五行志第七上・金

劉歆以爲、金石同類。是爲金不從革、失其性也。

04①

董仲舒五行逆從曰秋殺氣之始也建立旗鼓杖把旄鉞以誅残賊禁暴唐安集天下故動衆興師必應義理出則祠兵入則振旅存不忌亡安不忌危脩城郭繕墻垣審群禁飾兵甲誅不法恩及金石則涼風至恩及毛虫則麒麟至

04②

董仲舒五行逆從曰、「秋、殺氣之始也。建立旗鼓、杖把旄鉞、以誅殘賊、禁暴虐、安集天下。故動衆興師、必應義理。出則祠兵、入則振旅。存不忌亡、安不忌危。修城郭、繕墻垣、審群禁、飾兵甲、誅不法。恩及金石、則涼風至。恩及毛蟲、則麒麟至。」

04③
董仲舒五行逆從に曰く、「秋は、殺氣の始めなり。旗鼓を建立し、旌鉞を杖把し、以て殘賊を誅し、暴虐を禁じ、天下を安集す。故に衆を動かし師を興すに、必ず義理に應ず。出づれば則ち兵を祠り、入れば則ち旅を振はす。存するも亡を忌まず、安んずるも危を忌まず。城郭を修め、墻垣を繕ひ、群禁を審らかにし、兵甲を飾り、不法を誅す。恩 金石に及べば、則ち涼風 至る。恩 毛蟲に及べば、則ち麒麟 至る。」と。

04④
（一）『春秋繁露』卷十三・五行順逆
金者秋、殺氣之始也。建立旗鼓、杖把旌鉞、以誅賊殘、禁暴虐、安集。故動衆興師、必應義理、出則祠兵、入則振旅、以閒習之。因於搜狩、存不忘亡、安不忘危。築城郭、繕牆垣、審羣禁、飭兵甲、警百官、誅不法。恩及於金石、則涼風出。恩及於毛蟲、則走獸大爲、麒麟至。如人君好戰、侵陵諸侯、貪城邑之賂、輕百姓之命、則民病喉咳嗽、筋攣、鼻鼽塞。咎及於金、則鑄化凝滯、凍堅不成。焚林而獵、咎及毛蟲、則走獸不爲、白虎妄搏、麒麟遠去。

05①
春秋潛潭巴曰天子鍾自下土動有兵鐵之自飛陰自陽也

05②
『春秋潛潭巴』曰、「天子鍾自下土動、有兵鐵之。自飛陰、自陽也。」

05③
『春秋潛潭巴』に曰く、「天子の鍾 自ら土に下り動けば、兵の之を鐵する有り。自ら陰に飛べば、自ら陽なり。」と。

05④
（一）『開元占經』卷百十四・器服休咎城邑宮殿怪異占・鍾自鳴（『四庫全書』本）
『春秋潛潭巴』曰、「天子鍾自鳴下土動兵。」

06①
漢書五行志曰成帝河平二年正月沛郡鐵鑄ゝ不下降ゝ如雷聲又如鼓音工人驚走音止還視地陷數尺鑪分為士鐵散如流星上去与征和二年同金不従革也〈或曰火為変也〉

06②
『漢書』五行志曰、「成帝河平二年正月、沛郡鑄鐵、鐵不下、隆隆如雷聲、又如鼓音。工人驚走。音止、還視地、陷數尺、鑪分爲十一、鐵散如流星、上去。與征和二年同」。金不從革也〈或曰、「火爲變也」〉。

06③
『漢書』五行志に曰く、「成帝の河平二年正月、沛郡 鐵を鑄るも、鐵 下らず、隆隆として雷聲の如く、又た鼓音の如し。工人 驚き走る。音 止み、還りて地を視れば、陷ること數尺、鑪 分かれて十一と爲り、鐵の散ずること流星の如きにして、上去す。征和二年と同じ。」と。金 從革せざるなり〈或いは曰く、「火 變を爲すなり。」と。〉。

06④

（一）『漢書』巻二十七上・五行志第七上

成帝河平二年正月、沛郡鐵官鑄鐵、鐵不下、隆隆如雷聲、又如鼓音。工十三人驚走。音止、還視地、地陷數尺、鑪分爲十二、鑪中銷鐵散如流星、皆上去、與征和二年同象。

07①

禮斗威儀曰君乗金而王其政平則黄金見深山

07②

『禮斗威儀』曰、「君乗金而王。其政平則黄金見深山。」

07③

『禮斗威儀』に曰く、「君 金に乗じて王たり。其の政 平らかなれば則ち黄金 深山に見はる。」と。

07④

（一）『藝文類聚』巻八十三・寶玉部上・玉

『禮斗威儀』曰、「君乗金而王、則紫玉見於深山。」

『太平御覽』巻八百四・珍寶部三・玉上

『禮斗威儀』曰、「君乗金而王、則紫玉見於深山。」

『太平御覽』巻八百一十二・珍寶部十一・黄銀

『禮斗威儀』曰、「君乗金而王、則黄銀見。」

08①

孫氏瑞應圖曰黄金者王者不藏金玉則見深山

08②

孫氏『瑞應圖』曰、「黄金者、王者不藏金玉、則見深山。」

08③

孫氏『瑞應圖』に曰く、「黄金は、王者 金玉を藏せざれば、則ち深山に見はる。」と。

08④

（一）『藝文類聚』巻八十三・寶玉部上・玉

孫氏『瑞應圖』曰、「王者不藏金玉、則黄金見深山。」

『宋書』巻二十九・志第十九・符瑞下・黄銀紫玉

黄銀紫玉、王者不藏金玉、則黄銀紫玉光見深山。

09①

晋書曰惠帝元康三年閏二月殿前六鍾皆出涕五刻止前年賈后殺楊大后於金墉城而賈后為悪不止故鍾出涕猶傷之也懐帝永嘉元年項縣有魏豫州刺史賈逵石碑生金可採此金不従革而為変也五月汲桑作々ㄜ乱郡寇颷起清河王覃為世子時所珮金鈴忽生起如粟者庚王母疑不祥毀棄之及後為惠帝太子不給于位卒為司馬越所殺也

09②

『晉書』曰、「惠帝元康三年閏二月、殿前六鍾皆出涕、五刻止。前年、賈后殺楊太后於金墉城、而賈后爲惡不止、故鍾出涕、猶傷之也。懷帝永嘉元年、項縣有魏豫州刺史賈逵石碑、生金可採。此金不從革而爲變也。五月、汲桑作（作）亂、群寇颷起。清河王覃爲世子時、所佩金鈴忽生起如粟者。康王母疑不祥、毀棄之。及後爲惠帝太子、不終于位、卒爲司馬越所殺也。」

09③
『晉書』に曰く、「惠帝の元康三年閏二月、殿前の六鍾 皆な涕を出だし、五刻にして止む。前年、賈后 楊太后を金墉城に殺すも、賈后 惡を爲すこと止まず、故に鍾 涕を出だして、猶ほ之を傷むなり。懷帝の永嘉元年、項縣に魏の豫州刺史の賈逵の石碑有り、金を生じ採るべし。此れ金 從革せずして變を爲すなり。五月、汲桑 亂を作し、群寇 飈起す。清河王の覃 世子爲りし時、佩ぶる所の金鈴 忽ち粟の如き者を生起す。康王の母 不祥と疑ひ、之を毀棄す。後に惠帝の太子と爲るに及ぶも、位を終えず、卒に司馬越の殺す所と爲るなり。」と。

09④
（一）『晉書』卷二十七・志第十七・五行上・金

惠帝元康三年閏二月、殿前六鍾皆出涕、五刻止。前年、賈后殺楊太后於金墉城、而賈后爲惡不止、故鍾出涕、猶傷之也。

永興元年、成都伐長沙、每夜戈戟鋒有火光如懸燭。此輕人命、好攻戰、金失其性而爲光變也。天戒若曰、兵猶火也、不戢將自焚。成都不悟、終以敗亡。

懷帝永嘉元年、項縣有魏豫州刺史賈逵石碑、生金可採。此金不從革而爲變也。五月、汲桑作亂、羣寇飆起。清河王覃爲世子時、所佩金鈴忽生起如粟者。康王母疑不祥、毀棄之。及後爲惠帝太子、不終于位、卒爲司馬越所殺。

○水

【概要】本項目では、五行の一つである「水」について、前項「金」と同様に『漢書』五行志を始めとする正史「五行志」を引用し、併せて正史以外の関連資料を引用して解説している。なお、「水」の末尾には、「醴泉」と「井」の二項目が附されている。この二項目については、本論集に収録されている山崎藍氏の翻刻・校注を参照されたい。

01①
水〈尸癸反上〉

01②
水〈尸癸反、上。〉。

01③
水〈尸癸の反、上。〉。

01④
（一）『玉篇』卷一九
尸癸切。
『廣韻』上聲
式軌切。

02①
釋名曰水淮也平淮物故元命苞曰水之為言准也

02②
『釋名』曰、「水、準也。平準物。」故『元命苞』曰、「水之爲言准也。」

02③

『釋名』(一)に曰く、「水は、準なり。物を平準す。」と。故に『元命(二)苞』に曰く、「水の言爲る准なり。」と。

02④

(一)『釋名』巻一・釋天

水、準也。準平物也。

(二)『五行大義』巻一・釋五行名

『元命苞』云、水之爲言演也。陰化淖濡流施潜行也。故其立字兩人交一以中出者爲水。一者、數之始。兩人、譬男女。陰陽交以起一也。

03①

左傳共工氏以水紀故為水師為名玄中曰天下之多者水焉浮天載地高下無不至万物無不潤也

03②

『左傳』、「共工氏以水紀。故爲水師爲名。」『玄中』曰、「天下之多者水焉。浮天載地、高下無不至、萬物無不潤也。」

03③

『左傳』(一)に、「共工氏　水を以て紀す。故に水師と爲り名と爲す。」と。『玄中』(二)に曰く、「天下の多き者は水なり。天を浮かせ地を載せ、高下　至らざるは無く、萬物　潤はざるは無きなり。」と。

03④

(一)『春秋左氏傳』昭公・傳十七年

共公氏以水紀。故爲水師而水名。

(二)『藝文類聚』巻八・水部上・總載水

『玄中記』曰、「天下之多者水焉。浮天載地、高下無不至、萬物無不潤。」

04①

漢志曰傳曰簡宗廟不禱祠廢祭祀逆天時則水不潤下〈君行此為逆天地官之政為水无故原流鴆絶也董仲舒曰人居簡宗廟不祠失礼逆天時則民病偪瞳水張瘻庫孔穴不通谷及水霧氣冥ゝ必有水ゝ為民同咎及介虫則霊龜深蔵思夜哭元龜冬啕是水不閏下之也說曰水北方終臧万物者也其於人道命終而形臧精神放越聖人為之宗廟以收魂氣春秋祭祀以終孝道王者即位必郊礼天地禱祈神祇望秋山川懐柔百神亡不宗事〈師古曰懐来也柔安也謂招来而祭祀之使其安也宗尊之也〉慎其齋戒致其嚴敬是故鬼神歆[一]饗多獲福助此聖所以順事陰氣和神人也及至發號施令亦奉天時十二月減得其氣則陰陽調而終始成如此則水得其性矣〈董仲舒曰及於水則礼泉出恩及介虫則霊亀出之也〉若迺乃不敬鬼神政令逆時則水失其性霧水暴出百川逆溢壊郷邑溺人民及淫雨傷稼穡是為水不潤下也

[一]右傍に「歆」と書き入れがあるのにより補った。

04②

『漢志』曰、「傳曰、「簡宗廟、不禱祠、廢祭祀、逆天時、則水不潤下〈君行此爲逆天北宮之政。爲水无故原流鴆絶也。董仲舒曰、「人君簡宗廟、不祠、失禮、逆天時、則民病流腫、水張、瘻痺、孔穴不通、咎及水、霧氣冥冥、必有水、水爲民害。咎及介蟲、則靈龜深藏思夜哭、元龜冬啕」。是水不潤下、之也。〉、說曰、「水、北方、終臧萬物者也。其於人道、命終而形臧、精神放越、聖人爲之宗廟以收魂氣、春秋祭祀、以終孝道。王者即位、必郊祀天地、禱祈神祇、望秩山川、懷柔百神、亡不宗事〈師古曰、「懷、來也。柔、安也。謂招來而祭祀之、使其安也。宗、尊、之也」。〉。愼其齋戒、致其嚴敬、是故鬼神歆饗、多獲福助。此聖王所以順事陰氣、和神人也。及至發號施令、亦奉天時。十二月咸得其氣、則陰陽調而終始成。如此則水得其性矣〈董仲舒曰、「及於水、則禮泉出。恩及介蟲、則靈龜出、之也」。〉。若迺不敬鬼神、政令逆時、則水失其性。霧水暴出、百川逆溢、壞郷邑、溺人民、及淫雨傷稼穡。是爲水不潤下也」」。

04③

『漢志』（一）に曰く、「傳に曰く、「宗廟を簡《あなど》り、祠に禱らず、祭祀を廢し、天の時に逆へば、則ち水 潤下せず〈君（二） 此を行へば天の北宮の政に逆ふを爲す。爲に水 故无くして原流鴆絶するなり。董（三）仲舒曰く、「人君 宗廟を簡り、祠せず、禮を失ひ、天の時に逆へば、則ち民病流腫し、水張、瘻痺、孔穴 通ぜず、咎 水に及べば、霧氣 冥冥とし、必ず水有りて、水 民に害を爲す。咎 介蟲に及べば、則ち靈龜 深く藏思して夜哭し、元龜 冬啕す。」と。是れ水 潤下せず、之なり。〉。說（四）に曰く、「水は、北方、萬物を終臧する者なり。其れ人道に於けるや、命 終はりて形 臧され、精神 放越すれば、聖人 之が宗廟を爲り以て魂氣を収め、春秋 祭祀し、以て孝道を終ゆ。王者 即位すれば、必ず天地を郊祀し、神祇を禱祈し、山川を望秩し、百神を懷柔して、宗事せざるは亡し〈師古曰く、「懷は、來なり。柔は、安なり。招來して之を祭祀し、其れ安んぜしむるを謂ふなり。宗は、尊なり、之なり。」と。〉。其の齋戒を愼み、其の嚴敬を致す、是の故に鬼神 歆饗し、多く福助を獲。此れ聖王の陰氣に順事し、神人を和する所以なり。及び發號施令するに至るも、亦た天の時を奉ず。十二月 咸な其の氣を得れば、則ち陰陽調して終始 成る。此の如ければ則ち水 其の性を得〈董（五）仲舒曰く、「水に及べば、則ち禮泉 出づ。恩 介蟲に及べば、則ち靈龜 出ず、之なり。」と。〉。若（六）し迺ち鬼神を敬せず、政令 時に逆へば、則ち水 其の性を失ふ。霧水 暴かに出で、百川 逆溢し、郷邑を壞し、人民を溺れしめ、及び淫雨 稼穡を傷ふ。是れ水の潤下せざると爲すなり。」」と。

04④

（一）『漢書』巻二十七上・五行志第七上・水
傳曰、「簡宗廟、不禱祠、廢祭祀、逆天時、則水不潤下。」

（二）『後漢書』五行志・第十三・五行三
五行傳曰、「簡宗廟、不禱祠、廢祭祀、逆天時、則水不潤下。（1）」

（1）鄭玄曰、「君行此四者、爲逆天北宮之政也。北宮於地爲水。水性浸潤下流、人所用灌漑者也。無故源流竭絶、川澤以涸、是爲不潤下。其他變異皆屬沴。」

（三）『春秋繁露』巻十三・五行順逆
如人君簡宗廟、不禱祀、廢祭祀、執法不順、逆天時、則民病流腫、水張、痿痺、孔竅不通。咎及於水、霧氣冥冥、必有大水、水爲民害。咎及介蟲、則龜深藏、黿鼉呴。

（四）『漢書』巻二十七上・五行志第七上・水

説曰、水、北方、終臧萬物者也。其於人道、命終而形臧、精神放越、聖人爲之宗廟以收魂氣、春秋祭祀、以終孝道。王者即位、必郊祀天地、禱祈神祇、望秩山川、懷柔百神、亡不宗事。①慎其齊戒、致其嚴敬、鬼神歆饗、多獲福助。此聖王所以順事陰氣、和神人也。至發號施令、亦奉天時。十二月咸得其氣、則陰陽調而終始成。如此則水得其性矣。若乃不敬鬼神、政令逆時、則水失其性。霧水暴出、百川逆溢、壞鄉邑、溺人民、及淫雨傷稼穡。是爲水不潤下。

（1）師古曰、「懷、來也。柔、安也。謂招來而祭祀之、使其安也。宗、尊也。」

（五）『春秋繁露』巻十三・五行順逆

水者冬、藏至陰也。宗廟祭祀之始、敬四時之祭、禘祫昭穆之序。天子祭天、諸侯祭土。閉門閭、大搜索、斷刑罰。執當罪、飭關梁、禁外徙。恩及於水、則醴泉出。恩及介蟲、則黿鼉大爲、靈龜出。

（六）04④の（四）を参照。

05①

桓公元年秋大水董仲舒劉向以為桓殺光隠公民臣痛隠而賎桓後宋督弑其君〈師古曰宋華父督為大宰弑殤公事在桓二年〉諸侯会将計之〈師古曰謂斉陳鄭也〉桓受宗賂而帰〈師古曰謂郜大鼎也〉又背宗諸侯由是伐魯仍交兵結讎伏尸流血百姓愈怨〈師古曰桓会宗公者五与宗公燕人盟已而背盟与鄭代宗〻公燕人怒而求助斉衞助之桓懼而会化侯鄭伯及四国之師大戦之也〉故十三年夏復大水一曰夫人驕淫将弑君陰氣盛桓不寤卒殺死〈事在大灾〉劉歆以為桓易許田不祀周公〈師古曰許田魯朝宿之邑而有周公別廟桓既箕位遂以許田与鄭而取鄭之扐田故云不祀周公〉廢祭祀之罰也

05②

桓公元年秋、大水。董仲舒・劉向以爲、「桓殺兄隱公、民臣痛隱而賤桓。後宋督弑其君〈師古曰、「宋華父督爲太宰、弑殤公。事在桓二年。」〉。諸侯會、將討之〈師古曰、「謂齊・陳・鄭也。」〉、桓受宋賂而歸〈師古曰、「謂郜大鼎也。」〉、又背宋。諸侯由是伐魯、仍交兵結讎、伏尸流血、百姓愈怨〈師古曰、「桓會宋公者五、與宋公・燕人盟、已而背盟與鄭伐宋。宋公・燕人怒而求助、齊・衞助之。桓懼、而會紀侯・鄭伯及四國之師大戰、之也。」〉。故十三年夏復大水。」一曰、「夫人驕淫、將弑君。陰氣盛、桓不寤、卒殺死〈事在大災。〉。」劉歆以爲、「桓易許田、不祀周公〈師古曰、「許田、魯朝宿之邑而有周公別廟。桓既篡位、遂以許田與鄭、而取鄭之祊田。故云不祀周公。」〉。廢祭祀之罰也。」

05③

桓公元年の秋、大水あり。董仲舒・劉向 以爲へらく、「桓 兄の隱公を殺し、民臣 隱を痛みて桓を賤しむ。後に宋の督 其の君を弑す〈師古曰く、「宋の華父督 太宰と爲り、殤公を弑す。事 桓二年に在り。」と。〉。諸侯 會して、將に之を討たんとするも〈師古曰く、「齊・陳・鄭を謂ふなり。」と。〉、桓 宋の賂を受けて歸り〈師古曰く、「郜の大鼎を謂ふなり。」と。〉、又た宋に背く。諸侯 是により魯を伐ち、仍《しばしば》兵を交へ讎を結び、尸を伏し血を流し、百姓 愈《いよいよ》怨む〈師古曰く、「桓 宋公に會するは五、宋公・燕人と盟するも、已にして盟に背き鄭と宋を伐つ。宋公・燕人怒りて助を求め、齊・衞 之を助く。桓 懼れて、紀侯・鄭伯と會し、四國の師と大いに戰ふ、之なり。」と。〉。故に十三年の夏に復た大水あり。」と。一に曰く、「夫人 驕淫にして、將に君を弑さんとす。陰氣 盛んなるも、桓 寤らず、卒に殺され死す〈事 大災に在り。〉。」と。劉歆以爲へらく、「桓 許田を易へ、周公を祀らず〈師古曰く、「許田は、魯の朝宿の邑にして周公の別廟有り。桓 既に位を簒ひ、遂に許田を以て鄭に與へて、鄭の祊田を取る。故に「周公を祀らず」と云ふ。」と〉。祭祀を廢するの罰なり。」と。

05④

（一）『漢書』卷二十七上・五行志第七上・水

桓公元年秋、大水。董仲舒・劉向以爲、「桓弑兄隱公、民臣痛隱而賤桓。後宋督弑其君[1]。諸侯會、將討之[2]、桓受宋賂而歸[3]、又背宋。諸侯由是伐魯、仍交兵結讎、伏尸流血、百姓愈怨[4]、故十三年夏復大水。」一曰、「夫人驕淫、將弑君、陰氣盛、桓不寤、卒弑死。」劉歆以爲桓易許田、不祀周公[5]、廢祭祀之罰也。」

（1）師古曰、「宋華父督爲太宰、弑殤公。事在桓公二年。」

（2）師古曰、「謂齊・陳・鄭也。」

（3）師古曰、「謂郜大鼎。」

（4）師古曰、「桓會宋公者五、與宋公・燕人盟、已而背盟伐宋。宋公、燕人怨而求助、齊、衛助之。桓公懼、而會紀侯・鄭伯及四國之師大戰。」

（5）師古曰、「許田、魯朝宿之邑而有周公別廟。桓既簒位、遂以許田與鄭、而取鄭之祊田。故云不祀周公。」

06①

莊公廿五年秋大水鼓用牲于社于門非常也凡天灾有弊無牲〈天灾日月蝕也大水祈請而已不用牲也〉非日月之眚不鼓〈眚猶灾也〉

06②

莊公廿五年、秋、大水。鼓用牲于社于門、非常也。凡天災有弊無牲〈天災、日月蝕也、大水。祈請而已、不用牲也。〉。非日月之眚不鼓〈眚猶災也。〉。

06③

莊公廿五年、秋、大水あり。鼓して牲を社に門に用ふるは、常に非ざるなり。凡そ天災に弊有るも牲無し〈天災とは、日月の蝕なり、大水なり。祈請するのみにして、牲を用ひざるなり。〉。日月の眚に非ざれば鼓せず〈眚は猶ほ災のごときなり。〉。

06④

（一）『春秋左氏傳』莊公・傳二十五年

秋、大水。鼓用牲于社于門、亦非常也。凡天災有幣無牲。[1]
非日月之眚不鼓。[2]

（1）杜預注「天災、日月食、大水也。祈請而已、不用牲也。」

（2）杜預注「眚猶災也。月侵日爲眚。陰陽逆順之事、賢聖所重。故特鼓之。」

07①
國語曰霊王廿二年穀洛闘将毀宮王欲壅之太子晋曰夫山土之聚也藪物之帰也川氣之道也澤水之鍾也夫人聚於高帰於下今吾執正无乃實有所避而滑夫二川之神王平壅之王室大乱

07②
『國語』曰、「靈王廿二年、穀・洛闘、將毀宮。王欲壅之。太子晉曰、「夫山、土之聚也。藪、物之歸也。川、氣之道也。澤、水之鍾也。夫天聚於高、歸於下。今吾執政、无乃實有所避而滑夫二川之神。」王卒壅之。王室大亂。」

07③
『國語』[一]に曰く、「靈王の廿二年、穀・洛 闘《あ》ひ、將に宮を毀たんとす。王 之を壅《ふさ》がんと欲す。太子晉曰く、「夫れ山は、土の聚なり。藪は、物の歸なり。川は、氣の道なり。澤は、水の鍾なり。夫れ天は高きに聚め、下に歸す。今 吾 政を執り、乃无《むし》ろ實に避《たが》ふ所有りて夫の二川の神を滑《みだ》さんか。」と。王 卒に之を壅ぐ。王室 大いに亂る。」と。

07④
（一）『國語』周語下

靈王二十二年、穀・洛鬭、將毀王宮。王欲壅之。太子晉諫曰、「不可。晉聞古之長民者、不墮山、不崇藪、不防川、不竇澤。夫山、土之聚也。藪、物之歸也。川、氣之導也。澤、水之鍾也。夫天地成而聚於高、歸物於下。疏爲川穀、以導其氣。陂塘污庳、以鍾其美。是故聚不阤崩、而物有所歸。氣不沈滯、而亦不散越。是以民生有財用、而死有所葬。然則無夭昏札瘥之憂、而無饑寒乏匱之患、故上下能相固、以待不虞。古之聖王、唯此之愼。昔共工棄此道也、虞於湛樂、淫失其身、欲壅防百川、墮高堙庳、以害天下。皇天弗福、庶民弗助、禍亂竝興、共工用滅。其在有虞、有崇伯鯀、播其淫心、稱遂共工之過、堯用殛之於羽山。其後伯禹念前之非度、釐改制量、象物天地、比類百則、儀之於民、而度之於羣生。共之從孫四岳佐之、高高下下、疏川導滯、鍾水豐物、封崇九山、決汨九川、陂鄣九澤、豐殖九穀、汨越九原、宅居九隩、合通四海。故天無伏陰、地無散陽、水無沈氣、火無災燀、神無間行、民無淫心、時無逆數、物無害生。帥象禹之功、度之於軌儀、莫非嘉績、克厭帝心。皇天嘉之、祚以天下、賜姓曰姒、氏曰有夏、謂其能以嘉祉殷富生物也。祚四岳國、命以侯伯、賜姓曰姜、氏曰有呂、謂其能爲禹股肱心膂、以養物豐民人也。此一王四伯、豈緊多寵。皆亡王之後也。唯能釐舉嘉義、以有胤在下、守祀不替其典。有夏雖衰、杞鄫猶在。申呂雖衰、齊許猶在。唯有嘉功、以命姓受氏、迄於天下。及其失之也、必有慆淫之心間之、故亡其氏姓、踣斃不振、絶後無主、湮替隸圉。夫亡者豈緊無寵。皆黄炎之後也。唯不帥天地之度、不順四時之序、不度民神之義、不儀生物之則、以殄滅無胤、至於今不祀。及其得之也、必有忠信之心間之。度於天地而順於時動、和於民神而儀於物則、故高朗令終、顯融昭明、命姓受氏、而附之以令名。若啟先王之遺訓、省其典圖刑法、而觀其廢興者、皆可知也。其興者、必有夏呂之功焉。其廢者、必有共鯀之敗焉。今吾執政無乃實有所避、而滑夫二川之神、使至於爭明以妨王宮、王而飾之、無乃不可乎。人有言曰、「無過亂人之門。」又曰、「佐饔者嘗焉、佐鬭者傷焉。」又曰、「禍不好不能爲禍。」『詩』曰、「四牡騤騤、旟旐有翩、亂生不夷、靡國不泯。」又曰、「民之貪亂、寧爲荼毒。」夫見亂而不惕、所殘必多、其飾彌章。民有怨亂、猶不可遏、而況神乎。王將防鬭川以飾宮、是飾亂而佐鬭也、其無乃章禍且遇傷乎。自我先王厲宣幽平而貪天禍、至於今未弭、我又章之、懼長及子孫、王室其愈卑乎。其若之何。自后稷以來寧亂、及文武成康而僅克安民。自后稷之始基靖民、十五王而文始平之、十八王而康克安之、其難也如是。厲始革典、十四王矣。基德十五而始平、基禍十五、其不濟乎。吾朝夕儆懼、曰、「其何德之修、而少光王室、以逆天休。」王又章輔禍亂、將何以堪之。無亦鑒於黎、苗之王、下及夏商之季、上不象天、而下不儀地、中不和民、而方不順時、不共神祇、而蔑棄五則。是以人夷其宗廟、而火焚其彝器、子孫爲隸、下夷於民。而亦未觀夫前哲令德之則。則此五者而受天之豐福、饗民之勳力、子孫豐厚、令聞不忘、是皆天子之所知也。天所崇之子孫、或在畎畝、由欲亂民也。畎畝之人、或在社稷、由欲靖民也。無有異焉。『詩』云、「殷鑒不遠、在夏后之世。」將焉用飾宮。其以徼亂也。度之天神、則非祥也。比之地物、則非義也。類之民則、則非仁也。方之時動、則非順也。咨之前訓、則非正也。觀之詩書、與民之憲言、則皆亡王之爲也。上下議之、無所比度、王其圖之。夫事、大不從象、小不從文、上非天刑、下非地德、中非民則、方非時動、而作之者必不節矣。作又不節、害之道也。」王卒壅之。及景王多寵人、亂於是乎始生。景王崩、王室大亂。及定王、王室遂卑。

『藝文類聚』卷八・水部上・洛水

『國語』曰、「靈王二十二年、穀・洛龍鬭、將毀宮室。王欲壅之。太子晉曰、「夫山、土之聚也。藪、物之歸也。川、氣之導也。澤、水之鍾也。夫水聚於高、歸於下。今吾執政、無乃實所僻而禍夫二川之神。」王卒壅之。王室大亂。」

『太平御覽』卷六十二・地部二十七・洛

『國語』曰、「靈王二十二年、穀・洛斗、將毀宮室。王欲壅之。太子晉曰、「夫山、土之聚也。藪、物之歸也。川、氣之導也。澤、水之鍾也。夫水聚于高、歸于下、今吾執政、無乃實有所僻而滑夫二川之神。」王卒壅之。王室大亂。又曰、「伊洛竭而夏亡、河竭而商亡。」

〔參考〕『太平御覽』巻八十五・皇王部十・靈王にも類似の記事が引用されている。

08①
漢書五行志曰穀洛鬭劉向以為近大沵水以傳推之四濆比諸侯槃洛其次卿大夫象也卿大夫将分争以危乱王室也

08②
『漢書』五行志曰、「穀・洛鬭。劉向以爲、近火沴水。以傳推之、四瀆比諸侯、穀・洛其次、卿大夫象也。卿大夫將分爭以危亂王室也。」

08③
『漢書』〔一〕五行志に曰く、「穀・洛 鬭ふ。劉向以爲へらく、火水を沴ふに近し。傳を以て之を推すに、四瀆を諸侯に比し、穀・洛其れ次ぐは、卿大夫の象なり。卿大夫 將に分爭し以て王室を危亂せんとするなり。」と。

08④
（一）『漢書』巻二十七中之下・五行志第七中之下・火沴水
史記魯襄公二十三年、穀・洛水鬭、將毀王宮。劉向以爲近火沴水也。周靈王將擁之、有司諫曰、「不可。長民者不崇藪、不墮山、不防川、不竇澤。今吾執政毋乃有所辟、而滑夫二川之神、使至于爭明、以防王宮室。王而飾之、毋乃不可乎。懼及子孫、王室愈卑。」王卒擁之。以傳推之、以四瀆比諸侯、穀、洛其次、卿大夫之象也。爲卿大夫將分爭以危亂王室也。是時世卿專權、儋括將有篡殺之謀、如靈王覺寤、匡其失政、懼以承戒、則災禍除矣。不聽諫謀、簡嫚大異、任其私心、塞埤擁下、以逆水勢而害鬼神。後數年有黑如日者五。是歲蚤霜、靈王崩。景王立二年、儋括欲殺王、而立王弟佞夫。佞夫不知、景王并誅佞夫。及景王死、五大夫爭權、或立子猛、或立子朝、王室大亂。京房易傳曰、「天子弱、諸侯力政、厥異水鬭。」

09①
京房易傳曰王弱諸侯力政厥異水闕也君臣相背厥異名水絶也川竭為國亡城水出何人君軽慢无義國見敗則致城水出也其數也慎重関守観侯國地也水無故自出高山上邑兵作水無故出於市中邑之也

09②
『京房易傳』曰、「王弱、諸侯力政、厥異水鬭也。」「君臣相背、厥異名水絶也。」「川竭爲國亡、城水出何。人君輕慢无義國見敗、則致城水出也。其數也、愼重關守、觀侯國地也。水無故自出、高山上邑兵作、水無故出於市、中邑、之也。」

09③
『京房易傳』〔一〕に曰く、「王 弱く、諸侯 力政すれば、厥の異は水 鬭ふなり。」「君臣〔二〕 相ひ背けば、厥の異は名水 絶ゆるなり。」「川 竭くるを國の亡ぶと爲せば、城 水 出づるは何ぞや。人君 輕慢にして義无く國敗らるれば、則ち城 水 出づるを致すなり。其の數や、關守を愼重し、侯國の地を觀るなり。水 故無くして自ら出づれば、高山上邑の兵 作り、水 故無くして市に出づれば、中邑、之なり。」と。

09④

（一）『漢書』卷二十七中之下・五行志第七中之下・火沴水
史記魯襄公二十三年、穀・洛水鬬、將毀王宮。劉向以爲近火沴水也。周靈王將擁之、有司諫曰、「不可。長民者不崇藪、不墮山、不防川、不竇澤。今吾執政毋乃有所辟、而滑夫二川之神、使至于爭明、以防王宮室、王而飾之、毋乃不可乎。懼及子孫、王室愈卑。」王卒擁之。以傳推之、以四瀆比諸侯、穀、洛其次、卿大夫之象也、爲卿大夫將分爭以危亂王室也。是時世卿專權、儋括將有簒殺之謀、如靈王覺寤、匡其失政、懼以承戒、則災禍除矣。不聽諫謀、簡嫚大異、任其私心、塞埤擁下、以逆水勢而害鬼神。後數年有黑如日者五。是歲蚤霜、靈王崩。景王立二年、儋括欲殺王、而立王弟佞夫。佞夫不知、景王并誅佞夫。及景王死、五大夫爭權、或立子猛、或立子朝、王室大亂。京房易傳曰、「天子弱、諸侯力政、厥異水鬬。」

（二）『漢書』卷二十七下之上・五行志第七中之下　・思羞・地震
是歲三川竭、岐山崩。劉向以爲陽失在陰者、謂火氣來煎枯水、故川竭也。山川連體、下竭上崩、事勢然也。時幽王暴虐、妄誅伐、不聽諫、迷於褒姒、廢其正后、廢后之父申侯與犬戎共攻殺幽王。一曰、其在天文、水爲辰星、辰星爲蠻夷。月食辰星、國以女亡。幽王之敗、女亂其內、夷攻其外。京房易傳曰、「君臣相背、厥異名水絶。」

10①

續漢書曰安帝永初元年冬十月河南新城山水出灾壞民田壞處泉水出深三丈是時司空周章等以劉大后不立皇子勝而立清河王謀欲置十一月事覺章等被誅其年郡國卌一丈水出漂沒民人也

10②

『續漢書』曰、「安帝永初元年冬十月、河南新城山、水出、突壞民田、壞處泉水出、深三丈。是時、司空周章等、以鄧太后不立皇子勝而立清河王、謀欲置。十一月、事覺、章等被誅。其年郡國卌一（丈）水出、漂沒民人也。」

10③

『續漢書』に曰く、「安帝の永初元年冬十月、河南新城山、水出で、民田を突壞し、壞るる處の泉水出づること、深さ三丈。是の時、司空の周章等、鄧太后の皇子勝を立てずして清河王を立つるを以て、謀りて置かんと欲す。十一月、事覺《あらは》れ、章等誅せらる。其の年郡國の卌一水出で、民人を漂沒するなり。」と。

10④

（一）『後漢書』志第十五・五行三・大水
安帝永初元年冬十月辛酉、河南新城山水虣出、突壞民田、壞處泉水出、深三丈。是時司空周章等以鄧太后不立皇太子勝而立清河王子、故謀欲廢置。十一月、事覺、章等被誅。是年郡國四十一水出、漂沒民人。讖曰、「水者、純陰之精也。陰氣盛洋溢者、小人專制擅權、妒疾賢者、依公結私、侵乘君子、小人席勝、失懷得志、故涌水爲災。」

11①

史記秦木紀曰秦武王三年渭水赤三日昭王卅四年渭水赤三日劉向以為近火沵水也京房傳曰君湎于酒淫於色賢人潜國家危厥里流水赤

11②

『史記』(一)秦本紀曰、「秦武王三年、渭水赤三日。昭王卅四年、渭水赤三日。」劉向以爲、近火沴水也。『京房傳』曰、「君湎于酒、淫於色、賢人潛、國家危、厥異流水赤。」。」

11③

『史記』秦本紀に曰く、「秦の武王三年、渭水赤きこと三日。昭王の卅四年、渭水赤きこと三日。」と。劉向以爲へらく、火水を沴ふに近きなり。『京房傳』に曰く、「君 酒に湎れ、色に淫れば、賢人 潛み、國家危く、厥の異は流水 赤きなり。」と。」と。

11④

(一)『漢書』巻二十七中之下・五行志第七中之下・火沴水

『史記』曰、「秦武王三年渭水赤者三日、昭王三十四年渭水又赤三日。」劉向以爲近火沴水也。秦連相坐之法、棄灰於道者黥、罔密而刑虐、加以武伐橫出、殘賊鄰國、至於變亂五行、氣色謬亂。天戒若曰、勿為刻急、將致敗亡。秦遂不改、至始皇滅六國、二世而亡。昔三代居三河、河洛出圖書、秦居渭陽、而渭水數赤、瑞異應德之效也。

『京房易傳』曰、「君湎于酒、淫于色、賢人潛、國家危、厥異流水赤也。」

12①

鴻範五行傳曰赤者火色以火沵水也渭水秦大川也陰陽色乱秦用嚴刑則乱也

12②

『鴻範五行傳』曰、「赤者火色、以火沴水也。渭水秦大川也。陰陽色亂、秦用嚴刑則亂也。」

12③

『鴻範五行傳』(一)に曰く、「赤は火の色、火を以て水を沴ふなり。渭水は秦の大川なり。陰陽の色亂るるは、秦 嚴刑を用ふれば則ち亂るるなり。」と。

12④

(一)『太平御覽』巻五十九・地部二十四・水災

『史記』曰、「秦武王三年、渭水赤三日。昭王三十四年、渭水大赤三日。」『洪范五行傳』曰、「赤者火色也。水盡赤者、以火殄水也。渭水秦大川者、陰陽色亂、秦用嚴刑、敗亂之象也。」

『太平御覽』巻六十二・地部二十七・渭

『洪范五行傳』曰、「赤者火色、蓋亦以火沴水也。渭水秦大川也。陰陽亂、秦用嚴刑、敗亂之象。」

〔參考〕『本邦殘存典籍による輯佚資料集成』に逸文として収録されている。

13①
漢書曰廣陵王胥宮中池水変赤魚死王為事誅也

13②
『漢書』曰、「廣陵王胥宮中池水變赤、魚死。王爲事誅也。」

13③
『漢書』（一）に曰く、「廣陵王胥の宮中の池水 赤に變じ、魚死す。王 事を爲して誅せらるるなり。」と。

13④
（一）『漢書』卷六十三・武五子傳・廣陵厲王胥
胥宮園中棗樹生十餘莖、莖正赤、葉白如素。池水變赤、魚死。有鼠晝立舞王后廷中。胥謂姫南等曰、「棗水魚鼠之怪甚可惡也。」居數月、祝詛事發覺、有司按驗、胥惶恐、藥殺巫及宮人二十餘人以絶口。公卿請誅胥、天子遣廷尉、大鴻臚即訊。胥謝曰、「罪死有餘、誠皆有之。事久遠、請歸思念具對。」胥既見使者還、置酒顯陽殿、召太子霸及子女董訾、胡生等夜飲、使所幸八子郭昭君、家人子趙左君等鼓瑟歌舞。王自歌曰、「欲久生兮無終、長不樂兮安窮。奉天期兮不得須臾、千里馬兮駐待路。黄泉下兮幽深、人生要死、何爲苦心。何用爲樂心所喜、出入無悰爲樂亟。蒿里召兮郭門閲、死不得取代庸、身自逝。」左右悉更涕泣奏酒、至雞鳴時罷。胥謂太子霸曰、「上遇我厚、今負之甚。我死、骸骨當暴。幸而得葬、薄之、無厚也。」即以綬自絞死。及八子郭昭君等二人皆自殺。天子加恩、赦王諸子皆爲庶人、賜謚曰厲王。立六十四年而誅、國除。

14①
續漢書曰安帝永初六年卯東池水変色皆赤如血是時劉太后猶專政也

14②
『續漢書』曰、「安帝永初六年、河東池水變色、皆赤如血。是時鄧太后猶專政也。」

14③
『續漢書』（一）に曰く、「安帝の永初六年、河東の池水 色を變じ、皆な赤きこと血の如し。是の時 鄧太后猶ほ政を專らにするなり。」と。

14④
（一）『後漢書』志第十五・五行三・水變色
六年、河東池水變色、皆赤如血。是時鄧太后猶專政。
『後漢紀』卷十六・孝安皇帝紀上
六年春正月甲寅、皇太后初親祭於宗廟與皇帝交獻、大臣命婦相禮儀。夏四月乙亥、司空張敏以久病策罷、太常劉愷爲司空。五月丙寅、羣吏復秩賜爵有差。丁卯、封鄧禹・馮異等九人後爲列侯。六月辛巳、大赦天下。丙申、河東水變色、皆赤如血。本志以爲鄧太后攝政之應也。
『開元占經』卷百・水赤
『古今注』曰、「安帝延平六年、河東水化爲血。」

15①
京房曰獄訟不公誅刑不當其河水赤救其正獄刑解疑罪ゝ人无怨恨而灾消也水无故濁天下乱天子失計也
15②
『京房』曰、「獄訟不公、誅刑不當、其河水赤。救其正獄、刑解疑罪、罪人无怨恨而災消也。水无故濁、天下亂。天子失計也。」
15③
『京房』（一）に曰く、「獄訟 公ならず、誅刑 當ならざれば、其の河水は赤し。其の正獄を救ひ、刑は疑罪を解けば、罪人に怨恨无くして災消ゆるなり。水 故无くして濁れば、天下亂る。天子の失計なり。」と。
15④
（一）『開元占經』巻百・水赤
　『京氏對災異』曰、「河水赤者、獄有冤恨、誅殺不當、則致河水赤也。其救也、正獄、刑解疑罪。」
16①
京氏別對灾異曰水逆流何水者五行之本生於西北陰中之陽也臣壊弗忠思墓刻則致逆流必有戰主之禍其救也抑旄臣誅姦猾无近讒夫舉方直
16②
『京氏別對災異』曰、「水逆流何。水者五行之本、生於西北、陰中之陽也。臣壊弗忠、思墓刻、則致逆流、必有戰主之禍。其救也、抑旄臣誅姦猾、无近讒夫、舉方直。」
16③
『京氏別對災異』に曰く、「水 逆流するは何ぞや。水は五行の本、西北に生じ、陰中の陽なり。臣 壊して墓刻を忠思せざれば、則ち逆流を致し、必ず戰主の禍有り。其の救ふや、旄臣を抑へ姦猾を誅し、讒夫を近づくること无く、方直を舉げよ。」と。
16④
『本邦殘存典籍による輯佚資料集成』には逸文として、この箇所が収録されている。
17①
春秋潛潭巴曰河水逆流陰深盛聖人有命万民喜流故逆也其揚沙下不静君失道聖人受命
17②
『春秋潛潭巴』曰、河水逆流、隱深盛、聖人有命。萬民喜。流故逆也、其揚沙下不靜。君失道、聖人受命。
17③
『春秋潛潭巴』（一）に曰く、「河水 逆流するは、隱 深盛にして、聖人に命有り。萬民 喜ぶ。流るること故ありて逆ふや、其の揚沙下りて靜かならず。君 道を失ひ、聖人 命を受く。」と。
17④
（一）『藝文類聚』巻三十・人部十四・怨

『春秋潛潭巴』曰、「河水逆流、怨氣盛也。」

『開元占經』巻百

『潛潭巴』曰、「河水逆流、怨氣甚。」

18①

元延三年昏山崩壅江水逆流曰通劉向以為亡國失地之象也江河溢何天有慶地有黒今水溢者明在位者不勝任也此公之禍不能壊客也犨執法者利罪不用常法也救也易三公台輔水従流矣水無故自盈天下有福民吉〈一云有大水也〉水无故自流天下有兵自絶不流有大飢其水半不流有及臣天子戒婦人也河水不流及壅有相反不出二年変政水不行何人君貪財欲無恵於下則此災不救有冬涌災其救也布恩施澤追封功臣貴賢士此災消矣水壊絶道橋何道為地理此謂人君不知経義親近佞讒則致此災不救則民不安國邑空虚其救也歡経學在有道正獄訟則災消也水自竭此謂虚也江河沸者有聲无實此謂執政者壊姦不公衆耶並聚則致此災不救必有畔君謀其救也合百官舉公直選有徳宣於政河従一里至三里此謂失序且有謀至十里此謂失威女主執政有反臣者也水无故决移他所歳不熟民飢也澤水忽自鳴百姓衰也

18②

元延三年、岷山崩壅江、水逆流、三日通。劉向以爲、「亡國失地之象也。」江河溢何。天有度、地有里。今水溢者、明在位者不勝任也、三公之禍不能懷容也、率執法者、利罪不用常法也。救也、易三公臺輔、水従流矣。水無故自盈、天下有福、民吉〈一云、「有大水也。」〉。水无故自流、天下有兵。自絶不流、有大飢。其水半不流、有反臣、天子戒婦人也。河水不流及壅、有相反。不出二年、變政。水不行何。人君貪財欲無恵於下、則此災不救。有冬涌災。其救也、布恩施澤、追封功臣貴賢士、此災消矣。水壊絶道橋何。道爲地理、此謂人君不知經義。親近佞讒、則致此災。不救、則民不安、國邑空虚。其救也、歡經學、在有道、正獄訟、則災消也。水自竭、此謂虚也。江河沸者、有聲无實、此爲執政者懷姦不公、衆邪竝聚、則致此災。不救必有畔君謀。其救也、令百官舉公直、選有徳、置於政。河徙一里至三里、此謂失序、且有謀。至十里、此謂失威、女主執政、有反臣者也。水无故决移他所、歳不熟、民飢也。澤水忽自鳴、百姓衰也。

18③

元(一)延三年、岷山崩じて江を壅《ふさ》ぎ、水 逆流し、三(二)日にして通ず。劉向以爲へらく、「亡國失地の象なり。」と。江河の溢るるは何ぞや。天に度有り、地に里有り。今 水の溢るるは、位に在る者任に勝へざるなり、三公の禍 懷容すること能はざるなり、法を率執する者、罪を利して、常法を用ひざるを明かにするなり。救ふや、三公臺輔を易へれば、水 流に従ふ。水 故無くして自ら盈るれば、天下に福有り、民吉なり〈一に云ふ、「大水有るなり。」と。〉。水 故无くして自ら流るれば、天下に兵有り。自ら絶えて流れざれば、大飢有り。其の水 半ばにして流れざれば、反臣有り、天子 婦人を戒むるなり。河水 流れずして壅ぐに及べば、相ひ反すること有り。出ざること二年にして、政を變ず。水 行かざるは何ぞや。人君 財を貪り下に惠むこと無からんと欲すれば、則ち此の災 救はれず。冬に涌くの災有り。其の救ふや、恩を布き澤を施し、功臣を追封し賢士を貴べば、此の災 消ゆ。水 道橋を壞絶するは何ぞや。道は地理爲り、此れ人君の經義を知らざるを謂ふ。親近 佞讒すれば、則ち此の災を致す。救はざれば、則ち民 安ぜず、國邑空虛なり。其の救ふや、經學を歡び、有道に在り、獄訟を正せば、則ち災 消ゆるなり。水 自ら竭く、此を虛と謂ふなり。[三]江河の沸く者にして、聲有るも實无し、此れ政を執る者姦を懷きて公ならず、衆邪竝びに聚るが爲に、則ち此の災を致す。救はざれば必ず君の謀に畔くこと有り。其の救ふや、百官をして公直を擧げしめ、有德を選び、政に置く。[四]河 徙ること一里より三里に至れば、此を失序と謂ひ、且に謀有り。十里に至れば、此を失威と謂ひ、女主 政を執りて、反臣なる者有るなり。水 故无くして決して他所に移れば、歲熟せず、民飢うるなり。澤水 忽ち自鳴すれば、百姓 衰ふるなり。

18④

（一）『漢書』卷二十七下之上・五行志第七下之上・山崩

元延三年正月丙寅、蜀郡岷山崩廱江、江水逆流、三日乃通。劉向以爲、周時岐山崩、三川竭、而幽王亡。岐山者、周所興也。漢家本起於蜀漢、今所起之地山崩川竭、星孛又及攝提・大角、從參至辰、殆必亡矣。其後三世亡嗣、王莽簒位。

（二）『後漢書』志第十五・五行三・大水・水變色

永興元年秋、河水溢、漂害人物。[1]

（1）臣昭案、朱穆傳云「漂害數十萬戶」。京房占曰、「江河溢者、天有制度、地有里數、懷容水澤、浸漑萬物。」今溢者、明在位者不勝任也、三公之禍不能容也、率執法者利刑罰、不用常法。

（三）『開元占經』卷一百・水沸

『京房對災異』曰、「江河沸者、有聲無實。此爲執政者懷奸不公、衆邪竝聚、則致此災。不救必有叛君謀其政也。令百官擧公直、選有德、置於政。井水沸者、謂人君好用讒邪所致也。」

（四）『開元占經』卷一百・醴泉河出

地鏡曰、「河徙。是謂陰反、不出五年、有叛臣、兵行、民流亡。河徙一里至三里、是謂失政、且有謀臣。河徙至五里十里、女主執政、外戚有背叛。河徙十里已上、人君失道、政在下臣。流水忽易道、君易賢。」

19①

禮斗威儀曰君乘木而王其政升平則江海不揚大波王者修水之祀則河海為夷

19②

『禮斗威儀』曰、「君乘木而王、其政象平、則江海不揚大波。王者修水之祀、則河海爲夷。」

19③

『禮斗威儀』[二]に曰く、「君 木に乘じて王となり、其の政 升平なれば、則ち江海 大波を揚げず。王者 水の祀を修むれば、

則ち河海 夷と爲る。」と。

19④

(一)『藝文類聚』卷九十九・祥瑞部下・烏

『禮斗威儀』曰、「江海不揚波、東海輸之蒼烏。」又曰、「君乘木而王、其政升平、南海輸以蒼烏。」

『文選』卷三十・雜詩下・謝玄暉「和伏武昌登孫權故城」

江海既無波、俯仰流英盼。(1)

(1)(李善注)『禮斗威儀』曰、「其君乘木而王、其政象平、則江海不揚波。」好色賦曰、「竊視盼。」

20①

續漢書曰質帝本初元年五年〔一〕海水溢樂安北海溺殺人物是時大后專政也

［一］月

20②

『續漢書』曰、「質帝本初元年五月、海水溢樂安・北海、溺殺人物。是時太后專政也。」

20③

『續漢書』(一)に曰く、「質帝の本初元年五月、海水 樂安・北海に溢れ、人物を溺殺す。是の時 太后 政を專らにするなり。」と。

20④

(一)『後漢書』志第十五・五行三・大水・水變色

質帝本初元年五月、海水溢樂安・北海、溺殺人物。是時帝幼、梁太后專政。

【付記】

本稿は、科学研究費助成事業基盤研究(B)(一般)「前近代東アジアにおける術数文化の形成と伝播・展開に関する学際的研究」(課題番号：16H03466)による研究成果の一部である。

第十六　翻刻・校注
―「醴泉」「井」―

山崎　藍

○醴泉

【概要】本項目では、「醴泉」について主に経書や緯書などを引用し、解説している。

01①
醴泉〈力體反上似𨬗反平〉

01②
醴泉〈力體反、上。似𨬗反、平。〉

01③
醴(一)泉〈力體の反、上。似𨬗の反。平。〉

01④
(一)『玉篇』巻三十・西部・醴に「力弟切」、巻二十・泉部・泉に「自緣切」、灥に「似均切」。『一切經音義』巻四八・醴水に「力體反」。「似𨬗反」は見當たらず。(醴は『廣韻』巻三「禮」小韻に「盧啓切」、泉は巻二「全」小韻に「疾緣切」とある。)

02①
韓詩曰少麹多迷曰醴

02②
『韓詩』曰、「少麹多米曰醴。」

02③
『韓(一)詩』に曰く、「麹少なく米多きを醴と曰ふ。」と。

02④
(一)『漢書』巻三十六　楚元王傳第六　顔師古注
　醴、甘酒也。少麹多米、一宿而熟、不齊之。
『本邦殘存典籍による輯佚資料集成』(以下『本邦殘存』と略す)經部第一・五經類・詩・『韓詩故』(韓嬰撰)に「天子飮酒曰酌醴也甜而不濟少麹多米　並年中行事秘抄天地瑞祥志巻十六引注文云少麹多迷曰醴。」とある。
〔參考〕本條は加越能文庫本にみえる(「韓」字は傍書)。水口幹記『日本古代漢籍受容の史的研究』(二〇〇五年、汲古書院)一九〇頁參照。

03①
尓雅曰甘雨時降万物以嘉謂之醴泉
郭璞曰醴泉所以出也音義曰漢亦出病者飲之皆愈其味甘也

03②
『爾雅』曰、「甘雨時降、萬物以嘉、謂之醴泉。」
郭璞曰、「醴泉所以出也。」。『音義』曰、「漢亦出。病者飲之、皆愈。其味甘也。」

03③
『爾雅』(一)に曰く、「甘雨時に降れば、萬物以て嘉す、之を醴泉と謂ふ。」と。
郭璞(二)曰く、「醴泉の出づる所以なり。」と。『音義』(三)に曰く、「漢も亦た出づ。病者之を飲めば、皆愈ゆ。其の味甘きなり。」と。

03④
（一）『爾雅注疏』釋天第八
甘雨時降、萬物以嘉、謂之醴泉。祥。
（二）『爾雅注疏』釋天第八　郭璞注
所以出醴泉。
（三）郭璞『爾雅音義』は、『隋書』經籍志（『爾雅音』一卷）、『舊唐書』經籍志（『爾雅音義』一卷）、『新唐書』藝文志（『爾雅郭璞音義』一卷）、『通志藝文略』（『爾雅音義』一卷・『爾雅音略』三卷）にみえるが、本條は輯本に見當たらず。『本邦殘存』經部第四・爾雅類・『爾雅音義』（郭璞撰）に記載あり。

04①
白虎通曰徳至渕泉醴泉出狀如醴酒可以養老也

04②
『白虎通』曰、「徳至淵泉、醴泉出。狀如醴酒。可以養老也。」

04③
『白虎通』(一)に曰く、「徳 淵泉に至れば、醴泉出づ。狀 醴酒の如し。以て老を養ふべきなり。」と。

04④
（一）『白虎通疏證』卷六・封禪
徳至淵泉、則黄龍見、醴泉涌……醴泉者、美泉也。狀若醴酒、可以養老也。
同様の記載が、『藝文類聚』卷九十八・祥瑞部上・祥瑞および、『太平御覽』卷八七三・休徵部二・地・醴泉に見える。

05①
禮記曰聖王所以爲順而地出醴泉也

05②
『禮記』曰、「聖王所以爲順、而地出醴泉也。」

05③
『禮記』(一)に曰く、「聖王の順たる所以にして、地 醴泉を出だすなり。」と。

05④
（一）『禮記正義』禮運

故聖王所以順、山者不使居川、不使渚者居中原、而弗敝也。用水、火、金、木、飲食必時。合男女、頒爵位、必當年德。用民必順、故無水旱昆蟲之災、民無凶饑妖孽之疾。故天不愛其道、地不愛其寶、人不愛其情。故天降膏露、地出醴泉、山出器車、河出馬圖、鳳皇麒麟、皆在郊棷、龜龍在宮沼、其餘鳥獸之卵胎、皆可俯而闚也。

06①
孫氏瑞應圖曰醴泉者水之精也王者得地理則出有仙人以爵酌也又醴泉甘美出於京師王者理水泉則出流一日則德澤滂流亦出也又君乘土而王其政太平則蒙水出於山也

06②
孫氏（一）『瑞應圖』曰、「醴泉者水之精也。王者得地理則出、有仙人以爵酌也。」又、「醴泉甘美、出於京師。王者理水泉則出、流一日、則德澤滂流、亦出也。」又、「君乘土而王、其政太平、則蒙水出於山也。」

06③
孫氏『瑞應圖』に曰く、「醴泉は水の精なり。王者 地理を得れば則ち出で、仙人有りて爵を以て酌するなり。」と。又いふ、「醴泉甘美にして、京師に出づ。王者 水泉を理すれば則ち出で、流るること一日なれば、則ち徳澤滂流し、亦た出づるなり。」と。又（二）いふ、「君 土に乘じて王《さかん》なれば、其の政 太平、則ち蒙水 山に出づるなり。」と。

06④

（一）『開元占經』巻一〇〇・醴泉　河出瑞應圖曰、醴泉者水之精也。王者得地理則出、有仙人以爵酌也。
『太平御覽』巻八七三・休徵部二・地・醴泉孫氏瑞應圖曰、醴泉者水之精也。味甘如醴、泉出流所及草木皆茂、飲之令人壽也。又曰、理訟得所醴泉、出於京師、有仙人以爵酌之。
『稽瑞』にも同様の記載有り。

（二）『太平御覽』巻五十九・地部二十四・水下瑞應圖曰……君乘土而王、其政太平、則蒙水出於山焉。
『太平御覽』巻八七三・休徵部二・地・水に出典を『禮斗威儀』と、『開元占經』巻一〇〇「水出高山　水出朝市　水沸」に出典を『禮記威儀』として同様の記載有り。
『文苑英華』巻六一二張説「爲留守作奏慶山醴泉表」は出典を『禮斗威儀』とし、「蒙水出於山」を「醴泉湧」に作る。
『本邦殘存』子部第十三・五行類・『瑞應圖』（孫柔之撰）に記載あり。

○井

【概要】本項目では、井戸で起こった怪異や吉凶について、経書や緯書などを引いて解説する。

01①

井〈子郢反上〉

01②

井〈子郢反、上。〉

01③

井（一）〈子郢の反、上。〉

01④

（一）『玉篇』巻二十・井部に「子郢切」、『廣韻』巻三「井」小韻に「子郢切」、『一切經音義』巻三十三に「市井子郢反」。

02①

周書曰黄帝始竅井也世本曰化益作井〈宋忠曰化益伯益尭臣也〉

02②

『周書』曰、「黄帝始竅井也。」『世本』曰、「化益作井。」〈宋衷□曰、化益、伯益、堯臣也。〉

02③

『周書』（一）に曰く、「黄帝始めて井を竅つなり。」と。『世本』（二）に曰く、「化益 井を作る。」と。〈宋衷曰く、「化益は、伯益、堯の臣なり。」と。〉

02④

（一）『經典釋文』巻二・周易音義・周易下經・夬傳第五・井

周書云、黄帝穿井。

（二）『經典釋文』巻二・周易音義・周易下經・夬傳第五・井

世本云、化益作井。宋衷云、化益、伯益也。堯臣。

〔參考〕本條は加越能文庫本にみえる（「化益」と「作井」の間に双書で「伯益尭臣」、「作井」の間にレ点あり）。水口幹記『日本古代漢籍受容の史的研究』（二〇〇五年、汲古書院）一九〇頁參照。

03①

瑞應圖曰浪井者不鑿而自成王者清則出

03②

『瑞應圖』曰、「浪井者、不鑿而自成、王者清則出。」

03③

『瑞應圖』（一）に曰く、「浪井は、鑿たずして自ら成り、王者清ければ則ち出づ。」と。

03④

（一）『南齊書』巻十八・祥瑞

瑞應圖、浪井不鑿自成、王者淸靜、則仙人主之。

『南史』巻四・齊本紀上第四に同様の記載あり。

『宋書』巻二十九・符瑞下にも同様の記載があるが、出典は明記せず。

『太平御覽』巻一八九・居處部十七・井に、出典を『符瑞圖』として同様の記載あり。

『太平御覽』巻八七三・休徴部二・地・井および『稽瑞』も出典を『孫氏瑞應圖』として同様の記載が見受けられる。

『本邦殘存』子部第十三・五行類・『瑞應圖』（孫柔之撰）に記載あり。

04①
春秋潜潭巴曰井中叩君走下人有名得衆心兵威〈叩讀曰响々猶鳴也井在陰之下而乃鳴呴下賤人欲為炷之祥也〉國井沸為政乱妃勝夫君亡〈宋均曰井陰也今沸則女子欲乱政之祥之也〉

04②
『春秋潛潭巴』曰、「井中叩、君走、下人有名、得衆心、兵威。〈叩讀曰响、々猶鳴也。井在陰之下、而乃鳴呴、下賤人欲爲炷之祥也。〉國井沸、爲政亂、妃勝夫、君亡。〈宋均曰、井、陰也、今沸則女子欲亂政之祥。之也。〉

04③
『春秋潛潭巴』に曰く、「井中叩《な》れば、君走り、下人 名有り、衆心を得、兵威る。〈叩 讀みて响と曰ひ、响 猶ほ鳴るがごときなり。井 陰の下に在り、而して乃ち鳴呴するは、下賤の人炷を爲さんと欲するの祥なり。〉國井沸けば、政亂を爲し、妃 夫に勝り、君亡ぶ。」〈宋均曰く、「井、陰なり、今沸けば則ち女子 政を亂さんと欲するの祥。之なり。」と。〉と。

04④
（一）『本邦殘存』經部第六・緯書類・『春秋潛潭巴』（宋均注）に記載あり。

05①
京房別對灾異曰井沸何是人君好用邪讒所致也在政乱君之治以財貨曲直獄有怨死因即月中黒不明也井沸崩有死其神名差忌稱其名之吉也

05②
京房『別對灾異』曰、「井沸何。是人君好用邪讒所致也。在政亂君之治、以財貨曲直、獄有怨死。因即月中黑不明也。井沸崩有死。其神名差忌、稱其名之吉也。」

05③
京房『別對灾異』に曰く、「井沸くは何ぞや。是れ人君 好んで邪讒を用ひ致す所なり。政に在りては君の治を亂し、財貨を以て直を曲げ、獄に怨死有り。因りて即ち月中黑く明らかならざるなり。井沸き崩るれば死する有り。其の神 名は差忌、其の名を稱するは之吉なり。」と。

05④
（一）『本邦殘存』子部第十三・五行類・『京氏別對災異』（京房撰）に記載あり。

06①
易曰井谷射鮒甕弊漏也井者法也鮒者蝦蟆也井中泉濁故以喩耶佞政乱古常経律法也故井沸也不救即審電折撃傷人其救也治市修井擧明律斉罪法乗侵人即井之灾消矣

06②
『易』曰、「井谷射鮒。甕敝漏也。」「井者法也。」「鮒者蝦蟆也。井中泉濁。故以喩邪佞政亂。古常經律法也。故井沸也、不救、即雷電打擊傷人、其救也、治市修井、擧明律、齊罪法、乘侵人、即井之灾消矣。」

06③
『易』(一)に曰く、「井谷鮒に射ぐ《そそ》。甕敝れて漏るなり。」と。「井は、(二)法なり。」と。「鮒(三)蝦蟆なり。井中の泉濁る。故に以て邪佞政亂に喩ふ。古 常に律法を經するなり。故に井沸くや、救はざれば、即ち雷電打撃し人を傷つく、其れ救ふや、市を治め井を修め、明律を擧げ、罪法を齊しくし、侵入を乘《まも》れば、即ち井の灾消ゆ。」と。

06④
(一)『周易正義』井
井谷射鮒、甕敝漏。
(二)『經典釋文』巻二・周易音義・周易下經・夬傳第五・井
鄭云、井法也。
(三)『本邦殘存』經部第一・五經類・易・『周易子夏傳』に記載あり。

07①
晉書曰恵帝元庚八年五月金墉城井溢漢志成帝時有此妖後王莽僭逆今趙王倫簒位倫廢帝於此城井溢所在其天意乎案京房易妖曰人家井自沸溢其主死也井為血色其君凶邑虚且相攻

07②
『晉書』曰、「恵帝元康□八年五月、金墉城井溢。『漢』志、成帝時有此妖、後王莽僭逆。今趙王倫簒位、倫廢帝於此城。井溢所在、其天意乎。」案京房『易妖』曰、「人家井自沸溢、其主死也。井爲血色、其君凶、邑虚且相攻。」

07③
『晉書』(一)に曰く、「恵帝元康八年五月、金墉城の井水溢る。『漢』志にいふ、成帝の時此の妖有り、後に王莽僭逆す、と。今趙王倫簒位し、倫 帝を此の城に廢す。井 在る所に溢るるは、其れ天意か。」と。案ずるに京房(二)『易妖』に曰く、「人家の井自ら沸溢すれば、其の主 死するなり。井(三)血色に爲れば、其の君凶にして、邑虚しく且つ相攻む。」と。

07④
(一)『晉書』巻二十七・五行上・水
恵帝元康二年有水災……八年五月、金墉城井溢。漢志、成帝時有此妖、後王莽僭逆。今有此妖、趙王倫簒位、倫廢帝於此城、井溢所在、其天意也。
(二)不詳。『本邦殘存』子部第十三・五行類『周易妖占』(京房撰)にも記載なし。
(三)『開元占經』巻一〇〇・水赤
地鏡曰、井水赤、邑虚相攻、主亡。

08①
異苑曰長安端門外井汲灌於甕中水如血有赤魚長三尺其國尋滅也

08②
『異苑』□曰、「長安端門外井、汲灌於甕中水如血。有赤魚、長三尺、其國尋滅也。」

08③
『異苑(一)』に曰く、「長安の端門の外に井あり、汲みて甕中に灌げば水 血の如し。赤魚有り、長さ三尺、其の國尋いで滅するなり。」と。

08④
(一)『異苑』巻四
西秦乞伏熾磐都長安、端門外有一井、人常宿汲水亭之下、而夜聞磕磕有聲。驚起照視、瓫中如血、中有丹魚、長可三寸、而有寸光。時東羌西虜、共相攻伐、國尋滅亡。
『太平廣記』巻三六〇・妖怪二・乞佛熾磐に、出典を『異苑』として同様の記述が見受けられる。
『開元占經』巻一〇〇・水赤
異苑曰、勃勃虜都長安端門外井、人常宿汲、停水甕中、夜砰磕有聲。視水如血、中有丹魚、長三尺、而有赤光。國尋滅。
『開元占經』巻一二〇・龍魚蟲蛇占・巨魚見丹魚見にも同様の記載あり。

09①
井自満君子有福小人太敗井水流出臣奢禍兵起井臭腥血臭不可飲憂天子也井出龍若馬其君不守宗廟也

09②
「井自満、君子有福、小人大敗。」「井水流出、臣奢禍兵起。」「井臭腥血臭不可飲、憂天子也。」「井出龍若馬、其君不守宗廟也。」

09③
「井(一)自ら満つれば、君子福有り、小人大敗す。」と。「井水流(二)出すれば、臣奢りて禍し兵起く。」と。「井臭(三)ふこと腥血のごとくにして臭ひ飲むべからざるは、天子を憂ふるなり。」と。「井(四) 龍の馬の若きを出だせば、其の君 宗廟を守らざるなり。」と。

09④
(一)不詳。
(二)『開元占經』巻一〇〇・水湧溢及竭
地鏡曰、井水流出、地若理絶者、臣驕猾、兵方起。
(三)『開元占經』巻一〇〇・水黄濁　水清　水無魚　水自臭
地鏡曰、國及家井臭、君將亡覆之、期三十日。
(四)『開元占經』巻一二〇・龍魚蟲蛇占・龍見井中
京房曰、井出龍若馬、君不守宗廟。

10①
瑞祥志巻第十六

10②
瑞祥志巻第十六

10③
瑞祥志巻第十六

【付記】

本稿は、科学研究費助成事業若手研究（B）「中国古典文献における井戸の諸相―道具・しぐさを手がかりに―」（課題番号 17K13433）及び同基盤研究（B）（一般）「前近代東アジアにおける術数文化の形成と伝播・展開に関する学際的研究」（課題番号 16H03466）による研究成果の一部である。

第廿　翻刻・校注（下）

―自「十六、雩」至「二十七、祭日遭事」―

名和　敏光

【概要】

第廿は「祭」に関する巻である。前半部の「惣載」から「祭風雨」までの十五は、（上）として清水浩子氏が担当した（未刊）。本稿では、後半部の「雩」から「祭日遭事」までの十二を収む。本巻には、「祠令」「軍令」「神農求雨書」「晉曹毗請雨文」「范蠡祭法」「宋起居注」などの佚文を輯録している。また、呪語としての誓文が多く含まれることは興味深い。本書に収録した権悳永氏、趙益氏・金程宇氏の論文が、『天地瑞祥志』の作者薩守真が新羅人であるとする根拠の記事が輯録されているのも本巻である。その意味でも、注目される巻である。

○16雩

【概要】

「雩」は、雨乞いの祭祀。本項目では、雩祭に関わる文献を引用する。「祠令」「神農求雨書」「晉曹毗請雨文」などの佚文を収む。『說文解字』巻十二に「雩。夏祭、樂于赤帝、以祈甘雨也。从雨于聲。（雩。夏の祭りなり。赤帝に樂し、以て甘雨を祈るなり。雨に从ふ于の聲。）」、『爾雅』釋訓に「舞・號、雩也。（舞・號は、雩なり。）」とある。

01①

雩〈禹俱反平〉

01②

雩〈禹俱反、平。〉

01③

雩〈禹俱の反、平。〉

02①

周礼曰司巫掌君巫之政令若國大旱則師巫而儛雩〈穻旱祭也天子於上帝諸侯於上公之神也魯僖公欲禁巫尫以舞雩不得雨之也〉

02②

『周禮』曰、「司巫。掌君巫之政令。若國大旱、則帥巫而儛雩。〈「雩旱祭也。天子於上帝、諸侯於上公之神也。」「魯僖公欲焚巫尫。以舞雩不得雨、之也。」〉」

02③

『周禮』[一]に曰く、「司巫。君巫の政令を掌る。若し國 大旱すれば、則ち巫を帥《ゐ》て儛雩す。〈「雩は旱祭なり。天子は上帝に於てし、諸侯は上公の神に於てするなり。」と。「魯の僖公 巫尫《わう》を焚《や》かんと欲す。舞雩せしむるも雨ふるを得ざるを以て、之なり。」と。〉」と。

02④

（一）『周礼』春官・宗伯・司巫

司巫。掌羣巫之政令。若國大旱、則帥巫而舞雩。[1][2]

（1）鄭玄曰、「雩旱祭也。天子於上帝、諸侯於上公之神。」

（2）鄭司農曰、「魯僖公欲焚巫尫。以其舞雩不得雨。」

『藝文類聚』巻百・災異部・旱

『周官』曰、「司巫。掌羣巫之政令。若國大旱、則率巫而舞雩。」

『太平御覽』巻三十五・時序部二十・旱

『周禮』曰、「司空。掌羣巫之政令。若國大旱、則率巫而舞雩。」

『太平御覽』巻七百三十四・方術部十五・巫上

『周禮』春官曰、「司巫。掌羣巫之政令。若國大旱、則帥巫而舞雩。[1]國有大烖、則帥巫而造巫恆。凡喪事、掌巫降之禮。男巫掌望祀・望衍授號、旁招以茅。女巫掌歳時祓除・釁浴。旱暵則舞雩。若王后弔、則與祝前。凡邦之大烖、歌哭而請。」

（1）雩、旱祭也。

03①

左傳曰見龍而雩也杜預曰建巳之月倉龍昏見東方万物始盛待雨而已也故祭天遠為百穀祈膏雨也

03②

『左傳』曰、「見龍而雩也。」杜預曰、「建巳之月、倉龍、昏見東方。萬物始盛、待雨而已也。故祭天、遠爲百穀祈膏雨也。」

03③

『左傳』[一]に曰く、「龍を見て雩すなり。」と。杜預曰く、「建巳の月、倉龍をば、昏に東方に見る。萬物始めて盛、雨を待ちて已むなり。故に天を祭りて、遠く百穀の爲に膏《こう》雨《う》を祈るなり。」と。

03④

（一）『左傳』桓公五年傳

秋、大雩、書不時也。凡祀、啓蟄而郊、龍見[1]而雩、始殺而嘗、閉蟄而烝。過則書。

（1）杜預曰、「見龍、建巳之月、蒼龍宿之體、昏見東方。萬物始盛、待雨而大。故祭天、遠爲百穀祈膏雨。」

『通典』巻四十三・禮三・吉二・大雩

『左傳』曰、「龍見而雩。」（謂建巳之月、蒼龍宿之體、昏見東方、萬物始盛、待雨而大、故祭天、遠爲百穀祈膏雨。）

04①
漢舊儀曰霊星春秋大雩之祭星也

04②
『漢舊儀』曰、「靈星、春秋大雩之祭星也。」

04③
『漢舊儀』〔一〕に曰く、「靈星は、春秋 大雩の祭星なり。」と。

04④
（一）『後漢書』巻十九・祭祀志第九・祭祀下
漢興八年、有言周興而邑立后稷之祀、於是高帝令天下立靈星祠（1）。言祠后稷而謂之靈星者、以后稷又配食星也。舊說、星謂天田星也。一曰、龍左角爲天田官、主穀（2）。祀用壬辰位祠之。壬爲水、辰爲龍、就其類也。牲用太牢、縣邑令長侍祠（3）。舞者用童男十六人（4）。舞者象敎田、初爲芟除、次耕種・芸耨・驅爵及穫刈・舂簸之形、象其功也（5）。
（1）劉昭曰、『三輔故事』、「長安城東十里有靈星祠。」
（2）劉昭曰、「張晏曰、「農祥晨見而祭也。」」
（3）劉昭曰、『漢舊儀』曰、「古時歲再祠靈星、（靈星）春秋（之太）〔用少〕牢禮也。」
（4）劉昭曰、「服虔・應劭曰、「十六人、即古之二羽也。」」
（5）劉昭曰、『古今注』曰、「元和三年、初爲郡國立〔社〕稷、及祠（社）靈星禮（器）也。」
『史記』巻二十八・封禪書第六
於是高祖制詔御史、「其令郡國縣立靈星祠。常以歲時祠以牛（1）。」
（1）唐張守節正義曰、『漢舊儀』云、「五年、脩復周家舊祠、祀后稷於東南、爲民祈農報厥功。夏則龍星見而始雩。龍星左角爲天田、右角爲大庭。天田爲司馬、敎人種百穀爲稷。靈者、神也。辰之神爲靈星、故以壬辰日祠靈星於東南、金勝爲土相也。」『廟記』云、「靈星祠在長安城東十里。」」
〔參考〕『通典』巻四十四・禮四・吉三・靈星、『文獻通考』巻八十・郊社考十三、『北堂書鈔』巻九十・禮儀部十一、靈星二十五、『玉海』巻九十九・郊祀・漢靈星祠にも見える。

05①
祠令曰孟夏之月雩五方上帝於雩壇五帝配於上〔一〕五官祀於下牲用方色犢十京師孟夏以後旱則祈雨審理冤獄恤窮之掩骼埋胔先祈岳鎮海瀆及諸山川能興雲雨者於北郊望而告之又祈社禝又祈宗廟毎七日皆一祈不雨還従岳瀆如初旱甚則脩雩秋分以後不雩初祈後一旬不雨従即市禁屠煞断繖扇造土龍雨〈山海經曰為應龍之狀乃得大雨也〉足則報礼祈用酒脯醢報唯常祀皆有司行事已齊未祈而雨及所經祈者皆報州縣旱則祈雨先祈禝又祈界內山川能興雲雨者餘唯〔二〕京或若岳鎮海瀆州則刺史上佐行事其餘山川判司行事縣則令丞行事祈用酒脯醢報少宰也
〔一〕右旁に「上歟」とある。
〔二〕「准」に作る。

05②

「祠令」曰、「孟夏之月、雩五方上帝於雩壇。五帝配於上、五官祀於下。牲用方色犢十。京師孟夏以後旱、則祈雨、審理冤獄、恤窮乏、掩骼埋胔。先祈嶽鎭・海瀆及諸山川能興雲雨者於北郊、望而告之。又祈社稷、又祈宗廟、毎七日、皆一祈。不雨、還從岳・瀆如初。旱甚、則脩雩。秋分以後不雩。初祈後一旬不雨、徙即市、禁屠殺、斷繖扇、造土龍。雨〈『山海經』曰、「爲應龍之狀、乃得大雨也。」〉足、則報禮。祈用酒・脯・醢、報准常祀、皆有司行事。已齋未祈而雨、及所經祈者皆報。州・縣旱、則祈雨、先祈稷、又祈界内山川能興雲雨者、餘准京式。州若嶽鎭・海瀆、州則刺史・上佐行事、其餘山川、判司行事、縣則令・丞行事。祈用酒・脯・醢、報少牢也。」

05③

「祠令」(一)に曰く、「孟夏の月、五方上帝を雩壇に雩す。五帝をば上に配し、五官をば下に祀る。牲 方色犢十を用ふ。京師孟夏以後 旱すれば、則ち祈雨し、冤獄を審理し、窮乏を恤《あはれ》み、(二)掩 骼埋胔《えんかくまいし》す。先づ嶽鎭・海瀆《とく》及び諸山川の能く雲雨を興す者に北郊に祈り、望みて之に告ぐ。又 社稷に祈り、又 宗廟に祈り、毎七日、皆一祈す。雨ふらざれば、還りて嶽・瀆よりすること初の如くす。旱 甚しければ、則ち脩雩す。秋分以後は雩せず。初祈の後一旬して雨ふらざれば、徙り市に即き、屠殺を禁じ、繖《さん》扇を斷ち、土龍を造《つく》る。雨〈『山海經』(三)に曰く、「應龍の狀を爲るに、乃ち大雨を得るなり。」と。〉足れば、則ち報禮す。祈るに酒・脯《ほ》・醢《かい》を用ひ、報ゆるに常祀に准じ、皆 有司 事を行ふ。已に齋し未だ祈らざりて雨ふれば、祈を經る所の者に及び皆 報ゆ。州・縣 旱すれば、則ち祈雨し、先づ稷に祈り、又 界内の山川の能く雲雨を興す者に祈り、餘は京式に准ず。嶽鎭・海瀆の若きは、州は則ち刺史・上佐 事を行ひ、其の餘の山川は、判司 事を行ひ、縣は則ち令・丞 事を行ふ。祈るに酒・脯・醢を用ひ、報ゆるに少牢もてするなり。

05④

（一）「祠令」は、「第廿、二封禪」に初出する「唐大祠令」の略稱（第六葉表第六行）。新美寛編・鈴木隆一補『本邦残存典籍による　輯佚資料集成續』（以下、輯佚續）（京都大學人文科學研究所、昭和四十三年）に史部・第九・刑法類・『開元令』「祠令第八」として輯められている。また、太田晶二郎「『天地瑞祥志』略説―附けたり、所引の唐令佚文―」（『東京大學資料編纂所報』七、昭和四十八年。後收『太田晶二郎著作集』第一册、吉川弘文館、平成三年）、仁井田陞著『唐令拾遺』（東方文化學院東京研究所、昭和八年。東大出版會、昭和三十九年）、仁井田陞、池田溫編『唐令拾遺補』（東大出版會、平成九年）にも輯められている。ともに『天地瑞祥志』からの輯佚。

『大唐開元禮』巻三・序例下・祈禱

凡京都孟夏已後旱、則祈嶽鎭・海瀆及諸山川能興雲雨者於北郊、望而告之。又祈社稷、又祈宗廟、毎七日、皆一祈。不雨、還從嶽・瀆如初。旱甚、則脩雩。秋分已後不雩。初祈後一旬不雨、即徙市、禁屠殺、斷繖扇、造土龍。雨足、則報祀。祈用酒・脯・醢、報用常祀、皆有司行事。已齋未祈而雨、及所經祈者皆報祀。凡州縣旱、則祈雨、先社稷、又祈界內山川能興雲雨者、餘準京都例。若嶽鎮・海瀆、州則刺史・上佐行事。其餘山川、判司行事。縣則縣令・縣丞行事。祈用酒・脯・醢、報以少牢。凡霖雨不已、禜京城諸門。門別三日、每日一禜。不止、乃祈山川嶽鎮海瀆三日。不止、祀界內山川及社稷。三禜一祈、皆準京都例、並用酒・脯・醢。國城門報用少牢、州縣城門用特牲。

『通典』卷第一百八・禮六十八・開元禮纂類三・序例下・祈禱

京都孟夏以後旱、則祈嶽鎮・海瀆及諸山川能興雲雨者於北郊、望而告之。〈又祈社稷、又祈宗廟、皆七日一祈。不雨、還從嶽瀆如初。旱甚、則修雩、秋分以後不雩。初祈一旬不雨、即徙市、禁屠殺、斷繖扇、造土龍。雨足則報祀。祈用酒・脯・醢、報用常祀、皆有司行事。已齋及未祈而雨、及所經祈者皆報祀。凡州縣旱、則祈雨、先社稷、又祈界內山川能興雲雨者、餘準京都例。若嶽鎮・海瀆、州刺史・上佐行事。其山川、判司行事。縣則縣令・縣丞行事。祈用酒・脯・醢、報以少牢也。〉霖雨不已、禜京城諸門。〈門別三日、每日一禜。不止、乃祈山川嶽鎮海瀆三日。不止、祈社稷・宗廟。若州縣、禜城門。不止、祈界內山川及社稷。三禜一祈、皆準京都例、並用酒・脯・醢。國城門報用少牢、州縣城門用特牲也。〉

『隋書』卷七・志第二・禮儀二

隋雩壇、國南十三里啓夏門外道左。高一丈、周百二十尺。孟夏之月、龍星見、則雩五方上帝、配以五人帝於上、以太祖武元帝配饗、五官從配於下。牲用犢十、各依方色。京師孟夏後旱、則祈雨、理冤獄失職、存鰥寡孤獨、振困乏、掩骼埋胔、省徭役、進賢良、舉直言、退佞諂、黜貪殘、命有司會男女、恤怨曠。七日、乃祈嶽鎮・海瀆及諸山川能興雲雨者。又七日、乃祈社稷及古來百辟卿士有益於人者。又七日、乃祈宗廟及古帝王有神祠者。又七日、乃修雩、祈神州。又七日、仍不雨、復從嶽・瀆已下祈如初典。秋分已後不雩、但禱而已。皆用酒・脯。初請後二旬不雨者、即徙市禁屠。皇帝御素服、避正殿、減膳撤樂、或露坐聽政。百官斷傘扇。令人家造土龍。雨澍、則命有司報。州郡尉祈雨、則理冤獄、存鰥寡孤獨、掩骼埋胔、潔齋祈于社。七日、乃祈界內山川能興雨者、徙市斷屠如京師。祈而澍、亦各有報。霖雨則禜京城諸門、三禜不止、則祈山川嶽鎮・海瀆社稷。又不止、則祈宗廟神州。報以太牢。州郡縣苦雨、亦各禜其城門、不止則祈界內山川。及祈報、用羊豕。

（二）『禮記』月令

掩骼埋胔。

（三）『山海經』卷十四・大荒東經

大荒東北隅中、有山名曰凶犁土丘。應龍處南極。殺蚩尤與夸父、不得復上。故下數旱。旱而爲應龍之狀、乃得大雨。

〔參考〕『唐六典』卷四・祠部郎中員外郎、『通典』卷四十三・禮三・吉禮二・大雩、『舊唐書』卷二十四・志第四・禮儀四にも見える。

06①

左傳曰衛大旱卜有事於山川不吉甯庄子曰昔周飢尅殷而年豊令邢方無道諸侯無伯天其或者欲使衛計邢乎從之師興而雨也

06②

『左傳』曰、「衛大旱。卜有事於山川。不吉。甯莊子曰、「昔周飢、尅殷而年豐。今邢方無道、諸侯無伯、天其或者欲使衛討邢乎。」從之。師興而雨也。」

06③

『左傳』（二）に曰く、「衛 大旱す。山川に事 有らんことを卜す。不吉なり。甯莊子曰く、「昔 周 飢ゑしとき、殷に尅ちて年《みのり》豐なり。今 邢 方《まさ》に無道にして、諸侯に伯 無し。天 其れ或は衛をして邢を討たしめんと欲するか。」と。之に從ふ。師興りて雨ふるなり。」と。

06④

（一）『左傳』僖公十九年傳

秋、衛人伐邢以報莵圃之役。於是衛大旱。卜有事於山川。不吉。甯莊子曰、「昔周饑、克殷而年豐。今邢方無道、諸侯無伯。天其或者欲使衛討邢乎。」從之。師興而雨。

『初學記』卷二・天部下・雨一・討邢

『左傳』曰、「衛旱、卜有事於山川。不吉。甯莊子曰、「昔周饑、克殷而年豐。今邢方無道、欲使衛討邢乎。」從之、師興而雨。」

『藝文類聚』卷五十九・武部・戰伐

『左傳』曰、「衛大旱。甯莊子曰、「周飢、克殷而年豐。天其或者欲使衛討邢乎。」從之。師興而雨。」

『藝文類聚』卷百・災異部・旱

又（『左傳』）曰、「衛大旱。卜有事於山川。不吉。甯莊子曰、「昔周飢、克殷而年豐。天其或者欲使衛討邢乎。」從之。師興而雨。

『太平御覽』卷十・天部十・雨上

又（『傳』）曰、「衛旱。卜有事於山川。不吉。甯莊子曰、「昔周飢、克殷而年豐。今邢方無道、欲使衛討邢焉。」從之。師興而雨。」

『太平御覽』卷三十五・時序部二十・旱

『傳』曰、「衛大旱。甯莊子曰、「昔周飢、克殷而年豐。今邢方無道、天其或者欲使衛討邢乎。」從之、師興而雨。」

『太平御覽』卷三百三・兵部三十四・征伐上

又（『左傳』）曰、「衛大旱。甯莊子曰、「周飢、克殷而年豐。今邢方無道、諸侯無伯。（伯、長也。）天其或者欲使衛討邢乎。」從之。師興而雨。」

『後漢書』卷六十五・皇甫張段列傳第五十五・段熲傳

昔邢爲無道、衛國伐之、師興而雨。（一）

（1）李賢曰、『左傳』曰、「衞大旱、卜有事於山川、不吉。甯莊子曰、「昔周飢、克殷而年豐。今邢方無道、天欲衞伐邢乎。」從之、師興而雨。」也。」

07①

管子曰春發五政一日論幼孤赦有罪二日賦爵列授祿位三日脩溝洫復亡人四日治封増正阡陌五日無煞麑麛無絕華蕚五政苟時春雨乃来

07②

『管子』曰、「春發五政。一曰、論幼孤、赦有罪。二曰、賦爵列、授祿位。三曰、脩溝洫、復亡人。四曰、治封疆、正阡陌。五曰、無殺麑麛、無絕華蕚、五政苟時、春雨乃來。」

07③

『管子』(一)に曰く、「春 五政を發す。一に曰く、幼孤を論じ、有罪を赦す。二に曰く、爵列を賦し、祿位を授く。三に曰く、溝洫を脩め、亡人を復す。四に曰く、封疆を治め、阡陌を正す。五に曰く、麑麛《げいほう》を殺す無かれ、華蕚を絕つ無かれ。五政時に(二)苟《したが》へば、春雨 乃ち來る。」と。

07④

（一）『管子』巻十四・四時

是故、春三月、以甲乙之日發五政。一政曰、論幼孤、舍有罪。二政曰、賦爵列、授祿位。三政曰、凍解、脩溝瀆、復亡人。四政曰、端險阻、脩封疆、正千伯。五政曰、無殺麑夭、毋蹇華絕芋。五政苟時、春雨乃來。

『藝文類聚』巻二・天部下・雨

『管子』曰、「春秋祭五政。一曰、論幼孤、赦有罪。二曰、賦爵列、授祿位。三曰、修溝洫、復亡人。四曰、治封疆、正阡陌。五曰、無殺麑麌、無絕華蕚。五政苟時、春雨乃來。」

『太平御覽』巻十・天部十・雨上

又（『管子』）曰、「春發五政。一曰、論幼孤、赦有罪。二曰、賦爵列、授祿位。三曰、脩溝洫、復亡人。四曰、治封疆、正阡陌。五曰、無殺麑卵、無絕華蕚、五政徇時、春雨乃來。」

（二）『管子集校』下册・第七〇八頁

孫星衍曰、「『太平御覽』・『事類賦注』引作「五政徇時」、下引秋三月作「徇時」、「徇」與「循」同義、「徇時」謂循其時序。『白帖』二引作「順時」、「順」・「循」亦音義相近。」

08①

家語曰孔子在齊〻大旱春飢公問於孔子曰如之何孔子曰凶年則乘駑馬力役不興馳道不脩〈馳道君所行道〉祈以幣玉〈有所祈請用幣及玉不用牲也〉祭事不縣〈不縣不作樂也〉祀以下牲〈當用大牛者少平也〉此則賢君自貶以救民之礼也

08②

『家語』曰、「孔子在齊。齊大旱。春飢。公問於孔子曰、「如之何。」孔子曰、「凶年則乘駑馬、力役不興。馳道不脩。〈「馳道、君所行道。」〉祈以幣玉。〈「有所祈請用幣及玉、不用牲也。」〉祭事不縣。〈「不縣、不作樂也。」〉祀以下牲。〈「當用大牢者、少牢也。」〉此則賢君自貶以救民之禮也。」

08③

『家語』(一)に曰く、「孔子 齊に在り。齊 大旱す。春 飢う。公 孔子に問ひて曰く、「之を如何せん。」と。孔子曰く、「凶年には則ち駑《ど》馬に乗り、力役 興さず。馳道は脩めず。〈「馳道は、君 行く所の道なり。」と。〉祈るに幣玉を以てす。〈「祈請する所有るに幣及び玉を用ひ、牲を用ひざるなり。」と。〉祭事に縣《けん》せず。〈「縣せずとは、樂を作《な》さざるなり。」と。〉祀るに下牲を以てす。〈「當に大牢を用ふべき者、少牢もてするなり。」と。〉此れ則ち賢君 自ら貶《へら》して以て民を救ふの禮なり。」と。」と。

08④

(一)『孔子家語』巻十・曲禮子貢問

孔子在齊。齊大旱。春[饑]。景公問於孔子曰、「如之何。」孔子曰、「凶年則乘駑馬、力役不興、馳道不修、(1)祈以幣玉、(2)祭事不懸、(3)祀以下牲。(4)此則賢君自貶以救民之禮也。」

(1)王肅曰、「馳道、君行之道。」

(2)王肅曰、「君所祈請用幣及玉、不用牲也。」

(3)王肅曰、「不作樂也。」

(4)王肅曰、「當用太[牢]者、用少[牢]。」

『禮記』雜記下

孔子曰、「凶年則乘駑馬、祀以下牲。」

『禮記』曲禮下

歲凶年穀不登、君膳不祭肺。馬不食穀。馳道不[除]。祭事不縣。大夫不食粱。士飲酒不樂。

『藝文類聚』巻百・災異部・旱

『家語』曰、「孔子在齊。齊大旱。春飢。哀公問於孔子曰、「旱如之何。」孔子曰、「凶年則乘駑馬、力役不興、馳道不修、祈以[敝溼]、祭事不懸、祀以下牲。此則賢君自貶以救民之禮也。」」

『太平御覽』八百七十九・咎徵部六・旱

『家語』曰、「哀公問孔子曰、「旱如之何。」」孔子曰、「凶年則乘駑馬、力役不興、馳道不[備]、(1)祈以幣玉、(2)祭事不[見]、(3)祀以下牲、(4)此則賢君自貶以救民之禮也。」

(1)馳道、君祈所行道。

(2)有王所祈請、用幣及[王]、不用牲也。

(3)不縣、不作樂也。

(4)當用大[牢]者、用少[牢]。

09①

孔蘗曰子豊拜高弟御史建初元年歲大旱乃上疏曰臣聞為不蓋而灾報得得其應也為善而灾至遭時運也陛下即位日新親民如一子而大旱者時運之會耳非政教所致也昔成湯遭旱自責減御損饍而大有年也天子納其言而従之三日雨即降轉拜黄門侍郎典東觀事

09②

『孔叢』曰、「子豐、拜高第御史。建初元年、歲大旱。乃上疏曰、「臣聞、爲不善而災□、報得其應也。爲善而災至、遭時運也。陛□下即位日新、親民如一子、而大旱者、時運之會耳、非政教所致也。昔成湯遭旱、自責、減御損饍、而大有年也。」天子納其言而從之。三日、雨即降。轉拜黃門侍郎、典東觀事。」

09③

『孔叢』[一]に曰く、「子豐、高第御史を拜す。建初元年、歲大旱す。乃ち上疏して曰く、「臣聞く、不善を爲して災報ゆるは、其の應を得るなり。善を爲すも災至るは、時運に遭ふなり。陛下即位して日新たにして、民に親しむこと一子の如きも、而れども大に旱する者は、時運の會のみにして、政教の致す所に非ざるなり。昔成湯旱に遭ひ、自ら責め、減御損饍して、大いに年《みのり》有るなり。」と。天子其の言を納れて之に從ふ。三日にして、雨即ち降れり。轉じて黃門侍郎を拜し、東觀の事を典《つかさど》る。」と。

09④

（一）『孔叢子』卷七・連叢子上・敘世

子豐以學行聞、三府交命委質司空、拜高第御史。建初元年、歲大旱、天子憂之。問羣臣政教得失、子豐乃上疏曰、「臣聞、爲不善而災至、報得其應也。爲善而災至、遭時運也。陛下即位日新、視民如傷、而不幸耗旱、時運之會爾、非政教之所致也。昔成湯遭旱、因自責省故、散積減御損膳、而大有年。意者陛下未爲成湯之事焉。」天子納其言而從之。三日、雨即降。轉拜黃門侍郎、典東觀事。

『藝文類聚』卷百・災異部・旱

『孔叢子』曰、「子豐、拜高第御史。建初元年、歲大旱。乃上疏曰、「臣聞爲不善而災報、得其應也。爲善而災至、遭時運也。陛下即位日新、視民如傷、而不幸耗旱、時運之會耳、非政教之所致也。昔成湯遭旱、因自責、減御損膳、而大有年。天意者陛下未爲成湯之事焉。」天子納其言而從之。三日雨即降。轉拜黃門侍郎、典東觀事。」

『太平御覽』六百二十四・治道部五・政治三

又（『孔叢子』）曰、「建初元年、大旱。天子憂之、問羣臣政教得失。子豐乃上疏曰、「臣聞爲不善而災報、得其應也。爲善而災至、遭時運之會耳。非政所致也。昔成湯遭旱、因自責、省畋散積、減御損膳、而大有年。意者陛下未爲成湯之事焉。」天子納其言。」

『後漢書』志十三・五行志一

章帝章和二年夏、旱。時、章帝崩後、竇太后兄弟用事奢僭[1]。

（1）『古今注』曰、「建初二年夏、雒陽旱。四年夏、元和元年春、並旱。」案、楊終傳、建初元年大旱、穀貴、終以爲廣陵・楚・淮陽・濟南之獄徙者數萬人、吏民怨曠。上疏云久旱。『孔叢』曰、「建初元年大旱、天子憂之、侍御史孔豐乃上疏曰、「臣聞、爲不善而災報、得其應也。爲善而災至、遭時運也。陛下即位日淺、視民如傷、而不幸耗旱、時運之會耳。非政教所致也。昔成湯遭旱、因自責、省畋散積、減御損食、而大有年。意者陛下未爲成湯之事焉。」天子納其言而從之、三日雨即降。轉拜黃門郎、典東觀事。」

10①
礼記下檀弓曰歳旱穆公召縣子而問然〈然之言焉也〉曰天久雨吾欲曝尫奚若〈尫者鼻向天冀天哀而雨之也〉曰天則不雨而曝人之疾子虐無乃不可乎〈銅疾人之所哀曝之是虐也〉然則吾欲曝巫奚若曰天則不雨而望之遇婦人於以求之無乃已疏乎従市則奚若曰天子崩巷市七日諸侯薨巷三日為之従市不亦可乎〈従市者庶民之喪礼也今従市是憂戚於旱若喪也〉

10②
『禮記』下、檀弓曰、「歳旱。穆公召縣子而問然。〈「然之言焉也。」〉曰、「天久不雨。吾欲曝尫。奚若。〈「尫者、鼻向天。冀天哀而雨之也。」〉」曰、「天久不雨。而曝人之疾子虐。無乃不可乎。〈「銅疾、人之所哀。曝之是虐也。」〉」「然則吾欲曝巫。奚若。」曰、「天則不雨。而望之愚婦人、於以求之、無乃已疏乎。」「徙市則奚若。」曰、「天子崩、巷市七日。諸侯薨、巷三日。爲之徙市、不亦可乎。〈「徙市者、庶民之喪禮也、今徙市、是憂戚於旱若喪也。」〉」

10③
『禮記』(二)下、檀弓に曰く、「歳《とし》旱《ひでり》す。穆公 縣子を召して問ふ。〈「然の言は焉なり。」と。〉曰く、「天 久しく雨ふらず。吾 尫《わう》を曝《さら》さんと欲す。奚若《いかん》。〈「尫者は、鼻 天に向《むか》ふ。天の哀みて之に雨ふらさんことを冀《こひねが》ふなり。」と。〉」と。曰く、「天 久しく雨ふらず。而るに人の疾子を曝《さら》すは虐なり。乃ち不可なる無からんか。〈「錮疾は、人の哀む所。之を曝すは是れ虐なり。」と。〉」と。「然らば則ち吾 巫を曝さんと欲す。奚若。」と。曰く、「天 則ち雨ふらず。而るに之を愚婦人に望むは、以て之を求むるに於て、乃ち已《はなは》だ疏なる無からんか。」と。「市を徙さば則ち奚若。」と。曰く、「天子 崩ずるときは、巷に市すること七日。諸侯 薨ずるときは、巷に三日。之が爲に市を徙すは、亦 可ならずや。〈「市を徙す者は、庶民の喪禮なり。今 市を徙すは、是れ旱を憂戚すること喪の若きなり。」と。〉」と。

10④
(一)『禮記』檀弓下
歳旱。穆公召縣子而問然。[1]曰、「天久不雨。吾欲暴尫。而奚若。[2]」曰、「天則〈久〉不雨。而暴人之疾子虐。毋乃不可與。[3]」「然則吾欲暴巫。而奚若。」曰、「天則不雨。而望之愚婦人、於以求之、毋乃已疏乎。[4]」「徙市則奚若。」曰、「天子崩、巷市七日。諸侯薨、巷市三日。爲之徙市、不亦可乎。[5]」

(1) 鄭玄曰、「然之言焉也。凡穆或作繆。」
(2) 鄭玄曰、「奚若何如也。尫者、面鄉天。覬天哀而雨之。」
(3) 鄭玄曰、「錮疾、人之所哀。暴之是虐。」
(4) 鄭玄曰、「已猶甚也。巫主接神。亦覬天哀而雨之。春秋傳說巫曰、『在女曰巫、在男曰覡。』『周禮』女巫、『旱暵則舞雩。』」
(5) 鄭玄曰、「徙市者、庶人之喪禮。今徙市、是憂戚於旱若喪。」

『藝文類聚』巻百・災異部・旱
『禮記』曰、「歳旱。穆公召縣子而問焉。曰、「天久不雨。吾欲暴尫。而奚若。」曰、「天則不雨。曝人之疾。子毋乃不可乎。」「然則吾欲曝巫而奚若。」曰、「天則不雨。而望愚婦人、於已求之、毋乃已疏乎。」「徙市則奚若。」曰、「天子崩、巷市七日。諸侯薨、市三日。爲之徙市、不亦可乎。」」
『太平御覧』巻三十五・時序部二十・旱
『禮』曰、「繆公召弦子問曰、「天久不雨、吾欲暴尫。而奚若。」對曰、「天則不雨、而暴人之病子虐。無乃不可乎。」「暴巫。而奚若。」對曰、「天則不雨、望之愚婦人、於以求之、無乃已踈乎。」」

11①
説蕘曰湯之時太旱七年雒坼川鴻前沙爛石於是使特三足鼎祝山川祝曰政教不節耶使民疾耶苞苴行耶讒夫昌耶宮宮禁耶女謁成耶何雨之極也蓋辞未已而天大雨

11②
『説苑』曰、「湯之時、太旱七年、雒坼川竭、煎沙爛石。於是使持三足鼎祝山川。祝曰、「政教不節耶。使民疾耶。苞苴行耶。讒夫昌耶。宮室營耶。女謁盛耶。何不雨之極也。」蓋辞未已而天大雨。」

11③
『説苑』に曰く、「湯の時、太旱七年、雒 坼《さ》け 川 竭き、煎沙爛石す。是に於て三足鼎を持ち山川に祝らしむ。祝り曰く、「政教 節せざるか。民をして疾《や》ましむるか。苞苴 行はるるか。讒夫 昌《さかん》なるか。宮室 營まるるか。女謁《えつ》 盛んなるか。何ぞ雨ふらざるの極ならんや。」と。蓋し辞 未だ已まざるに天大いに雨ふれり。」と。

11④
（一）『説苑』巻一・君道
湯之時、大旱七年、雒坼川竭、煎沙爛石。於是使人持三足鼎祝山川。教之祝曰、「政不節耶。使人疾耶。苞苴行耶。讒夫昌耶。宮室營耶。女謁盛耶。何不雨之極也。」蓋言未已而天大雨。故天之應人、如影之隨形、響之效聲者也。『詩』（大雅雲漢篇）云、「上下奠瘞、靡神不宗。言疾旱也。」
『藝文類聚』巻百・災異部・祈雨
『説苑』曰、「湯之時、大旱七年、雒坼川竭、煎沙爛石。於是使人持三足鼎祝山川。教之祝曰、「政不節耶。使民疾耶。」蓋辭未已而天下大雨。」
〔參考〕『公羊傳』桓公五年何休注、『左傳』襄十年疏引『尚書大傳』三、『荀子』大略・王霸・富國、『墨子』兼愛下・七患、『尸子』佚文、『管子』權數、『莊子』秋水、『呂氏春秋』順民、『淮南子』主術・修務、『賈子』無舊・有民、『論衡』感虚、『劉子』貴農、『漢書』卷二十四・食貨志上、鼂錯「論貴粟疏」、『後漢書』卷十六・鄧寇列傳第六・寇恂傳・李賢注、『後漢書』卷四十一・第五鍾離宋寒列傳第三十一・鍾離意傳、『後漢書』

巻八十四・楊震列傳第四十四・楊震傳・李賢注、『帝王世紀』、『越絕書』計倪内經、『捜神記』八、張兵子「思玄賦」注引『淮南子』、『藝文類聚』巻七十三・雜器物部・鼎、『太平御覽』巻三十五・時序部二十・旱引『世說』、『太平御覽』巻七十四・地部三十九・沙、『太平御覽』巻八百七十九・咎徵部六・旱、『册府元龜』巻二十六、『記纂類海』巻五、『杜工部草堂詩箋』、『文選』應休璉「與廣川長岑文瑜書」注にも見える。

12①
淮南子曰湯遭旱作土龍而竪求雨即雨也

12②
『淮南子』曰、「湯遭旱、作土龍而竪。求雨、即雨也。」

12③
『淮南子』(一)に曰く、「湯 旱に遭ひ、土龍を作りて竪《た》つ。雨を求め、即ち雨ふるなり。」と。

12④
(一)『淮南子』巻四・墜形訓
磁石上飛、雲母來水、土龍致雨、燕鴈代飛。(1)
(1)許愼曰、「湯遭旱、作土龍以像龍。雲從龍、故致雨也。燕、玄鳥也。春分而來、鴈春分而去北詣漠中也。燕秋分而北〈去〉、鴈秋分而南詣彭蠡也。故曰代飛。代更也。」
『淮南子』巻十六・說山訓
聖人用物、若用朱絲約芻狗、若爲土龍以求雨。芻狗待之而求福、土龍待之而得食。
『初學記』巻二・天部下・雨一・土龍
『淮南子』曰、「土龍致雨。」許愼注曰、「湯遭旱、作土龍、以象雲從龍也。」
『太平御覽』巻十一・天部十一・祈雨
『淮南子』曰、「土龍致雨。」許愼註曰、「湯遭旱、作土龍、以象雲從龍也。」

13①
尸子曰湯之救旱素車白馬布衣身嬰白茅以身為特當此時也絃歌鼓儛者禁也

13②
『尸子』曰、湯之救旱、素車白馬、布衣、身嬰白茅、以身爲牲□。當此時也、絃歌鼓儛者禁也。

13③
『尸子』(一)に曰く、「湯の旱を救ふや、素車白馬、布衣、身 白茅を嬰《まと》ひ、身を以て牲と爲す。此の時に當るや、絃歌鼓儛する者 禁ずるなり。」と。

13④
(一)『藝文類聚』巻八十二・草部下・茅
『尸子』曰、「殷湯救旱、素車白馬、身嬰白茅、以身爲牲。」
『初學記』巻九・帝王部・總敍帝王・湯布衣
『尸子』曰、「湯之救旱也、素車白馬、布衣、身嬰白茅、以身爲牲、當此時、絃歌鼓舞者禁之。」
『太平御覧』巻三十五・時序部二十・旱
『尸子』曰、「湯之救旱也、素車白馬、着布衣、身嬰白茅、爲牲、禱於桑麻之野、此時、絃歌鼓舞者禁之。」
『太平御覧』巻八十三・皇王部八・殷帝成湯
『尸子』曰、「湯之救旱、素車白馬、布衣、身嬰白茅、以身爲牲。當此時也、絃歌鼓舞者禁之。」
『太平御覧』巻八百七十九・咎徴部六・旱
『尸子』曰、「湯之救旱也、素車白馬、布衣、身嬰白茅、以身爲牲。當此時也、絃歌鼓舞者禁之。」
『太平御覧』巻九百九十六・百卉部三・茅
『尹子』曰、「湯禱旱、素車白馬、布衣、身嬰白茅、以身爲牲。」
『北堂書鈔』巻九・帝王部・責躬三十五
湯之救旱、素車白馬。（『尸子』云、「湯之救旱也、素車白馬、布衣、身嬰白、以身爲牲。當此時也、歌鼓舞止。」）
〔参考〕『記纂淵海』巻五、『尚史』巻四、『淮南子』主術、『論衡』感虚、『通典』巻八にも見える。

14①
呂氏傳曰湯遭大旱五年湯乃以身禱於桑林翦其髮剖其爪自以為犠用祈福於上帝即雨也

14②
『呂氏傳』曰、「湯遭大旱五年。湯乃以身禱於桑林。翦其髮、剖其爪、自以爲犠、用祈福於上帝。即雨也。」

14③
『呂氏傳』に曰く、「湯 大旱に遭ひて五年。湯 乃ち身を以て桑林に禱《いの》る。其の髮を翦り、其の爪を剖《さ》き、自ら以て犠と爲り、用て福を上帝に祈る。即ち雨ふるなり。」と。

14④
（一）『呂氏春秋』巻九・季秋紀・順民
昔者湯克夏而正天下。天大旱、五年不收。湯乃以身禱於桑林曰、「余一人有罪、無及萬夫。萬夫有罪、在余一人。無以一人之不敏、使上帝鬼神傷民之命。」於是翦其髮、鄽其手、以身爲犠牲、用祈福於上帝。民乃甚說、雨乃大至。則湯達乎鬼神之化・人事之傳也。
『藝文類聚』巻百・災異部・祈雨
『呂氏春秋』曰、「昔者、殷湯克夏、而王天下五年、不雨。湯乃以身禱於桑林。於是翦其髮、割其爪、以爲犠、用祈福於上帝。」
『太平御覧』巻三百七十三・人事部十四・髮
『呂氏春秋』曰、「殷湯尅夏、而大旱。湯乃以身禱於桑林、剪其髮、自以爲犠牲、祈福於上帝。」
『太平御覧』巻五百二十九・禮儀部八・禱祈
『呂氏春秋』曰、「昔殷湯尅夏、而天下大旱、五年不収。湯乃以身禱於桑林曰、「余一人有罪、無及萬方。萬方有罪、在予一人。無以一人之不敏、使上帝鬼神傷民之命。」於是剪其髮、麗其手、自以爲牲、用祈福於上帝。民悅、雨乃大至。」
『帝王世紀』
湯自伐桀後、大旱七年。殷史上曰、「當以人禱。」湯曰、
「吾所爲請雨者、民也。若以人禱、吾請自當。」遂齋戒
翦髮斷爪、以已爲牲、禱于桑林之社。而大雨方數千里。
『尚史』卷四
『呂氏春秋』、「湯克夏、大旱五年。湯乃以身禱于桑林。
曰、「余一人有罪、無及萬夫。萬夫有罪、在余一人、無
以一人之不敏使上帝鬼神傷民之命。」於是翦髮鄽手、以
身爲牲、用祈福於上帝。民乃甚說。雨乃大至。」又曰、「湯
與伊尹盟以示。」

15①
風俗通曰左傳說鄭大夫子産穰於玄ㄹ冥ㄹ雨師謹案周禮以猶燎祀雨ㄹ師ㄹ畢星也〈詩云月離于畢俾滂池矣日之神為雨師列仙傳曰赤松子者神農時雨師之也〉

15②
『風俗通』曰、『左傳』說、「鄭大夫子産禳於玄冥。」玄冥、雨師。謹案、『周禮』、「以槱燎祀雨師。」雨師者、畢星也。〈『詩』云、「月離于畢、俾滂沱矣。」丑之神爲雨師。『列仙傳』曰、「赤松子者神農時雨師、之也。」〉」

15③
『風俗通』[一]に曰く、『左傳』[二]に説《い》ふ、「鄭の大夫 子産 玄冥に禳《はら》ふ。」と。玄冥[三]は、雨師なり。謹んで案ずるに、『周禮』[四]に、「槱燎《ゆうりょう》を以て雨師を祀る。」と。雨師とは、畢星なり。〈『詩』[五]に云ふ、「月 畢より離れ、滂沱たらしむ。」と。丑の神をば雨師と爲す。『列仙傳』[六]に曰く、「赤松子とは神農の時の雨師、之なり。」と。〉」と。

15④
（一）『風俗通』卷八・祀典・雨師
『春秋左氏傳』說、「共工之子、爲玄〔冥〕師。」「鄭大夫子産禳於玄〔冥〕。」雨師也。謹按、『周禮』、「以槱燎祀雨師。」雨師者、畢星也。『詩』云、「月離于畢、俾滂沱矣。」『易』師卦「師者、衆也。」土中之衆者莫若水、「雷震百里。」風亦如之。至於泰山、不崇朝而徧雨天下、異於雷風、其德散大、故雨獨稱師也。丑之神爲雨師、故以己丑日祀雨師於東北、土勝水爲火相也。」
（二）『春秋左氏傳』昭公十八年傳
七月、鄭子産爲火故大爲社、祓禳於四方、振除火災。禮也。
（三）『春秋左氏傳』昭公元年傳
昔金天氏有裔子曰昧、爲玄冥師。
（四）『周禮』春官・宗伯・太宗伯
以禋祀、祀昊天上帝。以實柴、祀日月星辰。以槱燎、祀司中・司命・飌師・雨師[1]。
（1）鄭司農曰、「雨師、畢也。」
（五）『詩經』小雅・魚藻之什・漸漸之石
月離于畢、俾滂沱矣。

（六）『列仙傳』巻上

赤松子者、神農時雨師也。服水玉、以敎神農。能入火自燒。往往至崑崙山上、常止西王母石室中。隨風雨上下、炎帝少女追之、亦得仙倶去。至高辛時、復爲雨師。今之雨師本是焉。

『後漢書』巻四十上・班彪列傳第三十上

騁文成之丕誕、馳五利之所刑、庶松喬之羣類、時游従乎斯庭、實列仙之攸館、匪吾人之所寧(1)。

（1）『列仙傳』曰、「赤松子者、神農時雨師也。服水玉以敎神農。」

『後漢書』巻五十九・張衡列傳第四十九

松・喬高跱孰能離。結精遠遊使心攜(1)。

（1）松、赤松子也。喬、王子喬也。『列仙傳』曰、「赤松子、神農時雨師、服水玉、敎神農、能入火自燒。至崐崙山上、常止西王母石室、隨風上下。王子喬、周靈王太子晉也。好吹笙作鳳鳴、游伊洛閒。道士浮丘公接上嵩高山、三十餘年。後來於山上、見桓良曰、『告我家、七月七日待我緱氏山頭。』果乘白鵠住山顚、望之不得到、擧手謝時人、數日去。」字林曰、「跱、踞也。」謂得仙高踞也。離、附也。攜、離也。

『初學記』巻二・天部下・雨第一・雨師曰屏翳

『列子傳』、「赤松子、神農時雨師。」『風俗通』云、「雲、玄冥爲雨師。」

『藝文類聚』巻二・天部下・雨

『列子傳』曰、「赤松子者、神農時雨師也。」

『藝文類聚』卷七十八・靈異部上・仙道又（『列仙傳』）曰、「赤松子、神農時雨師。服水玉、敎神農、能入火自燒、至崑崙山西王母石室、隨風雨上下、炎帝少女追之亦得仙倶去。高辛時爲雨師。」

『藝文類聚』巻八十三・寶玉部上・玉

『列仙傳』曰、「赤松子、神農時雨師。服水玉。」

『太平御覽』巻十・天部十・雨上

『列子』曰、「赤松子、神農時雨師也。」

『太平御覽』巻三十八・地部三・崑崙山

『列仙傳』曰、「赤松子者、神農時雨師也。服水石以敎神農、能入火不燒、至崑崙山上、常止西王母石室中、隨風雨上下、炎帝少女追之亦得仙倶去。至高辛時、複爲雨師、今之雨師是也。」

『太平御覽』巻八百五・珍寶部四・玉下

『列山傳』曰、「赤松子者、神農時雨師也。服水玉、敎神農能入火不燒。」

〔參考〕櫻井龍彥「王子喬・赤松子傳說の研究（一）（二）（三）」『龍谷紀要』第六巻第一號・第六巻第二號・第七巻第一號、一九八四年八月・一九八四年十二月・一九八五年八月）・吉原浩人「平安朝漢文學における赤松子像—神仙への憧憬—」『早稻田大學大學院文學研究科紀要』第一分冊 四十九、二〇〇三年）

16①
神農求雨書曰春夏雨日而不雨甲乙命為青龍又為大龍東方小童儛之丙丁不雨命為赤龍又為大龍南方牡者儛之戊己不雨命為黄龍又為大龍然者儛之庚辛不雨命為白龍又為大龍西方老人舞之壬癸不雨命為黒龍又為大龍北方老人舞之如此不雨闔南門置水其外開北門取人骨埋之如此不雨命巫祝而曝〻之〻不雨神山神渕積薪焚皷攻也

16②「神農求雨書」曰、「春夏雨日而不雨、甲乙命爲青龍、又為火龍東方、小童儛之。丙丁不雨、命爲赤龍、又爲火龍南方、壯者儛之。戊己不雨、命爲黄龍、又爲火龍、壯者儛之。庚辛不雨、命爲白龍、又爲火龍西方、老人舞之。壬癸不雨、命爲黒龍、又爲火龍北方、老人舞之。如此不雨、闔南門、置水其外、開北門、取人骨埋之。如此不雨、命巫祝而曝之。曝之不雨、神山神淵積薪焚、皷攻也。」

16③「神農求雨書」に曰く、「春夏 雨日にして雨ふらざれば、甲乙には命じて青龍を爲《つく》らしめ、又 火龍を東方に爲らしめ、小童をして之に儛はしむ。丙丁に雨ふらざれば、命じて赤龍を爲らしめ、又 火龍を南方に爲らしめ、壯者をして之に儛はしむ。戊己に雨ふらざれば、命じて黄龍を爲らしめ、壯者をして之に儛はしむ。庚辛に雨ふらざれば、又 火龍を爲らしめ、命じて白龍を爲らしめ、又 火龍を西方に爲らしめ、老人をして之に儛はしむ。壬癸に雨ふらざれば、命じて黒龍を爲らしめ、又 火龍を北方に爲らしめ、老人をして之に儛はしむ。此くのごとくして雨ふらざれば、南門を闔《と》じ、水を其の外に置き、北門を開き、人骨を取りて之を埋む。此くのごとくして雨ふらざれば、巫祝に命じて之を曝さしむ。之を曝して雨ふらざれば、神山神淵に薪を積みて焚《や》き、皷攻するなり。」と。

16④（一）『藝文類聚』卷百・災異部・旱
「神農求雨書」曰、「春夏雨日而不雨、甲乙命爲青龍、又爲火龍東方、小童舞之。丙丁不雨命爲赤龍南方、壯者舞之。戊巳不雨、命爲黄龍、壯者舞之。庚辛不雨、命爲白龍、又爲火龍西方、老人舞之。壬癸不雨、命爲黒龍北方、老人舞之。如此不雨、潛處、闔南門、置水其外、開北門、取人骨埋之。如此不雨、命巫祝而曝之。曝之不雨、神山積薪、撃鼓而焚之。」
『太平御覽』卷三十五・時序部二十・旱
「神農求雨書」曰、「春甲乙不雨、東爲青龍、又爲大龍東方、老人舞之、壬癸黒。」
又曰、「北。不雨、命巫祝雨曝之。不雨、禱山神、積薪其撃鼓而焚之。」

17①
晋朁毗請雨文曰下邳內史朁毗敬告山川諸霊湏節運錯戻旱厄陰陽消川竭谷虚石流山炬天無纖雲野有横飈盛夏應暑而或凉草木無霜而自彫遑〻農夫荷耒田畔悠〻舟人頓檝川岸雲根山積而中披雨足乗零而復散聖主當膳而減味牧伯忘飡而過宴民庶柎心而嚬蹙縉紳不期而同嘆斯亦憂勤之極情而明霊之達觀矣

17②

「晉曺毗請雨文」曰、下邳内史曺毗、敬告山川諸靈。頃節運錯戾、旱厄陰消川竭谷虛、石流山炬、天無纖雲、野有横飈。盛夏應暑而或凉、草木無霜而自凋。遑遑農夫、荷耒田畔、悠悠舟人、頓檝川岸。雲根山積而中披、雨足垂零而復散。聖主當膳而減味、牧伯忘飡而過晏、民庶拊心而嚬蹙、搢紳不期而同嘆。斯亦憂勤之極情、而明靈之達觀矣。

17③
「晉曺毗請雨文」に曰く、「下邳の内史 曺毗《そうひ》、敬みて山川の諸靈に告ぐ。頃《このごろ》 節運 錯戾し、旱 厄《わざわい》し 陰 消え、川 竭き谷 虛き、石 流れ 山 炬《や》け、天に纖《せん》雲無く、野に横飈《ひょう》有り。盛夏 應に暑なるべくも或は凉く、草木 霜無くして自ら凋《しぼ》む。遑遑たる農夫、耒を田畔《はん》に荷い、悠悠たる舟人、檝《かじ》を川岸に頓《とど》む。雲根 山積するも中に披《ひら》き、雨足 垂零するも復た散ず。聖主 膳に當りて味を減じ、牧伯 飡《さん》を忘れて宴を過し、民庶 心を拊して嚬蹙《ひんせき》し、搢紳 期せずして同嘆す。斯れも亦 憂勤の極情にして、明靈の達觀なり。」と。

17④
（一）『藝文類聚』巻百・災異部・祈雨
文「晉曹毗請雨文」曰、「下邳内史曹毗、敬告山川諸靈、頃節運錯戾、旱亢陰消、川竭谷虛、石流山燋、天無纖雲、野有横飈、盛夏應暑而或涼、草木無霜而自凋、遑遑農夫、輟耕田畔、悠悠舟人、頓棹川岸、雲根山積而中披、雨足垂零而復散。聖主當膳而減味、牧伯忘餐而過晏、民庶拊心而顰顣、搢紳不期而同歎。斯亦憂勤之極情、而明靈之達觀矣。」

○17祭氷

【概要】
「祭氷」は、冬に氷を蔵し、春に出すことを記す。「祠令」の佚文を収む。

01①
祭氷〈秘矜反平〉

01②
祭氷〈秘矜反、平。〉

01③
祭氷〈秘矜の反、平。〉

02①
禮記月令曰天子乃鮮羔開氷先薦廟〈鮮當作獻聲誤也獻羔謂祭ゝ司ゝ寒ゝ而出薦之求宗廟之也〉

02②
『禮記』月令曰、「天子乃鮮羔開氷、先薦廟。〈鮮當作獻。聲誤也。獻羔、謂祭司寒。祭司寒而出、薦之、求宗廟、之也〉。」

02③
『禮記』月令に曰く、「天子 乃ち羔《こう》を鮮《けん》じ氷《こほり》を開き、先づ廟に薦《すす》む。〈鮮 當に獻に作るべし。聲の誤なり。羔を獻ずるは、司寒を祭るを謂ふ。司寒を祭りて出し、之を薦めて、宗廟に求む、之なり〉。」と。

02④

（一）『禮記』月令

天子乃鮮羔開冰、先薦寢廟（1）。

（1）鄭玄注曰、「鮮當爲獻。聲之誤也。獻羔、謂祭司寒也。
祭司寒而出冰、薦於宗廟、乃後賦之。……」

03①

祠令曰季冬蔵冰仲春開冰並用牲秬黍祭司寒之神於冰室其開冰加桃弧棘矢設於神座也

03②

「祠令」曰、「季冬、藏冰、仲春、開冰。並用牲秬黍。祭司寒之神於冰室。其開冰、加桃弧・棘矢、設於神座也。」

03③

「祠令」（一）に曰く、「季冬、氷を藏め、仲春、氷を開く。並に牲秬黍を用ふ。司寒の神を冰室に祭る。其の氷を開くに、桃弧・棘矢を加へ、神座を設くるなり。」と。

03④

（一）「祠令」は、「雩」05の④（一）參照。

『太平御覽』卷二十七・時序部十二

「祠令」曰、「季冬、藏冰、仲春、開冰、並用黒牡秬黍。祭司寒之神於冰室。其開冰加以桃弧・棘矢、設於神座。」

『隋書』卷七・志第二・禮儀二

又以仲冬祭名源川澤於北郊、用一太牢。祭井於社宮、用一少牢。季冬、藏冰、仲春、開冰。並用黒牡秬黍。於冰室祭司寒神。開冰、加以桃弧・棘矢。

『舊唐書』卷二十四・志第四・禮儀四

仲春・仲秋二時戊日、祭太社・太稷、社以勾龍配、稷以後稷配。社・稷各用太牢一、牲色並黒、籩・豆・簠・簋各二、鉶・俎各三。春分、朝日於國城之東。秋分、夕月於國城之西。各用方色犢一、籩・豆各四、簠・簋甄・俎各一。孟春吉亥、祭帝社尾藉田、天子親耕。季春吉巳、祭先蠶於公桑、皇后親桑。並用太牢、籩・豆各九。將蠶日、家侍省預奉移所司所事。諸祭祀卜日、皆先卜上旬。不吉、次卜中旬・下旬。筮日亦如之。其先蠶一祭、節氣若晩、即於節氣後取日。立春後丑、祀風師於國城東北。立夏後申、祀雨師於國城西南。立秋後辰、祀靈星於國城東南。立冬後亥、祀司中・司命・司人・司祿於國城西北。各用羊一、籩・豆各二、簠・簋各一。季冬晦、堂贈儺、磔牲於宮門及城四門、各用雄雞一。仲春、祭馬祖。仲夏、祭先牧。仲秋、祭馬社。仲冬、祭馬步。並於大澤、用剛日。牲各用羊一、籩・豆各二、簠・簋各一。季冬、藏冰、仲春、開冰、並用黒牡・秬黍、祭司寒之神於冰室、籩・豆各二、簠・簋・俎各一。其開冰、加以桃弧棘矢、設於神座。」

○18 稓

【概要】

「稭（蜡）」は、年末に行う農耕の感謝祭。「祠令」の佚文を収む。

01①

稭〈仕罵反去〉

01②

稭〈仕罵反、去。〉

01③

稭〈仕罵の反、去。〉

02①

礼記曰天子大稭八伊耆氏始為稭也〈稭祭報此歳之功因以祈来年使無旱水虫穢之灾此其祝辞也稭者索也歳十二月而合聚万物而索卿也八者一先嗇二司嗇三農四表畷五猫虎六坊七水滽八昆虫也夏曰清祀殷曰嘉平周曰大稭也〉

02②

『禮記』曰、「天子大稭八。伊耆氏始爲稭也。〈「稭祭、報此歳之功、因祈來年使無旱水虫穢之災、此其祝辭也。」〉稭者、索也。歳十二月、而合聚萬物、而索鄉也。〈「八者、一先嗇、二司嗇、三農、四表畷、五猫虎、六坊、七水庸、八昆虫也。」〉」
〈「夏曰清祀、殷曰嘉平、周曰大稭也。」〉

02③

『禮記』[一]に曰く、「天子 大稭《たいさ》 八あり。伊耆氏《いきし》 始めて稭を爲すなり。〈「稭祭、此の歳の功に報《むく》ゆ、因りて來年に旱水・虫穢《わい》の災 無からしむるを祈る、此れ[二]其の祝辭なり。」と。〉稭なる者は、索なり。歳の十二月に、而して萬物を合聚して、索鄉するなり。〈「八[三]とは、一は先嗇《しょく》、二は司嗇、三は農、四は表畷、五は猫虎、六は坊、七は水庸、八は昆虫なり。」と。〉」と。
〈「夏[四]は清祀と曰ひ、殷は嘉平と曰ひ、周は大稭と曰ふなり。」と。〉

02④

（一）『禮記』郊特牲

天子大蜡八[1]。伊耆氏始爲蜡。蜡也者、索也。歳十二月、合聚萬物、而索饗之也。

（1）鄭玄曰、「所祭有八神也。」
音義曰、「蜡祭有八神、先嗇一、司嗇二、農三、郵表畷四、貓虎五、坊六、水庸七、昆蟲八。」（『經典釋文』卷第十二、禮記音義第二、大蜡）

『初學記』卷四・歳時部下・臘第十三・敍事

『風俗通』曰、「夏曰清祀、殷曰嘉平、周曰大蠟、漢曰臘。臘者、獵也、因獵取獸以祭。『玉燭寶典』曰、「臘者祭先祖、蠟者報百神、同日異祭也。」又『禮記』曰、「天子大蠟八、伊耆氏始爲蠟[1]。蠟也者、索也。歳十二月、合聚萬物、而索饗之也。」……」

（1）八蠟者、一先嗇、二司嗇、三農、四郵表畷、五貓虎、六防、七水庸、八昆蟲。

（二）『禮記』郊特牲

土反其宅。水歸其壑。昆蟲毋作。草木歸其澤[1]。

（1）鄭玄曰、「此蜡祝辭也。」若辭同、則祭同處可知矣。壑猶坑也。昆蟲、暑生寒死。螟螽之屬。爲害者也。」

（三）『禮記』禮運

昔者仲尼與於蜡賓①。

（1）鄭玄曰、「蜡者、索也。歲十二月、合聚萬物、而索饗之、亦祭宗廟。時孔子仕魯、在助祭之中。」

正義曰、「……『廣雅』云、「夏曰清祀」、以清絜祭祀。「殷曰嘉平」、嘉、善也、平、成也、以歲終萬物善成、就而報功。其蜡與臘名、已具於上、知此蜡是祭宗廟者、以下云「出遊於觀之上」、故知是祭宗廟也。……」

（四）『禮記』月令

勞農以休息之①。

（1）鄭玄曰、「黨正屬民、飲酒正齒位是也。」

正義曰、「蠟祭、蔡邕云、「夏曰清祀、殷曰嘉平、周曰蠟、秦曰臘。」……」

『藝文類聚』卷五・歲時下・臘

『風俗通』曰、『禮傳』曰、「夏曰嘉平、殷曰清祀、周曰大蜡、漢改曰臈。」臈者、臘也、因臘取獸、祭先祖也。漢火行、衰於戌、故此日臘也。」」

『太平御覽』卷三十三・時序部十八・臘

『風俗通』曰、「夏曰清祀、殷曰嘉平、周曰大蠟、漢曰臘。」臘者、獵也、因獵取獸以祭先祖。或曰、「臘、接也、新故交接、故有臘大祭以報功也。」漢火行衰于戌、故以戌爲臘也。」

『獨斷』卷上

四代臘之別名。夏曰嘉平、殷曰清祀、周曰大蜡、漢曰臘。天子大蠟八神之別名。蠟之言索也。祭曰、「索此八神而祭之也。」大同小異、爲位相對向。祝曰、「土反其宅、水歸其壑、昆蟲毋作、豐年若土、歲取千百。」

先嗇、司嗇、農、郵表綴、貓虎、坊、水庸、昆蟲。

『風俗通義』卷八・祀典・臘

謹按『禮』傳、「夏曰嘉平、殷曰清祀、周曰大蜡、漢改爲臘。」臘者、獵也、言田獵取獸、以祭祀其先祖也。或曰、「臘者、接也、新故交接、故大祭以報功也。」漢家火行、衰於戌、故以戌爲臘也。」

韓愈『昌黎先生集』卷二・「縣齋有懷」

捐軀辰在丁、鎩翮時方蜡①。

（1）鎩、鳥羽病。『選』、「鸞翮有時鎩。」蜡、年終祭名。『廣雅』卷九・祀處、「夏曰清祀、商曰嘉平、周曰大蜡、秦曰臘。」公之貶陽山令、其出以十二月、故時方蜡也。鎩、所介切。蜡音乍。

03 ①

祠令曰季冬寅〈先臘三日之者也〉稓祭百神於南郊日月用犢二伊耆神星辰以下方別各用少牢一當方不熟者則闕之其日祭井泉於川澤之下卯日祭社稷於社宮辰日臈享於大廟用牲皆准時祭井泉用羊一人

03 ②

「祠令」曰、「季冬寅、〈「先臘三日之者也。」〉稓祭百神於南郊、日月用犢二。伊耆・神農・星辰以下、方別各用少牢一、當方不熟者則闕之。其日祭井泉於川澤之下、卯日祭社稷於社宮、辰日臈享於大廟、用牲皆准時祭。井泉用羊一人。」

03③

「祠令」に曰く、「季冬の寅、〈「臘《ろう》に先だつこと三日の者なり。」と。〉稓《さ》 百神を南郊に祭り、日・月には犢二を用ふ。伊耆・神農・星辰以下、方に別ちて各々 少牢一を用ひ、當に方に熟せざる者は則ち之を闕くべし。其の日 井泉を川澤の下に祭り、卯日 社稷を社宮に祭り、辰日 享を大廟に臈《ろう》し、牲を用ふに皆 時祭に准ず。井泉には羊一人を用ふ。」と。

03④

（一）「祠令」は、「雩」05の④（一）を参照。

『舊唐書』巻二十四・志第四・禮儀四

季冬寅日、蜡祭百神於南郊。大明・夜明、用犢二、籩・豆各四、簠・簋・甄・俎各一。神農氏及伊耆氏、各用少牢一、籩・豆各四、簠・簋・甄俎各一。后稷及五方・十二次・五官・五方田畯・五嶽・四鎭・四海・四瀆以下、方別各用少牢一、當方不熟者則闕之。其日祭井泉於川澤之下、用羊一。卯日祭社稷於社宮、辰日臘享於太廟、用牲皆準時祭。井泉用羊二。二十八宿、五方之山林・川澤、五方之丘陵・墳衍・原隰、五方之鱗・羽・羸・毛・介、五方之水墉・坊・郵表畷、五方之貓・於菟及龍・麟・朱鳥・白虎・玄武・方別各用少牢一、各座籩・豆・簠・簋・俎各一。蜡祭凡一百八十七座。當方年穀不登、則闕其祀。蠟祭之日、祭五方井泉於山澤之下、用羊一、籩・豆各二、簠・簋及俎各一。蜡之明日、又祭社稷于社宮、如春秋二仲之禮。

顯慶中、更定籩・豆之數、始一例。大祀籩・豆各十二、中祀各十、小祀各八。

『唐六典』巻四・尚書禮部

孟冬祭司寒於冰室、仲春祀馬祖、仲夏享先牧、仲秋祭馬社、仲冬祭馬步、並以剛日、皆於大澤之中。季冬臘日前寅蜡百神於南郊、大明・夜明・神農・后稷・伊耆・五官・五星・二十八宿・十二辰・五嶽・四鎭・四海・四瀆・五田畯・青龍・朱雀・麒麟・騶虞・玄武及五方山林・川澤・丘陵・墳衍・原隰・井泉・水・墉・坊・於菟・鱗・羽・介・毛・羸・郵・表・畷・貓・昆蟲、凡一百八十七坐。若其方有災害、則闕而不祭、祭井泉於川澤之下。

『通典』巻第四十四・禮四・沿革四・吉禮三・大禘

大唐貞觀十一年、房玄齡等議曰、「按月令禘法、唯祭天宗。近代禘五天帝・五人帝・五地祇、皆非古典。今並除之。」季冬寅日、禘祭百神於南郊。大明用犢二、籩・豆各四、簋・簠・甄俎各一。神農及伊耆氏各用少牢一、籩・豆等與大明同。后稷及五方・十二次・五官・五方田畯・五嶽・四鎭・四海・四瀆以下、方別各用少牢一。其日祭井泉於川澤之下、用羊一。卯日、祭社稷於社宮。二十八宿、五方之山林・川澤・丘陵・墳衍・原隰・鱗・羽・羸

・毛・介・水墉・坊・郵表畷・貓・虎及龍・麟・朱鳥・白獸・玄武、方別各用少牢一、每座籩・豆各二、簠・簋・瓴・俎各一。禬祭凡百八十七座。當方年穀不登、則闕其祀。禬之明日、又祭社稷於社宮、如春秋二仲之禮。開元中、制儀、季冬臘日、禬百神於南郊之壇。若其方不登、則闕之。其儀具開元禮。

〔參考〕『唐會要』卷十にも見える。

○19儺

【概要】

「儺」は、疫鬼を追い払う行事。「祠令」の佚文を収む。

01①
儺〈那何反平〉

01②
儺〈那何反、平。〉

01③
儺〈那何の反、平。〉

02①
周禮曰方相氏蒙熊皮黄金四目玄衣朱裳執戈楊楯師百隸而時儺以索室毆疫〈以驚欺疾厲之鬼也〉大喪先匶〈莽使之導也〉及墓入壙以戈擊四隅毆方良〈壙穿中也方良罔良也天子之椁柏黄賜為裏而表以石焉国語曰木石之恠罔良也〉

02②
『周禮』曰、「方相氏。蒙熊皮、黄金四目、玄衣朱裳、執戈揚楯、帥百隸而時難、以索室毆疫。〈「以驚欺疾厲之鬼也。」〉大喪、先匶。〈「奔使之導也。」〉及墓入壙、以戈擊四隅、毆方良〈「壙、穿中也。方良、罔良也。天子之椁柏、黄腸爲裏、而表以石焉。『國語』曰、「木石之恠罔良也。」」〉」

02③
『周禮』(一)に曰く、「方相氏。熊皮を蒙り、黄金の四目、玄衣朱裳、戈を執り楯を揚げ、百隸を帥て時に難《だ》し、以て室を索《あなぐ》りて疫を毆《う》つ。〈「以て疾厲の鬼を驚欺するなり。」と。〉大喪に、匶に先だつ。〈「奔り之をして導かしむるなり。」と。〉墓に及びて壙に入り、戈を以て四隅を擊ち、方良を毆《う》つ〈「壙は、穿《せん》の中なり。方良は、罔良なり。天子の椁は柏、黄腸を裏と爲して、表するに石を以てす。『國語』に曰く、「木石の恠は罔良なり。」と。」と。〉」と。

02④
(一)『周禮』夏官・司馬・方相氏
方相氏。掌蒙熊皮、黄金四目、玄衣朱裳、執戈揚盾、帥百隸而時難、以索室毆疫①。大喪、先匶。及墓、入壙、以戈擊四隅、毆方良②。
(1) 鄭玄曰、「蒙、冒也。冒熊皮者、以驚毆疫癘之鬼。如今魌頭也。時難、四時作方相氏以難卻凶惡也。月令、「季冬、命國難。」索、廋也。」
(2) 鄭玄曰、「壙、穿地中也。方良、罔兩也。天子之椁柏、黄腸爲裏、而表以石焉。『國語』（魯語下）曰、「木石之怪夔・罔兩。」」

03①

礼記月令曰季春之月命国儺九門磔禳以畢春氣〈此儺ゝ陰氣也寒害将及人也日行歴昇有大陵積尸之氣失則厲鬼隨而出故方相氏索敺疫災之也〉

03②

『禮記』月令曰、「季春之月、命國儺、九門磔禳以畢春氣。〈「此儺、儺陰氣也。寒、害將及人也。日行歴昇。有大陵積尸之氣。失則厲鬼隨而出。故方相氏、索敺疫災、之也。」〉」

03③

『禮記』(一)月令に曰く、「季春の月、國に命じて儺《おにやらい》し、九門に磔禳して以て春氣を畢ふ。〈「此の儺は、陰氣を儺するなり。寒、害 將に人に及ばんとするなり。日 行き昇を歴《ふ》。大陵積尸の氣有り。失するときは則ち厲鬼 隨ひて出づ。故に方相氏、索り疫災を敺つ、之なり。」〉」と。」と。

03④

（一）『礼記』月令

季春之月、……命國難、九門磔攘以畢春氣。(1)

（1）鄭玄曰、「此難、難陰氣也。陰寒至此不止。害將及人。所以及人者、陰氣右行。此月之中、日行歴昴。昴有大陵積尸之氣。氣佚則厲鬼隨而出行。命方相氏、帥百隷、索室敺疫以逐之。又磔牲以攘於四方之神。所以畢止其災也。『王居明堂禮』曰、「季春出疫于郊、以攘春氣。」」

04①

仲秋之月天子乃儺以達秋氣〈此儺ゝ陽氣也陽暑至此不衰害将及人也月宿直昴亦得大陵積尸之氣ゝ失則厲鬼亦隨而出故儺之也〉

04②

「仲秋之月、天子乃儺、以達秋氣。」〈「此儺、儺陽氣也。陽暑至此不衰。害將及人也。月宿直昴。亦得大陵積尸之氣。氣失則厲鬼亦隨而出、故儺之也。」〉」

04③

「仲秋の月、天子 乃ち儺して、以て秋氣を達す。」(一)〈「此の儺は、陽氣を儺するなり。陽暑 此に至りて衰へず。害 將に人に及ばんとするなり。月 宿《しう》は昴に直《あた》る。亦 大陵積尸の氣を得。氣 失するときは則ち厲鬼も亦た隨ひて出づ。故に之を儺せしむるなり。」〉」と。

04④

（一）『禮記』月令

仲秋之月、……天子乃難、以達秋氣。(1)

（1）鄭玄曰、「此難、難陽氣也。陽暑至此不衰。害亦將及人。所以及人者、陽氣左行。此月宿直昴畢。昴畢亦得大陵積屍之氣。氣佚則厲鬼亦隨而出行。於是亦命方相氏、帥百隷而難之。『王居明堂禮』曰、「仲秋、九門磔禳、以發陳氣、禦止疾疫。」」

05①
季冬之月命有司大儺旁磔出土牛以送寒氣〈此儺〻陰氣也此月之中日歴虚免有墳墓四司之氣為厲鬼故毆也出猶作也作作土牛者丑為牛〻可牽止者也送猶畢也〉

05②
「季冬之月、命有司大儺、旁磔、出土牛、以送寒氣。〈「此儺、儺陰氣也。此月之中、日歴虚免。有墳墓四司之氣。爲厲鬼。故毆也。出猶作也。作、作土牛者、丑爲牛。牛可牽止者也。送猶畢也。」〉」

05③
「季冬の月、命じて有司に大いに儺し、旁《あまね》く磔《は》り、土牛を出《つく》り、以て寒氣を送らしむ。〈「此の儺は、陰氣を儺するなり。此の月の中、日 虚免を歴《ふ》。墳墓四司の氣有り。厲鬼の爲なり。故に毆るなり。出は猶ほ作のごときなり。作とは、土牛を作る者、丑を牛と爲す。牛は牽き止むべき者なり。送は猶ほ畢のごときなり。」と。〉」と。

05④
（一）『禮記』月令
命有司大難、旁磔、出土牛、以送寒氣。[1]
（1）鄭玄曰、「此難、難陰氣也。難陰始於此者、陰氣右行。此月之中、日歴虚危。虚危有墳墓四司之氣。爲厲鬼將隨強陰出、害人也。旁磔於四方之門磔禳也。出猶作也。作土牛者、丑爲牛。牛可牽止也。送猶畢也。」

06①
祠令曰季冬晦堂贈儺磔牲於宮門及城四門各用雄鶏一將預前一日所司奏聞

06②
「祠令」曰、「季冬晦、堂贈。儺、磔牲於宮門及城四門。各用雄鶏一。將預、前一日、所司奏聞。」

06③
「祠令」に曰く、「季冬の晦、堂贈す。儺し、牲を宮門及び城の四門に磔す。各々雄鶏一を用ふ。將に預せんとして、前一日、所司 奏聞す。」と。

06④
（一）「祠令」は、「雩」05の④（一）を參照。
『周禮』春官・宗伯・男巫
冬堂贈。無方無算。
『通典』巻第七十八・禮三十八・沿革三十八・軍禮三・時儺
隋制、季春晦、儺、磔牲於宮門及城四門、以禳陰氣。秋分前一日、禳陽氣。季冬旁磔、大儺亦如之。其牲、每門各用羝羊及雄鶏一。選侲子、如北齊法。冬八隊、二時則四隊。問事十二人、赤幘褠衣、執皮鞭。工二十二人。其一人方相氏、如周禮。一人爲唱師、著皮衣、執棒。鼓角各十人。有司素備雄鶏羝羊及酒、於宮門爲坎。未明、鼓譟以入。方相氏執戈揚楯、周呼鼓譟而出、合趣明陽門、分詣諸城門。將出、諸祝師執事、與疈牲胷、磔之（疈、普逼反。）於門、酌酒禳祝。舉牲并酒埋之。

『通典』卷第一百三十三・禮九十三・開元禮纂類二十八・軍禮二・大儺・諸州縣儺附・大儺之禮

前一日、所司奏聞。選人年十二以上・十六以下爲侲子、著假面、衣赤布袴褶。二十四人爲一隊、六人作一行。執事者十二人、著赤幘衣、執鞭。工人二十二人、其一人方相氏、著假面、黃金四目、蒙熊皮、玄衣朱裳、右執戈、左執楯。其一人爲唱帥、著假面、皮衣、執棒。鼓角各十、合爲一隊。隊別鼓吹令一人、太卜令一人、各監所部巫師二人。（令以下皆服平巾幘・袴褶。州縣儺、方相四人執戈楯、唱率四人。侲子、都督及上州六十人、中下州四十人、縣皆二十人。方相・唱率、縣皆一人、皆以雜職差之。其侲子、取人年十五以下、十三以上充之。又雜職八人、四人執鼓鞉、四人執鞭。戈、今以小戟。）以逐惡鬼於禁中。有司先備每門雄雞及酒、擬於宮城正門・皇城諸門磔禳設祭。太祝一人、齋郎三人、右校爲瘞埳、各於皇城中門外之右、方深稱其事。先一日之夕、儺者各赴集所、具其器服、依次陳布以待事。（諸州縣儺則前一日之夕、所司帥領宿於府門外。其縣門亦如之。）

○20祭馬

【概要】

「祭馬」は、馬の祭りに関して記す。「祠令」「軍令」の佚文を収む。

01①　祭馬〈子滞反去〉

01②　祭馬〈子滞反、去。〉

01③　祭馬〈子滞の反、去。〉

02①

周礼曰春祭馬祖執駒〈馬祖天ゝ駟ゝ房也鄭司農云執駒无令近毋也猷攻駒也二歳曰駒歳三曰駣玄謂執猷狗也春通淫之時駒弱血氣未定為其乗匹傷之失也〉夏祭先牧頒馬攻特〈先牧始養馬者也其人未聞也夏通淫之後攻其特為蹄齧不可乗用也鄭司農云攻特驖謂滕者之也〉秋祭馬社臧僕〈馬社始乗馬者也世本曰相土作乗馬鄭司農云卜臧僕謂蕑練馭者令皆善也玄冑僕御五路之僕者也〉冬祭馬步獻馬講馭夫〈馬步神為甙害馬者獻馬見成馬於王也馭夫貳車従車使車者也講猶蕑習之也〉

02②

『周礼』曰、「春祭馬祖、執駒。〈「馬祖、天駟。天駟、房也。鄭司農云、「執駒、无令近母也。猷攻駒也。二歳曰駒、歳三曰駣。」玄謂、執猷拘也。春通淫之時、駒弱、血氣未定、爲其乘匹傷之、失也。」〉夏祭先牧、頒馬攻特。〈「先牧、始養馬者也。其人未聞也。夏通淫之後、攻其特、爲蹄齧、不可乘用也。鄭司農云、「攻特職謂騬者、之也。」」〉秋祭馬社、臧僕。〈「馬社、始乘馬者也。『世本』曰、「相士作乘馬。」鄭司農云、「卜臧僕、謂簡練馭者、令皆善也。」玄謂、僕御五路之僕者也」。〉冬祭馬步、獻馬講馭夫。〈「馬步、神爲貳害馬者。獻馬、見成馬於王也。馭夫、〔馭〕貳車・從車・使車者也。講、猶簡習、之也。」」〉」

02③
『周禮』(一)に曰く、「春は馬祖を祭り、駒を執ふ。〈「馬祖は、天駟なり。天(二)駟は、房なり。鄭司農云ふ、「駒を執ふるは、母に近づかしむる无れとなり。猷ほ攻駒のごときなり。二歳に駒と曰ひ、歳三に駣と曰ふ。」と。玄謂へらく、執は猷ほ拘のごときなり。春は通淫の時、駒弱くして、血氣 未だ定まらず、其の乘匹して之を傷《やぶ》らんが爲、失なり。」と。〉夏は先牧を祭り、馬を頒ち特を攻《おさ》む。〈「先牧は、始めて馬を養ふ者なり。其の人 未だ聞かざるなり。夏は通淫の後、其の特を攻むるは、蹄齧して、乘用すべからざるが爲なり。鄭司農云ふ、「特を攻むる職は騬者を謂ふ、之なり。」と。」と。〉秋は馬社を祭り、僕を臧《よ》くす。〈「馬社は、始めて馬に乘る者なり。『世本』に曰く、「相士 乘馬を作る。」と。鄭司農云ふ、「卜 僕を臧くすとは、馭者を簡練して、皆 善からしむるを謂ふなり。」と。玄謂へらく、僕とは五路を御するの僕者なり。」と。〉冬は馬步を祭り、馬を獻じ馭夫を講ず。〈「馬步は、神の馬に貳害を爲す者。馬を獻ずとは、成馬を王に見ずるなり。馭夫は、貳車・從車・使車を馭する者なり。講は、猶ほ簡習のごとし、之なり。〉」と。」

02④
（一）『周禮』夏官・司馬・校人
校人。……春祭馬祖、執駒[1]。夏祭先牧、頒馬攻特[2]。秋祭馬社、臧僕[3]。冬祭馬步、獻馬講馭夫[4]。

（1）鄭玄曰、「馬祖、天駟。孝經說曰、「房爲龍馬。」鄭司農云、「執駒、無令近母。猶攻駒也。二歳曰駒、歳三曰駣。」玄謂、執猶拘也。春通淫之時、駒弱、血氣未定、爲其乘匹傷之。」

（2）鄭玄曰、「先牧、始養馬者。其人未聞。夏通淫之後、攻其特、爲其蹄齧、不可乘用。鄭司農云、「攻特謂騬之。」」

（3）鄭玄曰、「馬社、始乘馬者。『世本作』曰、「相士作乘馬。」鄭司農云、「臧僕、謂簡練馭者、令皆善也。」玄謂、僕馭五路之僕。」

（4）鄭玄曰、「馬步、神爲災害馬者。獻馬、見成馬於王也。馭夫、馭貳車・從車・使車者。講、猶簡習。」

『太平御覽』卷八百九十三・獸部五・馬一
『周禮』夏官下曰、「校人、…春祭馬祖、執駒。（馬祖、天駟也。『孝經說』云、「房爲龍馬。」鄭司農云、「執駒、無令近母、猶攻駒也。二歳曰駒、三歳曰駣。」玄謂、執猶拘也。春、通淫之時、駒弱、血氣未定、爲其乘匹傷也。）夏祭先牧、頒馬攻持。（先牧、始養馬者、其人未聞。夏通淫之後、攻其特、爲其蹄齧不可乘用。鄭司農云、「攻特、謂騬之。」）秋祭馬社、臧僕。（馬社、始乘馬者。『世本作』曰、「相士作乘馬。」鄭司農云、「臧僕、謂簡練馭者、令皆善也。」玄謂、僕、馭五路之僕。）冬祭馬歩、獻馬、講馭夫。（馬歩、神爲災害馬者。獻馬、見成馬於王也。馭夫、馭貳車、從車、使車者也。講猶簡習。）……」

（二）『爾雅』釋天第八・星名

天駟、房也。

03①

祠令曰皆以四時仲月並於大澤用剛曰牲各用羊一也

03②

「祠令」曰、「皆以四時仲月。並於大澤、用剛日。牲各用羊一也。」

03③

「祠令」（一）に曰く、「皆 四時の仲月を以てす。並に大澤に於てし、剛日を用ふ。牲は各々 羊一を用ふるなり。」と。

03④

（一）「祠令」は、「雩」05の④（一）參照。

『大唐開元令』卷一

仲春、祀馬祖。仲夏、祀先牧。仲秋、 祭馬社。 仲冬、 祭馬歩。右並祭於大澤、用剛日。

『舊唐書』卷二十四・志第四・禮儀四

仲春、祭馬祖。仲夏、祭先牧。仲秋、祭馬社。仲冬、祭馬歩。並於大澤、用剛日。牲各用羊一、籩・豆各二、簠・簋各一。季冬藏冰、仲春開冰、並用黑牡・秬黍、祭司寒之神於冰室、籩・豆各二、簠・簋・俎各一。其開冰、加以桃弧・棘矢、設於神座。

『太平御覽』卷十八・時序部三・春上

又（『禮』）曰、「二月中氣、日在奎、（春分爲二月中氣。）昏東井中、曉南斗中、鬥建卯位之中。春分之日、玄鳥至、雷乃發聲、祀朝日于東郊、（春分日祭之。）獻羔開冰、（謂立春藏冰、在春分方溫、故獻羔以祭司寒、而後開冰。『春秋傳』曰、「日在北陸而藏冰、西陸朝覿而出之、先薦寢廟。」祠高禖、（昔高辛氏之代、玄鳥遺卵、簡狄呑之而生高辛氏、後王以爲禖官嘉祥而立其祠焉。）祭馬祖。（謂仲春祭馬祖於大澤、用剛日。）無竭川澤、無漉陂池、無焚山林。（順陽養物也。蓄水曰陂、穿地通水曰池。）」

『山堂肆考』卷九・祭大澤

『周禮』、「春分之日、祭馬祖。」注曰、「祭於大澤、用剛日。」

04①

尓雅曰既伯既禱馬祭也〈伯馬祖也馬出月精祖自天駟将用馬力先祭其先者也〉

04②

『爾雅』曰、「既伯・既禱、馬祭也。〈「伯、馬祖也。馬出月精、祖自天駟。用馬力、先祭其先者也。」〉」

04③

『爾雅』（一）に曰く、「既伯・既禱は、馬祭なり。〈「伯は、馬祖なり。馬は（二）月精を出し、祖は天駟よりす。馬力を用ひ、其の先なる者を祭るを先にするなり。」と。〉」と。

04④

（一）『爾雅』釋天第八・祭名
既伯・既禱、馬祭也。[1]

（1）郭璞曰、「伯祭馬祖也。將用馬力、必先祭其先。」

『詩經』小雅・南有嘉魚之什・吉日
吉日維戊、既伯・既禱[1]、田車既好、四牡孔阜、升彼大阜、從其羣醜。

（1）毛傳曰、「伯、馬祖也。重物愼微、將用馬力、必爲之禱其祖。禱、禱獲也。」
鄭箋曰、「戊、剛日也。故乘牡爲順類也。」

『藝文類聚』卷三十八・禮部上・祭祀
『爾雅』曰、「春祭曰祠、〈祠之言食。〉夏祭曰礿、〈新菜可汋。〉秋祭曰嘗、〈嘗新穀也。〉冬祭曰蒸。〈蒸、進也。進品物。〉祭天曰燔柴、〈既祭、積薪焚之。〉祭地曰瘞薶。〈既祭、埋藏之。〉祭山曰庋懸、〈或庋或懸、置之於山。（庋音軌。）〉祭水曰沉浮。〈或沉或浮、置之於水。〉祭星曰布、〈布散於地。〉祭風曰磔。〈今俗當大道中磔狗、雲以止風。此其遺象也。〉是類是禡、師祭也。〈類於上帝、禡於所征之地。（禡、莫架反。出詩雅也。）〉既伯既禱、馬祭也。〈伯、馬祖也。將用馬力、必先祭其祖也。〉

『太平御覽』卷五百二十五・禮儀部四・祭禮中
『爾雅』曰、「春祭曰祀、夏祭曰禴、秋祭曰嘗、冬祭曰烝、祭天曰燔柴、祭地曰瘞埋、祭山曰庋縣、祭川曰浮沉、祭星曰布、祭風曰磔。是類是禡、師祭也。既伯・既禱、馬祭也。禘大祭也。繹又祭也。周曰繹、商曰肜、夏曰復胙。祀之言食也。新菜可礿也。嘗新穀也。進品食也。既祭積薪燒之既祭埋藏也。庋縣謂懸置之于山川。」

『太白陰經』卷七・祭文總序
經曰、「古者、天子望於山川、遍於群神。諸侯祭其封內興雲出雨之山川神祇、出師皆祭、並所過名山大川、福及生人。神祇、『爾雅』云、「是類・是禡、師祭也。既伯・既禱、馬祭也。」師初出、則禡軍之牙門、禱馬群廄。蚩尤氏造五兵、制旗鼓、師出亦祭之。其名山大川、風伯雨師並所過則祭、不過則否。」

（二）『藝文類聚』卷九十三・獸部・馬
贊晉郭璞「馬贊」曰、「馬出明精、祖自天駟。十閑六種、各有名類。三才五御、駑駿異轡。」

05①
国之戎用莫重於馬春秋或祖或社騻龍盈閑驌騻滿野〈守以為咒文可加也〉

05②
「國之戎用、莫重於馬。春秋、或祖、或社、騻龍盈閑、驌騻滿野。〈守以爲、「咒文可加也。」〉」

05③
「國の戎用、馬より重きは莫し。春秋、或は祖、或は社、騻龍 閑に盈ち、驌騻 野に滿つ。〈守 以爲らく、「咒文 加ふべきなり。」と。〉」と。

05④
薩守眞の文か？出典不明。

06①
軍令曰常以已丑日祭馬牛也馬者兵之首牛者軍農之用謹潔牲黍稷旨酒而敬薦之

06②
「軍令」曰、「常以己丑日、祭馬牛也。「馬者、兵之道。牛者、軍農之用。謹潔牲・黍稷・旨酒、而敬薦之。」」

06③
「軍令」（一）に曰く、「常に己丑の日を以て、馬牛の先を祭るなり。「馬とは、兵の道なり。牛とは、軍農の用なり。潔牲・黍稷《しょしょく》・旨《し》酒を謹みて、而して敬ひ之を薦む。」と。」と。

06④
（一）「軍令」は、本章が初出。輯佚續に史部・第九・刑法類・『開元令』「軍防令第十六」として輯められている。「雩」05の④（一）参照。

『太平御覧』巻五百二十六・禮儀部五・祭禮下
又（『軍令』）曰、「常以己丑日、祠牛馬先。祝文曰、「某月己丑、某甲敢告牛馬先。馬者、兵之道。牛者、軍農之用。謹潔牲・黍稷・旨酒、敬而薦之。」

『諸葛亮集』
常以己丑日祠牛馬先。祝文曰、「嘗以己丑日、祠牛馬先。祝文曰、「某月己丑、某甲敢告牛馬先。馬者、用兵之道。牛者、軍農之用。謹潔牲・黍稷・旨酒、敬而薦之。」

07①
豚一頭米酒各五升〈守曰野倍以五色石龍骨龜等為祭經典未聞也〉辟星〈嚴岡馬死用咒〓山符之吉〉

07②
「豚一頭、米酒各五升。〈守曰、「野倍以五色石龍骨龜等爲祭、經典未聞也」。〉辟星。〈「嚴岡馬死、用咒〓山符之吉。」〉」

07③
「豚（一）一頭、米・酒 各五升。〈守曰く、「野倍するに、五色石・龍骨・龜等を以て祭を爲す、經典 未だ聞かざるなり。」と。〉辟星。〈「嚴岡馬死すれば、咒〓山符の吉なるを用ふ。」と。〉」と。

07④
（一）出典不明。

○21治兵祭

【概要】
「治兵祭」は、出軍に当り、兵を治める祭祀を記す。「祠令」「軍令」の佚文を収む。

01①
治兵祭〈出軍曰治兵也〉

01②
治兵祭〈出軍曰治兵也。〉

01③
治兵祭〈出軍を治兵と曰ふなり。〉

02①
毛詩曰是禡是禷傳曰於內曰禷於野曰禡〈鄭玄曰其神蓋黃帝蚩尤也漢書曰高祖為沛公祀黃帝蚩尤於沛庭而曡皷也煞牲以血塗皷曰曡〻音大亞反〉

02②
『毛詩』曰、「是禡是類。」傳曰、「於內曰類、於野曰禡。」〈鄭玄曰、「其神蓋黃帝・蚩尤也。」『漢書』曰、「高祖爲沛公、祀黃帝・蚩尤於沛庭、而釁皷也。」「殺牲以血塗皷曰釁。」「釁音火亞反。」〉

02③
『毛詩』（一）に曰く、「是れ禡《ば》し是れ類す。」と。傳に曰く、「內に於てするを類と曰ひ、外に於てするを禡《ば》と曰ふ。」と。〈鄭玄（二）曰く、「其の神 蓋し黃帝・蚩尤なり。」と。『漢書』（三）に曰く、「高祖 沛公と爲る。黃帝・蚩尤を沛庭に祀り、而して皷に釁るなり。」と。「牲を殺して血を以て皷に塗るを釁と曰ふ。」と。「釁音 火亞の反。」と。〉

02④
（一）『詩經』大雅・文王之什・皇矣
臨衝閑閑、崇墉言言。執訊連連、攸馘安安。是類是禡、是致是附。四方以無侮[1]。
（1）毛傳曰、「閑閑、動搖。言言、高大也。連連、徐也。攸、所也。馘、獲也。不服者、殺而獻其左耳、曰馘。於內曰類、於外曰禡。致、致其社稷羣神。附、附其先祖。爲之立後。尊其尊而親其親。」
（二）『周禮』春官・宗伯・肆師
凡四時之大甸獵、祭表貉、則爲位[1]。
（1）鄭玄曰、「貉、師祭也。貉讀爲十百之百。於所立表之處爲師祭、祭造軍灋者。禱氣勢之增倍也。其神蓋蚩蚘、或曰黃帝。」
（三）『漢書』卷一上・高帝紀上・第一上
高祖數讓、衆莫肯爲、高祖乃立爲沛公。祠黃帝、祭蚩尤於沛廷、而釁鼓[1]・旗、幟皆赤。由所殺蛇白帝子、殺者赤帝子故也。於是少年・豪吏如蕭・曹・樊噲等皆爲收沛子弟、得三千人。」
（1）師古曰、「許愼云、「釁、血祭也。」然即凡殺牲以血祭者皆爲釁、安在其無祭事乎。又古人新成鍾鼎、亦必釁之、豈取釁呼爲義。應氏之說亦未允也。呼音火亞反。」
『太平御覽』卷五百二十五・禮儀部四・祭禮中
『漢書』曰、「高祖沛公祠黃帝、祭蚩尤于沛庭、而釁鼓旗幟皆赤。」

03①
軍令曰日軍行渡河主者以璧沈河曰某君臣〈姓名官〉敢告于河

伯神征討醜類敬以璧沈苟倖有功不逢災灾害也

03②

「軍令」曰、「凡軍行渡河、主者以璧沈河曰、「某君臣、〈「姓名官。」〉敢告于河伯神、「征討醜類、敬以璧沈、苟倖有功、不逢災害也。」」」

03③

「軍令」（一）に曰く、「凡そ軍行して渡河するに、主者 璧を以て河に沈めて曰く、「某君の臣、〈「姓名官いふ。」と。〉敢て河伯神に告ぐ、「醜類を征討するに、敬みて璧を以て沈む。苟も倖に功有らば、災害に逢はざるなり。」と。」と。」と。

03④

（一）「軍令」は、「祭馬」06の④（一）参照。

『太平御覧』巻五百二十六・禮儀部五・祭禮下

又（『軍令』）曰、「軍行濟河、主者常先白沉璧、文曰、「某主使者某甲敢告于河、「賤臣某甲作亂、天子使某帥衆濟河、征討醜類、故以璧沉、唯爾有神裁之。」」」

『諸葛亮集』

軍行濟河、主者常先沉白璧、文曰、「某主使者某甲敢告于河、「賤臣某甲作亂、天子使某率衆濟河、征討醜類、故以璧沉、惟爾有神裁之。」」

04①

祠令曰車駕巡幸所過名山大川則遣有司祭之其牲岳鎮海瀆用大窂中山川用少窂小山用特牲也

04②

「祠令」曰、「車駕巡幸、所過名山・大川、則遣有司祭之。」「其牲、嶽鎮・海瀆用大牢、中山川用少牢、小山用特牲也。」

04③

「祠令」（一）に曰く、「車駕 巡幸し、過ぐる所の名山・大川は、則ち有司を遣して之を祭る。」と。「其の牲は、嶽鎮・海瀆には大牢を用ひ、中山川には少牢を用ひ、小山には特牲を用ふるなり。」と。

04④

（一）「祠令」は、「雩」05の④（一）参照。

『唐六典』巻四・尚書禮部

凡國有封禪之禮、則依圜丘方澤之神位。（古封禪禮多闕而不載、其玉検文亦秘、代莫得知。開元二十三年、上封泰山、乘馬直造山頂、唯一二大臣得從焉。其玉検文爲蒼生祈福、當時不秘、人得以知之。）若親征、禡類昭告各依本神位焉。（車駕巡幸、路次名山大川、古昔聖帝明王・名臣將相陵墓及廟應致祭者、名山大川三十裏內、聖帝明王二十裏內、名臣將相十裏內、並令本州祭之。）

『通典』巻第一百三十二・禮九十二・開元禮纂類二十七・軍禮一・皇帝親征及巡狩告所過山川

前一日、諸告官俱清齋於告所、執事者先修除告所。又爲瘞埳、當神座之南如常。太官令備牢饌。（嶽鎮・海瀆用太牢、中山川用少牢、小山川用特牲。若行速即用酒・脯。）告日、郊社丞布神座席於告所、近北南向。設酒罇於神座之左、而右向。設洗於酒樽東南、北向、其執罇者位如常。
奉禮設告官位於罍洗東南、西向。執事者位於其後、北上。
設奉禮位於告官西南、東向。贊者二人在南、少退。所司
實罇罍俎豆、太祝實幣篚、齋郎取豆血。（幣長一丈八尺、
各隨方色。）奉禮帥贊者先入就位、執罇罍篚冪者次入就
位、謁者引告官以下次入就位。立定、奉禮曰、「再拜。」
贊者承傳、告官以下皆再拜。

『隋書』卷八・志第八・禮儀三
隋制、行幸所過名山・大川、則有司致祭。岳瀆以太牢、
山川以少牢。親征及巡狩、則類上帝・宜社・造廟、還禮
亦如之。將發軔、則軷祭。其禮、有司於國門外、委士爲
山象、設埋坎。有司刳羊、陳俎豆。駕將至、委奠幣、薦
脯・醢、加羊於軷、西首。又奠酒解羊、幷饌埋於坎。駕
至、太僕祭兩軹及軓前、乃飲、授爵、遂轢軷上而行。

『通典』卷第七十六・禮三十六・沿革三十六・軍禮一・
天子諸侯將出征類宜造禡并祭所過山川
隋制、天子行幸、有司祭所過名山大川。嶽・瀆以太牢、
山川以少牢。若親征及巡狩、則類上帝・宜社・造廟、還
禮亦如之。

『通典』卷第七十六・禮三十六・沿革三十六・軍禮一・
軷祭
隋制、皇帝行幸親巡狩則軷祭。其禮、有司於國門外、委
士爲山象、設埋埳。有司刳羊、陳俎豆。駕將至、委奠幣、
薦脯・醢、加羊於軷、西首。又奠酒解羊、并饌埋於埳。
駕至、太僕祭兩軹及軓前、乃飲、授爵、遂轢軷上而行。」

『太白陰經』卷七・祭文總序
經曰、「古者、天子望於山川、遍於群神。諸侯祭其封內
興雲出雨之山川神祇、出師皆祭、並所過名山大川、福及
生人。神祇、『爾雅』云、「是類是禡、師祭也。」既伯既禱、
馬祭也。」師初出、則禡軍之牙門、禱馬群廄。蚩尤氏造
五兵、制旗鼓、師出亦祭之。其名山大川、風伯雨師並所
過則祭、不過則否。」」

05①
成公十三年諸侯朝王遂從劉康公伐秦成肅公受祳于社不敬〈二
公周大夫也祳祭社之宗也盛以蜃器故謂之祳以出兵祭社謂之宜
蜃大蛤也音上忍反也〉劉子曰吾聞之曰民受天地之中以生所謂
命也〈守曰劉子即庚公也中謂中和之氣也〉是以有禮義動作威
儀之則以定命也能者養之以福〈養威儀以致福〉不能者敗之以
取禍是故君子懃禮小人盡力懃禮莫如致敬盡力莫如敦篤敬在養
神篤在守業国之大事在祀與戎祀有執膰戎有受脤〈膰祭完也〉
神之大節也〈交神之節也〉介成子惰弃其命矣其不反虖五月成
肅公卒于遐〈〻晉地也〉

05②
「成公十三年、諸侯朝王、遂從劉康公伐秦。成肅公受脤于社、
不敬。〈「二公周大夫也。脤祭社之肉也。盛以蜃器。故謂之脤。」
「以出兵祭社謂之宜。蜃、大蛤也。音上忍反也。」〉劉子曰、「吾
聞之曰、「民受天地之中以生、所謂命也。〈守曰、「劉子即庚公

也。中謂中和之氣也。」〉是以有禮義動作・威儀之則、以定命也。能者養之以福、〈「養威儀以致福。」〉不能者敗之以取禍。是故君子懃禮、小人盡力。懃禮莫如致敬、盡力莫如敦篤。敬在養神、篤在守業。國之大事、在祀與戎。祀有執膰、戎有受脤、〈「膰、祭肉也。」〉神之大節也。〈「交神之節也。」〉今成子惰、棄其命矣、其不反虖。」五月、成肅公卒于遐。〈「遐、晉地也。」〉」

05③

「成[二]公十三年、諸侯 王に朝し、遂に劉康公に從ひて秦を伐つ。成肅公 脤を社に受け、敬ならず。〈「二公 周の大夫なり。」脤は社を祭るの肉なり。盛んにするに蜃器を以てす。故に之を脤と謂ふ。」と。「兵を出すを以て社を祭る、之を宜と謂ふ。蜃は、大蛤なり。音 上忍の反なり。」と。〉劉子曰く、「吾 之を聞きて曰く、「民は天地の中を受けて以て生る、所謂 命なり。〈守曰く、「劉子は即ち庚公なり。中は中和の氣を謂ふなり。」と。〉是を以て禮義の動作・威儀の則有りて、以て命を定むるなり。能ある者 養ひて以て福に之き、〈「威儀を養ひて以て福を致す。」と。〉能あらざる者 之に敗れて以て禍を取る。是の故に君子は禮を懃め、小人は力を盡す。禮を勤むるに敬みを致すに如くは莫く、力を盡すに敦篤するに如くは莫し。敬は神を養ふに在り、篤は業を守るに在り。國の大事は、祀と戎とに在り。祀には膰を執る有り、戎には脤を受くる有り、〈「膰は、祭肉なり。」と。〉神の大節なり。〈「神に交はるの節なり。」と。〉」と。今 成子 惰り、其の命を棄つれば、其れ反せざらんや。」と。五月、成肅公 遐に卒す。〈「遐は、晉地なり。」と。〉」と。

05④

（一）『左傳』成公十三年傳

公及諸侯朝王、遂從劉康公、成肅公會晉侯伐秦。成子受脤於社、不敬。[1]劉子曰、「吾聞之、「民受天地之中以生、所謂命也。[2]是以有動作禮義威儀之則、以定命也。能者養之以福、不能者敗以取禍。是故君子勤禮、小人盡力。勤禮莫如致敬、盡力莫如敦篤。敬在養神、篤在守業。國之大事、在祀與戎。祀有執膰、[3]戎有受脤、神之大節也。今成子惰、[4]棄其命矣、其不反乎。」」……五月、……成肅公卒於瑕。

（1）杜預曰、「脤、宜社之肉也、盛以脤器、故曰脤。宜、出兵祭社之名。」

（2）杜預曰、「養威儀以致福。」

（3）杜預曰、「膰、祭肉。」

（4）杜預曰、「終劉子之言。瑕、晉地。」

『漢書』卷二十七中之上・五行志第七中之上

成公十三年、諸侯朝王、遂從劉康公伐秦。成肅公受脤于社、不敬。[1]劉子曰、「吾聞之曰、民受天地之中以生、所謂命也。[2]是以有禮義動作・威儀之則、以定命也。能者養以之福、不能者敗以取旤。[3]是故君子勤禮、小人盡力。勤禮莫如致敬、盡力莫如惇篤。敬在養神、篤在守業。國之大事、在祀與戎。祀有執膰、戎有受脤、[4]神之大節也。[5]今成子惰、棄其命矣、其不反虖。」五月、成肅公卒。

（1）服虔曰、「脤、祭社之肉也。盛以蜃器、故謂之脤。」師古曰、「劉康公・成肅公、皆周大夫也。脤讀與蜃同。以出師而祭社、謂之宜。脤者、即宜社之肉也。蜃、大蛤也。音上忍反。」

（2）師古曰、「劉子即康公也。中謂中和之氣。」

（3）師古曰、「之、往也。能養生者、則定禮義威儀、自致於福。不能者、則喪之以取禍亂。」

（4）應劭曰、「膰、祭肉也。」師固曰、「膰音扶元反。（膰音扶元の反。）」

（5）師古曰、「交神之節。」

○22祭向神

【概要】

「祭向神」は、「出軍行師」「築城修城」等に当り神を祀るを記す。「范蠡祭法」の佚文を収む。

01①

祭向神〈視仁反平〉

01②

祭向神〈視仁反、平。〉

01③

祭向神〈視仁の反、平。〉

02①

范蠡祭法曰出軍行師将軍犯絕命禍鬼皆於國家不利非但将軍身受悪後三年有患若所征之地値太白歳星太歳大将軍月建王氣諸妨神等必有大咎宜祭之又厭敵之祭審知敵到境之曰初攻城邑之日必用勝日時為祭又百恠天狗墮地動疫氣禽獸草木之灾又築新城邑得敵城邑脩復居皆祭之用大宰〈守曰引神少用小宰〉維ム国君臣〈姓名官〉敢昭告于聖神祇〈若絕命禍鬼者伏羲八卦神明人命所屬北斗精神若太白者太白精神其餘神赤〔一〕如之若厭敵之祭司諸神而祭耳臨時斟酌之也〉命無他故但ム国君臣无道逆理癈弃仁義殘賊百姓誅殺无辜是以我国君臣舉仁義之兵征誅不義或犯絕命禍害或犯大歳月建〈隨弖向之神号也若厭敵及百恠皆隨事類而稱也〉願厄會消滅禍害除伏福賜我国衞護我軍禍彼乱国責彼無道敵国自敗敵城自降開国益地子孫為世上得天福下得地力謹啓〈隨事故作言咒〉

〔一〕「亦」に作る。

02②

范蠡「祭法」曰、「出軍行師、將軍犯絕命・禍鬼、皆於國家不利。非但將軍、身受惡、後三年有患。若所征之地、値太白・歲星・太歲・大將軍・月建・王氣・諸防神等、必有大咎。宜祭之。又厭敵之祭、審知敵到境之日、初攻城邑之日、必用勝日時爲祭。又百怪・天狗墮地動疫氣・禽獸・草木之災、又築新城邑、得敵城邑修復居、皆祭之用大窂。〈守曰、「引紳少用小窂。」〉維某國君臣、〈「姓名官。」〉敢昭告于聖神祇、〈「若絕命・禍鬼者、伏羲・八卦・神明・人命所屬北斗精神、若太白者、太白精神、其餘神亦如之、若厭敵之祭、司諸神而祭耳。

臨時斟酌、之也。」〉命無他故、但某國君臣、无道逆理、癈棄仁義、殘賊百姓、誅殺无辜。是以吾國君臣、擧仁義之兵、征誅不義、或犯絕命・禍害、或犯大歳・月建。〈「隨氏向之神號也。若厭敵及百怪、皆隨事類而稱也。」〉願厄會消滅、禍害除伏、福賜我國、衞護我軍、禍彼亂國、責彼無道、敵國自敗、敵城自降、開國益地、子孫爲世、上得天福、下得地力。謹啓。〈「隨事、故作言咒。」〉

02③

范（一）蠡「祭法」に曰く、「出軍行師、將軍 絕命・禍鬼を犯すは、皆 國家に於て利あらず。但だ將軍のみに非ず、身 惡を受け、後三年にして患有り。若し征する所の地、太白・歳星・太歳・大將軍・月建・王氣・諸防神等に値れば、必ず大咎有り。宜く之を祭るべし。又 厭敵の祭、敵 境に到るを審知するの日、初めて城邑を攻むるの日、必ず勝日時を用ひて祭を爲す。又 百怪・天狗 地に墮ち疫氣・禽獸・草木の災を動かす、又 新城邑を築く、敵城邑を得て居を修復す、皆 之を祭るに大牢を用ふ。〈守曰く、「引紳して少く小牢を用ふ。」と。〉維れ某國君の臣、〈「姓名官いふ。」と。〉敢て昭かに聖神祇に告ぐ、〈「絕命・禍鬼の若き者は、伏羲・八卦・神明・人命 北斗の精神に所屬し、太白の若き者は、太白の精神、其の餘の神も亦 之くのごとす。厭敵の祭の若きは、諸神を司りて祭るのみ。時に臨みて斟酌す、之なり。」と。〉命に他故無し、但だ某國君の臣、无道逆理、癈棄仁義、殘賊百姓、誅殺无辜。是を以て吾國君の臣、仁義の兵を擧げ、不義を征誅し、或は絕命・禍害を犯し、或は大歳・月建を犯す。〈「隨氏向の神號なり。厭敵及び百怪の若きは、皆 事類に隨ひて稱するなり。」と。〉願はくは厄《わざわひ》 消滅に會ひ、禍害 除伏し、福 我國に賜はり、我軍を衞護し、彼に禍し國を亂さしめ、彼を責め道無からしめ、敵國自ら敗れ、敵城自ら降り、國を開きて地を益し、子孫世々《よよ》爲り、上は天福を得、下は地力を得んことを。謹みて啓す。〈「事に隨ふ、故に作りて咒を言ふ。」と。〉

02④

（一）「范蠡祭法」は、本章が初出。輯佚續に子部・第十三・五行類・「范蠡祭法」として二條輯められている（共に『天地瑞祥志』卷二十からの輯佚）。

○23祭鼓麾

【概要】

「祭鼓麾」は、「鼓麾」を祀るを記す。「軍令」の佚文を収む。

01①

祭鼓麾〈故扈反上毀僞反〉

01②

祭鼓麾〈故廓反、上。毀僞反。〉

01③

祭鼓麾〈故廓の反、上。毀僞の反。〉

02①
軍令曰金鼓幢麾降衡皆以立秋日祠〈鼓幢麾降衡所以征不義為民除害之也〉用賭羊各一頭黍稷酒各五升〈守以為隨時所有斟酌也〉若出征有所尅候還報祠〈祝文臨時宜讀之也〉

02②
「軍令」曰、「金鼓・幢麾・隆衡、皆以立秋日祠。〈「鼓・幢麾・隆衡、所以征不義爲民除害、之也」〉、用賭・羊各一頭、黍・稷酒各五升。〈守以爲、「隨時所有斟酌也。」〉若出征有所尅獲、還報祠。〈祝文臨時宜讀、之也。〉」

02③
「軍令」(一)に曰く、「金鼓・幢麾《たうき》・隆衡、皆 立秋日を以て祠る。〈「鼓・幢麾・隆衡、不義を征して民の爲に害を除く所以、之なり。」と。〉賭・羊 各一頭、黍・稷酒 各五升を用ふ。〈守以爲らく、「時に隨ひて斟酌有る所なり。」と。〉若し出征して尅《こく》獲する所有らば、還りて報祠す。〈「祝文 時に臨みて宜しく讀むべし、之なり。」と。〉」

02④
（一）「軍令」は、「祭馬」04の④（一）参照。
『太平御覽』卷五百二十六・禮儀部五・祭禮下
『軍令』曰、「金皷幢麾隆衡、皆以立秋日祠。先時一日、主者請祠、其主者奉祠。若出征有所剋獲、還亦祠。向敵祠、血于鐘皷。秋祠及有所尅獲、還但祠、不血鐘皷。祝文、「某官使主者某、敢告隆衡金皷幢麾。夫軍武之器者、所以正不義、爲民除害也。謹以立秋之日、潔牲・黍稷、旨酒而敬薦之。」」
『諸葛亮集』
金鼓幢麾隆衡、皆以立秋日祠。先時一日、主者請祠、其主者奉祠。若出征有所剋獲、還亦祠。向敵祠、血于鐘鼓。秋祠及有所剋獲、但祠、不血鐘鼓。祝文、「某官使主者某、敢告隆衡鐘鼓幢麾。夫軍武之器者、所以正不義、爲民除害也。謹以立秋之日、潔牲・黍稷・旨酒而敬薦之。

○24盟誓

【概要】
「盟誓」は、盟誓に関わる記事を収む。權悳永氏、趙益氏・金程宇氏の論文が、『天地瑞祥志』の作者薩守眞が新羅人であるとする根拠の記事が輯録されている。

01①
盟誓〈靡景反平時世反去〉

01②
盟誓〈靡景反、平。時世反、去。〉

01③
盟誓(一)〈靡景の反、平。時世の反、去。〉

01④
（一）「盟」の反切「靡景」は、『重修玉篇』卷二十に「盟、靡京・眉景二切。諸侯莅牲曰盟。又音孟、盟津也。」と見える。「誓」の反切「時世」は、『重修玉篇』卷九に「誓、時世切、命也、謹也。『說文』曰、「約束也。」」、同巻十七に「斷、時世切。古文誓。」と見える。

02①
周礼秋官曰司盟掌盟載之法〈載盟辞也盟者書其辞於策殺牲〔一〕取血坎其牲加書於上而埋之謂之載書也〉凡邦国有疑會同則掌其盟約之載及其礼儀北面詔明神既盟則貳〈明神謂日月山川也詔者讀其載書以告也貳者寫副當以攄六官也〉盟萬民之犯命者詛其不信者亦如之〈盟詛者欲相與共亞之也犯命者犯君散〔二〕令不信違約者之也〉有獄訟者則使之盟詛〈不信則不敢聽此盟詛所以者獄訟〉凡盟詛各以其地城之衆庶共其牲而致焉既盟則為司盟共祈酒脯〈使其邑閭出牲而来盟已又使出酒脯司盟為之祈明神使不信者必凶之也〉

［一］「性」に作る。
［二］「敎」に作る。

02②
『周禮』秋官曰、「司盟。掌盟載之法。〈「載、盟辭也。盟者、書其辭於策、殺牲取血、坎其牲、加書於上而埋之。謂之載書也。」〉凡邦國有疑會同、則掌其盟約之載及其禮儀、北面詔明神、既盟、則貳。〈「明神、謂日月山川也。詔者、讀其載書以告也。貳者、寫副當以授六官也。」〉盟萬民之犯命者、詛其不信者亦如之。〈「盟詛者、欲相與共惡之也。犯命、犯君敎令。不信、違約者、之也。」〉有獄訟者、則使之盟詛。〈「不信則不敢聽此盟詛。所以省獄訟。」〉凡盟詛、各以其地城之衆庶共其牲而致焉。既盟、則爲司盟共祈酒・脯。〈「使其邑閭出牲而來盟。已又使出酒・脯、司盟爲之祈明神、使不信者必凶、之也。」〉」

02③
『周〔一〕禮』秋官に曰く、「司盟。盟載の法を掌る。〈「載は、盟辭なり。盟ふ者は、其の辭を策に書し、牲を殺し血を取り、其の牲を坎《あな》にし、書を上に加へて之を埋む。之を載書と謂ふなり。」と。〉凡そ邦國 疑有りて合同すれば、則ち其の盟約の載及び其の禮儀を掌る。北面して明神に詔《つ》げ、既に盟へば、則ち貳す。〈「明神は、日月山川を謂ふなり。詔《つ》ぐとは、其の載書を讀み以て告ぐるなり。貳すとは、副を寫して當に以て六官に授くべきなり。」と。〉萬民の命を犯す者を盟ひ、其の信ならざる者を詛《のろ》うにも亦 之くのごとくす。〈「盟詛する者は、相 與に共に之を惡《にく》まんと欲するなり。命を犯すとは、君の敎令を犯すなり。信ならずとは、約に違う者、之なり。」と。〉獄訟有る者は、則ち之をして盟詛せしむ。〈「信ならざれば則ち敢て此の盟詛を聽かず。獄訟を省く所以なり。」と。〉凡そ盟詛は、各々 其の地城の衆庶を以て其の牲を共して致す。既に盟へば、則ち司盟の爲に祈酒・脯を共す。〈「其の邑閭をして牲を出して來り盟はしむ。已にして又 酒・脯を出さしむ。司盟 之が爲に明神に祈りて、信ならざる者をして必ず凶ならしむ、之なり。」と。〉」と。

02④
（一）『周禮』秋官・司寇・司盟
司盟。掌盟載之濩〔1〕。凡邦國有疑會同、則掌其盟約之載、及其禮儀。北面詔明神、既盟、則貳之。②盟萬民之犯命者、詛其不信者亦如之。③凡民之有約劑者、其貳在司盟。有獄訟者、則使之盟詛。④凡盟詛、各以其地域之衆庶共其牲而致焉。既盟、則爲司盟共祈酒・脯。⑤

（1）鄭玄曰、「載、盟辭也。盟者、書其辭於策、殺牲取血、坎其牲、加書於上而埋之。謂之載書。『春秋傳』曰、「宋寺人、惠牆伊戾坎用牲、加書、爲世子痤與楚客盟。」」

（2）鄭玄曰、「有疑、不協也。明神、神之明察者、謂日月山川也。『覲禮』、「加方明於壇上。」所以依之也。詔之者、讀其載書以告之也。貳之者、寫副當以授六官。」

（3）鄭玄曰、「盟詛者、欲相與共惡之也。犯命、犯君教令也。不信、違約者也。『春秋傳』曰、「臧紇犯門斬關以出。乃盟臧氏。」又曰、「鄭伯使卒出豭、行出犬雞、以詛射潁考叔者。」」

（4）鄭玄曰、「不信則不敢聽此盟詛。所以省獄訟。」

（5）鄭玄曰、「使其邑閭出牲而來盟。已又使出酒・脯。司盟爲之祈明神、使不信者必凶。」

03①
漢書曰高后欲立諸呂為王と陵曰高皇帝刑白馬而盟日非劉氏而王者天下共擊之介呂氏非約也〈淮南子曰胡人弾骨胡人之盟約置酒人頭骨中飲以相詛也越人剺臂中国唾盟所由各異其於信一之也〉

03②
『漢書』曰、「高后欲立諸呂爲王。王陵曰、「高皇帝刑白馬而盟曰、「非劉氏而王者、天下共擊之。」今呂氏、非約也。」〈『淮南子』曰、「胡人彈骨、（「胡人之盟約、置酒人頭骨中、飲以相詛也。」）越人契臂、中國唾血。所由各異、其於信一之也。」〉」

03③
『漢書』(一)に曰く、「高后 諸呂を立て王と爲さんと欲す。王陵曰く、「高皇帝 白馬を刑して盟ひて曰く、「劉氏に非ずして王たる者、天下 共に之を擊たん。」」と。今 呂氏、約に非ざるなり。」」と。〈『淮南子』(二)に曰く、「胡人は骨を彈《はじ》き、〈「胡人の盟約、酒を人頭骨中に置き、飲みて以て相 詛するなり。」」と。〉越人は臂《ひじ》を契《か》み、中國は盟に唾《すす》る。由る所は各々 異なれども、其の信に於けるは一なり、之なり。」」と。〉」と。

03④
（一）『漢書』卷四十・張陳王周傳第十・王陵傳
陵爲人、少文、任氣、好直言。爲右丞相二歲、惠帝崩。高后欲立諸呂爲王、問陵。陵曰、「高皇帝刑白馬而盟曰、「非劉氏而王者、天下共擊之。」今王呂氏、非約也。」

（二）『淮南子』卷十一・齊俗訓
故胡人彈骨、越人契臂、中國歃血也。所由各異、其於信一也。①

（1）許慎曰、「胡人之盟約、置酒人頭骨中、飲以相咀也。」
『太平御覽』卷四百八十・人事部一百二十一・盟誓
『淮南子』曰、「胡人彈骨、（胡人之盟約、置酒人頭骨中、飲以相咀也。）越人鍥臂、中國唼盟。所由名異、其于信一也。」

04①
大唐麟徳二年秋八月勅使劉仁願新羅王及百齊隆盟于就利山〈と百齊地也由盟改乱山為就利山在只馬縣也〉

04②
「大唐麟徳二年秋八月、勅使劉仁願、新羅王、及百濟隆盟于就利山。〈「山百濟地也。由盟改亂山爲就利山。在只馬縣也。」〉

04③
「大唐麟徳二年秋八月、勅使劉仁願、新羅王、及び百濟隆 就利山に盟ふ。〈「山は百濟の地なり。盟に由りて亂山を改め就利山と爲す。只馬縣に在るなり。」と。〉

04④
（一）『三國史記』巻第六・新羅本紀第六・文武王五年
秋八月、王與勅使劉仁願、熊津都督扶餘隆、盟于熊津就利山、初百濟自扶餘璋與高句麗連和、屢侵伐封埸、我遣使入朝求救、相望于路、及蘇定方既平百濟、軍廻、餘衆又叛、王與鎭守使劉仁願・劉仁軌等、經略數年、漸平之、高宗詔扶餘隆、歸撫餘衆、及令與我和好、至是、刑白馬而盟、先祀神祇及川谷之神、而後歃血。

05①
其序曰上古炎黄之化即有戦争之事改泉涿鹿稱王者之師〈守曰左傳曰卜偃云黄帝戦于改泉漢書地理志應昭注曰黄帝与蚩尤戦於涿鹿之野又刑法志鄭氏云涿鹿在彭城南與炎帝戦也李奇曰黄帝与炎帝戦於汳泉令言涿鹿地有二名也文頴曰国語曰黄帝炎帝弟也炎帝号神農也後子孫暴虐黄帝伐之又律歴志云与炎帝後戦於阪泉涿鹿在上谷也梁武金策云黄炎之難百戦乃濟也師古曰文説是也守以為亦然之〉
〔一〕頭注に「阪泉改汳等ニ作ル本ノマヽ」とある。

05②
其序曰、「上古、炎・黄之化、即有戰爭之事。阪泉・涿鹿、稱王者之師。〈守曰、『左傳』曰、「卜偃云、「黄帝戰于阪泉。」」『漢書』地理志應劭注曰、「黄帝與蚩尤戰於涿鹿之野。」又刑法志、鄭氏云、「涿鹿在彭城南。與炎帝戰也。」李奇曰、「黄帝與炎帝戰於阪泉、今言涿鹿、地有二名也。」文頴曰、『國語』曰、「黄帝、炎帝弟也。」炎帝號神農也。後子孫暴虐。黄帝之伐。又律歷志云、「與炎帝後戰於阪泉。」涿鹿在上谷也。」梁武『金策』云、「黄炎之難、百戰乃劑也。」師古曰、「文説是也。」守以爲、「亦然、之。」」。〉

05③
其の序に曰く、「上古、炎・黄の化、即ち戰爭の事有り。阪泉・涿鹿、王者の師を稱す。〈守曰く、『左傳』に曰く、「卜偃云ふ、「黄帝 阪泉に戰ふ。」と。」と。『漢書』地理志、応劭注に曰く、「黄帝 蚩尤と涿鹿の野に戰ふ。」と。又 刑法志に、鄭氏云ふ、「涿鹿は彭城の南に在り。炎帝と戰ふなり。」と。李奇曰く、「黄帝 炎帝と阪泉に戰ふ。今 涿鹿と言ふは、地に二名有ればなり。」と。文頴曰く、『國語』に曰く、「黄帝は、炎帝の弟なり。」と。炎帝は神農と號するなり。後に子孫 暴虐なり。黃帝 之を伐つ。又 律歷志に云ふ、「炎帝の後と阪泉に戰ふ。」と。涿鹿は上谷に在るなり。」と。梁武『金策[四]』に云ふ、「黃炎の難、百戰すれば乃ち剷《ほろ》ぶなり。」と。師古曰く、「文說 是なり。」と。守 以爲らく、「亦 然り、之なり。」と。」と。〉

05④

(一)『左傳』僖公二十五年傳

正月、丙午、衞侯燬滅邢。同姓也。故名。禮至爲銘曰、「余掖殺國子、莫余敢止。」秦伯師于河上、將納王。狐偃言於晉侯曰、「求諸侯莫如勤王。諸侯信之、且大義也。繼文之業、而信宣於諸侯、今爲可矣。」使卜偃卜之。曰、「吉。遇黃帝戰于阪泉之兆。」公曰、「吾不堪也。」對曰、「周禮未改。今之王、古之帝也。」公曰、「筮之。」筮之、遇大有之睽。曰、「吉。遇公用享于天子之卦也。戰克而王饗之。吉孰大焉。且是卦也、天爲澤以當日、天子降心以逆公。不亦可乎。大有去睽而復、亦其所也。」晉侯辭秦師而下。」

(二)『漢書』卷二十八下・地理志第八下

上谷郡……涿鹿、莽曰拵陸[1]。

(1)應劭曰、「黃帝與蚩尤戰于涿鹿之野。」

(三)『漢書』卷二十三・刑法志第三

自黃帝有涿鹿之戰、以定火災[1]。

(1)鄭氏曰、「涿鹿在彭城南。與炎帝戰。炎帝火行、故云火災。」

李奇曰、「黃帝與炎帝戰於阪泉。今言涿鹿、地有二名也。」文穎曰「『國語』云、「黃帝、炎帝弟也。」炎帝號神農。火行也。後子孫暴虐。黃帝伐之。故言以定火災。律歷志云、「與炎帝後戰於阪泉。」涿鹿在上谷、今見有阪泉地黃帝祠。」

師古曰、「文說是也。彭城者、上谷北別有彭城。非宋之彭城也。」

『漢書』卷二十一上・律歷志第一上

黃帝『易』曰、「神農氏沒、黃帝氏作。」火生土、故爲土德。與炎帝之後戰於阪泉、遂王天下。始垂衣裳、有軒冕之服、故天下號曰軒轅氏。

(四)『梁書』卷三・本紀第三・武帝下

六藝備閑、棋登逸品、陰陽緯候、卜筮占決、並悉稱善。又撰『金策』三十卷。

06①

遂乎堯舜揖讓而君天下〈守曰堯在位七十三年禅位於舜〻亦在位五十年禅於禹故謂之揖讓君之矣〉

06②

遂乎堯・舜揖讓而君天下。〈守曰、「堯在位七十三年、禪位於舜。舜亦在位五十年、禪於禹、故謂之、揖讓君之矣。」〉

06③

遂に堯・舜に乎て 揖讓して天下に君たり。〈守 曰く、「堯 在

位七十三年にして、位を舜に禪《ゆず》る。舜も亦 在位五十年にして、禹に禪る。故に之を揖讓君と謂ふ、之なり。」と。〉

06④

出典不明。

07①

施仁恩而罷征伐行義而止干戈〈守曰堯戦舟[一]水之浦以服南蠻舜伐三苗更易其俗[二]斯乃以義誅不義以仁討不仁故漢書云已有仁天下歸之可不用勇也已有義天下奉可不用力也於文止戈為武是也〉

[一]「丹」に作る。
[二]「倍」に作る。

07②

施仁恩而罷征伐、行義而止干戈。〈守曰、「「堯戰丹[□]水之浦、以服南蠻、舜伐三苗、更易其俗。」斯乃以義誅不義、以仁討不仁。故『漢書』云、「已有仁、天下歸之。可不用勇也。已有義、天下奉。可不用力也。」「於文、止戈爲武。」是也。」〉

07③

仁恩を施して征伐を罷め、義を行いて干戈を止《や》む。〈守 曰く、「「堯[一]は丹水の浦に戰ひて、以て南蠻を服し、舜は三苗を伐ちて、更に其の俗を易ふ。」と。斯れ乃ち義を以て不義を誅し、仁を以て不仁を討つなり。故に『漢書』[二]に云ふ、「已に仁有れば、天下 之に歸す。勇を用ひざるべきなり。已に義有れば、天下 奉ず。力を用ひざるなり。」と。「文[三]に於ては、戈を止むるを武と爲す。」と。是なり。」と。〉

07④

（一）『呂氏春秋』卷二十・漢高誘注・恃君覽第八・召類三
兵所自來者久矣。堯戰於丹水之浦、以服南蠻、舜卻苗民、更易其俗、禹攻曹魏・屈驁・有扈、以行其敎。三王以上、固皆用兵也。亂則用、治則止。治而攻之、不祥莫大焉。亂而弗討、害民莫長焉。此治亂之化也。文武之所由起也。文者愛之徵也、武者惡之表也。愛惡循義、文武有常、聖人之元也。譬之、若寒暑之序、時至而事生之。聖人不能爲時、而能以事適時。事適於時者其功大。

（二）『漢書』卷一上・高帝紀上・第一上
天下之賊也。夫仁不以勇、義不以力。[1]
（1）文穎曰、「以、用也。已有仁、天下歸之。可不用勇而天下自服。已有義、天下奉之。可不用力而天下自定。」

（三）『左傳』宣公十二年傳
夫文、止戈爲武。
『後漢書』卷一下・光武帝紀第一下
退功臣而進文吏、戢弓矢而散馬牛、雖道未方古、斯亦止戈之武焉。[1]
（1）注曰、「『左傳』曰、「於文、止戈爲武也。」」

08①

語其升降曽何等級夏殷相継復用戎車寤兵革之凶免知文徳之戡乱乃興盟誓之礼以杜戦伐之源非夫聖帝哲王莫能行之者也故成湯殷之聖天子而有景毫之盟〈守曰尚書湯誓曰湯伐桀于鳴條之

野或誓其士衆也湯復歸于亳言已以伐桀大義告天下故作湯誥篇也是以左傳有景亳之命是也音相近也周礼凡諸侯之遍子誓於天子鄭玄曰誓猶命言誓者明天子既命以為嗣也蓋是之也〉

08②
語其升降、曾何等級。夏殷相繼、復用戎車。悟兵革之凶免、知文德之戡亂、乃興盟誓之禮、以杜戰伐之源。非夫聖帝・哲王莫能行之者也。故成湯殷之聖天子而有景亳之盟。〈守曰、『尚書』湯誓曰、「湯伐桀于鳴條之野、或誓其士衆也。」「湯復歸于亳、（「言、已以伐桀大義、告天下。」）故作「湯誥篇」也。」是以『左傳』、「有景亳之命」是也。音相近也。『周禮』、「凡諸侯之適子、誓於天子。」鄭玄曰、「誓猶命。言誓者、明天子既命以爲嗣也。」蓋是、之也。」〉

08③
其の升降を語るに、曾て何の等級かあらん。夏・殷相繼ぐに、復た戎車を用ふ。兵革の凶免なるを悟り、文德の戡《こん》亂するを知り、乃ち盟誓の禮を興し、以て戰伐の源を杜《ふさ》ぐ。夫の聖帝・哲王に非ざれば能く之を行ふ者莫きなり。故に成湯殷の聖天子にして景亳の盟有り。〈守曰く、『尚書』[一]湯誓に曰く、「湯[一]桀を鳴條の野に伐つ。或は其の士衆に誓ふなり。」と。「湯[二]亳に復歸し、（「言ふこころは、已にして桀を伐つの大義を以て、天下に告ぐ。」と。）故に「湯誥篇」を作るなり。」と。是を以て『左傳』[三]に、「景亳の命有り。」と。是なり。音相近きなり。『周禮』[四]に、「凡そ諸侯の適子、天子に誓ふ。」と。鄭玄曰く、「誓は猶ほ命のごときなり。誓と言ふ者は、天子既に命じて以て嗣と爲すを明かにするなり。」と。蓋し是、之なり。」と。〉

08④
（一）『尚書』商書・湯誓
伊尹相湯、伐桀、升自陑、遂與桀戰于鳴條之野、作「湯誓」[1]。
（1）正義曰、「伊尹以夏政醜惡、去而歸湯。輔相成湯、與之伐桀。升道從陑、出其不意。遂與桀戰于鳴條之野。將戰而誓戒士衆。史敘其事、作「湯誓」。」
（二）『尚書』商書・湯誥
湯既黜夏命、復歸于亳、作「湯誥」[1]。
（1）「以伐桀大義、告天下。」
（三）『春秋左氏傳』昭公四年傳
六月丙午、楚子合諸侯于申。椒舉言於楚子曰、「臣聞、「諸侯無歸。禮以爲歸。」今君始得諸侯。其愼禮矣。霸之濟否、在此會也。夏啓有鈞臺之享、商湯有景亳之命、周武有孟津之誓、成有岐陽之蒐、康有酆宮之朝、穆有塗山之會、齊桓有召陵之師、晉文有踐土之盟、君其何用。宋向戌・鄭公孫僑在、諸侯之良也。君其選焉。」王曰、「吾用齊桓。」
（四）『周禮』春官・宗伯・典命
凡諸侯之適子、誓於天子、攝其君、則下其君之禮一等。未誓、則以皮帛繼子男[1]。
（1）鄭玄曰、「誓猶命也。言誓者、明天子既命以爲之嗣、樹子不易也。」

09①
晋文周之覇諸侯而有踐土之盟〈周襄王作宮干踐ゝ土ゝ鄭地僖廿八年會晋侯齊侯宋公蔡侯鄭伯等盟于宮庭也當踐土別京師也盟文曰将王室無相害也有偸此盟明神丞之俾墜其師無克社国也奨助也喻爰也丞誅也俾使也克能也〉

09②
晉文、周之覇。諸侯而有踐土之盟。〈「周襄王作宮于踐土。踐土鄭地、僖二十八年、「會晉侯齊侯宋公蔡侯鄭伯等、盟于宮庭也。（「書踐土、別京師也。」）盟文曰、「奬王室、無相害也。有偸此盟、明神丞之、俾墜其師、無克祚國也。」（「奬助也。喻爰也。丞誅也。俾使也。克能也。」）」」〉

09③
晉文は、周の覇なり。諸侯にして踐土の盟有り。〈「周襄王宮を踐土に作る。踐土は、鄭地なり。僖[一]二十八年に、「晉侯・齊侯・宋公・蔡侯・鄭伯等に會し、宮庭に盟ふなり。（「踐土と書するは、京師と別つなり。」と。）盟文に曰く、「王室を奬《たす》けて、相 害ふこと無かれ。此の盟に偸《かは》ること有らば、明神 之を丞《ころ》し、其の師を墜し、克《よ》く國に祚《さいはい》すること無からしむるなり。」と。（「奬は、助なり。喻は、爰なり。丞は、誅なり。俾は、使なり。克は、能なり。」と。）」と。」と。〉

09④
（一）『左傳』僖公二十八年傳
衞侯聞楚師敗、懼出奔楚、遂適陳、使元咺奉叔武以受盟。癸亥、王子虎盟諸侯于王庭[1]。要言曰、「皆奬王室、無相害也。有渝此盟、明神殛之、俾隊其師、無克祚國[2]、及其玄孫、無有老幼。」君子曰、「是盟也信。」謂晉、「於是役也、能以德攻。」

（1）杜預曰、「踐土、宮之庭。書踐土、別京師。」
（2）杜預曰、「奬、助也。渝、變也。殛、誅也。俾、使也。隊、隕。克、能也。」
『太平御覽』卷四百八十・人事部一百二十一・盟誓
又（『左傳』）曰、「王子虎盟諸侯于王庭、要言曰、「皆奬王室、無相害也。有渝此盟、明神殛之、俾隊其師、無克祚國。」」

10①
夏后将戦於甘而作甘誓周王陳於牧野而作牧誓由此言之盟誓之礼其所従来自久〈尚書曰夏啓伐有扈會于甘地将戦先誓故甘誓也武王欲伐紂癸亥夜陣於牧野甲子朝誓士衆故牧誓也然則厲其士衆将伐百責之賊非和穆之盟也〉

10②
夏后將戰於甘、而作「甘誓」。周王陳於牧野、而作「牧誓」。由此言之、盟誓之禮、其所從來、自久。〈「『尚書』曰、「夏啓伐有扈會于甘地、將戰先誓。故甘誓也。」「武王欲伐紂、癸亥夜陣於牧野、甲子朝誓士衆、故牧誓也。」然則厲其士衆、將伐百責之賊、非和穆之盟也。」〉

10③

夏后 將に甘に戰はんとして、「甘誓」を作る。周王 牧野に陳して、「牧誓」を作る。此に由りて之を言へば、盟誓の禮、其の從りて來る所、自から久し。〈『尚書』〔二〕に曰く、「夏啓 有扈を伐たんとして、甘地に會し、將に戰はんとして先づ誓ふ。「甘誓」を故るなり。」と。「武王〔三〕 紂を伐たんと欲し、癸亥の夜牧野に陣し、甲子の朝 士衆に誓ふ。「牧誓」を故るなり。」と。然らば則ち其の士衆を厲し、將に百責の賊を伐たんとすれば、和穆の盟に非ざるなり。」と。〉

10④

（一）『尚書』夏書・甘誓

啓與有扈戰于甘之野、作「甘誓」(1)。

（1）「甘、有扈郊地名。將戰先誓。」

（二）『尚書』周書・牧誓

武王戎車三百兩、虎賁三百人、與受戰於牧野、作「牧誓」。

11①

春秋二百四十年中諸侯盟誓多矣〈周平王即位卌〔一〕七年者魯隱公元年左傳自此始来到哀公十四年二百卌〔二〕二年傳終也夫子不脩加十二合二百五十四年凡盟一百八十餘之也〉

［一］［二］「卌」に作る。

11②

春秋二百四十年中、諸侯盟誓多矣。〈「周平王即位四十七年者、魯隱公元年。左傳自此始來到哀公十四年。二百四十二年、傳終也。夫子不脩、加十二、合二百五十四年。凡盟一百八十餘、之也。」〉

11③

春秋 二百四十年中、諸侯の盟誓 多し。〈「周の平王 即位 四十七年とは、魯の隱公元年なり。『左傳』 此《ここ》より始まり哀公十四年に來到す。二百四十二年にして、傳 終るなり。夫子脩めずして、十二を加へ、合せて二百五十四年。凡て盟 一百八十餘、之なり。」と。〉

11④

出典不明。

12①

布在方廻〔一〕不待煩言〈周礼凡命諸侯四命鄭玄曰簡国書王命也〉

［一］「迴」に作る。

12②

布在方策、不待煩言。〈「『周禮』、「凡命諸侯、策命。」鄭玄曰、「簡策書王命也。」」〉

12③

布〔一〕きて方策に在れば、煩言を待たざるなり。〈『周禮』〔二〕に、「凡そ諸侯に命ずれば、策命す。」と。鄭玄曰く、「簡策もて王命を書するなり。」と。」と。〉

12④

（一）『禮記』中庸

哀公問政。子曰、「文武之政、布在方策。其人存、則其政擧。其人亡、則其政息。人道敏政、地道敏樹。夫政也者、蒲盧也。故爲政在人。取人以身。修身以道。修道以仁。仁者、人也、親親爲大。義者、宜也、尊賢爲大。親親之殺、尊賢之等、禮所生也。在下位、不獲乎上、民不可得而治矣。故君子、不可以不修身。思修身、不可以不事親。思事親、不可以不知人。思知人、不可以不知天。天下之達道五、所以行之者三、曰、君臣也、父子也、夫婦也、昆弟也、朋友之交也。五者、天下之達道也。知、仁、勇三者、天下之達德也。所以行之者一也。或生而知之。或學而知之。或困而知之、及其知之、一也。或安而行之。或利而行之。或勉強而行之、及其成功、一也。」

（二）『周禮』春官・宗伯・内史

内史。掌王之八枋之灋、以詔王治。一曰爵。二曰祿。三曰廢。四曰置。五曰殺。六曰生。七曰予。八曰奪。執國灋及國令之貳、以考政事、以逆會計。掌敘事之灋、受納訪、以詔王聽治。凡命諸侯及孤卿大夫、則策命之。[1] 凡四方之事書、内史讀之。王制祿、則贊爲之、以方出之。賞賜、亦如之。内史掌書王命、遂貳之。

（1）鄭玄曰、「鄭司農說以『春秋傳』曰、「王命内史興父、策命晉侯爲侯伯。」策謂以簡策書王命。其文曰、「王謂叔父、敬服王命、以綏四國、糾逖王慝。」晉侯三辭、從命、受策以出。」

13①
及至漢高祖誅暴秦滅強項威加四海德被八荒乃与佐命功臣剖符作誓〈言高祖已滅唐賊乃并天下其功臣韓信蕭何等一百卌三人悉為封受則作誓之也〉

13②
及至漢高祖、誅暴秦、滅強項、威加四海、德被八荒、乃與佐命功臣剖符作誓。〈「言高祖已滅唐賊、乃并天下其功臣韓信蕭何等一百四十三人、悉爲封受則作誓之也。」〉

13③
漢の高祖に至るに及び、暴秦を誅し、強項を滅し、威をば四海に加へ、德をば八荒に被らしめ、乃ち佐命功臣と符を剖き誓を作す。〈「言ふこころは、高祖 已に唐賊を滅し、乃ち天下を并せ、其の功臣 韓信・蕭何等 一百四十三人、悉く封受を爲し則ち誓を作す、之なり。」と。〉

13④
出典不明。

14①
其文曰使太山如礪黄河如帶子孫傳国及於後裔中以丹書之誓重以白馬之盟〈守曰白馬盖殷之礼也复牲用玄周牲用騂大古茹毛飲血故祭不忘古也左傳毛以告純血以告煞之也〉

14②
其文曰、「使太山如礪、黄河如帶、子孫傳國、及於後裔。」申以丹書之誓、重以白馬之盟。〈守曰、「白馬蓋殷之禮也。夏牲用玄、周牲用騂。大古茹毛飲血、故祭不忘古也。『左傳』、「毛以告純、血以告殺。」之也。」〉

14③
其の文に曰く、「[一]太山を礦《こう》の如く、黄河を帯の如くならしむるまで、子孫 國を傳へ、後裔に及ぼさん。」と。申《かさ》ぬるに丹書の誓を以てし、重ぬるに白馬の盟を以てす。〈守曰く、「[二]白馬 蓋し殷の禮なり。殷 牲 玄《くろ》を用ひ、周 牲 騂《あか》を用ふ。大古 [三]毛を茹《くら》ひて血を飲む、故に祭るに古を忘れざるなり。『左傳』に、「[四]毛は以て純を告げ、血は以て殺を告ぐ。」と、之なり。」と。〉

14④
（一）『漢書』巻十六・高惠高后文功臣表第四
自古帝王之興、曷嘗不建輔弼之臣所與共成天功者乎。漢興、自秦二世元年之秋、楚陳之歳、初以沛公總帥雄俊、三年、然後西滅秦、立漢王之號。五年、東克項羽、即皇帝位、八載而天下乃平、始論功而定封。訖十二年、侯者百四十有三人。時大城名都民人散亡、戸口可得而數裁什二三。是以大侯不過萬家、小者五六百戸。封爵之誓曰、「使黄河如帶、泰山若厲、國以永存、爰及苗裔。」於是申以丹書之信、重以白馬之盟。又作十八侯之位次。高后二年、復詔丞相陳平盡差列侯之功、錄弟下竟、臧諸宗廟、副在有司。始未嘗不欲固根本、而枝葉稍落也。

〔參考〕『藝文類聚』巻第五十一・封爵部・功臣封、『太平御覽』巻二百・封建部・功臣封にも見える。
（二）『禮記』檀弓上
夏后氏尚黑。大事斂用昏、戎事乘驪、牲用玄。殷人尚白。大事斂用日中、戎事乘翰、牲用白。周人尚赤。大事斂用日出、戎事乘騵。牲用騂。
（三）『禮記』禮運
昔者先王未有宮室。冬則居營窟、夏則居橧巢。未有火化。食草木之實、鳥獸之肉、飲其血、茹其毛。未有麻絲。衣其羽皮。
（四）『詩經』小雅・谷風之什・信南山
執其鸞刀、以啓其毛、取其血膋[1]。
（1）鄭箋曰、「……毛以告純也。……血以告殺、……。」

15①
藏之金遺以垂万代然太山何時可如礦黄河何時可如帶意欲尊崇祖考安固子孫決定嫌疑蠲除猶豫〈言髙皇意望其裔与太山以長久国与黄河以永存然而山河無損漢氏已絶也則知盟不敢果也百斉地何久之也〉

15②
藏之金遺以垂萬代。然太山何時可如礦、黄河何時可如帶。意欲尊崇祖考、安固子孫、決定嫌疑、蠲除猶豫。〈「言、高皇意望其裔與太山以長久、國與黄河以永存。然而山河無損、漢氏已絶也。則知盟不敢果也。百濟地何久、之也。」〉

15③
[一]之を金遺に藏して以て萬代に垂る。然るに太山 何れの時にか礦の如くなるべく、黄河 何れの時にか帯の如くなるべし。意は祖考を尊崇し、子孫を安固し、嫌疑を決定し、猶豫を蠲《けん》除せんと欲す。〈「言ふこころは、高皇の意 其の裔 太山と與に

して以て長久し、國 黄河と與にして以て永存するを望む。然而れども山河 損無く、漢氏 已に絕ゆるなり。則ち盟 敢て果さざるを知るなり。百濟の地 何ぞ久からん、之なり。」と。〉

15④

（一）出典不明。

「金遺」は「金匱」か？

16①

君臣揖讓於上百姓詠歌於下仁恩霑於草木礼義洽於昆虫〈瑞應圖曰王者恩及草木則朱草嘉禾生恩及昆虫則麟鳳来至之也〉

16②

君臣揖讓於上、百姓詠歌於下、仁恩霑於草木、禮義洽於昆虫。〈『瑞應圖』曰、「王者恩及草木、則朱草・嘉禾生、恩及昆虫、則麟鳳來至、之也。」〉

16③

君臣 上に揖讓し、百姓 下に詠歌し、仁恩 草木に霑《あまね》く、禮義 昆虫に洽《あまね》し。〈『瑞(一)應圖』に曰く、「王者の恩 草木に及べば、則ち朱草・嘉禾 生じ、恩 昆虫に及べば、則ち麟鳳 來り至る、之なり。」と。〉

16④

（一）『瑞應圖』は、第十二「風」「異雨」に既出。輯佚續に・子部・第十三・五行類・孫柔之撰「瑞應圖」として輯められている。

17①

時無争訟之聲俗保大康之樂〈孔子曰聽訟吾猶人也必使无訟乎也時君貞无所溺公正无所偏也載札(二)云民安樂曰大康也〉

［二］「礼」に作る。

17②

時無爭訟之聲、俗保大康之樂。〈孔子曰、「聽訟、吾猶人也、必使无訟乎也。」時君貞无所溺、公正无所偏也。『載禮』云、「民安樂曰大康也。」〉

17③

時に爭訟の聲無く、俗に大康の樂を保つ。〈孔(一)子曰く、「訟を聽くは、吾 猶ほ人のごとし、必ずや訟无からしめんか。」と。時に君 貞にして溺るる所无く、公 正にして偏る所无きなり。『載(二)禮』に云く、「民 安樂なるを大康と曰ふなり。」と。〉

17④

（一）『論語』顔淵

子曰、「聽訟、吾猶人也、必也使無訟乎。」

（二）『載禮』は、現行本『大載禮』には見えない。

『逸周書』諡法解

安樂撫民曰康。

18①

斯乃一人有慶兆庶賴之者也〈孝經載也〉

18②

斯乃「一人有慶、兆庶賴之。」者也。〈『孝經』載也。〉

18③
斯れ乃ち「一人[一]慶有りて、兆庶之を頼る。」者なり。〈『孝經』載するなり。」と。〉
18④
（一）『孝經』天子章第二
子曰、「愛親者、不敢惡於人。敬親者、不敢慢於人。愛敬盡於事親、而德教加於百姓、刑於四海、蓋天子之孝也。
「甫刑」云、「一人有慶、兆民賴之。」」

19①
故知盟誓之義其大矣哉結隣國之歡心成異邦之好合共敦和贍永息侵凌拜旣天地流芳不朽可〻不〻勉〻歟〻
19②
故知、盟誓之義、其大矣哉、結隣國之歡心、成異邦之好合。共敦和贍、永息侵凌、拜旣天地、流芳不朽。可不勉歟、可不勉歟。」
19③
故[一]に知る、盟誓の義、其れ大なるかな、隣國の歡心を結び、異邦の好合を成すを。共に和贍を敦くし、永く侵凌を息み、旣《きょう》を天地に拜せば、流芳朽《く》ちず。勉めざるべきか、勉めざるべきか。」と。
19④
（一）出典不明。
20①
其文曰維大唐麟德二年歳次己丑八月庚子朔十三日壬子鷄林州大都督左衞大将軍開府儀同三司上柱國新羅王金法敏司稼正卿行熊津州都督扶餘降等敢昭告于皇天后土山谷神祇往者百斉先王迷於逆順不敦隣好不睦新姻結託髙麗交通倭国共為殘暴侵削新羅剽邑屠城略無寧歳丁壮苦於征役老弱疲於轉輸脂膏潤於野草僵屍遍於道路天子憫一物之失所憐百姓之無辜頻命行人遣其和好負嶮恃遠侮慢天經皇斯怒龍共行予伐旌旗所指若火燎原電掃風駈一戎火定威積截於海外聲敎被於殊方国可猪宮汙宅作範来裔塞源拔本垂訓後昆然壞柔伐叛前王之令典興亡繼絕往哲之通規事必師古傳諸曩冊故授前百斉太子司稼正卿扶餘降為熊津都督守其祭祀保其桑梓依倚新羅長為与国各除宿感結好和新羅恭承詔命永為藩服仍遣使人石威衞将軍上柱国魯城縣開国公劉仁願親臨勸喩其[一]宣成旨約之以婚姻申之以盟誓刑牲歃血共敦終始分灾恤患恩若弟社奉論言不敢失墜旣盟之後共保歳寒若有乖皆不恒二三其德興兵動衆侵犯邊垂明神鑑之百玦[二]是降使其子孫不育社稷無守禋祀磨囚滅有遺餘故作金書鐵契藏之宗廟子孫万代無敢犯神之聽之是饗是福。
[一]「具」に作る。
[二]「殃」に作る。
20②
其文曰、「維大唐麟德二年歳次己丑八月庚子朔十三日壬子、鷄林州大都督左衞大將軍開府儀同三司上柱國新羅王金法敏、司稼正卿行熊津州都督扶餘隆等、敢昭告于皇天后土・山谷神祇、「往者百濟先王、迷於逆順、不敦隣好、不睦親姻。結託高麗、交通倭國、共爲殘暴、侵削新羅、剽邑屠城、略無寧歲。丁壯苦於征役、老弱疲於轉輸、脂膏潤於野草、僵屍遍於道路。天子憫一物之失所、憐百姓之無辜、頻命行人、遣其和好、負嶮恃遠、侮慢天經。皇赫斯怒、龔行弔伐、旌旗所指、若火燎原、電掃風駈、一戎大定。威積截於海外、聲敎被於殊方、固可瀦宮汙宅、作誡來裔、塞源拔本、垂訓後昆。然懷柔伐叛、前王之令典。興亡繼絕、往哲之通規。事必師古、傳諸曩冊。故授前百濟太子司稼正卿扶餘隆爲熊津都督、守其祭祀、保其桑梓。依倚新羅、長爲與國、各除宿感、結好和新羅。恭承詔命、永爲藩服。仍遣使人石威衞將軍上柱國魯城縣開國公劉仁願親臨勸喩、具宣成旨、約之以婚姻、申之以盟誓。刑牲歃血、共敦終始。分災恤患、恩若弟兄。祇奉綸言、不敢失墜。既盟之後、共保歲寒。若有棄信不恆、二三其德、興兵動衆、侵犯邊垂、明神鑑之、百殃是降、使其子孫不育、社稷無守、禋祀磨囚滅、罔有遺餘。故作金書・鐵契、藏之宗廟、子孫萬代、無敢犯。神之聽之、是饗是福。」

20③

其の文に曰く、「維（一）れ大唐麟德二年 歲次己丑 八月庚子朔 十三日壬子、鷄林州大都督 左衞大將軍 開府 儀同三司 上柱國 新羅王 金法敏、司稼 正卿行 熊津州都督 扶餘隆等、敢て昭に皇天后土・山谷神祇に告ぐ、「往者 百濟の先王、逆順に迷い、隣好を敦くせず、親姻を睦まず。高麗と結託し、倭國と交通し、共に殘暴を爲し、新羅を侵削し、邑を剽《けず》り城を屠《ほふ》り、略々寧歲無し。丁壯 征役に苦み、老弱 轉輸に疲れ、脂膏 野草に潤ひ、僵屍 道路に遍《あまね》し。天子 一物の失所を憫《あわれ》み、百姓の無辜を憐み、頻《しき》りに行人に命じ、其の和好を遣はし、嶮を負ひ遠を恃《たの》み、天經を侮慢す。皇 赫として斯《ここ》に怒り、龔《つつし》みて弔伐を行ひ、旌旗 指す所、火の燎原するが若く、電掃風駈、一戎して大いに定まる。威 海外に積截し、聲 殊方に敎被す、固より宮を瀦《けが》し宅を汙《けが》し、誡を作り裔を來らしめ、源を塞ぎ本を拔き、訓を垂れ昆を後にすべし。然して柔を懷け叛を伐つは、前王の令典なり。亡を興し絕を繼ぐは、往哲の通規なり。事は必ず古を師とし、諸を曩冊に傳ふ。故に前百濟太子司稼 正卿 扶餘隆に授けて熊津都督と爲し、其の祭祀を守り、其の桑梓を保《やすん》ぜしむ。新羅に依倚し、長く與國と爲り、各々宿感を除き、好和を新羅に結ぶ。恭みて詔命を承け、永く藩服と爲らしむ。仍ち使人 石威衞將軍 上柱國 魯城縣開國公劉仁願を遣し親ら勸喩に臨み、具《つぶさ》に成旨を宣べ、之を約するに婚姻を以てし、之を申すに盟誓を以てす。牲を刑し血を歃り、共に終始を敦くす。災を分ち患を恤《あはれ》み、恩 弟兄の若し。祇だ綸言を奉じ、敢て失墜せず。既に盟の後、共に歲寒を保つ。若し信を棄て恆ならず、其の德を二三にし、兵を興し衆を動かし、邊垂を侵犯すこと有らば、明神 之を鑑み、百殃 是れ降り、其の子孫をして育たざらしめ、社稷に守無く、禋祀 磨滅して、遺餘有る罔《な》かれ。故に金書・鐵契を作り、之を宗廟に藏し、子孫萬代、敢て犯す無れ。神 之れ之を聽き、是れ饗せん是れ福あらん。」と。」と。

20④

（一）『舊唐書』卷一百九十九上・列傳第一百四十九上・東夷・百濟

麟德二年八月、隆到熊津城、與新羅王法敏刑白馬而盟。先祀神祇及川谷之神、而後歃血。其盟文曰、「往者百濟先王、迷於逆順、不敦鄰好、不睦親姻。結托高麗、交通倭國、共爲殘暴、侵削新羅、破邑屠城、略無寧歲。天子憫一物之失所、憐百姓之無辜、頻命行人、遣其和好。負險恃遠、侮慢天經。皇赫斯怒、恭行弔伐、旌旗所指、一戎大定。固可瀦宮汚宅、作誡來裔。塞源拔本、垂訓後昆。然懷柔伐叛、前王之令典。興亡繼絕、往哲之通規。事必師古、傳諸曩冊。故立前百濟太子司稼正卿扶余隆爲熊津都督、守其祭祀、保其桑梓。依倚新羅、長爲與國、各除宿憾、結好和親。恭承詔命、永爲藩服。仍遣使人右威衞將軍魯城縣公劉仁願親臨勸諭、具宣成旨、約之以婚姻、申之以盟誓。刑牲歃血、共敦終始。分災恤患、恩若弟兄。祇奉綸言、不敢失墜。既盟之後、共保歲寒。若有棄信不恆、二三其德、興兵動衆、侵犯邊陲、明神鑒之、百殃是降、子孫不昌、社稷無守、禋祀磨滅、罔有遺餘。故作金書・鐵契、藏之宗廟、子孫萬代、無或敢犯。神之聽之、是饗是福。」

『新唐書』卷二百二十・列傳第一百四十五・東夷・百濟

帝以扶餘隆爲熊津都督、俾歸國、平新羅故憾、招還遺人。麟德二年、與新羅王會熊津城、刑白馬以盟。仁軌爲盟辭曰、「往百濟先王、罔顧逆順、不敦鄰、不睦親、與高麗、倭共侵削新羅、破邑屠城。天子憐百姓無辜、命行人脩好、先王負險恃遐、侮慢弗恭。皇赫斯怒、是伐是夷。但興亡繼絕、王者通制、故立前太子隆爲熊津都督、守其祭祀、附杖新羅、長爲與國、結好除怨、恭天子命、永爲藩服。右威衞將軍魯城縣公仁願、親臨厥盟、有貳其德、興兵動衆、明神監之、百殃是降、子孫不育、社稷無守、世世毋敢犯。」乃作金書鐵契、藏新羅廟中。

『全唐文』卷百五十八・唐劉仁軌・盟新羅百濟文

往者百濟先王、迷於順逆、不敦鄰好、不睦親姻、結托高麗、交通倭國、共爲殘暴、侵削新羅、剽邑屠城、略無寧歲。天子憫一物之失所、憐百姓之無辜、頻命行人、遣其和好。負險恃遠、侮慢天經、皇赫斯怒、恭行吊伐。旌旗所指、一戎大定。固可瀦宮汙宅、作誡來裔。塞源拔本、垂訓後昆。然懷柔伐叛、前王之令典。興亡繼絕、往哲之通規。事必師古、傳諸曩冊。故立前百濟太子司稼正卿扶餘隆爲熊津都督、守其祭祀、保其桑梓、依倚新羅、長爲與國、各除宿憾、結好和親、恭承詔命、永爲藩服。仍遣使人右威衞將軍魯城縣公劉仁願親臨勸諭、具宣成旨、約之以婚姻、申之以盟誓、刑牲插血、共敦終始、分災恤患、恩若兄弟、祇奉綸言、不敢失墜。既盟之後、共保歲寒。若有背盟、二三其德、興兵動衆、侵犯邊陲、明神鑒之、百殃是降、子孫不育、社稷無守、禋祀磨滅、罔有遺餘。故作金書鐵券、藏之宗廟、子孫萬代、無敢違犯。神之聽之、是享是福。

○25振旅祭

【概要】

「振旅祭」は、軍旅に於ける祀りを記す。「范蠡祭法」の佚文を収む。

01①
振旅祭〈兵還入曰振旅〉

01②
振旅祭〈兵還、入曰振旅。〉

01③
振旅祭〈兵（一）還り、入るを振旅と曰ふ。〉

01④
（一）『左傳』隱公五年傳
三年而治兵、入而振旅。（1）

（1）杜預注曰、「雖四時講武、猶復三年而大習。出曰治兵、始治其事。入曰振旅、治兵禮畢、整衆而還。振、整也。旅、衆也。」

〔參考〕『册府元龜』卷九百三十六にも見える。

02①
范蠡曰軍還入国到境界〈或到都邑郊也〉向敵国厭灾解祭之用大宰〈守曰深入敵地用兵以大宰軽浅以小宰〉将軍等敢昭告于五道将軍五岳四鎮符君四海将軍山川境界諸神祇令ム国君臣無理残害万民是以我國君臣脩復礼義起仁義之兵行三軍六師欲以安百姓還来反国到於境界願諸神禁断兵氣悪鬼不犯境界疫氣兵死溺死餓凍死暴鬼不可与入但我国有蝲蛣之虫文章駮駱食悪鬼害衣悪鬼皮朝食三千暮食八百悪鬼見之驚失魄莫導是以當使我国家平安万民和康无灾无疫上得天福下得地力何人無力〻不如福再拜謹啓

02②
范蠡曰、「軍還入國到境界。〈「或到都邑郊也。」〉向敵國厭災解。祭之、用大牢。〈守曰、「深入敵地用兵、以大牢、輕淺、以小牢。」〉將軍等敢昭告于五道將軍・五嶽四鎭符君・四海將軍・山川境界諸神祇、「今某國君臣無理、殘害萬民。是以我國君臣、脩復禮義、起仁義之兵、行三軍・六師、欲以安百姓。還來反國到於境界、願諸神禁斷兵氣、惡鬼不犯境界、疫氣、兵死、溺死、餓、凍死、暴鬼不可與入。但我國有蝲蛣之虫、文章駮駱、食惡鬼害、衣惡鬼皮、朝食三千、暮食八百。惡鬼見之、驚失魄、莫導。是以、當使我國家平安、萬民和康、无災无疫。上得天福、下得地力。何人無力、力不如福。再拜、謹啓。」

02③（二）
范蠡曰く、「軍還り國に入り境界に到る。〈「或は都邑の郊に到るなり。」と。〉敵國に向き災を厭して解く。之を祭るに、大牢を用ふ。〈守曰く、「深く敵地に入りて兵を用ふるに、大牢を以てし、軽淺なれば、小牢を以てす。」と。〉將軍等敢て五道將軍・五嶽四鎭符君・四海將軍・山川境界諸神祇に昭かに告し、「今某國の君臣、理無く萬民を殘害す。是を以て我國君の臣、禮義を脩復し、仁義の兵を起し、三軍・六師を行ひ、以て百姓を安んぜんと欲す。還り來り國に反り境界に到り、願はくは諸神 兵氣を禁斷し、惡鬼 境界を犯さず、疫氣・兵死・溺死・餓・凍死・暴鬼 與に入るべからず。但だ我が國に蠨蛸の虫有り、文章は駁《はく》駱、惡鬼の害を食し、惡鬼の皮を衣、朝に三千を食ひ、暮に八百を食ふ。惡鬼 之を見て、驚きて魄を失ひ、導く莫し。是を以て當に我が國家をして平安、萬民をして和康、災无く、疫无く、上は天福を得、下は地力を得しむべし。何人 力無く、力は福に如かざらん。再拝して、謹みて啓す。」と。」と。

02④

（一）「范蠡祭法」は、「祭向神」02④（一）を參照。

○26樂祭

【概要】

「樂祭」は、祭における樂の種々を記す。

01①

樂祭〈吾角反入〉

01②

樂祭〈吾角反、入。〉

01③

樂（一）祭〈吾角反、入。〉

01④

樂祭〈吾角の反、入。〉

（一）『唐韻』

五角切。

02①

易曰先王以作樂崇德殷薦之上帝以配祖考〈預非象之辞也殷盛大也言工（一）者作樂尊表其德大薦於天而以祖考配饗之也〉

［一］「王」に作る。

02②

『易』曰、「先王以作樂崇德、殷薦之上帝、以配祖考。〈「預、非象之辭也。殷、盛大也。言、王者作樂、尊表其德、大薦於天、而以祖考、配饗之也。」〉」

02③

『易』（一）に曰く、「先王 以て樂を作り德を崇び、殷《さかん》に之を上帝に薦め、以て祖考に配す。〈「預（二）は、象の辭に非ざるなり。殷は、盛大なり。言ふこころは、王者 樂を作り、尊びて其の德を表し、大いに天に薦め、而して祖考を以て、之に配饗するなり。」と。〉」と。

02④

（一）『周易』上經卷第二・豫卦第十六・大象

十六、豫、雷出地奮、豫。先王以作樂崇德、殷薦之上帝、以配祖考。」

（二）出典不明。

03①

周礼大司樂曰以樂舞教国子舞雲門太巻大咸大韶大夏大護大武〈此周所存六代之樂也黄帝曰雲門大巻其徳如雲之所出也堯曰大咸ゝ池其徳無不施也舜曰大韶其徳能紹堯之道也禹曰大夏能治水出其徳大中也湯曰大護能除其邪使天下得其所也武王曰大武伐紂以除其害能成武功也〉乃奏黄鍾哥大呂舞雲門以祀天神〈陽聲祭天也〉奏大挨哥應鍾舞、咸池以祭地祇也奏姑洗哥南呂舞大韶以祀四望〈五岳鎮也言此祀者可[一]中司命風師雨師之類也〉奏蕤賓哥林鍾舞大夏以祭山川也奏夷則歌中呂舞大護以享先妣〈先妣姜原履大入[二]跡生后稷周先母[三]也〉奏無射歌夾鍾舞大武以享先祖〈先祖謂先王也〉以樂致鬼神以和拜国以諧万民以安賓客以悦遠人以作動物也

［一］「司」に作る。
［二］「人」に作る。
［三］「毋」に作る。

03②

『周禮』大司樂曰、「以樂舞敎國子舞雲門太卷・大咸・大韶・大夏・大護・大武。〈「此周所存六代之樂也。黄帝曰雲門・大卷。其德如雲之所出也。堯曰大咸・咸池。其德無不施也。舜曰大韶。其德能紹堯之道也。禹曰大夏。能治水土。其德大中也。湯曰大護。能除其邪。使天下得其所也。武王曰大武。伐紂以除其害。能成武功也。」〉乃奏黄鍾、哥大呂、舞雲門、以祀天神。〈「陽聲祭天也。」〉奏大族、哥應鍾、舞咸池、以祭地祇也。奏姑洗、哥南呂、舞大韶、以祀四望。〈「五嶽・鎮也。言此祀者、司中・司命・風師・雨師之類也。」〉奏蕤賓、哥林鍾、舞大夏、以祭山川也。奏夷則、歌中呂、舞大護、以享先妣。〈「先妣、姜原。履大人跡、生后稷、周先母也。」〉奏無射、歌夾鍾、舞大武、以享先祖。〈「先祖、謂先王也。」〉以樂、致鬼神、以和邦國、以諧萬民、以安賓客、以悦遠人、以作動物也。」

03③

[一]『周禮』大司樂に曰く、「樂舞を以て國子に雲門・太卷・大咸・大韶・大夏・大護・大武を舞ふことを敎ふ。〈「此れ周の存する所の六代の樂なり。黄帝に雲門・大卷と曰ふ。其の德 雲の出づる所の如きなり。堯に大咸・咸池と曰ふ。其の德 施さざる無きなり。舜に大韶と曰ふ。其の德 能く堯の道を紹《つ》ぐなり。禹に大夏と曰ふ。能く水土を治む。其の德 中を大にするなり。湯に大護と曰ふ。能く其の邪を除く。天下をして其の所を得しむるなり。武王に大武と曰ふ。紂を伐ち、以て其の害を除く。能く武功を成すなり。」と。〉乃ち黄鍾を奏し、大呂を哥《うた》ひ、雲門を舞ひ、以て天神を祀る。〈「陽聲もて天を祭るなり。」と。〉大族を奏し、應鍾を哥ひ、咸池を舞ひ、以て地祇を祭るなり。姑洗を奏し、南呂を哥ひ、大韶を舞ひ、以て四望を祀る。〈「五嶽・鎮なり。此に祀と言ふ者は、司中・司命・風師・雨師の類なり。」と。〉蕤《ずい》賓を奏し、林鍾を哥ひ、大夏を舞ひ、以て山川を祭るなり。夷則を奏し、中呂を歌ひ、大護を舞ひ、以て先妣を享す。〈「先妣は、姜原なり。大人の跡を履み、后稷を生む。周の先母なり。」と。〉無射を奏し、夾鍾を歌ひ、大武を舞ひ、以て先祖を享す。〈「先祖は、先王

を謂ふなり。」と。〉以て樂をして、鬼神を致し、以て邦國を和し、以て萬民を諧《ととの》へ、以て賓客を安じ、以て遠人を悅ばしめ、以て動物を作《おこ》すなり。」と。

03④

（一）『周禮』春官・宗伯・大司樂

大司樂。掌成均之灋、以治建國之學政、而合國之子弟焉。凡有道者、有德者、使敎焉。死則以爲樂祖、祭於瞽宗。以樂德敎國子中・和・只・庸・孝・友。以樂語敎國子興・道・諷・誦・言・語。以樂舞敎國子舞雲門・大卷・大咸・大磬・大夏・大濩・大武。[1]以六律・六同・五聲・八音・六舞大合樂、以致鬼神示、以和邦國、以諧萬民、以安賓客、以說遠人、以作動物。乃分樂而序之、以祭、以享、以祀。乃奏黃鐘、歌大呂、舞雲門、以祀天神。乃奏大蔟、歌應鐘、舞咸池、以祭地示。乃奏姑洗、歌南呂、舞大韶、以祀四望。[2]乃奏蕤賓、歌函鐘、舞大夏、以祭山川。乃奏夷則、歌小呂、舞大濩、以享先妣。[3]乃奏無射、歌夾鐘、舞大武、以享先祖。[4]凡六樂者、文之以五聲、播之以八音。凡六樂者、一變而致羽物及川澤之示。再變而致祼物及山林之示。三變而致鱗物及丘陵之示。四變而致毛物及墳衍之示。五變而致介物及土示。六變而致象物及天神。

（1）鄭玄曰、「此周所存六代之樂。黃帝曰、雲門・大卷。黃帝能成名萬物、以明民共財。言其德如雲之所出、民得以有族類。大咸、咸池、堯樂也。堯能殫均刑法、以儀民。言其德無所不施。大磬、舜樂也。言其德能紹堯之道也。大夏、禹樂也。禹治水傅土、言其德能大中國也。大濩、湯樂也。湯以寬治民、而除其邪、言其德能使天下得其所也。大武、武王樂也。武王伐紂、以除其害。言其德能成武功。」

（2）鄭玄曰、「姑洗、陽聲第三。南呂爲之合。四望、五嶽・四鎭・四竇。此言祀者、司中・司命・風師・雨師、或亦用此樂與。」

（3）鄭玄曰、「夷則、陽聲第五。小呂爲之合。小呂一名中呂。先妣、姜嫄（薑原）也。姜嫄履大人跡、感神靈而生后稷。是周之先母也。周立廟自后稷爲始祖。姜嫄無所妃。是以特立廟而祭之、謂之閟宮。閟之。」

（4）鄭玄曰、「無射、陽聲之下也。夾鍾爲之合。夾鍾一名圜鍾。先祖、謂先王・先公。」

04①

以雷鼓〻神祀〈雷鼓八面ム鼓也神祀〻大〔一〕神也〉以霊鼓〻社祭〈霊鼓六面鼓也祭〻社地祇〉以路鼓〻鬼饗〈路鼓四面鼓也鬼饗〻宗廟也〉凡祭祀鼓兵舞状舞者〈兵謂干岱也状列五采繒為之有庚皆舞者所報之也〉

〔一〕「天」に作る。

04②

「以雷鼓鼓神祀。〈「雷鼓、八面之鼓也。神祀、祀天神也。」〉以靈鼓鼓社祭。〈「靈鼓、六面鼓也。社祭、祭地祇。」〉以路鼓、皷鬼饗。〈「路皷、四面皷也。鬼饗、饗宗廟也。」〉凡祭祀、皷兵舞・帗舞者。〈「兵、謂干戚也。帗列五采繒爲之。有秉。皆舞者所執、之也。」〉」

04③
「雷鼓を以て神祀に鼓うつ。〈「雷鼓とは、八面の鼓なり。神祀とは、天神を祀るなり。」と。〉靈鼓を以て社祭に鼓うつ。〈「靈鼓とは、六面鼓なり。社祭とは、地祇を祭る。」と。〉路鼓を以て鬼饗に鼓うつ。〈「路鼓とは、四面鼓なり。鬼饗とは、宗廟を饗するなり。」と。〉凡そ祭祀するに、兵舞・帗舞の者に鼓うつ。〈「兵とは、干戚を謂ふなり。帗は、五采の繒《きぬ》を列ねて之を爲る。秉有り。皆 舞ふ者の執る所、之なり。」と。〉」と。

04④
（一）『周禮』地官・司徒・鼓人
鼓人。掌敎六鼓・四金之音聲、以節聲樂、以和軍旅、以正田役。敎爲鼓而辨其聲用。以雷鼓鼓神祀。[1]以靈鼓鼓社祭。[2]以路鼓、鼓鬼享。[3]以鼖鼓鼓軍事。以鼛鼓鼓役事。以晉鼓鼓金奏。以金錞和鼓、以金鐲節鼓、以金鐃止鼓、以金鐸通鼓。凡祭祀百物之神、鼓兵舞帗舞者。[4]凡軍旅、夜鼓鼜。軍動則鼓其衆。田役亦如之。救日月則詔王鼓。大喪則詔大僕鼓。

（1）鄭玄曰、「雷鼓、八面鼓也。神祀、祀天神也。」
（2）鄭玄曰、「靈鼓、六面鼓也。社祭、祭地祇也。」
（3）鄭玄曰、「路鼓、四面鼓也。鬼享、享宗廟也。」
（4）鄭玄曰、「兵、謂干戚也。帗、列五采繒爲之。有秉。皆舞者所執。」

05①
漢書曰高帝四年作武德之樂〈其无犱于威[一]也〉後高廟奏武德文始〈文始本舜之韶舞也舞執羽籥高帝六羊改名曰文始也〉五行之舞〈大周舞也秦始皇廿六年改名曰五行舞也〉孝惠廟奏文昭始五行之舞孝文廟奏昭德文始四時之舞〈四時舞孝文所作也〉孝武廟奏盛德文始四時五行之舞〈孝景時采武德以昭德至孝宣時又采昭德以為盛德也〉諸帝廟常奏文始五行舞也魏有武始樂也世主時君各有興廢也

［一］「戚」に作る。

05②
『漢書』曰、「高帝四年、作武德之樂。〈「其舞執干戚也。」〉後高廟奏武德・文始・〈「文始、本舜之韶舞也。舞執羽籥。高帝六年、改名曰文始也。」〉五行之舞。〈「本周舞也。秦始皇廿六年、改名曰五行舞也。」〉孝文廟奏昭德・文始・四時・五行之舞。〈「四時舞、孝文所作也。」〉孝武廟奏盛德・文始・四時・五行之舞。〈「孝景時、采武德以昭德。至孝宣時、又采昭德以爲盛德也。」〉諸帝廟常奏文始・五行舞也。」魏有武始樂也。世主時君各有興廢也。

05③
『漢書』に曰く、「高帝四年、武德の樂を作る。〈「其の舞 干戚を執るなり。」と。〉後 高廟 武德・文始・〈「文始は、舜の韶舞に本づくなり。舞 羽籥《やく》を執る。高帝六年、名を改め文始と曰ふなり。」と。〉五行の舞を奏す。〈「周の舞に本づくなり。秦始皇二十六年、名を改め五行舞と曰ふなり。」と。〉孝文廟 昭徳・文始・四時・五行の舞を奏す。〈「四時舞は、孝文 作る所なり。」と。〉孝武廟 盛徳・文始・四時・五行の舞を奏す。〈「孝景の時、武徳を采りて以《と》て昭徳とす。孝宣の時に至り、又 昭徳を采りて以て盛徳と爲すなり。」と。〉諸帝廟 常に文始・五行舞を奏するなり。」と。魏(三)に武始樂有るなり。世主・時君 各々 興廢有るなり。

05④

(一)『漢書』卷二十二・禮樂志第二

　高廟奏武徳・文始・五行之舞。孝文廟奏昭徳・文始・四時・五行之舞。孝武廟奏盛徳・文始・四時・五行之舞。武徳舞者、高祖四年作、以象天下樂己行武以除亂也。文始舞者、曰本舜招舞也、高祖六年、更名曰文始、以示不相襲也。五行舞者、本周舞也、秦始皇二十六年、更名曰五行也。四時舞者、孝文所作、以示天下之安和也。蓋樂己所自作、明有制也。樂先王之樂、明有法也。孝景采武徳舞以爲昭德、以尊大宗廟。至孝宣、采昭徳舞爲盛德、以尊世宗廟。諸帝廟皆常奏文始・四時・五行舞云。高祖六年又作昭容樂・禮容樂。昭容者、猶古之昭夏也、主出武徳舞。禮容者、主出文始、五行舞。舞人無樂者、將至至尊之前不敢以樂也。出用樂者、言舞不失節、能以樂終也。大氏皆因秦舊事焉。

(二)『漢書』卷五・景帝紀

　高廟酎、奏武徳・文始・五行之舞(1)。孝惠廟酎、奏文始・五行之舞。孝文皇帝臨天下、通關梁、不異遠方。

(1) 孟康曰、「武徳、高祖所作也。文始、舜舞也。五行、周舞也。武徳者、其舞人執干戚。文始舞、執羽籥。五行舞冠冕、衣服法五行色。見禮樂志。」

(三) 出典不明。

27祭日遭事

【概要】

「祭日遭事」は、祭りを行うべき日に事（葬など）に遭う場合の対処を記す。『宋起居注』の佚文を収む。

01①

祭日遭事

01②

祭日遭事。

01③

祭日に事に遭ふ。

02―1①

礼記曽子問曰天子嘗禘郊社五祀之祭簠簋既陳天子崩后之喪如之何孔子曰廢也〈當秋祭也舉一而三時可知也〉

02―1②

『禮記』曾子問曰、「天子嘗禘・郊社・五祀之祭、簠簋既陳、天子崩、后之喪、如之何。」孔子曰、「廢也。」〈「當秋祭也。擧一而三時可知也。」〉」

02—1③

『禮記[一]』曾子問に曰く、「天子の嘗禘・郊社・五祀の祭に、簠簋既に陳ね、天子の崩、后の喪、之を如何にす。」と。孔子曰く、「廢《や》むなり。」と。〈「秋[二]祭に當るなり。一を擧げて三時知るべきなり。」と。〉」と。

02—1④

（一）『禮記』曾子問

曰、「曾子問曰、「天子嘗禘・郊社・五祀之祭、簠簋既陳、天子崩、后之喪、如之何。」孔子曰、「廢。[1]」」

（1）鄭玄曰、「既陳、謂夙興陳饌牲器時也。天子七祀。言五者、闕中言之。」

（二）出典不明。

02—2①

天子崩未殯五祀之不行既殯而祭也自啓至于反哭五祀之祭不行已葬而祭也

02—2②

「天子崩、未殯、五祀之祭不行。既殯而祭也。自啓至于反哭、五祀之祭不行。已葬而祭也。」

02—2③

「天子[一]崩じて、未だ殯せざるときは、五祀の祭は行はず。既に殯して祭るなり。啓より反哭に至るまで、五祀の祭は行はず。已に葬りて祭るなり。」と。

02—2④

（一）『禮記』曾子問

天子崩、未殯、五祀之祭不行。既殯而祭。其祭也、尸入、三飯、不侑。酳不酢而已矣。自啓至于反哭、五祀之祭不行。已葬而祭。祝畢獻而已。」

02—3①

又問諸侯之祭社稷俎豆既陳聞天子崩后之喪君薨夫人之喪如之何孔子曰癈也

02—3②

又「問、「諸侯之祭社稷、俎豆既陳、聞天子崩、后之喪、君薨、夫人之喪、如之何。」孔子曰、「廢也。」」

02—3③

又「問[一]ふ、「諸侯の社稷を祭るときは、俎豆既に陳ねて、天子の崩、后の喪、君の薨、夫人の喪を聞くときには、之を如何にす。」と。孔子曰く、「廢《や》むなり。」と。」と。

02—3④

（一）『禮記』曾子問

曾子問曰、「諸侯之祭社稷、俎豆既陳、聞天子崩、后之喪、君薨、夫人之喪、如之何。」孔子曰、「廢。自薨比至于殯、自啓至于反哭、奉帥天子。」

02―4①
又問大夫之祭鼎俎既陳籩豆既設不得成礼者幾孔子曰凡天子崩
后之喪君薨夫人之喪君太廟火日食三年之喪齊衰大功皆廢也
02―4②
又「問、「大夫之祭、鼎俎既陳、籩豆既設、不得成禮、廢者幾。」
孔子曰、「凡天子崩、后之喪、君薨、夫人之喪、君太廟火、日
食、三年之喪、齊衰、大功、皆廢也。」」
02―4③
又「問ふ、（一）「大夫の祭に、鼎俎 既に陳ね、籩豆 既に設けて、
禮を成すを得ざるに、廢《や》む者は幾ぞ。」と。孔子曰く、「凡そ
天子の崩、后の喪、君の薨、夫人の喪、君の太廟の火、日食、
三年の喪、齊衰、大功、皆 廢むなり。」」と。」と。
02―4④
（一）『禮記』曾子問
曾子問曰、「大夫之祭、鼎俎既陳、籩豆既設、不得成禮、
廢者幾。」孔子曰、「九。」請問之。曰、「天子崩、后之喪、
君薨、夫人之喪、君之大廟火、日食、三年之喪、齊衰、
大功、皆廢。外喪自齊衰以下、行也。其齊衰之祭也、尸
入、三飯、不侑、酳不酢而已矣。大功、酢而已矣。小功
・緦、室中之事而已矣。士之所以異者、緦不祭、所祭、
於死者無服、則祭。
03①
左傳宣公三年經曰春正月郊牛之口傷改卜牛ゝ死乃不郊〈牛不
稱牲未卜日也〉猶三望也〈望分野之星国中山川也〉傳曰不郊
而望皆非礼〈言牛雖傷死當更改卜取其吉者郊不可廢也前冬天
王崩未葬而郊者不以王事廢天事也礼記曾子問既殯而祭是也〉
望郊之屬也不郊亦無望也〈不卜常祀之例在僖卅一年也〉
03②
『左傳』宣公三年經曰、「春、正月。郊牛之口傷。改卜牛。牛
死。乃不郊。〈「牛不稱牲、未卜日也。」〉」
傳曰、「不郊而望。皆非禮。〈「言、牛雖傷死、當更改卜、取
其吉者。郊不可廢也。前冬、天王崩。未葬而郊者、不以王事
廢天事也。『禮記』曾子問、「既殯而祭。」是也。」〉望、郊之屬
也。不郊、亦無望也。〈「不卜常祀之例、在僖三十一年也。」〉」
03③
『左傳』（一）宣公三年經に曰く、「春、正月。郊牛の口 傷《やぶ》る。牛
を改め卜す。牛 死す。乃ち郊せず。〈「牛 牲と稱せざるは、
未だ日を卜せざればなり。」と。〉」と。
傳に曰く、「郊せずして望す。皆 禮に非ず。〈「言ふこころ
は、牛 傷死すと雖も當に更めて改卜し、其の吉なる者を取る。
郊 廢すべからざるなり。前冬、天王崩ず。未だ葬らずして郊
する者は、王事を以て天事を廢せざればなり。『禮記』曾子問
に、「既に殯して祭る。」と、是なり。」と。〉望は、郊の屬な
り。郊せざれば、亦 望する無きなり。〈「不卜常祀の例、僖三
十一年に在るなり。」と。〉」と。
03④
（一）『春秋左氏傳』宣公三年經

春、王正月。郊牛之口傷。改卜牛。牛死。乃不郊。[1] 猶三望。葬匡王。楚子伐陸渾之戎。

（1）杜預曰、「牛不稱牲、未卜日。」

『春秋左氏傳』宣公三年傳

春、不郊而望。皆非禮也。[1] 望、郊之屬也。不郊、亦無望可也。[2]

（1）杜預曰、「言、牛雖傷死、當更改卜、取其吉者。郊不可廢也。前年冬、天王崩。未葬而郊者、不以王事廢天事。『禮記』曾子問、「天子崩未殯、五祀不行。既殯而祭。」「自啓至於反哭、五祀之祭不行。已葬而祭。」」

（2）杜預曰、「已有例在僖三十一年。複發傳者、嫌牛死與卜不從異。」

04①

晋孝武太元十一年九月皇女亡及應烝祠中書侍郎范甯奏案喪服傳有死宮中者三月不舉祭不別長幼之与貴賎也女雖在嬰〈未免乳哺未及舉喪〉臣以為疑

04②

「晉孝武太元十一年、九月、皇女亡。及應烝祠、中書侍郎范甯奏、「案喪服傳、「有死宮中者、三月不舉祭。」不別長幼之與貴賤也。女雖在嬰、〈「未免乳哺、未及舉喪。」〉臣以爲疑。」」

04③

「晋[一]孝武太元十一年、九月、皇女 亡ず。應に烝祠せんとするに及び、中書侍郎范甯 奏す、「案ずるに喪服傳[二]に、「宮中に死する者有り。三月 祭を挙げず。」と。長幼と貴賤とを別たざるなり。女 嬰に在りと雖も、〈「未だ[三]乳哺を免れざれば、未だ喪を舉ぐるに及ばず。」と。〉臣 以て疑を為す。」と。」と。

04④

（一）『宋書』巻十四・志第四・禮一

孝武太元十一年九月、皇女亡及應烝祠。中書侍郎范甯奏、「案喪服傳、「有死宮中者、三月不舉祭。」不別長幼之與貴賤也。皇女雖在嬰孩、臣竊以爲疑。」於是尚書奏使三公行事。

『晉書』巻十九・志第九・禮志上

孝武太元十一年、九月、皇女亡。及應烝祠、中書侍郎范甯奏、「案喪服傳、「有死宮中者、三月不舉祭。」不別長幼之與貴賤也。皇女雖在嬰孩、臣竊以爲疑。」於是尚書奏使三公行事。

（二）『儀禮』喪服

「庶子爲父後者爲其母。」「傳曰、「何以緦也。」傳曰、「與尊者爲一體、不敢服其私親也。」然則何以服緦也。有死於宮中者、則爲之三月不舉祭、因是以服緦也。

（三）出典不明。

05①

既踰月尚書宣令尅十月十七日殷祠也咸庚二年十月廿七日虞澤有世子喪既葬依令文行喪卅日十二月一日公除其月稓祭也

05②

「既踰月、尚書宣令尅、十月十七日、殷祠也。咸庚二年十月二十七日、虞澤有世子喪。既葬依令文行喪三十日。十二月一日公除、其月秸祭也。」

05③

「既に月を踰へ、尚書宣令尅つ、十月十七日、殷祠するなり。咸庚二年十月二十七日、虞澤に世子の喪有り。既に葬り令文に依り喪を行うこと三十日。十二月一日、公 除き、其の月 秸《さく》祭するなり。」と。

05④

（一） 出典不明。

06—1①

礼記曽子問曰當祭而日食大廟火如之何孔子曰接祭而已矣如牲至未煞則癈〈接祭而已不迎尸也言疾速也大廟火猶得接祭者謂火起廟内而非廟屋也日食廟火軽於大喪故已煞牲則接祭者也〉

06—1②

『禮記』、「曾子問曰、「當祭而日食、大廟火、如之何。」孔子曰、「接祭而已矣。如牲至未殺、則廢。〈「「接祭而已、不迎尸也。」言疾速也。大廟火、猶得接祭者、謂火起廟内而非廟屋也。日食廟火軽於大喪、故已殺牲則接祭者也。」〉」

06—1③

『禮記』に、「曾子問ひて曰く、「祭に當りて日食し、大廟に火あるときは、之を如何にす。」と。孔子曰く、「接祭するのみ。如し牲 至りて未だ殺さざれば、則ち廢《や》む。〈「「接祭するのみとは、尸を迎へざるなり。」と。疾速を言ふなり。大廟の火、猶ほ接祭を得るがごとしとは、火 廟内に起るも廟屋に非ざるを謂ふなり。日食・廟火 大喪より輕し、故に已に牲を殺さば則ち接祭する者なり。」と。〉」と。」と。

06—1④

（一）『禮記』曾子問

曾子問曰、「當祭而日食、大廟火、其祭也如之何。」孔子曰、「接祭而已矣。如牲至未殺、則廢。」

（1） 鄭玄曰、「接祭而已、不迎屍也。」

（二） 出典不明。

06—2①

又問諸侯旅見天子入門不得終礼而癈幾〈振衆之也〉孔子曰四大廟火日食后之喪雨霑服失容則癈〈大廟始祖廟也宗廟亦然也〉

06—2②

又「問、「諸侯旅見天子、入門、不得終禮而廢幾。〈「旅、衆、之也。」〉」孔子曰、「四。大廟火・日食・后之喪・雨霑服失容、則廢。〈「大廟、始祖廟也。宗廟亦然也。」〉」」

06—2③

又「問ふ、「諸侯 天子に旅見するに、門に入るも、禮を終ふるを得ずして廢《や》むること 幾《いくばく》ぞ。〈「旅は、衆、之なり。」と。〉」と。孔子曰く、「四。大廟の火・日食・后の喪・雨ふり服を霑《うるほ》して容《かたち》を失ふときには、則ち癈む。〈「大廟は始祖の廟なり。宗廟も亦 然るなり。」と。〉」と。」と。

06—2④

（一）『禮記』曾子問

曾子問曰、「諸侯旅見天子、入門、不得終禮廢者幾。[1]」孔子曰、「四。」請問之。曰、「大廟火・日食・后之喪・雨霑服失容、則廢。[2] 如諸侯皆在而日食、則從天子救日。各以其方色與其兵。大廟火、則從天子救火、不以方色與兵。」

（1）「旅、衆。」

（2）「大廟、始祖廟。宗廟皆然。主於始祖耳。」

06―3①

又問諸侯相見揖讓入門不得終礼孔子曰六天子崩大廟火日食后夫人之喪雨霑服失容則癈〈夫人君之事也〉

06―3②

又「問、「諸侯相見、揖讓入門、不得終禮。」孔子曰、「六。天子崩・大廟火・日食・后夫人之喪・雨霑服失容則廢。〈「夫人、君之事也。」〉」

06―3③

又「問[一]ふ、「諸侯 相 見るとき、揖讓して門に入るも、禮を終ふるを得ず。」と。孔子曰く、「六。天子の崩・大廟の火・日食・后夫人の喪・雨ふり服を霑《うるほ》して容《かたち》を失ふときには、則ち廢《や》む。〈「夫人は、君の事なり。」と。〉」と。」と。

06―3④

（一）『禮記』曾子問

曾子問曰、「諸侯相見、揖讓入門、不得終禮廢者幾。」孔子曰、「六。」請問之。曰、「天子崩・大廟火・日食・后夫人之喪・雨霑服失容、則廢。[1]」

（1）「夫人、君之夫人。」

07―1①

晋志曰漢建安中将正會而大史上言正旦當日蝕朝士疑會否劉邵日諸侯旅見天子入門不得終礼者四日蝕在一然則聖人垂制不為變異豫癈朝礼者或灾消異伏或推術謬誤也或及衆人咸善而從之遂朝會如舊日亦不蝕邵由此顯名

07―1②

『晉』志曰、「漢建安中、將正會、而大史上言。「正旦當日蝕、朝士疑會否。」劉邵曰、「「諸侯旅見天子、入門、不得終禮者四。」日蝕在一。然則聖人垂制、不爲變異豫廢朝禮者、或災消異伏、或推術謬誤也。」或及衆人咸善而從之。遂朝會如舊。日亦不蝕。邵由此顯名。

07―1③

『晉[一]』志に曰く、「漢建安中、將に正會せんとして、大史 上言す。「正旦 日蝕に當る。朝士 會せんや否やを疑ふ。」と。劉邵曰く、「「諸侯[二] 旅して天子に見え、門に入りて、禮を終ふるを得ざる者 四。」と。日蝕 一に在り。然らば則ち聖人 制を垂れ、變異の爲に豫め朝禮を廢せざる者、或は災消異伏、或は推術謬誤なり。」と。或及び衆人 咸 善して之に從ふ。遂に朝會すること舊の如し。日 亦 蝕せず。邵 此に由りて名を顯かにす。

07―1④

（一）『晉書』巻十九・志第九・禮志上

漢建安中、將正會、而太史上言。「正旦當日蝕。」朝士疑會否。」共諮尚書令荀彧。時廣平計吏劉邵在坐曰、「梓愼・裨竈、古之良史。猶占水火、錯失天時。『禮』、「諸侯旅見天子、入門、不得終禮者四。」日蝕在一。然則聖人垂制、不爲變異豫廢朝禮者、或災消異伏、或推術謬誤也。」彧及衆人咸善而從之、遂朝會如舊。日亦不蝕。邵由此顯名。

（二）『禮記』曾子問

曾子問曰、「諸侯旅見天子、入門、不得終禮廢者幾。」孔子曰、「四。」請問之。曰、「大廟火・日食・后之喪・雨霑服失容、則廢。如諸侯皆在而日食、則從天子救日。各以其方色與其兵。大廟火、則從天子救火、不以方色與兵。」

07―2①

至晉世祖武帝咸寧三年四年並以正旦合朔却元會改漢魏故事也

07―2②

至晉世祖武帝咸寧三年・四年、並以正旦合朔却元會、改漢魏故事也。

07―2③

晉（一）世祖 武帝 咸寧三年・四年に至り、並に正旦合朔を以て元會を却《しりぞけ》け、漢魏の故事を改むるなり。

07―2④

（一）『晉書』巻十九・志第九・禮志上

至武帝咸寧三年・四年、並以正旦合朔、却元會、改魏故事也。

07―3①

至康帝建元年正月正旦日合朔復疑應却會与否康冰以劉邵議以示八坐遂著非議之曰邵論灾有異伏聖人垂制不為變異豫癈朝礼此則謬矣灾祥之發所以譴告人君王者之所重誡故素服癈樂退避正寢百官降物用幣伐皷躬親而救之夫敬誡之事与其疑而癈之寧愼而行之故孔子從老聃助葬於巷黨以表不星行故日蝕而止柩日安知其不見星而邵癈之是棄聖賢之成規也魯桓公壬申有灾而以乙亥祭春秋譏之灾事既過猶追懼未已故癈宗廟之祭況聞天眚将至行慶樂之會於礼乖矣礼記所云諸侯入門不得終礼者謂日官不豫言諸侯既入見蝕乃知耳非先聞當蝕而朝會不癈也引此可謂失其義旨劉師所執者礼記也夫子老聃巷黨之事亦礼記所言復違而反之進退無據然荀令所善漢朝所従遂使此言至介見稱莫知其謬後君子将擬以為或故正之云尒於是冰従衆議遂以却會

07―3②

至康帝建元元年正月、正旦日合朔、復疑應却會與否。庾冰、以劉邵議、以示八坐。遂著議非之、曰、「邵論災有異伏、聖人垂制、不爲變異豫癈朝禮、此則謬矣。災祥之發、所以譴告人君、王者之所重誡、故素服癈樂、退避正寢、百官降物、用幣伐皷、躬親而救之。夫敬誡之事、與其疑而癈之、寧愼而行之。故孔子從老聃助葬於巷黨、以表不見星行、故日蝕而止柩、曰、「安知其不見星。」而邵癈之、是棄聖賢之成規也。魯桓公壬申有災、而以乙亥祭、『春秋』譏之。災事既過、猶追懼未已、故癈宗廟之祭、況聞天告將至、行慶樂之會、於禮乖矣。『禮記』所云「諸侯入門、不得終禮者」、謂日官不豫言、諸侯既入、見蝕乃知耳、非先聞當蝕、而朝會不癈也。引此、可謂失其義旨。劉邵所執者『禮記』也。夫子・老聃巷黨之事、亦『禮記』所言、復違而反之、進退無據。然荀令所言、漢朝所從、遂使此言至今見稱。莫知其謬。後君子將擬以爲式。故正之云爾。」於是冰從衆議、遂以却會。

07―3③

(一)康帝 建元元年正月、正旦日合朔といふに至り、復た應に會を却《しりぞ》くべきか否かとを疑ふ。庾冰、劉邵の議を以て、以て八坐に示す。遂に議を著し之を非とし、曰く、「邵 災有異伏を論じ、聖人 制を垂れ、變異の爲に予め朝禮を癈さず、此れ則ち謬れり。災祥の發、人君を譴告する所以、王者の重誡する所、故に素服して樂を癈し、正寢に退避し、百官 物を降し、幣を用て鼓を伐ち、躬親して之を救す。夫れ敬誡の事、其の疑ひて之を癈すると、寧愼して之を行ふには。故に孔子 老聃に從ひて葬を巷黨に助け、以て星を見ずして行を表はす、故に日蝕して柩を止め、曰く、「安ぞ其の星を見ざるを知るや。」と。而して邵 之を癈す、是れ聖賢の成規を棄つるなり。魯の桓公壬申 災有りて、乙亥を以て祭り、『春秋』之を譏る。災事既に過ぐ、猶ほ追懼して未だ已まず、故に宗廟の祭を癈す、況や天告 將に至らんとするを聞き、慶樂の會を行ふをや、禮に於て乖ぜり。『禮記』云ふ所の「諸侯 門に入り、禮を終ふるを得ざる者」とは、謂はゆる日官 予言せず、諸侯 既に入り、蝕を見て乃ち知るのみ、先づ蝕に當るを聞きて、朝會 癈せざるに非ざるなり。此を引くは、其の義旨を失ふと謂ふべし。劉邵 執る所の者は『禮記』なり。夫子・老聃 巷黨の事も、亦『禮記』言ふ所、復た違いて之に反す、進退 據る無し。然るに荀令の言ふ所、漢朝の從ふ所、遂に此の言をして今に至るまで稱せられしむ。其の謬を知る莫し。後の君子 將に擬ひて以て式と爲す。故に之を正すと云ふのみ。」と。是に於て冰 衆議に從ひ、遂に以て會を却《しりぞ》く。

07―3④

(一)『晉書』卷十九・志第九・禮志上

至康帝建元元年、太史上元日合朔、後復疑應卻會與否。庾冰輔政、寫劉邵議以示八坐。于時有謂邵爲不得禮意、荀彧從之、是勝人之一失。故蔡謨遂著議非之、曰、「邵論災消異伏、又以梓愼・裨竈猶有錯失、太史上言、亦不必審、其理誠然也。而云聖人垂制、不爲變異豫廢朝禮、此則謬矣。災祥之發、所以譴告人君、王者之所重誡、故素服廢樂、退避正寢、百官降物、用幣伐鼓、躬親而救之。夫敬誡之事、與其疑而廢之、寧愼而行之。故孔子・老聃助葬於巷黨、以表不見星而行、故日蝕而止柩、曰、「安知其不見星也。」而邵廢之、是棄聖賢之成規也。魯桓公壬申有災、而以乙亥嘗祭、『春秋』譏之。災事既過、猶追懼未已、故廢宗廟之祭、況聞天告將至、行慶樂之會、於禮乖矣。『禮記』所云「諸侯入門、不得終禮者」、謂日官不豫言、諸侯既入、見蝕乃知耳、非先聞當蝕、而朝會不廢也。引此、可謂失其義旨。劉邵所執者『禮記』也、夫子・老聃巷黨之事、亦『禮記』所言、復違而反之、進退無據。然荀令所言、漢朝所從、遂使此言至今見稱、莫知其誤矣、後君子將擬以爲式、故正之雲爾。」於是冰從衆議、遂以却會。

07—4①
至永和中殷浩輔政又欲従劉邵議不却會王彪之攄咸寧建元故事又曰礼云諸侯旅見天子不得終礼而癈者四自謂卒暴有之非為先存其事而僥倖史官推術繆錯故不豫癈朝礼也於是又従彪之祭

07—4②
至永和中、殷浩輔政、又欲從劉邵議不却會。王彪之據咸寧・建元故事、又曰、『禮』云、「諸侯旅見天子、不得終禮而癈者四。」自謂卒暴有之、非爲先存其事、而僥倖。史官推術繆錯、故不豫癈朝禮也。」於是又從彪之議。」

07—4③
（一）永和中に至り、殷浩 政を輔け、又 劉邵の議に從ひ會を却《しりぞ》けざらんと欲す。王彪之 咸寧・建元の故事に據りて、又 曰く、（二）『禮』に云ふ、「諸侯 天子に旅見して、禮を終ふるを得ざりて癈する者 四。」と。自ら卒暴に之有るを謂ひて、先づ其の事を存して、僥倖を爲すに非ず。史官 推術繆錯す、故に豫め朝禮を癈せざるなり。」と。是に於て又 彪の議に從ふ。」と。

07—4④

（一）『晉書』卷十九・志第九・禮志上
至永和中、殷浩輔政、又欲從劉邵議不卻會。王彪之據咸寧・建元故事、又曰、『禮』云、「諸侯旅見天子、不得終禮而廢者四。」自謂卒暴有之、非為先存其事、而僥倖。史官推術繆錯、故不豫廢朝禮也。」於是又從彪之議。

（二）『禮記』曾子問
曾子問曰、「諸侯旅見天子、入門、不得終禮廢者幾。」孔子曰、「四。」請問之。曰、「大廟火・日食・后之喪・雨霑服失容、則廢。如諸侯皆在而日食、則從天子救日。各以其方色與其兵。大廟火、則從天子救火、不以方色與兵。」

08①
値雪雨魏時郊値雪高堂隆謂應更用後辛故春秋傳曰前辛不告則卜後辛也晋時車駕既出過雨待中顛和攄礼記振見天子沾服失容則正宜更卜吉日也徐禅別議郊之用辛議是吉義武皇之世亦或用丙或巳或庚也

08②
値雪雨。魏時郊値雪。高堂隆謂應更用後辛。故『春秋』傳曰、「前辛不告、則卜後辛也。」晉時車駕既出過雨、侍中顧和、據『禮記』「旅見天子。沾服失容。」則正、宜更卜吉日也。徐禪別議郊之用辛議。是告義。武皇之世、亦或用丙、或己、或庚也。

08③
（一）雪・雨に値《あ》ふ。魏時 郊するに雪に値ふ。高堂隆 應に更めて後辛を用ふべしと謂ふ。故に『春秋』傳に曰く、「前辛 告げざれば、則ち後辛を卜するなり。」と。晉時 車駕 既に出で雨に過へば、侍中顧和、『禮記』（二）「旅見天子。沽服失容。」に據り、則ち正し、宜しく更めて吉日を卜すべきなり。徐禪 別に郊の辛を用ふるの議を議す。是れ義を告ぐ。武皇の世、亦 或は丙を用ひ、或は己、或は庚なり。

08④

（一）『通典』通典卷第四十二・禮二・沿革二・吉禮一

宋永初二年正月上辛、帝親郊祀。三年九月、司空羨之等奏、高祖武皇帝宜配天郊。詔可。孝武大明二年正月、有司奏、今月六日南郊、輿駕親奉。至時或雨、遂遷日、有司行事。（有司奏、「按魏代郊天値雨、更用後辛。晉代顧和亦云更擇吉日。徐禪云、「晉代或丙或庚。」若待遷日、應更告廟。」博士王爕之議云、「晉或丙或庚、並別有義。且武帝十二月丙寅受禪、三年十一月庚寅冬至祀天於圓丘、非專祈穀。又按郊特牲「受命於祖廟、作龜於禰宮」者、爲告之退卜。則告義在郊、非告日也。今日雖有遷、郊祀不異、不應重告。」徐爰議以爲、「郊祀用辛、何偃據禮、不應重告。毛血告牷之後、雖有事礙、便應有司行事、不容遷郊。」參議、宜於遇雨遷用後辛、不重告。詔可。南郊、自魏以來、多使三公行事。）大明三年、移郊兆於秣陵牛頭山西、在宮之午地。（徐爰曰、『禮記』「燔柴於泰壇、祭天也。」「兆於南郊、就陽位也。」晉代過江、郊祭悉在北。或在南、出道狹、多於巳地。大宋因而弗改。今聖圖重造、舊章畢新、宜移郊正午、以定天位。」）大明五年九月甲子、有司奏、郊祭用三牛。孝武崩、廢帝以郊舊地爲吉祥、移置本處。

『宋書』卷十六・志第六・禮三

大明二年正月丙午朔、有司奏、「今月六日南郊、輿駕親奉。至時或雨。魏世値雨、高堂隆謂應更用後辛。晉時既出遇雨、顧和亦云宜更告。徐禪云、「晉武之世、或用丙、或用己、或用庚。」使禮官議正并詳。若得遷日、應更告廟與不。」博士王爕之議稱、「遇雨遷郊、則先代成議。禮傳所記、辛日有徵。「郊特牲」曰、「郊之用辛也、周之始郊日以至。」鄭玄注曰、「三王之郊、一用夏正。用辛者、取其齊戒自新也。」又「月令」曰、「乃擇元日、祈穀于上帝。」注曰、「元日、謂上辛。郊祭天也。」又『春秋』載郊有二、成十七年九月辛丑、郊。『公羊』曰、「曷用郊。用正月上辛。」哀元年四月辛巳、郊。『穀梁』曰、「自正月至于三月、郊之時也。以十二月下辛卜正月上辛。如不從、以正月下辛卜二月上辛。如不從、以二月下辛卜三月上辛。」以斯明之、則郊祭之禮、未有不用辛日者也。晉氏或丙、或已、或庚、並有別議。武帝以十二月丙寅南郊受禪、斯則不得用辛也。又泰始二年十一月己卯、始并圓丘方澤二至之祀合於二郊。三年十一月庚寅冬至祠天、郊于圓丘。是猶用圓丘之禮、非專祈穀之祭、故又不得用辛也。今之郊饗、既行夏時、雖得遷却、謂宜猶必用辛也。徐禪所據、或爲未宜。又案「郊特牲」曰、「受命于祖廟、作龜于禰宮。」鄭玄注曰、「受命、謂告退而卜也。」則告義在郊、非爲告日。今日雖有遷、而郊禮不異、愚謂不宜重告。」曹郎朱膺之議、「案先儒論郊、其議不一。『周禮』有冬至日圓丘之祭。「月令」孟春有祈穀于上帝。鄭氏説、圓丘祀昊天上帝、以帝嚳配、所謂禘也。祈穀祀五精之帝、以后稷配、所謂郊也。二祭異時、其神不同、諸儒云、圓丘之祭、以后稷配。取其所在、名之曰郊。以形體言之、謂之圓丘。名雖有二、其實一祭。晉武捨鄭而從諸儒、是以郊用冬至日。既以至日、理無常辛。然則晉代中原不用辛日郊、如徐禪議也。江左以來、皆用正月、當以傳云三王之郊、各以其正、晉不改正朔、行夏之時、故因以首歲、不以冬日、皆用上辛、近代成典也。夫祭之禮、「過時不擧。」今在孟春、郊時未過、値雨遷日、於禮無違。既以告日、而以事不從、禋祀重敬、「謂宜更告。」高堂隆云、「九日南郊、十日北郊。」是爲北郊可不以辛也。」『尚書』何偃議、「鄭玄注『禮記』、引『易』説三王之郊、一用夏正。『周禮』、凡國大事、多用正歲。『左傳』又啓蟄而郊。則鄭之此説、誠有據矣。衆家異議、或云三王各用其正郊天、此蓋曲學之辯、於禮無取。固知穀梁三春皆可郊之月、眞所謂膚淺也。然用辛之説、莫不必同、晉郊庚已、參差未見前徵。愚謂宜從晉遷郊依禮用辛。燮之以受命作龜、知告不在日、學之密也。」右丞徐爰議以爲、「郊禮用辛、有礙遷日、禮官祠曹、考詳已備。何偃據禮、不應重告、愚情所同。尋告郊剋辰、於今宜改、告事而已。次辛十日、居然展齋、養牲在滌、無縁三月。謂毛血告牷之後、雖有事礙、便應有司行事、不容遷郊。」衆議不同。參議、「宜依經、遇雨遷用後辛、不重告。若殺牲薦血之後値雨、則有司行事。」詔可。」

（二）『禮記』曾子問

曾子問曰、「諸侯旅見天子、入門、不得終禮廢者幾。」孔子曰、「四。」請問之。曰、「大廟火・日食・后之喪・雨霑服失容、則廢。如諸侯皆在而日食、則從天子救日。各以其方色與其兵。大廟火、則從天子救火、不以方色與兵。」

09①

宗起居注曰秦始四年正月辛亥詔陰雨如此不得親奉南郊更卜已未輿駕親謁南郊也

09②

『宋起居注』曰、「泰始四年正月辛亥詔、陰雨如此、不得親奉南郊。更卜已未輿駕親謁南郊也。」

09③

『宋起居注』に曰く、「泰始四年正月辛亥詔す、「陰雨 此の如し、親ら南郊に奉ずるを得ず。」と。更に卜す。已にして未だ輿駕して親ら南郊に謁せざるなり。」と。

09④

（一）出典不明。

執筆者一覧（1現職、2専門、3主要論著）

武田　時昌　たけだ　ときまさ
1京都大学人文科学研究所教授
2中国科学思想史
3『術数学の思考―交叉する科学と占術』臨川書店、京大人文研東方学叢書、二〇一八年。
『中國傳統社會における術數と思想』共著、汲古書院、二〇一六年。
『術数学の射程―東アジア世界の「知」の伝統』編著、京都大学人文科学研究所、二〇一四年。

椛島　雅弘　かばしま　まさひろ
1京都産業大学非常勤講師
2古代中国兵学思想史
3『『孫子』―東洋兵学の最高峰』、湯浅邦弘編著『教養としての中国古典』ミネルヴァ書房、二〇一八年。
「銀雀山漢墓竹簡『天地八風五行客主五音之居』における八風理論とその變遷―客主觀を中心として」『中國出土資料研究』第二二号、二〇一八年。

佐野　誠子　さの　せいこ
1名古屋大学大学院人文学研究科准教授
2中国古典文学
3『天地瑞祥志』第十四神項所引志怪佚文について―八部将軍と四道王」『日本中国学会報』第七〇集、二〇一八年。
「『繫觀世音應驗記』の構成と観世音応験譚の南北」『中国古典小説研究』第二一号、二〇一八年。

孫　英剛　そん　えいごう
1浙江大学歴史系教授
2中国中古史・讖緯術数・仏教史
3『犍陀羅文明史』三聯書店、二〇一八年。
『隋唐五代史』上海人民出版社、二〇一五年。
『神文時代：讖緯、術数与中古政治研究』上海古籍出版社、二〇一四年。

伊藤　裕水　いとう　ゆうみ
1京都大学文学部非常勤講師
2漢代経学思想史
3「五姓五行五音考―《堯典》「平章百姓」試探」（銭宗武・盧鳴東主編・朱岩副主編『第四届国際《尚書》学学術研討会論文集』広陵書社、二〇一七年。
「鎮江本『大易断例卜筮元亀』小識」『汲古』七一号、二〇一七年。
「《今文尚書経説考》考―兼論陳喬樅《尚書》学史観」『揚州大学学報（人文社会科学版）』二〇一六年二期、二〇一六年。

清水　浩子　しみず　ひろこ
1大正大学綜合佛教研究所客員研究員
2中国哲学
3「中国古代の養生思想」中国古代史研究会編『中国古代史研究第八―創立七十周年記念論文集―』研文出版、二〇一七年。
「陰陽五行説の構造的把握」武田時昌編『術数学の射程―東アジア世界の「知」の伝統―』京都大学人文科学研究所、二〇一四年。
「緯書思想と礼楽」福井文雅博士古希・退職記念論集刊行会編『福井文雅博士古希記念論集　アジア文化の思想と儀礼』春秋社、二〇〇五年。

権　悳永　ぐぉん　どぎょん
1釜山外国語大学歴史観光・外交学部教授
2韓国古代史、古代東アジア交流史
3『新羅の海、黄海』一潮閣、二〇一二年。
『在唐新羅人社会研究』一潮閣、二〇〇五年。
『古代韓中外交史―遣唐使研究』一潮閣、一九九七年。

南　知言　なむ　じおん
1フリーランス通訳・翻訳者
2日韓通訳・翻訳

游　自勇　ゆう　じゆう
1首都師範大学歴史学院教授
2隋唐史・敦煌吐魯番文献研究
3「絲綢之路上的〝百怪圖〟」『文史知識』二〇一八年十二期、二〇一八年。
「釈家神異与儒家話語：中古『五行志』的佛教書写」『首都師範大学学報』二〇一八年六期、二〇一八年
「吐魯番所出『老子道徳経』及其相関写本」『中華文史論叢』二〇一七年三輯、二〇一七年。
「墓志所見唐代的塋域及其意義」『唐研究』第二十三巻、北京大学出版社、二〇一七年。

趙　益　ちょう　えき
1南京大学文学院教授
2中国古典文献学
3『古典術数文献述論稿』中華書局、二〇〇五年。
「『開元占経』版本譜系考」『古典文献研究』第十九輯上巻、鳳凰出版社、二〇一六年。
「古代星占記録「赤方気」の文献学考察」水口幹記訳、立教大学大学院『日本文学論叢』第十号、二〇一〇年。

金　程宇　きん　ていう
1南京大学文学院域外漢籍研究所教授
2中国古代文学（唐宋文学）
3『東亜漢文学論考』鳳凰出版社、二〇一三年。
『稀見唐宋文献叢考』中華書局、二〇〇九年。
『域外漢籍叢考』中華書局、二〇〇七年。

水口　幹記　みずぐち　もとき
1藤女子大学文学部准教授
2東アジア文化史
3『古代日本と中国文化―受容と選択―』塙書房、二〇一四年。
『渡航僧成尋、雨を祈る―「僧伝」が語る異文化の交錯―』勉誠出版、二〇一三年。
『日本古代漢籍受容の史的研究』汲古書院、二〇〇五年。

洲脇　武志　すわき　たけし
1大東文化大学外国語学部非常勤講師
2南北朝隋唐時代の学術
3『中国史書入門　現代語訳　隋書』（共訳）、勉誠出版、二〇一七年。
『漢書注釈書研究』遊学社、二〇一七年。
「『倭名類聚抄』所引『漢書』注釈考」『東洋文化』復刊第百十五号、二〇一八年。

山崎　藍　やまざき　あい
1青山学院大学文学部准教授
2中国古典文学
3「かんざしの喪失と破壊 ―先秦から唐代に至るかんざし詩の変遷と「長恨歌」の試み―」『日本中国学会報』第七〇集、二〇一八年。
「京都大学人文科学研究所所蔵『天地瑞祥志』第十七翻刻・校注（上）」共著、『名古屋大学中国語学文学論集』第三一輯、二〇一八年。
「梅潭の交流関係――依田学海・松浦詮――」『幕末漢詩人杉浦誠『梅潭詩鈔』の研究』汲古書院、二〇一五年。

名和　敏光　なわ　としみつ
1山梨県立大学国際政策学部准教授・山東大学兼職教授
2中国哲学・出土資料学・文献学
3「『抱朴子』所見呪語の遡及的考察」『東方宗教』第一三一号、二〇一八年。
「北京大学漢簡「堪輿」と馬王堆帛書『陰陽五行』甲篇「堪輿」の対比研究」『中国出土資料の多角的研究』汲古書院、二〇一八年。
「出土資料「堪輿」考」『古代史研究　第八』研文出版、創立七十周年記念論文集、二〇一七年。

A Study on the Fundamental Structure of East Asian Thoughts and Culture
— Consideration Through Documents of *Tian di rui xiang zhi* 天地瑞祥志—

Articles

Transliteration and annotations

東アジア思想・文化の基層構造
―術数と『天地瑞祥志』―
平成三十一年三月二十日　発行
編　者　名　和　敏　光
発行者　三　井　久　人
印　刷　富士リプロ㈱
発行所　汲　古　書　院
〒102-0072　東京都千代田区飯田橋二-五-四
電　話　〇三（三二六五）九七六四
ＦＡＸ　〇三（三二二二）一八四五
ISBN978-4-7629-6630-9　C3010
Toshimitsu NAWA　©2019
KYUKO-SHOIN, CO., LTD. TOKYO.